“十四五”国家重点出版物出版规划项目
基础科学基本理论及其热点问题研究

丢番图逼近与超越数

朱尧辰◎著

丢番图逼近

一致分布点列及应用

中国科学技术大学出版社

内 容 简 介

本书内容主要包括点集偏差的基本概念和主要性质、低偏差点集的构造、偏差上界和下界估计的常用方法、点集偏差的精确计算公式、点集离差的基本结果，以及点集偏差和离差在拟 Monte Carlo 方法中的一些应用，如具有数论网点的多维求积公式的构造、多维数值积分的格法则、函数最大值近似计算的数论方法等；还给出了一些新进展.

图书在版编目(CIP)数据

丢番图逼近：一致分布点列及应用/朱尧辰著. —合肥：中国科学技术大学出版社，2024.1

(丢番图逼近与超越数)

国家出版基金项目

“十四五”国家重点出版物出版规划项目

ISBN 978-7-312-05821-9

Ⅰ. 丢…　Ⅱ. 朱…　Ⅲ. 丢番图逼近　Ⅳ. O156.7

中国国家版本馆 CIP 数据核字(2023)第 248820 号

丢番图逼近：一致分布点列及应用

DIUFANTU BIJIN：YIZHI FENBU DIANLIE JI YINGYONG

出版　中国科学技术大学出版社

安徽省合肥市金寨路 96 号，230026

http://press.ustc.edu.cn

https://zgkxjsdxcbs.tmall.com

印刷　安徽新华印刷股份有限公司

发行　中国科学技术大学出版社

开本　787 mm×1092 mm　1/16

印张　20.75

字数　430 千

版次　2024 年 1 月第 1 版

印次　2024 年 1 月第 1 次印刷

定价　88.00 元

前　　言

本书研究点集 (由有限或无限可数多个点组成的离散集合) 或点列偏差的性质和应用. 点集偏差的概念源于 20 世纪二三十年代. 偏差这个术语是 1935 年由 J. G. van der Corput 首先提出的, 它刻画了一个点集在某个区域 (如区间 $[0,1]$ 或 d 维正方体 $[0,1]^d$) 中分布的一致 (均匀) 程度, 在一致分布理论的研究中起着重要作用. 由于采用一致分布点列作为网点构造求积公式时, 误差估计同点列的偏差紧密相关, 因而低偏差点列被广泛应用在拟 Monte Carlo 方法中. 特别是, 近四十多年来, 各种类型的应用数论方法构造的伪随机点集和多维求积公式应运而生. 因此, 点集偏差理论不仅是重要的数论研究课题, 而且具有明显的实用价值. 本书是关于这个理论的导引, 给出了点集偏差理论的基本概念、主要结果, 以及某些重要方法和应用, 其中包括近三十年来的一些重要进展. 本书主要面向大学数学系本科高年级学生和研究生, 为他们进入某些前沿课题提供一个桥梁, 对有关研究人员也有一定参考价值.

各章内容安排如下:

第 1 章给出一维和多维点列偏差的概念和简单性质, 着重研究偏差下界估计的阶 (Roth 定理、Schmidt 定理等) 以及 van der Corput 点列及其推广的偏差上界估计, 由此给出偏差估计的“初等”方法; 还简要介绍一致分布点列的概念以及点列偏差的其他常见形式. 内容多数为经典结果. 第 2 章建立有限点列的星偏差和 L_2 偏差的精确计算公式, 主体是多维情形星偏差的精确计算公式, 这是 20 世纪 90 年代出现的新结果. 第 3 章研究一些类型的低偏差点集, 并给出偏差估计的指数和方法; 首先证明 Erdös-Turán-Koksma 不等式, 这是偏差估计的基本工具; 然后作为示例, 应用它给出 Kronecker 点列和广义 Kronecker 点列的偏差上界估计. 本章的后半部分研究一些经典的低偏差点集, 如 Korobov 点列、Niederreiter 的 (t,m,s) 网和 (t,s) 点列, 还介绍若干新结果 (如 Skriganov 点列等). 第 4 章专门论述点集的离差, 包括概念、基本性质、某些一维和二维点列的离差的精确计算公式, 以及低离差点集等. 离差这个概念刻画了无限点列在某个区域中的稠密性, 与偏差概念关系密切, 并且在拟 Monte Carlo 最优化方法中有重要应用, 但在国内外现有有关专著中只有少数对此有所论及. 第 5 章和第 6 章是上述理论的应用, 包括多维数值积分和总体最优化两个方面. 第 5 章给出多维数值积分的基本数论方法, 重点是拟 Monte Carlo 积分的最优系数法和具有实用价值的多维数值积分的格法则. 第 6 章研究求总体最优化的拟随机搜索方法, 给出几种函数最大值近似计算的数论方法, 并着重于收敛性的分析. 这两章也涉及一些新进展. 每章最后一节是对正文的引申或补充, 或者提及某些研究问题.

限于笔者的水平和研究兴趣, 本书在论述和取材等方面难免存在不妥甚至谬误, 恳切地期待读者和同行批评指正.

朱尧辰于北京

主要符号说明

1. $\mathbb{N}$　正整数集

$\mathbb{N}_0 = \mathbb{N} \cup \{0\}$

$\mathbb{Z}, \mathbb{Q}, \mathbb{R}, \mathbb{C}$　(依次) 整数集, 有理数集, 实数集, 复数集

2. (设 $a \in \mathbb{R}$.)

$[a]$　a 的整数部分, 即不超过 a 的最大整数

$\{a\} = a - [a]$　a 的分数部分 (也称小数部分)

$\|a\| = \min\{a - [a], [a] + 1 - a\}$　a 与最近整数间的距离

$\lceil a \rceil$　大于或等于 a 的最小整数

$\overline{a} = \max\{|a|, 1\}$

$e(a) = \exp(2\pi \mathrm{i} a) = \mathrm{e}^{2\pi \mathrm{i} a}$ $(\mathrm{i} = \sqrt{-1})$

3. (设 a, b, a_i 为整数, M 为正整数.)

$\gcd(a_1, \cdots, a_n)$　$a_1, \cdots, a_n$ 的最大公因子

$a \equiv b \pmod M$ 或 $a \equiv b\,(M)$　a, b 模 M 同余, 即 $M | (a - b)$

(设 $\boldsymbol{x} = (x_1, \cdots, x_d), \boldsymbol{y} = (y_1, \cdots, y_d) \in \mathbb{Z}^d$.)

$\boldsymbol{x} \equiv \boldsymbol{y}\,(M)$　$x_j \equiv y_j \pmod M$　$(j = 1, \cdots, d)$

4. (设 $\boldsymbol{a}=(a_1,\cdots,a_d)\in\mathbb{R}^d$.)

$\{\boldsymbol{a}\}=(\{a_1\},\cdots,\{a_d\})$

$|\boldsymbol{a}|=|a_1|\cdots|a_d|$

$|\boldsymbol{a}|_0=\overline{a}_1\cdots\overline{a}_d$

$|\boldsymbol{a}|_\infty=\max\limits_{1\leqslant k\leqslant d}|a_k|$

5. (设 $\boldsymbol{\alpha}=(\alpha_1,\cdots,\alpha_d),\boldsymbol{\beta}=(\beta_1,\cdots,\beta_d)\in\mathbb{R}^d$.)

$\boldsymbol{\alpha\beta}=\alpha_1\beta_1+\cdots+\alpha_d\beta_d$

$\boldsymbol{\alpha}<\boldsymbol{\beta}$ (或 $\boldsymbol{\alpha}\leqslant\boldsymbol{\beta}$)　$\alpha_i<\beta_i$ (或 $\alpha_i\leqslant\beta_i$) $(i=1,\cdots,d)$

$[\boldsymbol{\alpha},\boldsymbol{\beta})$　d 维长方体 $\{\boldsymbol{x}\mid\boldsymbol{x}=(x_1,\cdots,x_d)\in\mathbb{R}^d,\boldsymbol{\alpha}\leqslant\boldsymbol{x}<\boldsymbol{\beta}\}$

$[\alpha_1,\beta_1)\times\cdots\times[\alpha_d,\beta_d)$　同上

($[\boldsymbol{\alpha},\boldsymbol{\beta}]$ 及 $[\alpha_1,\beta_1]\times\cdots\times[\alpha_d,\beta_d]$ 类似.)

6. (记 $\mathbf{0}=(0,\cdots,0),\mathbf{1}=(1,\cdots,1)$.)

$\overline{G}_d,[0,1]^d,[\mathbf{0},\mathbf{1}]$　d 维单位正方体

$G_d,[0,1)^d,[\mathbf{0},\mathbf{1})$　d 维半开单位正方体

7. $|D|$　有界区域 $D\subset\mathbb{R}^d$ 的体积

$|A|$　有限集 A 中元素的个数

8. $\mathcal{S}=\{\boldsymbol{a}_1,\boldsymbol{a}_2,\cdots\}$　$\mathbb{R}^d$ 中有限或无限点集

$\mathcal{S}=\{\boldsymbol{a}_1,\boldsymbol{a}_2,\cdots\}$(计及点的顺序)　$\mathbb{R}^d$ 中有限或无限点列

$\{\mathcal{S}\}=\{\{\boldsymbol{a}_1\},\{\boldsymbol{a}_2\},\cdots\}$

$\mathcal{S}^{(n)}=\{\boldsymbol{a}_1,\cdots,\boldsymbol{a}_n\}$

9. $\mathcal{V}_2=\mathcal{V}_{2,r}$　以 r 为底的 van der Corput 点列

$\mathcal{V}_1=\mathcal{V}_{1,r}$　以 r 为底的 (一维) van der Corput 点列

$\mathcal{H}_d$　d 维 Hammersley 点列

$\mathcal{H}'_d$　d 维 Halton 点列

10. (设 $\boldsymbol{m}=(m_1,\cdots,m_d)\in\mathbb{Z}^d,d\geqslant 1$.)

$\sum\limits_{\boldsymbol{m}(M)}$　对满足 $-M/2<m_j<M/2$ $(1\leqslant j\leqslant d)$ 的 $\boldsymbol{m}$ 求和

$\sum\limits_{\boldsymbol{m}[\boldsymbol{h}]}$　对满足 $|m_j|\leqslant h_j$ $(1\leqslant j\leqslant d)$ 的 $\boldsymbol{m}$ 求和

$\sum\limits_{\boldsymbol{m}}{}'$　求和时不计 $\boldsymbol{m}=\mathbf{0}$

11. $\log a$ (与 $\ln a$ 同义)　实数 $a>0$ 的自然对数

$\lg a$　实数 $a>0$ 的常用对数 (即以 10 为底的对数)

$\|f\|_p$　函数 f 的 L_p 模

$\omega(f;t)$　函数 f(在 $[0,1]^d$ 上) 的连续性模

$\omega_{\mathcal{D}}(f;t)$　函数 f(在有界集 $\mathcal{D}\subset\mathbb{R}^d$ 上) 的连续性模

$V_f([a,b])$　实函数 f 在 $[a,b]$ 上的全变差

$v_f^{(d)}(\overline{G}_d)$　实函数 f 在 $\overline{G}_d$ 上的 Vitali 意义的变差

$\mathcal{V}_f(\overline{G}_d)$　实函数 f 在 $\overline{G}_d$ 上的 Hardy-Krause 意义的全变差

$\widehat{f}(t)$　函数 f 的 Fourier 变换

$\widehat{f}_n$ (或 $C(\boldsymbol{m})$)　函数 f 的 Fourier 系数

$f*g(x)$　周期函数 (周期为 1) f 和 g 的卷积

$\Gamma(z)$　伽马函数

$\chi(A;\boldsymbol{x})$　集合 $A\subset\mathbb{R}^d$ 的特征函数

$\mathrm{sgn}(x)$　符号函数

$\varphi_r(a)$　倒根函数 (倒位函数, a 为正整变量)

$\delta_n(a)$　见第 5 章 5.2 节 2°

$\det(\boldsymbol{A})$　方阵 $\boldsymbol{A}$ 的行列式

δ_{ij}　Kronecker 符号

12. (设 $\mathcal{S}_d$ 为 G_d 中的点数为 n 的有限点集 (点列).)

$A(J;n;\mathcal{S}_d)$　$\mathcal{S}_d$ 落在区间 $J\subset G_d$ 中的点的个数

$D_n(\mathcal{S}_d)$　$\mathcal{S}_d$ 的偏差

$D_n^*(\mathcal{S}_d)$　$\mathcal{S}_d$ 的星偏差

$D_n^{(p)}(\mathcal{S}_d)$　$\mathcal{S}_d$ 的 L_p 偏差

$J_n(\mathcal{S}_d)$　$\mathcal{S}_d$ 的迷向偏差

$\mathcal{D}_n(\mathcal{S}_d)$　$\mathcal{S}_d$ 的带权偏差

$\mathcal{D}_n^*(\mathcal{S}_d)$　$\mathcal{S}_d$ 的带权星偏差

$\mathcal{D}_n^{(p)}(\mathcal{S}_d)$　$\mathcal{S}_d$ 的带权 L_p 偏差

$\mathcal{D}_n^{(\varphi)}(\mathcal{S}_1)$　$\mathcal{S}_1$ 的带权 φ 偏差

$P_n(\mathcal{S}_d)$　$\mathcal{S}_d$ 的多项式偏差

13. $d_n(\mathcal{S};\rho;\mathcal{D})$　有限点集 $\mathcal{S}$ 在 $\mathcal{D}$ 中 (关于距离 ρ) 的离差

$d_n(\mathcal{S})=d_n(\mathcal{S};\rho_1;\overline{G}_d)$, 其中 $\rho_1(\boldsymbol{x},\boldsymbol{y})=\Big(\sum\limits_{j=1}^{d}(x_j-y_j)^2\Big)^{1/2}$

$d_n'(\mathcal{S})=d_n(\mathcal{S};\rho_2;\overline{G}_d)$, 其中 $\rho_2(\boldsymbol{x},\boldsymbol{y})=\max\limits_{1\leqslant j\leqslant d}|x_j-y_j|$

14. (设 $\mathit{\Gamma}$ 为 $\mathbb{R}^d$ 中的格.)

$\det(\mathit{\Gamma})$ 格 $\mathit{\Gamma}$ 的行列式

$\mathit{\Gamma}^{\perp}$ 格 $\mathit{\Gamma}$ 的对偶格

Qf 格法则 (以 $\mathit{\Gamma}$ 为积分格)

$\mathcal{A}(Q)$ 格法则 Qf 的网点集

$(Q_1 \oplus Q_2)f$ 格法则 $Q_1 f$ 和 $Q_2 f$ 的直和

$\widehat{Q}^{(s)}f$ (d 维) 格法则 Qf 的 s ($< d$) 维主投影

$\overline{Q}^{(m)}f$ (d 维) 格法则 Qf 的 m^d 复制

$\rho(\mathit{\Gamma})$ 积分格 $\mathit{\Gamma}$ 的优标

$P_{\alpha}(\mathit{\Gamma})$ 见第 5 章 5.4 节 4°

15. $E_d^{\boldsymbol{\alpha}}(C), E_d^{\alpha}(C)$ 见第 5 章 5.2 节 1°

$H_{d,p}^{\boldsymbol{\alpha}}(C), H_{d,p}^{\alpha}(C), H_d^{\boldsymbol{\alpha}}(C)$ 见第 5 章 5.5 节 5°

$Q_{d,p}^{\boldsymbol{\alpha}}(C), Q_{d,p}^{\alpha}(C), Q_d^{\boldsymbol{\alpha}}(C)$ 见第 5 章 5.5 节 5°

修改了的 $H_{d,p}^{\alpha}(C)$ 和 $H_d^{\alpha}(C)$ 见第 5 章 5.5 节 5°

$\widetilde{H}_d^{\alpha}(C)$(Korobov 意义) 见第 5 章 5.5 节 5°

16. □ 定理、引理、推论或命题等证明完毕

目　　录

第 1 章 点集的偏差

本章包含点集偏差理论中的一些基本概念和基本结果, 如单位区间 $[0,1)$ 和 $d\ (\geqslant 2)$ 维单位正方体 $[0,1)^d$ 中的点集的偏差和星偏差, 以及一些与此有关的简单性质及偏差的界、一致分布点列等; 还简要地给出任意有界区域中的点集的偏差和一致分布点列的概念与性质, 以及其他一些形式的偏差概念.

1.1 一维点集的偏差

设 $\mathcal{S}=\{a_1,\cdots,a_n\}$ 是单位区间 $[0,1)$ 中的一个实数列, 对于任意的 $\alpha,\beta\in[0,1],\alpha<\beta$, 用

$$A\big([\alpha,\beta);n\big)=A\big([\alpha,\beta);n;\mathcal{S}\big)$$

表示这个数列落在区间 $[\alpha,\beta)$ 中的项的个数. 我们称

$$D_n = D_n(\mathcal{S}) = \sup_{0\leqslant\alpha<\beta\leqslant 1}\left|\frac{A\big([\alpha,\beta);n;\mathcal{S}\big)}{n}-(\beta-\alpha)\right| \tag{1.1.1}$$

为数列 $\mathcal{S}$ 的偏差.

一般地, 设 $\mathcal{S}=\{a_1,\cdots,a_n\}$ 是一个实数列, 将数列 $\{\{a_1\},\cdots,\{a_n\}\}$ 记作 $\{\mathcal{S}\}$, 并将 $\{\mathcal{S}\}$ 的偏差 $D_n(\{\mathcal{S}\})$ 称为数列 $\mathcal{S}$ 的偏差, 仍然记作 $D_n(\mathcal{S})$, 即 $D_n(\mathcal{S})=D_n(\{\mathcal{S}\})$.

在式 (1.1.1) 中, $\beta-\alpha$ 是区间 $[\alpha,\beta)$ 与整个区间 $[0,1)$ 的长度之比, 而 $A([\alpha,\beta);n)/n$ 是它们所含 $\mathcal{S}$ 的点的个数之比, 因此, $D_n(\mathcal{S})$ 是数列 $\mathcal{S}$ 在 $[0,1)$ 中分布的均匀程度的一种刻画.

我们还令

$$D_n^* = D_n^*(\mathcal{S}) = \sup_{0<\alpha\leqslant 1}\left|\frac{A\big([0,\alpha);n;\mathcal{S}\big)}{n}-\alpha\right|, \tag{1.1.2}$$

并称其为数列 $\mathcal{S}$ 的星偏差. 类似地, 若 $\mathcal{S}=\{a_1,\cdots,a_n\}$ 是一个任意实数列, 则令

$$D_n^*(\mathcal{S}) = D_n^*(\{\mathcal{S}\}),$$

其中 $\{\mathcal{S}\}=\{\{a_1\},\cdots,\{a_n\}\}$.

注 1.1.1 在式 (1.1.1) 中, 区间 $[\alpha,\beta)$ 可以换为 $[\alpha,\beta]$. 在式 (1.1.2) 中, 区间 $[0,\alpha)$ 可以换为 $[0,\alpha]$.

我们来证明前一个结论. 记

$$\widetilde{D}_n(\mathcal{S}) = \sup_{0\leqslant\alpha<\beta\leqslant 1}\left|\frac{A([\alpha,\beta];n;\mathcal{S})}{n}-(\beta-\alpha)\right|.$$

显然, 我们可取 $\delta>0$ 足够小, 使得

$$A([\alpha,\beta];n;\mathcal{S}) = A\big([\alpha,\beta+\delta);n;\mathcal{S}\big)$$

(当 $\beta=1$ 时, 取 $\delta=0$), 于是

$$\begin{aligned}\left|\frac{A([\alpha,\beta];n;\mathcal{S})}{n}-(\beta-\alpha)\right| &= \left|\frac{A\big([\alpha,\beta+\delta);n;\mathcal{S}\big)}{n}-(\beta+\delta-\alpha)+\delta\right| \\ &\leqslant \left|\frac{A\big([\alpha,\beta+\delta);n;\mathcal{S}\big)}{n}-(\beta+\delta-\alpha)\right|+\delta \leqslant D_n(\mathcal{S})+\delta.\end{aligned}$$

所以 $\widetilde{D}_n \leqslant D_n+\delta$.

类似地, 可取 $\delta>0$ 足够小, 使得

$$A\big([\alpha,\beta);n;\mathcal{S}\big)=A([\alpha,\beta-\delta];n;\mathcal{S})$$

(当 $\beta=1$ 时, 取 $\delta=0$), 于是可由

$$\left|\frac{A\big([\alpha,\beta);n;\mathcal{S}\big)}{n}-(\beta-\alpha)\right|=\left|\frac{A([\alpha,\beta-\delta];n;\mathcal{S})}{n}-(\beta-\delta-\alpha)-\delta\right|,$$

得到 $D_n\leqslant\widetilde{D}_n+\delta$.

综上, 我们有

$$D_n-\delta\leqslant\widetilde{D}_n\leqslant D_n+\delta.$$

因为 $\delta>0$ 可以任意小, 所以 $\widetilde{D}_n=D_n$.

下列几个引理给出偏差的一些简单性质. 显然, 我们可以约定: 在这些引理的证明中, 认为有限实数列是 $[0,1)$ 中的数列.

引理 1.1.1 若 $\mathcal{T}$ 是将有限实数列 $\mathcal{S}$ 的项重新排列而得到的数列, 则 $D_n(\mathcal{T})=D_n(\mathcal{S}),D_n^*(\mathcal{T})=D_n^*(\mathcal{S})$.

证 因为对于任何

$$J=[\alpha,\beta)\subset[0,1]\quad(\beta>\alpha\geqslant 0),$$

有 $A(J;n;\mathcal{T})=A(J;n;\mathcal{S})$, 所以结论成立. □

引理 1.1.2 对于任何由 n 个实数组成的数列 $\mathcal{S}$, 我们有

$$\frac{1}{n}\leqslant D_n(\mathcal{S})\leqslant 1. \tag{1.1.3}$$

证 对于区间 J, 我们用 $|J|$ 表示它的长度. 因为数 $A\big([\alpha,\beta);\mathcal{S};n\big)/n$ 和 $\beta-\alpha$ 都是不超过 1 的正数, 所以式 (1.1.3) 的右半部分成立. 现在设 a 是 $\mathcal{S}$ 的任意一项. 任取 $\varepsilon>0$, 考虑区间

$$J=[a,a+\varepsilon)\cap[0,1).$$

因为 $a\in J$, 所以

$$\frac{A(J;n)}{n}-|J|\geqslant\frac{1}{n}-|J|\geqslant\frac{1}{n}-\varepsilon,$$

于是

$$D_n(\mathcal{S})\geqslant\frac{1}{n}-\varepsilon.$$

因为 ε 可以任意接近于 0, 所以式 (1.1.3) 的左半部分成立. □

引理 1.1.3 任何含 n 项的实数列 $\mathcal{S}$ 满足

$$D_n^*(\mathcal{S}) \leqslant D_n(\mathcal{S}) \leqslant 2D_n^*(\mathcal{S}). \tag{1.1.4}$$

证 左半不等式是显然的. 为证右半不等式, 注意当 $0\leqslant\alpha<\beta\leqslant 1$ 时

$$A([\alpha,\beta);n)=A([0,\beta);n)-A([0,\alpha);n),$$

因此

$$\left|\frac{A\big([\alpha,\beta);\mathcal{S};n\big)}{n}-(\beta-\alpha)\right|\leqslant\left|\frac{A\big([0,\beta);\mathcal{S};n\big)}{n}-\beta\right|+\left|\frac{A\big([0,\alpha);\mathcal{S};n\big)}{n}-\alpha\right|.$$

由此易得式 (1.1.4). □

注 1.1.2 由引理 1.1.2 和引理 1.1.3, 可知 $D_n^*\geqslant 1/(2n)$. 由第 2 章定理 2.1.1 还可推出其中等式仅当数列

$$\mathcal{S}=\{(2k-1)/(2n)\ (k=1,2,\cdots,n)\}$$

(或此数列的重新排列) 时成立.

注 1.1.3 引理 1.1.3 表明, 在应用中, $D_n^*(\mathcal{S})$ 与 $D_n(\mathcal{S})$ 起着同样的作用.

引理 1.1.4 如果

$$\mathcal{X}=\{x_1,\cdots,x_n\},\quad \mathcal{Y}=\{y_1,\cdots,y_n\}$$

是两个实数列, 满足 $|x_j-y_j|\leqslant\delta\ (j=1,\cdots,n)$, 那么

$$|D_n^*(\mathcal{X})-D_n^*(\mathcal{Y})|\leqslant\delta, \tag{1.1.5}$$

$$|D_n(\mathcal{X})-D_n(\mathcal{Y})|\leqslant 2\delta. \tag{1.1.6}$$

证 因为证法类似, 所以只证式 (1.1.5). 考虑任意区间 $J=[0,u)\subset[0,1]$. 如果某个 $y_j\in J$, 那么

$$0\leqslant x_j\leqslant y_j+\delta<u+\delta,$$

从而 $x_j\in J_1=[0,u+\delta)\cap[0,1]$, 于是 $A(J;n;\mathcal{Y})\leqslant A(J_1;n;\mathcal{X})$, 并且

$$|J_1|=\min\{|[0,u+\delta)|,|[0,1]|\}\leqslant u+\delta=|J|+\delta,\quad 或者\quad |J|\geqslant|J_1|-\delta.$$

因此

$$\frac{A(J;n;\mathcal{Y})}{n}-|J|\leqslant\frac{A(J_1;n;\mathcal{X})}{n}-|J_1|+\delta\leqslant D_n^*(\mathcal{X})+\delta. \tag{1.1.7}$$

现在设 $u > \delta$. 如果某个 $x_j \in J_2 = [0, u-\delta)$, 那么

$$0 \leqslant y_j \leqslant x_j + \delta < u,$$

从而 $y_j \in J$, 于是 $A(J_2;n;\mathcal{X}) \leqslant A(J;n;\mathcal{Y})$, 并且

$$|J_2| = u - \delta = |J| - \delta, \quad \text{或者} \quad |J| = |J_2| + \delta.$$

于是

$$\frac{A(J;n;\mathcal{Y})}{n - |J|} \geqslant \frac{A(J_2;n;\mathcal{X})}{n - |J_2| - \delta},$$

从而

$$\frac{A(J;n;\mathcal{Y})}{n} - |J| \geqslant -D_n^*(\mathcal{X}) - \delta. \tag{1.1.8}$$

如果 $u \leqslant \delta$, 那么

$$\frac{A(J;n;\mathcal{Y})}{n \geqslant 0} > -D_n^*(\mathcal{X}), \quad -|J| = -u \geqslant -\delta,$$

所以式 (1.1.8) 也成立. 由式 (1.1.7) 和式 (1.1.8) 可知

$$\left| \frac{A(J;n;\mathcal{Y})}{n} - |J| \right| \leqslant D_n^*(\mathcal{X}) + \delta.$$

由于 $J \subset [0,1]$ 是任意的, 因此

$$D_n^*(\mathcal{Y}) \leqslant D_n^*(\mathcal{X}) + \delta. \tag{1.1.9}$$

在上面的推理中, 交换 $\mathcal{X}$ 和 $\mathcal{Y}$ 的位置, 可得

$$D_n^*(\mathcal{X}) \leqslant D_n^*(\mathcal{Y}) + \delta. \tag{1.1.10}$$

于是由式 (1.1.9) 和式 (1.1.10) 得到式 (1.1.5). □

注 1.1.4 引理 1.1.4 表明, $D_n(\mathcal{X})$ 和 $D_n^*(\mathcal{X})$ 是 $x_1, \cdots, x_n$ 的连续函数.

例 1.1.1 设 $n \geqslant 1$, 数列 $\mathcal{S} = \{k/n \ (k = 0, 1, \cdots, n-1)\}$, 则 $D_n(\mathcal{S}) = 1/n$.

证 考虑任意区间 $J = [\alpha, \beta) \subset [0,1]$. 存在唯一的整数 k $(0 \leqslant k \leqslant n-1)$, 使得 $k/n < |J| \leqslant (k+1)/n$, 因而 J 所含有的形如 j/n $(0 \leqslant j \leqslant n-1)$ 的点至少有 k 个, 而且至多有 $k+1$ 个, 于是

$$\left| \frac{A(J;n;\mathcal{S})}{n - |J|} \right| \leqslant \frac{1}{n}.$$

结合式 (1.1.3) 的左半部分, 即得结论.

注 1.1.5 由例 1.1.1 可知, 对于一维情形, 式 (1.1.3) 中 $D_n(\mathcal{S})$ 的下界估计是最优的 (还可参见注 2.1.1).

例 1.1.2 设 $n\geqslant 1$,

$$\mathcal{S}=\{k^2/n^2\ (k=0,1,\cdots,n-1)\},$$

则 $\lim\limits_{n\to\infty}D_n^*(\mathcal{S})=1/4$.

证 设 $0<\alpha\leqslant 1$, $[0,\alpha)\subseteq[0,1]$ 是一个任意区间, 而 $A\big([0,\alpha);n;\mathcal{S}\big)=t$, 那么 $t\geqslant 1$, 并且

$$\alpha\in\big((t-1)^2/n^2,t^2/n^2\big].$$

如果 $\alpha=t^2/n^2$, 那么 $t=n\sqrt{\alpha}$ (这是一个整数)$=[n\sqrt{\alpha}]$; 不然, 则有

$$\frac{(t-1)^2}{n^2}<\alpha<\frac{t^2}{n^2},\quad t-1<n\sqrt{\alpha}<t,$$

所以 $t=[n\sqrt{\alpha}]+1$. 总之, 我们有 $t=[n\sqrt{\alpha}]+\theta$, 其中 $\theta=0$ 或 1. 由此可知

$$\begin{aligned}\frac{A\big([0,\alpha);n;\mathcal{S}\big)}{n}-\alpha&=\frac{[n\sqrt{\alpha}]+\theta}{n}-\alpha=\sqrt{\alpha}-\alpha-\frac{\{n\sqrt{\alpha}\}+\theta}{n}\\&=\sqrt{\alpha}-\alpha+O(1/n).\end{aligned}$$

注意, 当 $\alpha=1$ 时

$$\frac{A\big([0,\alpha);n;\mathcal{S}\big)}{n}-\alpha=0;$$

当 $0<\alpha<1$ 时

$$\sqrt{\alpha}-\alpha=-\left(\sqrt{\alpha}-\frac{1}{2}\right)^2+\frac{1}{4}>0.$$

因此, 当 n 充分大时

$$\frac{A\big([0,\alpha);n;\mathcal{S}\big)}{n}-\alpha>0.$$

于是对于充分大的 n, 我们有

$$D_n^*(\mathcal{S})=\sup_{0<\alpha\leqslant 1}(\sqrt{\alpha}-\alpha)+O(1/n).$$

由于

$$\max_{0<\alpha\leqslant 1}(\sqrt{\alpha}-\alpha)=\frac{1}{4},$$

所以结论成立.

例 1.1.3 设 $n\geqslant 1$, 数列 $\mathcal{S}_l=\{k^l/n^l\ (k=0,1,\cdots,n-1)\}\ (l=0,1,2,\cdots)$, 则

$$\lim_{l\to\infty}\lim_{n\to\infty}D_n^*(\mathcal{S}_l)=1.$$

证 类似于例 1.1.2, 我们得到, 当 $l>1$ 且 n 充分大时

$$D_n^*(\mathcal{S}_l)=\sup_{0<\alpha\leqslant 1}(\sqrt[l]{\alpha}-\alpha)+O(1/n).$$

由

$$\max_{0<\alpha\leqslant 1}(\sqrt[l]{\alpha}-\alpha)=l^{-1/(l-1)}(1-l^{-1})$$

易得结论.

1.2 多维点集的偏差

我们首先引进一些记号. 设 $d\geqslant 2$. 若

$$\boldsymbol{\alpha}=(\alpha_1,\cdots,\alpha_d)\quad 和\quad \boldsymbol{\beta}=(\beta_1,\cdots,\beta_d)\in\mathbb{R}^d$$

满足 $\alpha_i<\beta_i$ (或 $\alpha_i\leqslant\beta_i$) $(i=1,\cdots,d)$, 则记作 $\boldsymbol{\alpha}<\boldsymbol{\beta}$ (或 $\boldsymbol{\alpha}\leqslant\boldsymbol{\beta}$). 我们将集合 ($d$ 维长方体)$\{\boldsymbol{x}\mid\boldsymbol{x}\in\mathbb{R}^d,\boldsymbol{\alpha}\leqslant\boldsymbol{x}<\boldsymbol{\beta}\}$ 记作 $[\boldsymbol{\alpha},\boldsymbol{\beta})$, 有时也记作

$$[\alpha_1,\beta_1)\times\cdots\times[\alpha_d,\beta_d);$$

类似地定义 $[\boldsymbol{\alpha},\boldsymbol{\beta}]$. 特别地, $[\mathbf{0},\mathbf{1})$ 表示 d 维单位正方体 $[0,1)^d$, 此处

$$\mathbf{0}=(0,\cdots,0),\quad \mathbf{1}=(1,\cdots,1)\in\mathbb{R}^d.$$

对于 $\boldsymbol{a}=(a_1,\cdots,a_d)\in\mathbb{R}^d$, 我们定义

$$|\boldsymbol{a}|=\prod_{i=1}^d|a_i|,$$

并将 $[0,1)^d$ 中的点 $(\{a_1\},\cdots,\{a_d\})$ 记作 $\{\boldsymbol{a}\}$. 如果 $\mathcal{S}=\{\boldsymbol{a}_1,\cdots,\boldsymbol{a}_n\}$ 是 $\mathbb{R}^d$ 中的一个有限点列, 那么令

$$\{\mathcal{S}\}=\{\{\boldsymbol{a}_1\},\cdots,\{\boldsymbol{a}_n\}\}.$$

这是 $[0,1)^d$ 中的一个有限点列.

现在将上节中的偏差概念推广到多维情形. 设 $d\geqslant 2$,

$$\mathcal{S}=\mathcal{S}_d=\{\boldsymbol{a}_1,\cdots,\boldsymbol{a}_n\}$$

是 d 维单位正方体 $[0,1)^d$ 中的一个有限点列, 则称

$$D_n(\mathcal{S})=D_n(\mathcal{S}_d)=\sup_{\mathbf{0}\leqslant\boldsymbol{\alpha}<\boldsymbol{\beta}\leqslant\mathbf{1}}\left|\frac{A\big([\boldsymbol{\alpha},\boldsymbol{\beta});n;\mathcal{S}_d\big)}{n}-|\boldsymbol{\beta}-\boldsymbol{\alpha}|\right|$$

为点列 $\mathcal{S}_d$ 的偏差, 称

$$D_n^*(\mathcal{S})=D_n^*(\mathcal{S}_d)=\sup_{\mathbf{0}<\boldsymbol{\alpha}\leqslant\mathbf{1}}\left|\frac{A\big([\mathbf{0},\boldsymbol{\alpha});n;\mathcal{S}_d\big)}{n}-|\boldsymbol{\alpha}|\right|$$

为点列 $\mathcal{S}_d$ 的星偏差. 如果 $\mathcal{S}=\mathcal{S}_d=\{\boldsymbol{a}_1,\cdots,\boldsymbol{a}_n\}$ 是 $\mathbb{R}^d$ 中的一个有限点列, 则分别定义 $\mathcal{S}_d$ 的偏差和星偏差为

$$D_n(\mathcal{S}_d)=D_n(\{\mathcal{S}_d\})\quad \text{和} \quad D_n^*(\mathcal{S}_d)=D_n^*(\{\mathcal{S}_d\}).$$

易证注 1.1.1 及引理 1.1.1 对于多维点集也成立, 并且对于任何 $d\geqslant 1$, 有 $0<D_n(\mathcal{S}_d)\leqslant 1$. 而引理 1.1.3 对一般情形有下面的形式:

引理 1.2.1 设 $d\geqslant 1$, $\mathcal{S}_d$ 是 $\mathbb{R}^d$ 中的任意含 n 项的有限点列, 则

$$D_n^*(\mathcal{S}_d)\leqslant D_n(\mathcal{S}_d)\leqslant 2^dD_n^*(\mathcal{S}_d). \tag{1.2.1}$$

证 式 (1.2.1) 的左半部分是显然的. 不妨认为 $\mathcal{S}_d$ 是 $[0,1)^d$ $(d\geqslant 2)$ 中的点列. 为证右半部分, 考虑区域 (d 维长方体)

$$J=\{\boldsymbol{x}\mid\boldsymbol{\alpha}\leqslant\boldsymbol{x}<\boldsymbol{\beta}\},$$

其中

$$\boldsymbol{\alpha}=(\alpha_1,\cdots,\alpha_d),\quad \boldsymbol{\beta}=(\beta_1,\cdots,\beta_d),\quad \mathbf{0}\leqslant\boldsymbol{\alpha}<\boldsymbol{\beta}\leqslant\mathbf{1}.$$

超平面 $x_j=\alpha_j$ $(j=1,\cdots,d)$ 将 $[\mathbf{0},\boldsymbol{\beta})$ 划分为 2^d 个形如

$$J_l=\{\boldsymbol{x}\mid\mathbf{0}\leqslant\boldsymbol{x}<\boldsymbol{\varepsilon}_l\}$$

的小区域, 其中 $\boldsymbol{\varepsilon}_l=(\varepsilon_1^{(l)},\cdots,\varepsilon_d^{(l)})$ 的各个分量 $\varepsilon_j^{(l)}=\alpha_j$ 或 β_j $(j=1,\cdots,d)$. 用 $s(\boldsymbol{\varepsilon}_l)$ 表示使 $\boldsymbol{\varepsilon}_l$ 的坐标 $\varepsilon_j^{(l)}=\alpha_j$ 的下标 j 的个数. 例如, 当 $d=3$ 时

$$s\big((\alpha_1,\alpha_2,\beta_3)\big)=2,\quad s\big((\alpha_1,\beta_2,\beta_3)\big)=1.$$

对于 $[0,1)^d$ 中的任意两个 d 维长方体 A 和 B, 分别用 $A+B$ 和 $A-B$ 表示 $A\cup B$ 和 $A\setminus B$. 那么由逐步淘汰原则 [5] 可知

$$J=\sum_{l}(-1)^{s(\boldsymbol{\varepsilon}_l)}J_l,$$

于是

$$\begin{aligned}A(J;n;\mathcal{S}_d)&=\sum_{l}(-1)^{s(\boldsymbol{\varepsilon}_l)}A(J_l;n;\mathcal{S}_d),\\|J|&=\sum_{l}(-1)^{s(\boldsymbol{\varepsilon}_l)}|J_l|,\end{aligned}$$

因而

$$\begin{aligned}\left|\frac{A(J;n;\mathcal{S}_d)}{n}-|J|\right|&\leqslant\sum_{l}\left|\frac{A(J_l;n;\mathcal{S}_d)}{n}-|J_l|\right|\\&\leqslant D_n^*(\mathcal{S}_d)\sum_{l}1=2^dD_n^*(\mathcal{S}_d),\end{aligned}$$

即式 (1.2.1) 的右半部分也成立. □

下面给出引理 1.1.4 的多变量情形的推广, 它表明 $D_n(\mathcal{X})$ 和 $D_n^*(\mathcal{X})$ 是 $x_{k,j}$ 的连续函数.

引理 1.2.2 设 $d\geqslant 1$,

$$\mathcal{X}=\{\boldsymbol{x}_1,\cdots,\boldsymbol{x}_n\},\quad \mathcal{Y}=\{\boldsymbol{y}_1,\cdots,\boldsymbol{y}_n\}$$

是 $\mathbb{R}^d$ 中的两个有限点列. 记

$$\boldsymbol{x}_k=(x_{k,1},\cdots,x_{k,d}),\quad \boldsymbol{y}_k=(y_{k,1},\cdots,y_{k,d})\quad(k=1,\cdots,n).$$

如果

$$|x_{k,j}-y_{k,j}|\leqslant\delta\quad(j=1,\cdots,d;\ k=1,\cdots,n),$$

那么

$$|D_n^*(\mathcal{X})-D_n^*(\mathcal{Y})|\leqslant d\delta,\tag{1.2.2}$$

$$|D_n(\mathcal{X})-D_n(\mathcal{Y})|\leqslant 2d\delta.\tag{1.2.3}$$

证 可以认为 $\mathcal{X}$ 和 $\mathcal{Y}$ 是 $[0,1)^d$ 中的点列. 考虑 $[0,1)^d$ 的任意子长方体 $J=[\boldsymbol{0},\boldsymbol{\alpha})$, 其中

$$\boldsymbol{\alpha}=(\alpha_1,\cdots,\alpha_d),\quad 0<\alpha_j\leqslant 1\quad(j=1,\cdots,d).$$

记 $\boldsymbol{\delta}=(\delta,\cdots,\delta)$, 令

$$J_1=[\mathbf{0},\boldsymbol{\alpha}+\boldsymbol{\delta})\cap[0,1)^d,$$

那么 $J_1=[\mathbf{0},\boldsymbol{\beta})$, 其中

$$\boldsymbol{\beta}=(\beta_1,\cdots,\beta_d),\quad \beta_j=\min\{\alpha_j+\delta,1\}\quad (j=1,\cdots,d).$$

如果某个 $\boldsymbol{y}_k\in J$, 那么 $0\leqslant x_{k,j}\leqslant y_{k,j}+\delta<\alpha_j+\delta$. 注意 $x_{k,j}<1$, 因而 $0\leqslant x_{k,j}<\beta_j$ $(j=1,\cdots,d)$, 于是 $\boldsymbol{x}_k\in J_1$. 因此

$$A(J;n;\mathcal{Y})\leqslant A(J_1;n;\mathcal{X}). \tag{1.2.4}$$

因为

$$\beta_1-\alpha_1=\min\{\alpha_1+\delta,1\}-\alpha_1\leqslant\delta,$$

以及

$$\prod_{j=1}^d\beta_j-\prod_{j=1}^d\alpha_j=(\beta_1-\alpha_1)\prod_{j=2}^d\beta_j+\alpha_1\Big(\prod_{j=2}^d\beta_j-\prod_{j=2}^d\alpha_j\Big),$$

所以由数学归纳法可知

$$0\leqslant|J_1|-|J|\leqslant d\delta. \tag{1.2.5}$$

由式 (1.2.4) 和式 (1.2.5) 可得

$$\frac{A(J;n;\mathcal{Y})}{n}-|J|\leqslant\frac{A(J_1;n;\mathcal{X})}{n}-|J_1|+d\delta\leqslant D_n^*(\mathcal{X})+d\delta. \tag{1.2.6}$$

现在设 $\min\limits_j\alpha_j>\delta$. 令

$$J_2=[\mathbf{0},\boldsymbol{\gamma}),$$

其中 $\boldsymbol{\gamma}=(\gamma_1,\cdots,\gamma_d),\gamma_j=\alpha_j-\delta$ $(j=1,\cdots,d)$. 如果某个 $\boldsymbol{x}_k\in J_2$, 那么 $0\leqslant y_{k,j}<x_{k,j}+\delta<\alpha_j$ $(j=1,\cdots,d)$, 于是 $\boldsymbol{y}\in J$. 因此

$$A(J_2;n;\mathcal{X})\leqslant A(J;n;\mathcal{Y}). \tag{1.2.7}$$

又因为

$$\alpha_1-\gamma_1=\delta,$$

以及

$$\prod_{j=1}^d\alpha_j-\prod_{j=1}^d\gamma_j=(\alpha_1-\gamma_1)\prod_{j=2}^d\alpha_j+\gamma_1\Big(\prod_{j=2}^d\alpha_j-\prod_{j=2}^d\gamma_j\Big),$$

所以由数学归纳法可知

$$0 \leqslant |J| - |J_2| \leqslant d\delta. \tag{1.2.8}$$

类似于式 (1.2.6), 由式 (1.2.7) 和式 (1.2.8) 可得

$$\frac{A(J;n;\mathcal{Y})}{n} - |J| \geqslant -D_n^*(\mathcal{X}) - d\delta. \tag{1.2.9}$$

如果有某些 $\alpha_j \leqslant \delta$, 则由 $0 < \alpha_j \leqslant 1$, 可得 $|J| \leqslant \delta \leqslant d\delta$; 还要注意

$$\frac{A(J;n;\mathcal{Y})}{n} \geqslant 0 > -D_n^*(\mathcal{X}),$$

所以此时式 (1.2.9) 仍然成立. 由式 (1.2.6) 和式 (1.2.9) 出发, 进行与引理 1.1.4 的证明的最后几步类似的推理, 即可得式 (1.2.2). 另一结论可类似地证明. □

例 1.2.1 设 $\mathcal{S} = \{\boldsymbol{x}_1, \cdots, \boldsymbol{x}_n\}$ 是 $\mathbb{R}^d$ $(d \geqslant 1)$ 中的任意有限点列, 则 $D_n(\mathcal{S}) \geqslant 1/n$.

证 由引理 1.1.2, 可设 $d \geqslant 2$. 不妨认为 $\mathcal{S}$ 是 $[0,1)^d$ 中的点列. 取 $\varepsilon > 0$, 记

$$\boldsymbol{\varepsilon} = (\varepsilon, \cdots, \varepsilon), \quad \boldsymbol{\alpha} = \boldsymbol{x}_1 + \boldsymbol{\varepsilon},$$

那么当 $\varepsilon > 0$ 足够小时 $J = [\boldsymbol{x}_1, \boldsymbol{\alpha}) \subseteq [0,1)^d$, 且

$$|J| = \prod_j (x_j + \varepsilon) - \prod_j x_j \leqslant (2^d - 1)\varepsilon,$$

从而

$$\left| \frac{A(J;n)}{n} - |J| \right| \geqslant \frac{1}{n} - (2^d - 1)\varepsilon.$$

因为 ε 可以任意小, 所以结论成立.

注 1.2.1 在下一节 (定理 1.3.1) 中我们将看到, 当 $d \geqslant 2$ 时这个下界估计不是最优的.

例 1.2.2 设 $\mathcal{S}_d = \{\boldsymbol{x}_1, \cdots, \boldsymbol{x}_n\}$ 是一个 d 维点列, $1 \leqslant l \leqslant d$. 还设 $\mathcal{S}_{i_1,\cdots,i_l}$ 是由 $\boldsymbol{x}_k$ $(1 \leqslant k \leqslant n)$ 的任意 (但固定) 的 l 个坐标 (第 i_1, i_2, $\cdots$, i_l 个坐标, 且 $1 \leqslant i_1 < \cdots < i_l \leqslant d$) 形成的点组成的点列, 则有

$$D_n(\mathcal{S}_d) \geqslant D_n(\mathcal{S}_{i_1,\cdots,i_l}), \quad D_n^*(\mathcal{S}_d) \geqslant D_n^*(\mathcal{S}_{i_1,\cdots,i_l}).$$

证 不妨设 $\mathcal{S}_d \in [0,1)^d$, 且 $\mathcal{S}_{i_1,\cdots,i_l}$ 中的点由 $\boldsymbol{x}_k$ $(1 \leqslant k \leqslant n)$ 的前 l 个坐标形成, 并将它记为 $\mathcal{S}_l$ (注意, 这些点中可能有重复的, 在计算点数时应计及重数). 设 $\boldsymbol{\alpha} = (\alpha_1, \cdots, \alpha_l)$ 和 $\boldsymbol{\beta} = (\beta_1, \cdots, \beta_l)$ 满足 $\mathbf{0} \leqslant \boldsymbol{\alpha} < \boldsymbol{\beta} \leqslant \mathbf{1}$. 令

$$\boldsymbol{\alpha}' = (\alpha_1, \cdots, \alpha_l, 1, \cdots, 1), \quad \boldsymbol{\beta}' = (\beta_1, \cdots, \beta_l, 1, \cdots, 1) \in (0,1]^d.$$

那么

$$A\big([\boldsymbol{\alpha},\boldsymbol{\beta});n;\mathcal{S}_l\big)=A\big([\boldsymbol{\alpha}',\boldsymbol{\beta}');n;\mathcal{S}_d\big),\quad |\boldsymbol{\beta}-\boldsymbol{\alpha}|=|\boldsymbol{\beta}'-\boldsymbol{\alpha}'|.$$

于是

$$\left|\frac{A\big([\boldsymbol{\alpha},\boldsymbol{\beta});n;\mathcal{S}_l\big)}{n}-|\boldsymbol{\beta}-\boldsymbol{\alpha}|\right|=\left|\frac{A\big([\boldsymbol{\alpha}',\boldsymbol{\beta}');n;\mathcal{S}_d\big)}{n}-|\boldsymbol{\beta}'-\boldsymbol{\alpha}'|\right|\leqslant D_n(\mathcal{S}_d),$$

因此得到 $D_n(\mathcal{S}_d)\geqslant D_n(\mathcal{S}_l)$. 可类似地证明另一式.

例 1.2.3 设 $d\geqslant 2$, $\mathcal{S}=\{\boldsymbol{x}_1,\boldsymbol{x}_2,\cdots\}$ 是 $[0,1)^{d-1}$ 中的任意点列. 对任意的整数 $n\geqslant 1$, 令

$$\mathcal{P}=\{(k/n,\boldsymbol{x}_k)\,(k=1,\cdots,n)\},$$

则

$$D_n^*(\mathcal{P})\leqslant\frac{1}{n}\max_{1\leqslant m\leqslant n}mD_m^*(\mathcal{S})+\frac{1}{n}.$$

证 对于任意的长方体

$$J=\prod_{i=1}^{d}[0,\alpha_i)\subset[0,1)^d,$$

点 $(k/n,\boldsymbol{x}_k)\in J$ 当且仅当 $\boldsymbol{x}_k\in J'=\prod\limits_{i=2}^{d}[0,\alpha_i)$ 和 $k<n\alpha_1$. 如果 m 是小于 $n\alpha_1+1$ 的最大整数, 那么

$$A(J;n;\mathcal{P})=A(J';n;\mathcal{S}_m),$$

其中 $\mathcal{S}_m=\{\boldsymbol{x}_1,\cdots,\boldsymbol{x}_m\}$. 于是

$$\begin{aligned}\big|A(J;n;\mathcal{P})-n|J|\big|&\leqslant\big|A(J';n;\mathcal{S}_m)-m|J'|\big|+\big|m|J'|-n|J|\big|\\&\leqslant mD_m^*(\mathcal{S})+\big|m|J'|-n|J|\big|.\end{aligned}$$

因为 $n\alpha_1\leqslant m<n\alpha_1+1$, 所以

$$m|J'|-n|J|=(m-n\alpha_1)\alpha_2\cdots\alpha_d\geqslant 0,$$

以及

$$m|J'|-n|J|<(n\alpha_1+1)\prod_{i=2}^{d}\alpha_i-n\alpha_1\prod_{i=2}^{d}\alpha_i\leqslant 1.$$

由此易得所要的结论.

例 1.2.4 设 $d\geqslant 1$, $\mathcal{S}_i$ $(i=1,\cdots,s)$ 是 $\mathbb{R}^d$ 中 s 个分别含 n_i 项的有限点列, $\mathcal{S}$ 是将这 s 个点列的点按任意顺序排列而得到的点列, 并记 $n=n_1+\cdots+n_s$, 则有

$$D_n(\mathcal{S})\leqslant \sum_{i=1}^{s}\frac{n_i}{n}D_{n_i}(\mathcal{S}_i),$$

$$D_n^*(\mathcal{S})\leqslant \sum_{i=1}^{s}\frac{n_i}{n}D_{n_i}^*(\mathcal{S}_i).$$

证 任取 $I=[\boldsymbol{\alpha},\boldsymbol{\beta})\subset[0,1]^d$. 我们有

$$A(I;n;\mathcal{S})=\sum_{i=1}^{s}A(I;n_i;\mathcal{S}_i),$$

因此

$$\begin{aligned}\left|\frac{A(I;n;\mathcal{S})}{n}-|I|\right|&=\left|\sum_{i=1}^{s}\frac{n_i}{n}\left(\frac{A(I;n_i;\mathcal{S}_i)}{n_i}-|I|\right)\right|\\&\leqslant \sum_{i=1}^{s}\frac{n_i}{n}D_{n_i}(\mathcal{S}_i).\end{aligned}$$

由此易得结论 (星偏差情形的证明类似).

例 1.2.5 设

$$\mathcal{S}=\{\big((2i-1)/32,(2j-1)/32\big)\ (i,j=1,2,\cdots,16)\}$$

是 $[0,1)^2$ 中的一个点集, 求它的星偏差 $D^*(\mathcal{S})$.

解 记 $n=16^2$. 对于 $\boldsymbol{\alpha}=(\alpha_1,\alpha_2)\in(0,1]^2$, 令

$$F(\boldsymbol{\alpha})=\left|\frac{A\big([\mathbf{0},\boldsymbol{\alpha});n\big)}{n}-|\boldsymbol{\alpha}|\right|,$$

以及

$$\begin{aligned}&D=\{(x,y)\mid 1/32<x\leqslant 1,1/32<y\leqslant 1\},\\&E=\{(x,y)\mid 1/32<x\leqslant 31/32,1/32<y\leqslant 31/32\},\\&L=(0,1]^2\setminus D\end{aligned}$$

(这是顶点为

$$(0,0),\ (1,0),\ (1,1/32),\ (1/32,1/32),\ (1/32,1),\ (0,1)$$

的 L 形区域), $G=D\setminus E$ (即顶点为

$$(1/32,31/32),\ (1/32,1),\ (1,1),\ (1,1/32),\ (31/32,1/32),\ (31/32,31/32)$$

的倒 L 形区域).

1° 当 $\boldsymbol{\alpha}=(\alpha_1,\alpha_2)\in L$ 时, 显然

$$A\big([\mathbf{0},\boldsymbol{\alpha});n\big)=0,$$

于是

$$F(\boldsymbol{\alpha})=|\boldsymbol{\alpha}|<1\cdot\frac{1}{32}=\frac{1}{32}.$$

2° 当 $\boldsymbol{\alpha}=(\alpha_1,\alpha_2)\in E$ 时, 其必定落在某个唯一的形如

$$\{(x,y)\mid(2i-1)/32<x\leqslant(2i+1)/32,(2j-1)/32<y\leqslant(2j+1)/32\}$$

的正方形中, 于是可将它表示为

$$\boldsymbol{\alpha}=\big((2i-1)/32+\delta_1,(2j-1)/32+\delta_2\big),$$

其中 $i,j\in\{1,2,\cdots,15\}$, 并且 $0<\delta_1,\delta_2\leqslant 1/16$. 易见

$$A\big([\mathbf{0},\boldsymbol{\alpha});n\big)=ij,\quad |\boldsymbol{\alpha}|=\Big(\frac{2i-1}{32}+\delta_1\Big)\Big(\frac{2j-1}{32}+\delta_2\Big),$$

并注意到

$$\frac{ij}{n}=\Big(\frac{2i-1}{32}+\frac{1}{32}\Big)\Big(\frac{2j-1}{32}+\frac{1}{32}\Big),$$

可知

$$A\big([\mathbf{0},\boldsymbol{\alpha});n\big)/n-|\boldsymbol{\alpha}|=\frac{2i-1}{32}\Big(\frac{1}{32}-\delta_1\Big)+\frac{2j-1}{32}\Big(\frac{1}{32}-\delta_2\Big)+\Big(\frac{1}{32^2}-\delta_1\delta_2\Big),\qquad(1.2.10)$$

因此

$$\begin{aligned}F(\boldsymbol{\alpha})&\leqslant\frac{2i-1}{32}\left|\frac{1}{32}-\delta_1\right|+\frac{2j-1}{32}\left|\frac{1}{32}-\delta_2\right|+\left|\frac{1}{32^2}-\delta_1\delta_2\right|\\&\leqslant\frac{2i-1}{32}\cdot\frac{1}{32}+\frac{2j-1}{32}\cdot\frac{1}{32}+\frac{4-1}{32^2}\\&\leqslant\frac{1}{32^2}(29+29+3)=\frac{61}{32^2}.\end{aligned}$$

3° 当 $\boldsymbol{\alpha}=(\alpha_1,\alpha_2)\in G$ 时, 类似地得到 $\boldsymbol{\alpha}$ 的下列三种表示形式:

(a) $\boldsymbol{\alpha}=\big((2i-1)/32+\delta_1,31/32+\delta_2\big)$, 其中 $i\in\{1,2,\cdots,15\}$, 并且 $0<\delta_1\leqslant 1/16,0<\delta_2\leqslant 1/32$;

(b) $\boldsymbol{\alpha}=\big(31/32+\delta_1,(2j-1)/32+\delta_2\big)$, 其中 $j\in\{1,2,\cdots,15\}$, 并且 $0<\delta_1\leqslant 1/32, 0<\delta_2\leqslant 1/16$;

(c) $\boldsymbol{\alpha}=(31/32+\delta_1,31/32+\delta_2)$, 其中 $0<\delta_1,\delta_2\leqslant 1/32$.

对于情形 (a), 与式 (1.2.10) 类似, 有 (或在式中令 $j=16$)

$$A\big([\mathbf{0},\boldsymbol{\alpha});n\big)-|\boldsymbol{\alpha}|=\frac{2i-1}{32}\Big(\frac{1}{32}-\delta_1\Big)+\frac{31}{32}\Big(\frac{1}{32}-\delta_2\Big)+\Big(\frac{1}{32^2}-\delta_1\delta_2\Big),$$

于是

$$F(\boldsymbol{\alpha})\leqslant\frac{2i-1}{32}\cdot\frac{1}{32}+\frac{31}{32}\cdot\frac{1}{32}+\frac{1}{32^2}\leqslant\frac{1}{32^2}(29+31+1)=\frac{61}{32^2}.$$

对于情形 (b), 也有同样的结果.

对于情形 (c), 我们有

$$A\big([\mathbf{0},\boldsymbol{\alpha});n\big)-|\boldsymbol{\alpha}|=\frac{31}{32}\Big(\frac{1}{32}-\delta_1\Big)+\frac{31}{32}\Big(\frac{1}{32}-\delta_2\Big)+\Big(\frac{1}{32^2}-\delta_1\delta_2\Big),$$

因此

$$F(\boldsymbol{\alpha})\leqslant\frac{1}{32^2}(31+31+1)=\frac{63}{32^2}.$$

特别地, 当 $\boldsymbol{\alpha}=(31/32+\varepsilon,31/32+\varepsilon)(\varepsilon>0)$ 时

$$F(\boldsymbol{\alpha})=1-\Big(\frac{31}{32}+\varepsilon\Big)\Big(\frac{31}{32}+\varepsilon\Big)=\frac{63}{32^2}+\frac{31}{16}\varepsilon+\varepsilon^2.$$

因为 ε 可任意地接近于 0, 所以综合上述诸情形, 可得

$$D^*(\mathcal{S})=\frac{63}{32^2}=0.061\ 523\ 437\ 5.$$

1.3 偏差的下界估计

本节的目的是研究多维情形偏差的下界估计 (一维情形见引理 1.1.2). 依引理 1.2.1, 我们可以考虑星偏差. 1954 年 K. F. Roth[218] 发表了下面的结果:

定理 1.3.1 设 $d\geqslant 2$, $\mathcal{S}=\mathcal{S}_d=\{\boldsymbol{x}_1,\cdots,\boldsymbol{x}_n\}$ 是 $\mathbb{R}^d$ 中的任意有限点列, 则

$$D_n^*(\mathcal{S}_d)\geqslant c_0(d)n^{-1}(\log n)^{(d-1)/2},$$

其中 $c_0(d)>0$ 是一个仅与 d 有关的常数. 实际上, 它有明显的表达式:

$$c_0(d)=2^{-4d}((d-1)\log 2)^{-(d-1)/2}.$$

证 为便于表达, 仅对 $d=2$ 的情形给出证明. 不妨认为 $\mathcal{S}$ 是 $[0,1)^2$ 中的点列. 我们只需证明

$$\iint_{[0,1]^2}\big(A\big([\mathbf{0},\boldsymbol{x});n\big)-n|\boldsymbol{x}|\big)^2\mathrm{d}\boldsymbol{x}\geqslant c_3(d)(\log n)^{d-1}. \tag{1.3.1}$$

此处及下文的 c_j 表示至多与 d 有关的正常数,

$$\boldsymbol{x}=(x_1,x_2),\quad \mathrm{d}\boldsymbol{x}=\mathrm{d}x_1\mathrm{d}x_2.$$

我们还将 $A\big([\mathbf{0},\boldsymbol{x});n\big)-n|\boldsymbol{x}|$ 记作 $D(\boldsymbol{x})$, 将 $[0,1]^2$ 上的积分简记为 $\int$. 我们将构造一个适当的辅助函数 $F:[0,1]^2\to\mathbb{R}$. 由 Cauchy-Schwarz 不等式, 我们有

$$\int FD\leqslant\sqrt{\int F^2}\sqrt{\int D^2},$$

或者

$$\sqrt{\int D^2}\geqslant\Big(\int FD\Big)\left(\sqrt{\int F^2}\right)^{-1}. \tag{1.3.2}$$

因此, 若

$$\int F^2=O(\log n),$$

而 $\int FD$ 足够大, 则可得到式 (1.3.1).

为了构造所要的辅助函数, 我们取整数 m, 使之满足 $2n\leqslant 2^m<4n$, 记 $N=2^m$. 对于 $j=0,1,\cdots,m$, 定义函数 $f_j:[0,1]^2\to\{-1,0,+1\}$ 如下: 用 2^j-1 条平行于 y 轴的直线和 $2^{m-j}-1$ 条平行于 x 轴的直线将 $(0,1]^2$ 划分为 2^m 个全等的小长方形 (为确定计, 两个相邻小长方形的平行于 y 轴的公共边属于右侧小长方形, 平行于 x 轴的公共边属于上侧小长方形). 如果某个小长方形中含有 $\mathcal{S}$ 中的点, 那么令 f_j 在其上处处为 0; 不然, 将这个小长方形划分为 4 个全等的 (更小的) 子长方形, 令 f_j 在左上角和右下角的子长方形上取值 $+1$, 在其余两个子长方形上取值 -1. 借助于 f_j 将所要的函数定义为

$$F=f_0+f_1+\cdots+f_m.$$

(它称为 Rademacher 函数或 Harr 小波.)

注意, 函数 f_j 具有正交性, 即

$$\int f_if_j=0\quad(i<j).$$

事实上, 将定义 f_i 时做出的 $2^i\times 2^{m-i}$ 网格与定义 f_j 时做出的 $2^j\times 2^{m-j}$ 网格重叠, 我们得到由一些小长方形组成的 $2^j\times 2^{m-i}$ 网格. 于是容易验证, 在这些小长方形上, f_if_j 或者恒等于 0, 或者在 $\{+1,-1\}$ 中取值. 因为 $i<j,m-j<m-i$, 所以上述两个网格重叠后, 对 $2^i\times 2^{m-i}$ 网格而言, 在适当位置增加了 2^{j-i} 条垂直剖线 (即将单位正方形横向 2^i 等分加密为 2^j 等分), 对于 $2^j\times 2^{m-j}$ 网格而言, 在适当位置增加了 2^{j-i} 条水平剖线 (即将单位正方形纵向 2^{m-j} 等分加密为 2^{m-i} 等分). 于是出现成对的长方形 (它们被划分为 4 个全等的更小的子长方形), 在其中一个上, f_if_j 在左上角和右下角的子长方形上取值 $+1$, 在其余两个子长方形上取值 -1; 而在另一个上, 情况正好相反, 即 f_if_j 在左上角和右下角的子长方形上取值 -1, 在其余两个子长方形上取值 $+1$. 由此易得所说的正交性结论.

由 f_j 的正交性立即得到

$$\int F^2=\sum_{i,j=0}^{m}\int f_if_j=\sum_{i=0}^{m}\int f_i^2\leqslant\sum_{i=0}^{m}1\leqslant\log_2 n+3. \tag{1.3.3}$$

剩下的事是估计 $\int FD$. 为此, 只需估计 $\int f_jD$. 注意在 f_j 的定义中, $2^j\times 2^{m-j}$ 网格总共含有 $N=2^m\geqslant 2n$ 个全等的小长方形. 我们只考虑不包含 $\mathcal{S}$ 中的点的小长方形 (不然 f_j 在其上为 0), 用 R 表示任意一个这样的小长方形. R 被划分为 4 个全等的子长方形, 将左上角的子长方形记作 R_{UL}, 类似地将右上角、右下角、左下角子长方形分别记作 $R_{\mathrm{UR}},R_{\mathrm{LR}},R_{\mathrm{LL}}$. 设 R_{LL}(左下角子长方形) 两条边定义的矢量为 $\boldsymbol{a}=(0,a),\boldsymbol{b}=(0,b)$, 其中 $a=2^{-j-1},b=2^{j-m-1}$. 由 f_j 的定义, 我们有

$$\begin{aligned}\int_R f_jD&=-\int_{R_{\mathrm{LL}}}D+\int_{R_{\mathrm{LR}}}D+\int_{R_{\mathrm{UL}}}D-\int_{R_{\mathrm{UR}}}D\\&=-\int_{R_{\mathrm{LL}}}\big(D(\boldsymbol{x})-D(\boldsymbol{x}+\boldsymbol{a})-D(\boldsymbol{x}+\boldsymbol{b})+D(\boldsymbol{x}+\boldsymbol{a}+\boldsymbol{b})\big)\mathrm{d}\boldsymbol{x}.\end{aligned}$$

由 $D(\boldsymbol{x})$ 的定义, 上式中的被积函数可表示为

$$\begin{aligned}&n\left(|\boldsymbol{x}|-|\boldsymbol{x}+\boldsymbol{a}|-|\boldsymbol{x}+\boldsymbol{b}|+|\boldsymbol{x}+\boldsymbol{a}+\boldsymbol{b}|\right)\\&-\Big(A\big([\boldsymbol{0},\boldsymbol{x});n\big)-A\big([\boldsymbol{0},\boldsymbol{x}+\boldsymbol{a});n\big)-A\big([\boldsymbol{0},\boldsymbol{x}+\boldsymbol{b});n\big)+A\big([\boldsymbol{0},\boldsymbol{x}+\boldsymbol{a}+\boldsymbol{b});n\big)\Big).\end{aligned}$$

容易看出上式中第 1 个括号中的表达式给出了 R_{LL} 的面积, 即 $ab=2^{-m-2}$, 第 2 个括号中的式子的值为 0 (因为 R 不含 $\mathcal{S}$ 中的点), 因此我们得到

$$\int_R f_jD=\int_{R_{\mathrm{LL}}}n\cdot|R_{\mathrm{LL}}|=n|R_{\mathrm{LL}}|^2=n2^{-2m-4}=2^{-4}N^{-2}n. \tag{1.3.4}$$

因为 $N \geqslant 2n$, 所以

$$\int_R f_j D \geqslant 2^{-4}(2n)^{-2}n \geqslant c_3 n^{-1}.$$

注意, 不含 $\mathcal{S}$ 中的点的小长方形 R 的个数 $\geqslant N-n \geqslant 2n-n=n$, 因此

$$\int f_j D \geqslant c_3,$$

从而

$$\int FD = \int \sum_{j=0}^{m} f_j D \geqslant c_3(m+1) \geqslant c_3\big(\log_2(2n)+1\big) = c_4 \log n. \tag{1.3.5}$$

最后, 由式 (1.3.2)、式 (1.3.3) 和式 (1.3.5) 得到所要的结论. □

注 1.3.1 当 $d \geqslant 3$ 时, 定理 1.3.1 的证明是类似的. 取 N, m 同上, 对于每个 d 维下标组 $(i_1, \cdots, i_d)$ $(i_k \geqslant 0, \sum i_k = m)$, 将单位正方体等分为 $2^{i_1} \times \cdots \times 2^{i_d}$ 个小长方体. 类似于二维情形定义函数 $f_{i_1 \cdots i_d}$, 这些函数的总个数为

$$M = \binom{m+d-1}{d-1}.$$

最终得到

$$\int D^2 \geqslant c_5 2^{-2d} M.$$

当 $d=2$ 时, W. M. Schmidt[225] 改进了定理 1.3.1, 他证明了

定理 1.3.2 设 $\mathcal{S}_2 = \{\boldsymbol{x}_1, \cdots, \boldsymbol{x}_n\}$ 是 $\mathbb{R}^2$ 中的任意有限点列, 则

$$D_n^*(\mathcal{S}_2) \geqslant c_6 n^{-1} \log n.$$

证 可以认为 $\mathcal{S}_2 \subset [0,1)^2$. 保持上面证明中的 $m, N, D(\boldsymbol{x})$ 的意义不变, 函数 f_j 的定义也不变. 我们应用 f_j 构造辅助函数 (通常称为 Riesz 积)

$$G = (1+cf_0)(1+cf_1)\cdots(1+cf_m)-1,$$

其中 $c \in (0,1)$ 是某个足够小的常数, 将在后文确定. 由

$$\int GD \leqslant (\sup|D|) \int |G|$$

得到估值

$$D_n^*(\mathcal{S}_2) = \sup_{\boldsymbol{x} \in [0,1]^2} |D(\boldsymbol{x})| \geqslant \frac{\int GD}{\int |G|}. \tag{1.3.6}$$

因此, 我们需要估计 $\int DG$ 和 $\int |G|$.

将 G 的表达式展开, 可得

$$G = G_1 + G_2 + \cdots + G_m,$$

其中

$$G_k = c^k \sum_{0 \leqslant j_1 < j_2 < \cdots < j_k \leqslant m} f_{j_1} f_{j_2} \cdots f_{j_k}.$$

我们有下列广义正交性:

$$\int f_{j_1} f_{j_2} \cdots f_{j_k} = 0 \quad (0 \leqslant j_1 < j_2 < \cdots < j_k \leqslant m). \tag{1.3.7}$$

在定理 1.3.1 的证明中, 已对 $k=2$ 的情形确定了它的正确性. 由数学归纳法可知, 函数 $f_{j_1} f_{j_2} \cdots f_{j_k}$ 在 $2^{j_k} \times 2^{m-j_1}$ 网格上的取值, 与定理 1.3.1 的证明中考察的函数 $f_i f_j$ $(i<j)$ 在 $2^j \times 2^{m-i}$ 网格上的取值类似, 因此式 (1.3.7) 在一般情形下也成立. 由此可知, 对于任何 $k>0$, $\int G_k = 0$. 于是

$$\int |G| \leqslant \int 1 + \int (1+cf_0)(1+cf_1)\cdots(1+cf_m) = 1 + 1 + \sum_{k=1}^{m} \int G_k = 2. \tag{1.3.8}$$

现在来考虑

$$\int GD = \int (G_1 + \cdots + G_m) D.$$

因为 $G_1 = cF$, 所以由式 (1.3.5) 得

$$\int G_1 D \geqslant cc_4 \log n. \tag{1.3.9}$$

注意, 常数 c_4 (以及下文中的 c_5 等) 与 c 无关. 剩下的事情是估计 $\int G_k D$ $(k \geqslant 2)$. 由上面所说函数 $f_{j_1} f_{j_2} \cdots f_{j_k}$ 在 $2^{j_k} \times 2^{m-j_1}$ 网格上的取值特点, 类似于式 (1.3.4), 若 R 是 $2^{j_k} \times 2^{m-j_1}$ 网格中任意一个不使 $f_{j_1} f_{j_2} \cdots f_{j_k}$ 为 0 的小长方形, 则有

$$\int_R f_{j_1} f_{j_2} \cdots f_{j_k} D = 2^{-4} n |R|^2,$$

其中 $|R|$ 是 R 的面积, 其值为

$$2^{-j_k} 2^{-(m-j_1)} = 2^{j_1 - j_k - m}.$$

因为网格中这样的小长方形的总数不超过 $2^{j_k} \cdot 2^{m-j_1} = 2^{m-j_1+j_k}$, 所以

$$\int f_{j_1} f_{j_2} \cdots f_{j_k} D \leqslant 2^{-4} n 2^{m-j_1+j_k} (2^{j_1-j_k-m})^2$$

$$= 2^{-4}n2^{j_1-j_k-m} = 2^{-4}nN^{-1}2^{j_1-j_k} \leqslant c_7 2^{j_1-j_k}.$$

为简便计, 令 $q = j_k - j_1$, 我们得到

$$\begin{aligned}\sum_{k=2}^{m}\left|\int G_k D\right| &\leqslant \sum_{k=2}^{m} c^k \sum_{0\leqslant j_1<j_2<\cdots<j_k\leqslant m}\left|\int f_{j_1}f_{j_2}\cdots f_{j_k}D\right| \\ &\leqslant c_7\sum_{k=2}^{m} c^k \sum_{0\leqslant j_1<j_2<\cdots<j_k\leqslant m} 2^{-q}.\end{aligned}$$

对于任何固定的 k, 在满足 $0\leqslant j_1<j_2<\cdots<j_k\leqslant m$ 的数组 $(j_1,j_2,\cdots,j_k)$ 中, 显然 $j_1\in\{0,1,\cdots,m-k+1\}$, 而 $q=j_k-j_1$ 的值至少为 $k-1$ (此时 $j_1,\cdots,j_k$ 是递增的连续整数), 至多为 $m-j_1$. 若 j_1,q 取定, 则 $j_k=j_1+q$. 此时, 条件 $0\leqslant j_1<j_2<\cdots<j_k\leqslant m$ 等价于 $j_1<j_2<\cdots<j_{k-1}<j_1+q$. 在区间 (j_1,j_1+q) 中选取整数组 $(j_2,\cdots,j_{k-1})$, 总共有 $\begin{pmatrix}q-1\\k-2\end{pmatrix}$ 种方法. 于是上面不等式中最后一行的表达式不超过

$$\begin{aligned}&c_7\sum_{k=2}^{m}c^k\sum_{j_1=0}^{m-k+1}\sum_{q=k-1}^{m-j_1}\sum_{j_1<j_2<\cdots<j_{k-1}\leqslant j_1+q}2^{-q}\\ &\leqslant c_7\sum_{k=2}^{m}c^k\sum_{j_1=0}^{m}\sum_{q=k-1}^{m}2^{-q}\begin{pmatrix}q-1\\k-2\end{pmatrix}\leqslant c_7\sum_{j_1=0}^{m}\sum_{q=1}^{m}2^{-q}\sum_{k=2}^{q+1}\begin{pmatrix}q-1\\k-2\end{pmatrix}c^k.\end{aligned}$$

因为上式最里层的和

$$\sum_{k=2}^{q+1}\begin{pmatrix}q-1\\k-2\end{pmatrix}c^k = c^2\sum_{t=0}^{q-1}\begin{pmatrix}q-1\\t\end{pmatrix}c^t = c^2(1+c)^{q-1},$$

所以当 $c<1/2$ 时

$$\begin{aligned}\sum_{q=1}^{m}2^{-q}\sum_{k=2}^{q+1}\begin{pmatrix}q-1\\k-2\end{pmatrix}c^k &= c^2\sum_{q=1}^{m}(1+c)^{q-1}2^{-q} = \frac{c^2}{2}\sum_{t=0}^{m-1}\left(\frac{1+c}{2}\right)^t\\ &\leqslant \frac{c^2}{2}\sum_{t=0}^{\infty}\left(\frac{3}{4}\right)^t\leqslant c_8c^2.\end{aligned}$$

于是, 最终得到

$$\sum_{k=2}^{m}\left|\int G_kD\right|\leqslant c_9\sum_{j_1=0}^{m}c^2 = c_9(m+1)c^2\leqslant c_{10}c^2\log n. \tag{1.3.10}$$

最后, 由式 (1.3.9) 和式 (1.3.10) 推出: 当 c 充分小时, 即有

$$\int GD\geqslant\int G_1D-\sum_{k=2}^{m}\left|\int G_kD\right|\geqslant cc_4\log n-c_{10}c^2\log n\geqslant c_6\log n.$$

由此式及式 (1.3.6) 和式 (1.3.8) 可得定理结论. □

注 1.3.2 上面给出的证明并非 W. M. Schmidt 的原证, 而是采自文献 [74], 它与 Roth 的方法类似. 现有文献中, 还有 P. Liardet 于 1979 年给出的另外一个不同的证明, 对此可见文献 [55](1.3.2 小节).

1.4 某些点列的偏差的上界估计

有限点列的偏差的上界估计方法同点列的组成密切相关. 本节借助于“初等”方法给出经典的 van der Corput 点列及其推广的偏差上界估计 (其他方法特别是指数和方法将在第 3 章中研究).

定理 1.4.1 对任意 $d\geqslant 1$, $\mathbb{R}^d$ 中存在含 n 项的有限点列 $\mathcal{S}_d$, 其偏差

$$D_n(\mathcal{S}_d)\leqslant c_0(d)n^{-1}(\log n)^{d-1},$$

其中 $c_0(d)$ 是仅与 d 有关的常数.

由例 1.1.1, 可以设 $d\geqslant 2$. 为了证明这个定理, 我们只需构造偏差为 $O\big(n^{-1}(\log n)^{d-1}\big)$ 的有限点列 (即下面的定理 1.4.2 和定理 1.4.3).

设 $r\geqslant 2$ 是给定的整数, 任一正整数 a 在 r 进制下表示为

$$a=\sum_{i=0}^{\lambda}e_ir^i=e_\lambda\cdots e_1e_0\quad(e_\lambda\neq 0),$$

其中数字 $e_i\in\{0,1,\cdots,r-1\}$. 定义 r 进数

$$\varphi_r(a)=\sum_{i=0}^{\lambda}\frac{e_i}{r^{i+1}}=0.e_0e_1\cdots e_\lambda.$$

通常将 φ_r 称为“倒位” (bit reversal) 函数或“倒根” (radical inverse) 函数. 例如, 对于十进整数 $a=13$, 其二进表示是 1101, 因此 $\varphi_2(13)=0.1011$. 另外, 对于 a 的上述表示法, 若令 $a^*=0.e_\lambda\cdots e_1e_0$, 则 $\varphi_r(a^*)=\varphi_r(a)$.

对于每个整数 k $(0\leqslant k\leqslant n-1)$, 定义 $\mathbb{R}^2$ 中的点 $\boldsymbol{x}_k=\big(k/n,\varphi_r(k)\big)$. 我们称

$$\mathcal{V}_2=\mathcal{V}_{2,r}=\{\boldsymbol{x}_k\ (k=0,1,\cdots,n-1)\}$$

为以 r 为底的 van der Corput 点列 (见 [288], 其中 $r=2$). 注意, 有些文献, 例如 [177], 将上述定义的 van der Corput 点列归于下文将要定义的 Hammersley 点列, 而 van der Corput 点列仅指

$$\mathcal{V}_1=\mathcal{V}_{1,r}=\{\varphi_r(k)\ (k=0,1,\cdots,n-1)\}.$$

定理 1.4.2 van der Corput 点列的星偏差

$$D_n^*(\mathcal{V}_2)\leqslant c_1 n^{-1}\log n,$$

其中常数 c_1 仅与 r 有关.

我们首先证明

引理 1.4.1 设 a 为任意给定的整数, 则满足同余式

$$x\equiv a \pmod m \quad (0\leqslant x\leqslant n-1)$$

的整数 x 的个数为 $[n/m]$ 或 $[n/m]+1$.

证 区间 $[0,n-1]$ 中的整数按顺序可分为 $[n/m]$ 个含 m 个整数的小段以及一个可能的剩余小段 (含有的整数个数小于 m), 每个含 m 个整数的小段中恰好有一个整数满足要求, 剩余小段中至多有一个整数合乎要求, 故得结论. □

定理 1.4.2 之证 我们只考虑 $r=2$ 的情形 ($r>2$ 时证明是类似的). 设 q 是非负整数, 将每个形如 $[k/2^q,(k+1)/2^q)$ $(0\leqslant k<2^q)$ 的区间称为 (二进) 标准区间 (也称为基本区间).

1° 设 $R=[0,\alpha)\times I$ 是 $[0,1]^2$ 中的任意一个长方形, 其中 $\alpha\in(0,1]$ 是任意的, $I=[k/2^q,(k+1)/2^q)$ 是一个标准区间. 那么

$$\left|\frac{A(R;n;\mathcal{V}_2)}{n}-|R|\right|\leqslant\frac{1}{n}. \tag{1.4.1}$$

我们来证明这个结论. 首先, 设 $\boldsymbol{x}_{i_0}=\big(i_0/n,\varphi_2(i_0)\big)$ 是 $\mathcal{V}_2$ 中任意一个落在 R 中的点, 则 $\varphi_2(i_0)\in I$, 于是

$$\varphi_2(i_0)=\frac{k}{2^q}+\theta\quad\left(\theta\in\mathbb{Q},0\leqslant\theta<\frac{1}{2^q}\right),$$

因此 $\varphi_2(i_0)$ 的 (小数点后) 最初 q 个 (二进) 数字与 $k/2^q$ 的相同, 而其余的数字可以是任意的. 由此可知 i_0 的最后 q 个 (二进) 数字及顺序与 $2^q\varphi_2(k)$ 的相同, 从而

$$i_0\equiv 2^q\varphi_2(k) \pmod{2^q}.$$

反过来, 容易验证, 若整数 i 满足

$$i \equiv i_0 \pmod{2^q}, \tag{1.4.2}$$

则 $\varphi_2(i) \in I$.

其次, 因为 $i_0/n \in [0,\alpha)$, 所以依引理 1.4.1, 若从原点开始将区间 $[0,\alpha)$ 分为 $r = r(q) \geqslant 0$ 个长度为 $2^q/n$ 的小区间 (最后可能出现一个长度不足 $2^q/n$ 的剩余区间), 则在每个小区间 (剩余区间除外) 中恰有一个形如 i/n 的点, 其中 i 满足式 (1.4.2), 而剩余区间中至多含有一个这样的点, 并且任何两个相邻的这种点相距 $2^q/n$. 若过每个分点作平行于 y 轴的剖线, 则 R 被分成 r 个全等的小长方形以及一个可能出现的更小的剩余长方形, 每个小长方形 (剩余长方形除外) 含有一个形如 $\big(i/n, \varphi_2(i)\big)$ 的点. 因此 $\mathcal{V}_2$ 中恰好有 $r+\delta$ ($\delta = 0$ 或 1) 个点落在 R 中.

最后, 注意

$$|R| = r(2^q/n \cdot 2^{-q}) + \varepsilon = \frac{r}{n} + \varepsilon,$$

其中 $\varepsilon < 1/n$ 是剩余长方形的面积, 因此

$$\left|\frac{A(R;n;\mathcal{V}_2)}{n} - |R|\right| = \left|\frac{r+\delta}{n} - \left(\frac{r}{n} + \varepsilon\right)\right| = \left|\frac{\delta}{n} - \varepsilon\right| \leqslant \frac{1}{n},$$

即得式 (1.4.1).

2° 考虑任意的 $T = [0,\alpha) \times [0,\beta) \subset [0,1]^2$. 设 m 是满足 $2^m \geqslant n$ 的最小整数, 即 $2^m \geqslant n > 2^{m-1}$, 那么

$$m = [\log_2 n] \quad \text{或} \quad [\log_2 n] + 1. \tag{1.4.3}$$

还设 λ 是满足

$$\lambda 2^{-m} \leqslant \beta < (\lambda+1) 2^{-m} \tag{1.4.4}$$

的整数. 令 $\beta_0 = \lambda 2^{-m}$.

现在来划分区间 $[0, \beta_0)$. 首先, 从其末端开始在其上截取标准区间 $[(\lambda-1)/2^m, \lambda/2^m)$. 若 $\lambda = 2t+1$, 则 $(\lambda-1)/2^m = t/2^{m-1}$, 我们得到形如 $[0, t/2^{m-1})$ 的新区间; 若 $\lambda = 2t$, 则得到形如 $[0, (2t-1)/2^m)$ 的新区间. 对于这两种可能形式的新区间, 又可类似地从其末端开始在其上截取标准区间, 最终我们得到一组标准区间

$$\left[0, \frac{1}{2^l}\right), \ \left[\frac{1}{2^l}, \frac{1}{2^{l-1}}\right) \quad \text{或} \quad \left[\frac{1}{2^l}, \frac{3}{2^{l+1}}\right), \ \cdots, \ \left[\frac{\lambda-1}{2^m}, \frac{\lambda}{2^m}\right).$$

于是其个数 $u \leqslant m$. 过每个分点作平行于 x 轴的剖线, T 被分成至多 m 个“标准”小长方形 R_j $(j=1,\cdots,u)$ 以及一个可能出现的剩余长方形 $R_0=[0,\alpha)\times[\beta_0,\beta)$ (若 $\beta_0=\beta$, 则 R_0 不出现).

对于每个“标准”小长方形 R_j, 依式 (1.4.1) 得

$$\left|\frac{A(R_j;n;\mathcal{V}_2)}{n}-|R|\right|\leqslant\frac{1}{n}\quad(j=1,\cdots,u).\tag{1.4.5}$$

对于长方形 R_0, 由式 (1.4.4), 其面积 $|R_0|=\alpha(\beta-\beta_0)<\alpha 2^{-m}<1/n$. 又由 m 的取法可知 $2^m/n\geqslant 1>\alpha$, 所以对于小长方形 $R_\lambda=[0,\alpha)\times[\lambda/2^m,(\lambda+1)/2^m)$, 在 1° 中定义的数 $r(m)=0$, 因而它至多含有 $\mathcal{V}_2$ 中的一个点. 因为 $R_0\subset R_\lambda$, 所以 $A(R_0;n;\mathcal{V}_2)=\theta$, 其中 $\theta=0$ 或 1. 因此得到

$$\left|\frac{A(R_0;n;\mathcal{V}_2)}{n}-|R_0|\right|\leqslant\left|\frac{\theta}{n}-|R_0|\right|\leqslant\frac{1}{n}.\tag{1.4.6}$$

3° 由式 (1.4.3), R_j 的个数 $u\leqslant\log_2 n+1$. 于是, 由式 (1.4.5) 和式 (1.4.6) 得

$$\begin{aligned}\left|\frac{A(T;n;\mathcal{V}_2)}{n}-|T|\right|&=\left|\frac{\displaystyle\sum_{j=0}^{u}A(R_j;n;\mathcal{V}_2)}{n}-\sum_{j=0}^{u}|R_j|\right|\\&\leqslant\sum_{j=0}^{u}\left|\frac{A(R_j;n;\mathcal{V}_2)}{n}-|R_j|\right|\leqslant c_1n^{-1}\log n.\end{aligned}$$

于是定理 1.4.2 得证. □

应用例 1.2.2, 我们由定理 1.4.2 推出

推论 1.4.1 对于点集 $\mathcal{V}_1=\{\varphi_r(k)\,(k=0,1,\cdots,n-1)\}$, 有

$$D_n^*(\mathcal{V}_1)\leqslant c_1n^{-1}\log n.$$

用下列方式可把 van der Corput 点列推广到高维情形: 设 $d\geqslant 2$, $p_k(k=1,\cdots,d-1)$ 是任意 $d-1$ 个不同的素数 (一般地, 可考虑 $d-1$ 个两两互素的整数 $r_1,\cdots,r_{d-1}$). 定义 $\mathbb{R}^d$ 中的点

$$\boldsymbol{x}_k=\left(\frac{k}{n},\varphi_{p_1}(k),\varphi_{p_2}(k),\cdots,\varphi_{p_{d-1}}(k)\right)\quad(k=0,1,\cdots,n-1).$$

我们称 $\mathcal{H}_d=\{\boldsymbol{x}_k\ (k=0,1,\cdots,n-1)\}$ 为 (d 维) Hammersley 点列 [75,78]. 特别地, 二维 Hammersley 点列就是上面定义的 van der Corput 点列.

定理 1.4.3 $d\ (\geqslant 2)$ 维 Hammersley 点列的星偏差

$$D_n^*(\mathcal{H}_d) \leqslant c_2(d) n^{-1} (\log n)^{d-1},$$

其中 $c_2(d)$ 仅与 d, p_i 有关.

证明这个定理的主要工具是下面的引理, 它称作孙子剩余定理 [5].

引理 1.4.2 设 $s \geqslant 1$, $m_1, \cdots, m_s$ 为任意给定的两两互素的 s 个整数, $a_1, \cdots, a_s$ 为任意给定的整数, 则在区间 $[0, m_1 \cdots m_s)$ 中恰好有一个整数 x 满足同余式组

$$x \equiv a_i \pmod{m_i} \quad (i = 1, \cdots, s).$$

定理 1.4.3 之证 我们在此取定 $p_1 = 2, p_2 = 3, \cdots, p_{d-1} =$ 第 $d-1$ 个素数, 并且只对 $d = 3$ 的情形证明 (一般情形的证明方法与此相同, 关键的一步都是应用孙子剩余定理). 与上面类似, 对于整数 $g \geqslant 2$, 设 $q \geqslant 0$ 是一个整数, 我们称形如

$$\left[\frac{k}{g^q}, \frac{k+1}{g^q}\right) \quad (k = 0, 1, \cdots, g^q - 1)$$

的区间为 (g 进) 标准区间.

1° 首先证明: 若 $M = [0, \alpha) \times I \times J$ 是 $[0,1]^3$ 中的任意一个长方体, 其中 $\alpha \in (0,1]$ 是任意的, $I = [k/2^q, (k+1)/2^q), J = [l/3^s, (l+1)/2^s)$ 分别是二进和三进标准区间, 则

$$\left|\frac{A(M; n; \mathcal{H}_3)}{n} - |R|\right| \leqslant \frac{1}{n}. \tag{1.4.7}$$

实际上, 与上述证明类似, 若 $\mathcal{H}_3$ 中的某个点 $\boldsymbol{x}_{i_0} = \big(i_0/n, \varphi_2(i_0), \varphi_3(i_0)\big)$ 落在 M 中, 则 $\varphi_2(i_0) \in I, \varphi_3(i_0) \in J$, 从而同时有

$$i_0 \equiv 2^q \varphi_2(k) \pmod{2^q}, \quad i_0 \equiv 3^s \varphi_3(k) \pmod{3^s}.$$

由引理 1.4.2, 集合 $\{0, 1, 2, \cdots, 2^q 3^s - 1\}$ 中恰好含有一个数同时满足上面两个同余式; 并且类似地可以推出, 若 i 满足

$$i \equiv i_0 \pmod{2^q}, \quad i \equiv i_0 \pmod{3^s}, \tag{1.4.8}$$

则 $\varphi_2(i) \in I, \varphi_3(i) \in J$.

若从原点开始将区间 $[0, \alpha)$ 分为 $r = r(q, s) \geqslant 0$ 个长度为 $2^q 3^s / n$ 的小区间 (最后可能出现一个长度不足 $2^q 3^s / n$ 的剩余区间), 则在每个小区间 (剩余区间除外) 中恰有一个形如 i/n 的点, 其中 i 满足式 (1.4.8), 而剩余区间中至多含有一个这样的点, 并且任

何两个相邻的这种点相距 $2^q3^s/n$. 过每个分点作平行于 (y,z) 坐标面的剖面, 则 M 被分成 r 个全等的小长方体以及一个可能出现的更小的剩余长方体, 每个小长方体 (剩余长方体除外) 含有一个形如 $\big(i/n,\varphi_2(i),\varphi_3(i)\big)$ 的点. 因此 $\mathcal{H}_3$ 中恰好有 $r+\delta$ ($\delta=0$ 或 1) 个点落在 M 中. 剩下的事几乎是重复定理 1.4.2 的证明中 1° 的最后过程, 于是式 (1.4.7) 得证.

2° 考虑任意的 $V=[0,\alpha)\times[0,\beta)\times[0,\gamma)\subset[0,1]^3$. 设 m 和 m' 分别是满足 $2^m\geqslant n$ 和 $3^{m'}\geqslant n$ 的最小整数, 即

$$m=[\log_2 n]\text{ 或 }[\log_2 n]+1,\quad m'=[\log_3 n]\text{ 或 }[\log_3 n]+1.$$

还设 λ 和 μ 分别是满足

$$\lambda 2^{-m}\leqslant\beta<(\lambda+1)2^{-m}\qquad\text{和}\qquad \mu 3^{-m'}\leqslant\gamma<(\mu+1)3^{-m'}$$

的整数. 令 $\beta_0=\lambda 2^{-m}$, $\gamma_0=\mu 3^{-m'}$.

类似于定理 1.4.2 的证明, 我们在区间 $[0,\beta_0)$ 上从其末端开始连续截取二进标准区间 $[(\lambda-1)/2^m,\lambda/2^m),\cdots,[0,1/2^l)$, 其个数至多为 $\log_2\lambda\leqslant m$. 同样在区间 $[0,\gamma_0)$ 上从其末端开始连续截取三进标准区间 $[(\mu-1)/3^{m'},\mu/3^{m'}),\cdots,[0,1/3^{l'})$. 与二进标准区间不同的是, 要考虑 $\mu=3t,3t+1,3t+2$ ($t\in\mathbb{N}$) 三种可能. 而“最坏”的情形是 $\mu=3t+2$. 此时, 连续截取两个三进标准区间

$$\left[\frac{3t+1}{3^{m'}},\frac{\mu}{3^{m'}}\right),\quad \left[\frac{3t+1}{3^{m'}},\frac{t}{3^{m'-1}}\right)$$

后, 才得到新区间 $[0,t/3^{m'-1})$; 而且仍然可能有 $t=3t'+2$ ($t'\in\mathbb{N}$); 然后再次进行类似的截取. 这样的截取至多进行 $\log_3\mu=\log_3(\gamma_0 3^{m'})\leqslant m'$ 次, 因此三进标准区间的个数至多为 $2m'$.

过 $[0,\beta_0)$ 上的每个分点作平行于 (x,z) 坐标面的剖面, 过 $[0,\gamma_0)$ 上的每个分点作平行于 (x,y) 坐标面的剖面, 那么 V 被分成至多 $v=2mm'$ 个“标准”小长方体 M_j ($j=1,\cdots,v$), 以及一个可能出现的剩余集合

$$M_0=V\setminus[0,\alpha)\times[0,\beta_0)\times[0,\gamma_0)$$

(它像是长方体房间的天花板连着一面外墙, 当 $\beta_0=\beta$ 或 $\gamma_0=\gamma$ 时, 有一个不出现).

对于每个“标准”小长方体 M_j, 依式 (1.4.7) 得到

$$\left|\frac{A(M_j;n;\mathcal{H}_3)}{n}-|R|\right|\leqslant\frac{1}{n}\quad(j=1,\cdots,v).\tag{1.4.9}$$

对于剩余集合 M_0, 由定理 1.4.2 的证明可知, 至多有一个二维点 $\big(i,\varphi_2(i)\big)$ 落在 (x,y) 平面上的长方形 $[0,\alpha)\times[\beta_0,\beta)$ 中. 若 $\varphi_3(i)\in[\gamma_0,\gamma)$, 则 M 含有 $\mathcal{H}_3$ 中的点 $\big(i,\varphi_2(i),\varphi_3(i)\big)$. 类似的考察对于 (x,z) 平面中的长方形 $[0,\alpha)\times[\gamma_0,\gamma)$ 也适用. 因此, M_0 至多含有 $\mathcal{H}_3$ 中的两个点. 由 m 和 m' 的取法得

$$|M_0|<(\beta-\beta_0)+(\gamma-\gamma_0)\leqslant 2^{-m}+3^{-m'}\leqslant\frac{2}{n}.$$

因此

$$\left|\frac{A(M_0;n;\mathcal{H}_3)}{n}-|M_0|\right|\leqslant\frac{2}{n}. \tag{1.4.10}$$

3° 最后, 由 m 和 m' 的定义可知

$$v=2mm'\leqslant 2(\log_2 n+1)(\log_3 n+1).$$

因此, 由式 (1.4.9) 和式 (1.4.10), 仿照前面的讨论即可得到所要的结论. □

在应用中, 还常使用点列

$$\mathcal{H}'_d=\{\big(\varphi_{p_1}(k),\varphi_{p_2}(k),\cdots,\varphi_{p_d}(k)\big)\ \ (k=0,1,\cdots,n-1)\},$$

其中 p_k $(k=1,\cdots,d)$ 是任意 d 个不同的素数 (一般地, 可考虑 d 个两两互素的整数 $r_1,\cdots,r_d$), 它称为 Halton 点列. 它的偏差上界的阶要比 Hammersley 点列的高些.

定理 1.4.4 d $(\geqslant 2)$ 维 Halton 点列的星偏差

$$D_n^*(\mathcal{H}'_d)\leqslant c_3(d)n^{-1}(\log n)^d,$$

其中 $c_3(d)$ 仅与 d,p_i 有关.

证 由定理 1.4.3, $d+1$ 维 Hammersley 点列

$$\{(k/n,\varphi_{p_1}(k),\varphi_{p_2}(k),\cdots,\varphi_{p_d}(k))\ \ (k=0,1,\cdots,n-1)\}$$

的星偏差不超过 $c_2(d+1)n^{-1}(\log n)^d$. 于是, 依例 1.2.2 得到结论. □

注 1.4.1 由证明可知

$$c_1=c_2(2),\quad c_3(d)=c_2(d+1).$$

注 1.4.2 定理 1.4.2 的证明实际上给出了

$$D_n^*(\mathcal{H}_2)\leqslant\frac{1}{n}+\frac{\log_2 n+1}{n}=\frac{2-1}{n}+\frac{1\cdot(\log_2 n+1)}{n};$$

由定理 1.4.3 的证明可知

$$\begin{aligned} D_n^*(\mathcal{H}_3) &\leqslant \frac{2}{n}+\frac{2(\log_2 n+1)(\log_3 n+1)}{n} \\ &=\frac{3-1}{n}+\frac{1\cdot 2\cdot(\log_2 n+1)(\log_3 n+1)}{n}. \end{aligned}$$

一般地, 当 $d\geqslant 2$ 时, 我们有

$$D_n^*(\mathcal{H}_d)\leqslant \frac{d-1}{n}+\frac{(d-1)!}{n}\prod_{i=1}^{d-1}\frac{\log np_i}{\log p_i}.$$

注 1.4.3 定理 1.4.2 和定理 1.4.3 的证明的主要工具是同余理论, 特别是孙子剩余定理, 但采用了“几何”语言, 定理 1.4.4 也可同样地证明 (这种几何技巧也常用于其他一些组合几何问题). 采用“代数”语言的相应证明可见 [75] 等.

下面给出 van der Corput 点列的另一种形式的推广, 并直接应用同余理论“代数”地估计其偏差上界.

设 $r\geqslant 2$ 和 $s\geqslant 1$ 是给定的整数. 对于正整数 n, 设其 r 进位表示是 λ 位数. 如果 l 是满足 $ls\geqslant\lambda$ 的固定的正整数, 那么对于任何 $j\in\{0,1,\cdots,n-1\}$, 在其最高位数字前添加若干个数字 0, 就可将它表示为

$$j=a_{ls}\cdots a_{l2}a_{l1}\cdots a_{2s}\cdots a_{22}a_{21}a_{1s}\cdots a_{12}a_{11}.$$

于是每个 j 对应一个 $l\times s$ 矩阵

$$\boldsymbol{U}(j)=\begin{pmatrix} a_{11} & a_{12} & \cdots & a_{1s}\\ a_{21} & a_{22} & \cdots & a_{2s}\\ \vdots & \vdots & & \vdots\\ a_{l1} & a_{l2} & \cdots & a_{ls}\end{pmatrix}\quad \big(a_{\mu\nu}=a_{\mu\nu}(j)\in\{0,1,\cdots,r-1\}\big),$$

并且这种对应是一一的.

现在特别考虑

$$n=c_kr^k=c_k\underbrace{0\cdots0}_{k},$$

并取 $l=[k/s]+1$, 则 $k=(l-1)s+f$ $(0\leqslant f\leqslant s-1)$. 对每个 $j\in\{0,1,\cdots,n-1\}$, 可构造一个矩阵 $\boldsymbol{U}(j)$, 由 $\boldsymbol{U}(j)$ 的 s 个列定义 s 个 r 进数

$$j_\mu=a_{l\mu}\cdots a_{2\mu}a_{1\mu}\quad(\mu=1,\cdots,s).$$

于是得到 $[0,1)^s$ 中的一个点

$$\boldsymbol{u}(j)=\big(\varphi(j_1),\varphi(j_2),\cdots,\varphi(j_s)\big).$$

我们定义点集

$$\mathcal{U}=\mathcal{U}_s=\{\boldsymbol{u}(j)\ (j=0,1,\cdots,n-1)\}.$$

设 t 为任一正整数, $t\leqslant s$. 对于每个 $j\in\{0,1,\cdots,n-1\}$, 还可构造 $[0,1)^{s+t}$ 中的一个点: 当 $1\leqslant t\leqslant f$ 时

$$\boldsymbol{w}(j)=\left(\frac{j_1}{r^l},\cdots,\frac{j_t}{r^l},\varphi(j_1),\cdots,\varphi(j_s)\right);$$

当 $t\geqslant f+1$ 时

$$\boldsymbol{w}(j)=\left(\frac{j_1}{r^l},\cdots,\frac{j_f}{r^l},\frac{j_{f+1}}{c_k r^{l-1}},\frac{j_{f+2}}{r^{l-1}},\cdots,\frac{j_t}{r^{l-1}},\cdots,\varphi(j_1),\cdots,\varphi(j_s)\right).$$

我们定义点集

$$\mathcal{W}=\mathcal{W}_{s+t}=\{\boldsymbol{w}(j)\ (j=0,1,\cdots,n-1)\}.$$

定理 1.4.5 设 $r,s,k\in\mathbb{N},s\geqslant 1,r\geqslant 2,k\geqslant s$ 以及 $n=c_k r^k,c_k\in\{1,\cdots,r-1\}$, 则点集 $\mathcal{U}$ 的星偏差

$$D_n^*(\mathcal{U})\leqslant\left(1+\frac{1}{r^l}\right)^f\left(1+\frac{1}{r^{l-1}}\right)^{s-f}-1,$$

其中 $l=[k/s]+1,f=k-[k/s]s$.

定理 1.4.6 设 r,s,k,n 及 l,f 同定理 1.4.5 中的, 则点集 $\mathcal{W}$ 的星偏差 $D_n^*(\mathcal{W})$ 满足不等式: 当 $1\leqslant t\leqslant f$ 时

$$D_n^*(\mathcal{W})\leqslant\left(1+\frac{(l+1)r-l+1}{r^l}\right)^t\left(1+\frac{1}{r^l}\right)^{f-t}\left(1+\frac{1}{r^{l-1}}\right)^{s-f}-1;$$

当 $t\geqslant f+1$ 时

$$D_n^*(\mathcal{W})\leqslant\left(1+\frac{(l+1)r-l+1}{r^l}\right)^f\left(1+\frac{lr-l+2}{r^{l-1}}\right)^{t-f}\left(1+\frac{1}{r^{l-1}}\right)^{s-f}-1.$$

为证明这两个定理, 我们需要下列几个引理:

引理 1.4.3 设 a 为任意给定的整数, $1\leqslant t\leqslant l$, 则满足同余式

$$x\equiv a\ (\mathrm{mod}\ r^t),\quad 0\leqslant x\leqslant cr^l-1\quad (c\in\{1,\cdots,r-1\})$$

的整数 x 的个数为 cr^{l-t}.

证 因为 $[0,cr^l-1]$ 可划分为 cr^{l-t} 个各含 r^t 个连续整数的区间，所以所要的结论成立. □

引理 1.4.4 设 $0\leqslant\alpha_{\nu\mu}\leqslant 1,|c_{\nu\mu}|\leqslant c_\nu$ $(\mu=1,\cdots,s_\nu;\nu=1,\cdots,m)$, 则

$$\left|\prod_{\nu=1}^{m}\prod_{\mu=1}^{s_\nu}(\alpha_{\nu\mu}+c_{\nu\mu})-\prod_{\nu=1}^{m}\prod_{\mu=1}^{s_\nu}\alpha_{\nu\mu}\right|\leqslant\prod_{\nu=1}^{m}(1+c_\nu)^{s_\nu}-1. \tag{1.4.11}$$

证 视 $\alpha_{\nu\mu},c_{\nu\mu}$ 为未定元，则 $\prod\limits_{\nu=1}^{m}\prod\limits_{\mu=1}^{s_\nu}(\alpha_{\nu\mu}+c_{\nu\mu})$ 展开后是 $\alpha_{\nu\mu},c_{\nu\mu}$ 的 $\sum\limits_{\nu=1}^{m}s_\nu$ 次齐式，而且关于每个 $\alpha_{\nu\mu}$ 及 $c_{\nu\mu}$ 均是 1 次的. 将它记作 $\sum\limits_j\tau_j(\alpha_{\nu\mu},c_{\nu\mu})$, 其中 $\tau_j(\alpha_{\nu\mu},c_{\nu\mu})$ 是 $\alpha_{\nu\mu},c_{\nu\mu}$ 的全次数为 $\sum\limits_{\nu=1}^{m}s_\nu$、系数为 1 的单项式，而且关于 $\alpha_{\nu\mu}$ 及 $c_{\nu\mu}$ 至多为 1 次的，于是

$$\prod_{\nu=1}^{m}\prod_{\mu=1}^{s_\nu}(\alpha_{\nu\mu}+c_{\nu\mu})=\prod_{\nu=1}^{m}\prod_{\mu=1}^{s_\nu}\alpha_{\nu\mu}+{\sum_j}'\tau_j(\alpha_{\nu\mu},c_{\nu\mu}),$$

其中 ${\sum\limits_j}'$ 表示求和中不包括 $\prod\limits_{\nu=1}^{m}\prod\limits_{\mu=1}^{s_\nu}\alpha_{\nu\mu}$. 由此可知

$$\left|\prod_{\nu=1}^{m}\prod_{\mu=1}^{s_\nu}(\alpha_{\nu\mu}+c_{\nu\mu})-\prod_{\nu=1}^{m}\prod_{\mu=1}^{s_\nu}\alpha_{\nu\mu}\right|\leqslant{\sum_j}'|\tau_j(\alpha_{\nu\mu},c_{\nu\mu})|={\sum_j}'\tau_j(\alpha_{\nu\mu},|c_{\nu\mu}|).$$

在每个 $\tau_j(\alpha_{\nu\mu},|c_{\nu\mu}|)$ 中把 $\alpha_{\nu\mu}$ 换成 1, 把 $|c_{\nu\mu}|$ 换成 c_ν, 并且注意

$${\sum_j}'\tau_j(1,c_\nu)=\prod_{\nu=1}^{m}\prod_{\mu=1}^{s_\nu}(1+c_\nu)-1=\prod_{\nu=1}^{m}(1+c_\nu)^{s_\nu}-1,$$

即得所要的结果. □

引理 1.4.5 设 $0\leqslant\alpha_{\nu\mu}\leqslant 1,0\leqslant c_{\nu\mu}\leqslant c_\nu$ $(\mu=1,\cdots,s_\nu;\nu=1,\cdots,m)$, 则式 (1.4.11) 成立.

证 这是引理 1.4.4 的特例. □

定理 1.4.5 之证 设

$$I=[0,\alpha_1)\times\cdots\times[0,\alpha_s)$$

是 $[0,1)^s$ 中的任一子矩形，记 (r 进制)

$$\alpha_\mu=0.a_{1\mu}a_{2\mu}\cdots\quad(\mu=1,\cdots,s).$$

不妨认为 α_μ 是无穷小数 (不然将其最后一位非零数字减 1, 然后在其后添加无穷多个数字 $r-1$). 因为 $k=(l-1)s+f$ $(0\leqslant f\leqslant s-1)$, 而且

$$n=c_k\underbrace{0\cdots0}_{k},\quad n-1=(c_k-1)\underbrace{(r-1)\cdots(r-1)}_{k},$$

所以在矩阵 $\boldsymbol{U}(n-1)$ 中,

$$d_{l,f+1}=c_k-1,\quad d_{l,f+2}=\cdots=d_{ls}=0,$$

因而对于所有矩阵 $\boldsymbol{U}(j)$ $(0\leqslant j\leqslant n-1)$, 有

$$0\leqslant d_{l,f+1}\leqslant c_k-1,\quad d_{l,f+2}=\cdots=d_{ls}=0.$$

对于 $j\in\{0,1,\cdots,n-1\}$, 设 $\varphi(j_\mu)<\alpha_\mu$ 成立. 我们考虑下列几种情形 (当 $f=0$ 时情形 A 不出现, 当 $f=s-1$ 时情形 C 不出现):

情形 A: $1\leqslant\mu\leqslant f$. 那么 j_μ 必满足下列 l 个条件之一:

(I_1) $d_{1\mu}<a_{1\mu}$;

(I_2) $d_{1\mu}=a_{1\mu},d_{2\mu}<a_{2\mu}$;

……

(I_{l-1}) $d_{1\mu}=a_{1\mu},\cdots,d_{l-2,\mu}=a_{l-2,\mu},d_{l-1,\mu}<a_{l-1,\mu}$;

(I_l) $d_{1\mu}=a_{1\mu},\cdots,d_{l-1,\mu}=a_{l-1,\mu},d_{l\mu}\leqslant a_{l\mu}$.

因为

$$j_\mu=d_{1\mu}+d_{2\mu}r+\cdots+d_{l\mu}r^{l-1},$$

所以 $(\mathrm{I}_1)\sim(\mathrm{I}_{l-1})$ 也可表示为:

(C_1) $j_\mu\equiv d_{1\mu}\ (\bmod r)$, 其中 $0\leqslant d_{1\mu}<a_{1\mu}$;

(C_2) $j_\mu\equiv a_{1\mu}+d_{2\mu}r\ (\bmod r^2)$, 其中 $0\leqslant d_{2\mu}<a_{2\mu}$;

……

(C_{l-1}) $j_\mu\equiv a_{1\mu}+a_{2\mu}r+\cdots+a_{l-2,\mu}r^{l-3}+d_{l-1,\mu}r^{l-2}\ (\bmod r^{l-1})$, 其中 $0\leqslant d_{l-1,\mu}<a_{l-1,\mu}$.

注意 $0\leqslant j_\mu\leqslant r^l-1$, 由引理 1.4.3 知, 满足 $(\mathrm{C}_1)\sim(\mathrm{C}_{l-1})$ 的 j_μ 的个数等于 $a_{1\mu}r^{l-1}+a_{2\mu}r^{l-2}+\cdots+a_{l-1,\mu}r$, 而满足 (I_l) 的 j_μ 的个数等于 $a_{l\mu}+1$. 因此, 满足 $\varphi(j_\mu)<\alpha_\mu$ 的 j_μ 的个数

$$\begin{aligned}A_\mu&=a_{1\mu}r^{l-1}+a_{2\mu}r^{l-2}+\cdots+a_{l-1,\mu}r+(a_{l\mu}+1)\\&=r^l\left(\frac{a_{1\mu}}{r}+\frac{a_{2\mu}}{r^2}+\cdots+\frac{a_{l\mu}}{r^l}\right)+1,\end{aligned}$$

从而由 α_μ 的定义得到

$$A_\mu=r^l(\alpha_\mu+\delta_\mu^{(1)}),\tag{1.4.12}$$

其中

$$0 \leqslant \delta_\mu^{(1)} = \frac{1}{r^l} - \left(\frac{a_{l+1,\mu}}{r^{l+1}} + \frac{a_{l+2,\mu}}{r^{l+2}} + \cdots\right) < \frac{1}{r^l}. \tag{1.4.13}$$

情形 B: $f+2 \leqslant \mu \leqslant s$. 此时

$$j_\mu = d_{1\mu} + d_{2\mu}r + \cdots + d_{l-1,\mu}r^{l-2}, \quad 0 \leqslant j_\mu \leqslant r^{l-1} - 1,$$

于是 j_μ 满足 $(\mathrm{C}_1) \sim (\mathrm{C}_{l-2})$ 以及

$$(\mathrm{I}_{l-1})' \quad d_{1\mu} = a_{1\mu}, \cdots, d_{l-2,\mu} = a_{l-2,\mu}, d_{l-1,\mu} \leqslant a_{l-1,\mu}.$$

与情形 A 类似, 我们得到

$$A_\mu = a_{1\mu}r^{l-2} + a_{2\mu}r^{l-3} + \cdots + a_{l-2,\mu}r + (a_{l-1,\mu} + 1) = r^{l-1}(\alpha_\mu + \delta_\mu^{(2)}), \tag{1.4.14}$$

其中

$$0 \leqslant \delta_\mu^{(2)} = \frac{1}{r^{l-1}} - \left(\frac{a_{l\mu}}{r^l} + \frac{a_{l+1,\mu}}{r^{l+1}} + \cdots\right) < \frac{1}{r^{l-1}}. \tag{1.4.15}$$

情形 C: $\mu = f+1$. 此时

$$j_\mu = d_{1\mu} + d_{2\mu}r + \cdots + d_{l-1,\mu}r^{l-2} + d_{l\mu}r^{l-1},$$

其中 $0 \leqslant d_{l\mu} \leqslant c_k - 1$. 于是

$$0 \leqslant j_\mu \leqslant (c_k - 1)r^{l-1} + (r^{l-1} - 1) = c_k r^{l-1} - 1.$$

若 $c_k = 1$, 那么 $d_{l\mu} = 0$, 从而归结为情形 B, 即式 (1.4.14) 及式 (1.4.15) 对于 $\mu = f+1$ 也成立.

若 $c_k > 1$, 则 $(\mathrm{C}_1) \sim (\mathrm{C}_{l-1})$ 成立, 并且还有

$$(\mathrm{I}_l)' \quad d_{1\mu} = a_{1\mu}, \cdots, d_{l-1,\mu} = a_{l-1,\mu}, d_{l\mu} \leqslant \min\{c_k - 1, a_{l\mu}\}.$$

于是, 由引理 1.4.3 得到

$$\begin{aligned} A_\mu &= a_{1\mu}c_k r^{l-2} + a_{2\mu}c_k r^{l-3} + \cdots + a_{l-1,\mu}c_k + \left(\min\{c_k - 1, a_{l\mu}\} + 1\right) \\ &= c_k r^{l-1}\left(\frac{a_{1\mu}}{r} + \frac{a_{2\mu}}{r^2} + \cdots + \frac{a_{l-1,\mu}}{r^{l-1}}\right) + \min\{c_k, a_{l\mu} + 1\}, \end{aligned}$$

所以

$$A_\mu = c_k r^{l-1}(\alpha_\mu + \delta_\mu^{(3)}) \quad (\mu = f+1), \tag{1.4.16}$$

其中

$$\delta_\mu^{(3)} = \frac{\min\{c_k, a_{l\mu}+1\}}{c_k r^{l-1}} - \frac{a_{l\mu}}{r^l} - \frac{a_{l+1,\mu}}{r^{l+1}} - \cdots.$$

如果 $c_k \leqslant a_{l\mu}+1$, 那么

$$\delta_\mu^{(3)} \geqslant \frac{1}{r^{l-1}} - \frac{(r-1)}{r^l}\frac{1}{1-1/r} = 0;$$

如果 $c_k > a_{l\mu}+1$, 那么

$$\begin{aligned}\delta_\mu^{(3)} &= \left(\frac{a_{l\mu}}{c_k r^{l-1}} - \frac{a_{l\mu}}{r^l}\right) + \left(\frac{1}{c_k r^{l-1}} - \left(\frac{a_{l+1,\mu}}{r^{l+1}} + \frac{a_{l+2,\mu}}{r^{l+2}} + \cdots\right)\right)\\ &> \frac{a_{l\mu}}{r^{l-1}}\left(\frac{1}{c_k} - \frac{1}{r}\right) + \frac{1}{r^{l-1}}\left(\frac{1}{c_k} - \frac{1}{r}\right) > 0.\end{aligned}$$

因此, 我们得到

$$0 \leqslant \delta_\mu^{(3)} < \frac{\min\{c_k, a_{l\mu}+1\}}{c_k r^{l-1}} \leqslant \frac{1}{r^{l-1}} \quad (\mu = f+1). \tag{1.4.17}$$

分别比较式 (1.4.14) 与式 (1.4.16)、式 (1.4.15) 与式 (1.4.17), 可知式 (1.4.16) 和式 (1.4.17) 对于 $c_k \geqslant 1$ 均成立.

最后, 由式 (1.4.12)、式 (1.4.14) 及式 (1.4.16) 可知

$$\begin{aligned}A(I;n;\mathcal{U}) &= \prod_{\mu=1}^{f} r^l(\alpha_\mu + \delta_\mu^{(1)}) \prod_{\mu=f+2}^{s} r^{l-1}(\alpha_\mu + \delta_\mu^{(2)}) \cdot c_k r^{l-1}(\alpha_{f+1} + \delta_{f+1}^{(3)})\\ &= n\prod_{\mu=1}^{f}(\alpha_\mu + \delta_\mu^{(1)}) \prod_{\mu=f+2}^{s}(\alpha_\mu + \delta_\mu^{(3)}) \cdot (\alpha_{f+1} + \delta_{f+1}^{(3)}).\end{aligned}$$

注意式 (1.4.13)、式 (1.4.15) 及式 (1.4.17), 并应用引理 1.4.5, 即可由上式推出所要的结果. □

定理 1.4.6 之证 设

$$[0,\beta_1) \times \cdots \times [0,\beta_t) \times [0,\alpha_1) \times \cdots \times [0,\alpha_s)$$

是 $[0,1)^{s+t}$ 中的任意子矩形. 记 r 进无穷小数

$$\beta_\nu = 0.b_{1\nu}b_{2\nu}\cdots \quad (\nu = 1,\cdots,t),$$

$$\alpha_\mu = 0.a_{1\mu}a_{2\mu}\cdots \quad (\mu = 1,\cdots,s).$$

并记

$$k = (l-1)s + f \quad (0 \leqslant f \leqslant s-1).$$

类似于上文, 对矩阵 $\boldsymbol{U}(n-1)$, 有

$$d_{l,f+1}=c_k-1,\quad d_{l,f+2}=\cdots=d_{ls}=0;$$

对所有矩阵 $\boldsymbol{U}(j)$ $(0\leqslant j<n-1)$, 有

$$d_{l,f+1}\leqslant c_k-1,\quad d_{l,f+2}=\cdots=d_{ls}=0.$$

若 $1\leqslant\mu\leqslant f$, 而且 j_μ 满足条件

$$\frac{j_\mu}{r^l}<\beta_\mu,\quad \varphi(j_\mu)<\alpha_\mu, \tag{1.4.18}$$

则有 $0\leqslant j_\mu<\beta_\mu r^l$, 而且 $(\mathrm{C}_1)\sim(\mathrm{C}_{l-1})$ 及 (I_l) 成立. 注意此处满足 (I_l) 的 j_μ 的个数 $q_1\leqslant a_{l\mu}+1$. 由引理 1.4.1 可知, 满足 $(\mathrm{C}_1)\sim(\mathrm{C}_{l-1})$ 的 j_μ 的个数为

$$a_{1\mu}\left(\left[\frac{\beta_\mu r^l}{r}\right]+\theta_1\right)+a_{2\mu}\left(\left[\frac{\beta_\mu r^l}{r^2}\right]+\theta_2\right)+\cdots+a_{l-1,\mu}\left(\left[\frac{\beta_\mu r^l}{r^{l-1}}\right]+\theta_{l-1}\right),$$

其中 $\theta_i=0$ 或 1 $(i=1,\cdots,l-1)$. 于是, 满足式 (1.4.18) 的 j_μ 的个数

$$\begin{aligned}B_\mu=&\beta_\mu r^l\left(\frac{a_{1\mu}}{r}+\cdots+\frac{a_{l-1,\mu}}{r^{l-1}}\right)+a_{1\mu}(\theta_\mu-\{\beta_\mu r^{l-1}\})\\&+a_{2\mu}(\theta_2-\{\beta_\mu r^{l-2}\})+\cdots+a_{l-1,\mu}(\theta_{l-1}-\{\beta_\mu r\})+q_1.\end{aligned}$$

若记

$$\begin{aligned}\varepsilon_\mu^{(1)}=&a_{1\mu}(\theta_1-\{\beta_\mu r^{l-1}\})+a_{2\mu}(\theta_2-\{\beta_\mu r^{l-2}\})+\cdots\\&+a_{l-1,\mu}(\theta_{l-1}-\{\beta_\mu r\})r^{-l}-\beta_\mu\left(\frac{a_{l\mu}}{r^l}+\frac{a_{l+1,\mu}}{r^{l+1}}+\cdots\right)+q_1r^{-l},\end{aligned}$$

则有

$$B_\mu=r^l(\alpha_\mu\beta_\mu+\varepsilon_\mu^{(1)}), \tag{1.4.19}$$

并且

$$\left|\varepsilon_\mu^{(1)}\right|\leqslant r^{-l}\left(\sum_{k=1}^{l}a_{k\mu}+1\right)+(r-1)r^{-l}\sum_{k=0}^{\infty}\frac{1}{r^k}\leqslant\frac{l(r-1)+1}{r^l}+\frac{1}{r^{l-1}}. \tag{1.4.20}$$

若 $\mu>f+1$, 而且 j_μ 满足条件

$$\frac{j_\mu}{r^{l-1}}<\beta_\mu,\quad \varphi(j_\mu)<\alpha_\mu, \tag{1.4.21}$$

则有 $0 \leqslant j_\mu < \beta_\mu r^{l-1}$, 而且条件 $(\mathrm{C}_1) \sim (\mathrm{C}_{l-2})$ 及 $(\mathrm{I}_{l-1})'$ 成立. 注意此处满足 $(\mathrm{I}_{l-1})'$ 的 j_μ 的个数 $q_2 \leqslant a_{l-1,\mu}+1$. 于是, 与上述论证类似, 可推出满足式 (1.4.21) 的 j_μ 的个数

$$B_\mu = r^{l-1}(\alpha_\mu \beta_\mu + \varepsilon_\mu^{(2)}), \tag{1.4.22}$$

其中

$$|\varepsilon_\mu^{(2)}| \leqslant \frac{(l-1)(r-1)+1}{r^{l-1}} + \frac{1}{r^{l-2}}. \tag{1.4.23}$$

若 $\mu = f+1$, 而且设条件

$$\frac{j_{f+1}}{c_k r^{l-1}} < \beta_{f+1}, \quad \varphi(j_{f+1}) < \alpha_{f+1} \tag{1.4.24}$$

成立, 那么 $0 \leqslant j_{f+1} < \beta_{f+1} c_k r^{l-1}$. 于是当 $c_k = 1$ 时, 条件式 (1.4.24) 与式 (1.4.21) 相同, 因而式 (1.4.22) 和式 (1.4.23) 对于 $\mu = f+1$ 也成立. 当 $c_k > 1$ 时, 条件 $(\mathrm{C}_1) \sim (\mathrm{C}_{l-1})$ 及 $(\mathrm{I}_l)'$ 成立, 并且此处满足 $(I_l)'$ 的 j_μ 个数 $q_3 \leqslant \min\{c_k, a_{l\mu}+1\}$. 于是由引理 1.4.1 推知, 满足式 (1.4.24) 的 j_μ 的个数

$$B_{f+1} \leqslant c_k r^{l-1}(\alpha_{f+1}\beta_{f+1} + \varepsilon_{f+1}^{(3)}), \tag{1.4.25}$$

其中

$$\left|\varepsilon_{f+1}^{(3)}\right| \leqslant \frac{(l-1)(r-1)+1}{r^{l-1}} + \frac{1}{r^{l-2}}. \tag{1.4.26}$$

因此, 式 (1.4.25) 和式 (1.4.26) 对于 $c_k \geqslant 1$ 均成立.

对于 $\mu > t$, 若 $\varphi(j_\mu) < \alpha_\mu$ 成立, 则定理 1.4.5 证明中的讨论仍有效.

综上所述, 可得:

(i) 当 $1 \leqslant t \leqslant f$ 时, 由式 (1.4.12)、式 (1.4.14)、式 (1.4.16) 及式 (1.4.19) 得

$$\begin{aligned} A(J;n;\mathcal{W}) &= \prod_{\mu=1}^{t} r^l(\alpha_\mu\beta_\mu + \varepsilon_\mu^{(1)}) \prod_{\mu=t+1}^{f} r^l(\alpha_\mu + \delta_\mu^{(1)}) \\ &\quad \cdot \prod_{\mu-f+2}^{s} r^{l-1}(\alpha_\mu + \delta_\mu^{(2)}) \cdot c_k r^{l-1}(\alpha_{f+1} + \delta_{f+1}^{(3)}) \\ &= n\prod_{\mu=1}^{t}(\alpha_\mu\beta_\mu + \varepsilon_\mu^{(1)}) \prod_{\mu=t+1}^{f}(\alpha_\mu + \delta_\mu^{(1)}) \prod_{\mu=f+2}^{s}(\alpha_\mu + \delta_\mu^{(3)}) \cdot (\alpha_{f+1} + \delta_{f+1}^{(j)}). \end{aligned}$$

(ii) 当 $t \geqslant f+1$ 时, 由式 (1.4.14)、式 (1.4.19)、式 (1.4.22) 及式 (1.4.25) 得

$$A(J;n;\mathcal{W}) = \prod_{\mu=1}^{f} r^l(\alpha_\mu\beta_\mu + \varepsilon_\mu^{(1)}) \prod_{\mu=f+2}^{t} r^{l-1}(\alpha_\mu\beta_\mu + \varepsilon_\mu^{(2)})$$

$$
\begin{aligned}
&\cdot \prod_{\mu=t+1}^{s} r^{l-1}(\alpha_\mu+\delta_\mu^{(2)})\cdot c_k r^{l-1}(\alpha_{f+1}\beta_{f+1}+\varepsilon_{f+1}^{(3)})\\
&= n\prod_{\mu=1}^{f}(\alpha_\mu\beta_\mu+\varepsilon_\mu^{(1)})\prod_{\mu=f+2}^{t}(\alpha_\mu\beta_\mu+\varepsilon_\mu^{(2)})\\
&\cdot \prod_{\mu=t+1}^{s}(\alpha_\mu+\delta_\mu^{(2)})\cdot(\alpha_{f+1}+\varepsilon_{f+1}^{(3)}).
\end{aligned}
$$

最后, 注意式 (1.4.13)、式 (1.4.15)、式 (1.4.17)、式 (1.4.20)、式 (1.4.23) 和式 (1.4.26), 并应用引理 1.4.4, 即可由 (i) 和 (ii) 得到所要的结果. □

注 1.4.4 在定理 1.4.6 中, 令 $s=t=1$, 即得点数为 $c_k r^k$ 的 van der Corput 点列.

注 1.4.5 容易算出

$$
D_n^*(\mathcal{U})\leqslant\left(1+\frac{1}{r^{l-1}}\right)^s-1=O(n^{-1/s}),
$$

以及

$$
D_n^*(\mathcal{W})\leqslant\left(1+\frac{(l+1)r-l+1}{r^{l-1}}\right)^s-1=O(l^s n^{-1/s})=O(n^{-1/s}(\log n)^s),
$$

这些偏差上界估计的主阶 (即非 $\log n$ 因子) 与 s 有关.

注 1.4.6 定理 1.4.5 和定理 1.4.6 见 [17], 其推广 (即对 n 的形式不加限制) 见 [43], 但其证明使用了另一种“初等”方法.

1.5 一致分布点列

设 $d\geqslant 1$, $\mathcal{S}=\mathcal{S}_d=\{\boldsymbol{x}_1,\cdots,\boldsymbol{x}_n,\cdots\}$ 是 $\mathbb{R}^d$ 中的一个无穷点列, 用 $\mathcal{S}^{(n)}$ 表示 $\mathcal{S}$ 的前 n 项组成的有限点列, $D_n=D_n(\mathcal{S}^{(n)})$ 是 $\mathcal{S}^{(n)}$ 的偏差. 如果

$$
\lim_{n\to\infty}D_n(\mathcal{S}^{(n)})=0, \tag{1.5.1}
$$

那么称 $\mathcal{S}$ 是一致分布点列, 并且有偏差 $D_n=D_n(\mathcal{S})$.

注 1.5.1 注意, 如果 $\mathcal{S}$ 不是 $[0,1)^d$ 中的点列, 那么如 1.1 节所述, $D_n(\mathcal{S}^{(n)})$ 表示 $[0,1)^d$ 中的点列 $\{\mathcal{S}\}=\{\{\boldsymbol{x}_1\},\cdots,\{\boldsymbol{x}_n\},\cdots\}$ 前 n 项组成的点列的偏差. 因此, 为了强调

这一点, 通常称 $\mathcal{S}$ 是模 1 (或 mod 1) 一致分布点列 (但后文中有时略去"模 1").

注 1.5.2 类似地, 若 $D_n^*=D_n^*(\mathcal{S}^{(n)})$ 是 $\mathcal{S}$ 的前 n 项组成的有限点列的星偏差, 则条件式 (1.5.1) 可以等价地换作

$$\lim_{n\to\infty}D_n^*(\mathcal{S}^{(n)})=0.$$

引理 1.5.1 点列 $\mathcal{S}$ (模 1) 是一致分布的, 当且仅当对于任何 $\boldsymbol{\alpha},\boldsymbol{\beta}\in\mathbb{R}^d,\boldsymbol{0}\leqslant\boldsymbol{\alpha}<\boldsymbol{\beta}\leqslant\boldsymbol{1}$, 有

$$\lim_{n\to\infty}\frac{A\big([\boldsymbol{\alpha},\boldsymbol{\beta});n;\mathcal{S}^{(n)}\big)}{n}=|\boldsymbol{\beta}-\boldsymbol{\alpha}|,\tag{1.5.2}$$

此处 $A\big([\boldsymbol{\alpha},\boldsymbol{\beta});n;\mathcal{S}^{(n)}\big)$ 表示 $\{\mathcal{S}\}$ 的前 n 项中落在 $[\boldsymbol{\alpha},\boldsymbol{\beta})$ 中的点的个数.

证 易见式 (1.5.1) 蕴含式 (1.5.2). 现设式 (1.5.2) 成立. 令 M 是任意的正整数, $\boldsymbol{\delta}=(\delta_1,\cdots,\delta_d)$ 是一个整矢, 满足 $0\leqslant\delta_i<M\ (i=1,\cdots,d)$, 记

$$I_{\boldsymbol{\delta}}=\big[M^{-1}\boldsymbol{\delta},M^{-1}(\boldsymbol{\delta}+\boldsymbol{1})\big).$$

注意 $|I_{\boldsymbol{\delta}}|=M^{-d}$, 由式 (1.5.2) 可知, 当 $n\geqslant n_0=n_0(M)$ 时

$$\frac{1}{M^d}\left(1-\frac{1}{M}\right)\leqslant\frac{A(I_{\boldsymbol{\delta}};n)}{n}\leqslant\frac{1}{M^d}\left(1+\frac{1}{M}\right).\tag{1.5.3}$$

对于任意区间 $I=[\boldsymbol{\alpha},\boldsymbol{\beta})$ $\big(\boldsymbol{0}\leqslant\boldsymbol{\alpha}=(\alpha_1,\cdots,\alpha_d)<\boldsymbol{\beta}=(\beta_1,\cdots,\beta_d)\leqslant\boldsymbol{1}\big)$, 因为存在整数 δ_k 满足 $\delta_k/M\leqslant\alpha_k<(\delta_k+1)/M$ (对于 β_k 也类似), 所以可以找到区间 I_1,I_2, 它们是有限多个互不相交的 $I_{\boldsymbol{\delta}}$ 型的小区间的并集, 使得 $I_1\subseteq I\subseteq I_2$. 如果用 c_k 表示 I 的平行于 x_k 坐标轴的边的长, 那么

$$|I_1|\geqslant\prod_{k=1}^d(c_k-2/M),\quad |I_2|\leqslant\prod_{k=1}^d(c_k+2/M),$$

因此

$$|I|-|I_1|\leqslant\frac{2d}{M}+O\left(\frac{1}{M^2}\right),\quad |I_2|-|I|\leqslant\frac{2d}{M}+O\left(\frac{1}{M^2}\right).\tag{1.5.4}$$

注意 I_1 和 I_2 的定义, 由式 (1.5.3) 可推出, 当 $n\geqslant n_0$ 时

$$|I_1|\left(1-\frac{1}{M}\right)\leqslant\frac{A(I_1;n)}{n}\leqslant\frac{A(I;n)}{n}\leqslant\frac{A(I_2;n)}{n}\leqslant|I_2|\left(1+\frac{1}{M}\right).\tag{1.5.5}$$

由式 (1.5.4) 和式 (1.5.5) 得到

$$\left|\frac{A(I;n)}{n}-|I|\right|\leqslant\frac{2d+1}{M}+O\left(\frac{1}{M^2}\right)\quad (n\geqslant n_0),$$

因此, 式 (1.5.1) 成立. □

注 1.5.3 引理 1.5.1 可以扩充为: 点列 $\mathcal{S}$ (模 1) 是一致分布的, 当且仅当对于任何集合 $F\subset G_d$, $|F|>0$, 有

$$\lim_{n\to\infty}\frac{A(F;n;\mathcal{S}^{(n)})}{n}=|F|, \tag{1.5.6}$$

其中 $A(F;n;\mathcal{S}^{(n)})$ 是 $\mathcal{S}^{(n)}$ 落在 F 中的点的个数.

事实上, 若条件式 (1.5.6) 成立, 则式 (1.5.2) 也成立, 于是点列 $\mathcal{S}$ (模 1) 是一致分布的. 反之, 若点列 $\mathcal{S}$ (模 1) 是一致分布的, 则在定理 1.7.4(a)(见 1.7 节 8°) 或 Koksma-Hlawka 不等式 (见定理 5.1.2 及推论 5.1.1) 中取 f 为 F 的特征函数, 即可推出式 (1.5.6).

例 1.5.1 若 θ 是有理数, 则无穷数列 $\mathcal{S}=\{k\theta\ (k=1,2,\cdots)\}$ 不是模 1 一致分布的.

证 若 $\theta\in\mathbb{Z}$, 则对任何 k,有$\{k\theta\}=0$, 因而结论成立. 现设 $0<\theta<1,\theta=p/q$, 其中 $q>1$ 且 p,q 互素. 考虑区间 $I=[\alpha,\beta)$ $(0\leqslant\alpha<\beta\leqslant1)$ 及任何正整数 l, 那么 $\{k\theta\}=0$ $(k=q,2q,\cdots,lq)$, 因此

$$A(I;lq;\mathcal{S}^{(lq)})\leqslant lq-l.$$

于是, 我们有

$$\lim_{l\to\infty}\frac{A(I;lq;\mathcal{S}^{(lq)})}{lq}\leqslant\frac{q-1}{q}.$$

如果我们取 $\beta-\alpha>(q-1)/q$, 那么式 (1.5.2) 此时不能成立, 因而结论也成立.

我们还有更一般的定义. 设 $d\geqslant1$, $\mathcal{N}$ 是 $\mathbb{N}$ 的一个无穷子集. 还设对于每个 $n\in\mathcal{N}$, 存在一个 $\mathbb{R}^d$ 中的含 n 项的有限点列 $\mathcal{S}^{(n)}=\{\boldsymbol{x}_1^{(n)},\cdots,\boldsymbol{x}_n^{(n)}\}$. 令 $\mathcal{S}=\{\mathcal{S}^{(n)}\ (n\in\mathcal{N})\}$ 是由有限点列 $\mathcal{S}^{(n)}$ 组成的无穷序列, $D_n=D_n(\mathcal{S}^{(n)})$ 是 $\mathcal{S}^{(n)}$ 的偏差, 如果

$$\lim_{\substack{n\to\infty\\ n\in\mathcal{N}}}D_n(\mathcal{S}^{(n)})=0, \tag{1.5.7}$$

那么称 $\mathcal{S}$ 是模 1 (或 mod 1) 一致分布的点集序列, 并且有偏差 $D_n=D_n(\mathcal{S})$. 当然, 若 $D_n^*=D_n^*(\mathcal{S}^{(n)})$ 是有限点列 $\mathcal{S}^{(n)}=\{\boldsymbol{x}_1^{(n)},\cdots,\boldsymbol{x}_n^{(n)}\}$ 的星偏差, 则条件式 (1.5.7) 可等价地换为

$$\lim_{\substack{n\to\infty\\ n\in\mathcal{N}}}D_n^*(\mathcal{S}^{(n)})=0.$$

作为特殊情形, 当 $\mathcal{S}=\{\boldsymbol{x}_1,\boldsymbol{x}_2,\cdots,\boldsymbol{x}_n,\cdots\}$ 是一个给定的无穷点列, 且 $\mathcal{N}=\mathbb{N}$ 时, 对任何 $n\in\mathcal{N}$ 取 $\mathcal{S}^{(n)}=\{\boldsymbol{x}_1,\cdots,\boldsymbol{x}_n\}$, 则上述定义即成为通常的一致分布点列定义.

注 1.5.4 从数值计算的角度看, 无穷序列 $\mathcal{S}=\{\mathcal{S}^{(n)}\ (n\in\mathcal{N})\}$ 的每个元素 $\mathcal{S}^{(n)}$ 的组成往往是不同的, 从而计算量较大; 单一的无穷点列容易形成无限延伸的、由有限点列组成的无穷序列 $\mathcal{S}$, 因而更便于应用 (参见第 5 章 5.1 节).

类似于引理 1.5.1, 可以用同样的方法证明 (此处从略)

引理 1.5.2 有限点列的无穷序列 $\mathcal{S}=\{\mathcal{S}^{(n)}\ (n\in\mathcal{N})\}$ (模 1) 是一致分布的, 当且仅当对于任何 $\boldsymbol{\alpha},\boldsymbol{\beta}\in\mathbb{R}^d$ $(\mathbf{0}\leqslant\boldsymbol{\alpha}<\boldsymbol{\beta}\leqslant\mathbf{1})$, 有

$$\lim_{\substack{n\to\infty\\ n\in\mathcal{N}}}\frac{A([\boldsymbol{\alpha},\boldsymbol{\beta});n;\mathcal{S}^{(n)})}{n}=|\boldsymbol{\beta}-\boldsymbol{\alpha}|.$$

例 1.5.2 由例 1.1.2 可知, 由点列 $\mathcal{S}^{(n)}=\{k^2/n^2\ (k=0,1,\cdots,n-1)\}$ $(n\in\mathbb{N})$ 组成的无穷序列不是一致分布的. 同样, 由例 1.1.3 推出, 对任何整数 $l\geqslant 2$, 由点列 $\mathcal{S}_l^{(n)}=\{k^l/n^l\ (k=0,1,\cdots,n-1)\}$ $(n\in\mathbb{N})$ 组成的无穷序列也不一致分布.

例 1.5.3 由定理 1.4.2~ 定理 1.4.4 可知, 分别由 van der Corput 点列、Hammersley 点列及 Halton 点列组成的无穷序列都是一致分布的.

例 1.5.4 设

$$\{c_k\ (k=1,2,\cdots)\}\ (c_k\in\{1,\cdots,r-1\})\quad 和\quad \{t_k\ (k=1,2,\cdots)\}(t_k\in\{1,\cdots,s\})$$

是任意序列, 则由定理 1.4.5 及定理 1.4.6 可知点集序列 $\{\mathcal{U}_{c_kr^k}\ (k=1,2,\cdots)\}$ 及 $\{\mathcal{V}_{t_k,c_kr^k}\ (k=1,2,\cdots)\}$ 是一致分布的.

1.6 任意有界区域中的点集的偏差

设 $d\geqslant 1$, 用 D 表示任意的 d 维有界区域, 其体积 $|D|>0$, 还用 $\mathscr{P}$ 表示 D 中所有 d 维平行体 (即边平行于坐标轴的 d 维长方体) P (体积 $|P|>0$) 的集合. 设 $\mathcal{S}=\mathcal{S}_d=\{\boldsymbol{x}_1,\cdots,\boldsymbol{x}_n\}$ 是 D 中的一个有限点列, 用 $A(P;n;\mathcal{S})$ 表示 $\mathcal{S}$ 落在平行体 $P\in\mathscr{P}$ 中的点的个数. 我们将

$$\mathscr{D}_n=\mathscr{D}_n(\mathcal{S},D)=\sup_{P\in\mathscr{P}}\left|\frac{A(P;n;\mathcal{S})}{n}-\frac{|P|}{|D|}\right|$$

称为点列 $\mathcal{S}$ 在 D 中的偏差. 在不引起混淆时, 我们将 $\mathscr{D}_n(\mathcal{S},D)$ 简记为 $\mathscr{D}_n(\mathcal{S})$.

设 $\mathcal{S}=\{\boldsymbol{x}_1,\cdots,\boldsymbol{x}_n,\cdots\}$ 是 D 中的一个无穷点列, $\mathcal{S}^{(n)}$ 是其最初 n 项组成的点列. 如果

$$\lim_{n\to\infty}\mathscr{D}_n(\mathcal{S}^{(n)},D)=0,$$

那么称点列 $\mathcal{S}$ 在 D 中是一致分布的. 于是, 无穷点列 $\mathcal{S}$ 在 D 中是一致分布的, 当且仅当对任何 $P\in\mathscr{P}\,(|P|>0)$, 有

$$\lim_{n\to\infty}\frac{A(P;n;\mathcal{S}^{(n)})}{n}=\frac{|P|}{|D|}. \tag{1.6.1}$$

显然, 若 $D=G_d=[0,1)^d$, 就分别得到前面给出的 (通常的) 点列的偏差和一致分布点列的定义.

下面我们考虑特殊情形: D 为 d 维平行体,

$$P_d=[a_1,b_1)\times\cdots\times[a_d,b_d),$$

其中 $a_j<b_j\ (1\leqslant j\leqslant d)$. 我们定义 $G_d=[0,1)^d$ 到 P_d 的映射 T 如下:

$$y_j=a_j+(b_j-a_j)x_j\quad(1\leqslant j\leqslant d),$$

其中 $\boldsymbol{x}=(x_1,\cdots,x_d)\in G_d$, $\boldsymbol{y}=(y_1,\cdots,y_d)\in P_d$. 于是 $TG_d=P_d$.

定理 1.6.1 设

$$\mathcal{S}=\{\boldsymbol{x}_k=(x_{k,1},x_{k,2},\cdots,x_{k,d})\ (k=1,2,\cdots,n)\}$$

是 G_d 中的一个点列, 且其 (在 G_d 中的) 偏差为 $D_n(\mathcal{S})$, 那么 P_d 中的点列 $T\mathcal{S}=\{T\boldsymbol{x}_k\ (k=1,2,\cdots,n)\}$ (在 P_d 中) 的偏差 $\mathscr{D}_n(T\mathcal{S})=D_n(\mathcal{S})$.

证 设

$$J=[\alpha_1,\beta_1)\times\cdots\times[\alpha_d,\beta_d)\quad(a_j\leqslant\alpha_j<\beta_j\leqslant b_j,1\leqslant j\leqslant d)$$

是 P_d 中的任意一个平行体, 那么 $T\boldsymbol{x}_k\in J$ 当且仅当

$$\alpha_j\leqslant a_j+(b_j-a_j)x_{k,j}<\beta_j\quad(j=1,\cdots,d),$$

即

$$\frac{\alpha_j-a_j}{b_j-a_j}\leqslant x_{k,j}<\frac{\beta_j-a_j}{b_j-a_j}\quad(j=1,\cdots,d).$$

定义 G_d 中的平行体

$$K=\left[\frac{\alpha_1-a_1}{b_1-a_1},\frac{\beta_1-a_1}{b_1-a_1}\right)\times\cdots\times\left[\frac{\alpha_d-a_d}{b_d-a_d},\frac{\beta_d-a_d}{b_d-a_d}\right),$$

那么 $T\boldsymbol{x}_k\in J$ 当且仅当 $\boldsymbol{x}_k\in K$. 因此 $A(K;n;\mathcal{S})=A(J;n;T\mathcal{S})$. 又易见 $|K|=|J|/|P_d|$. 于是

$$\left|\frac{A(J;n;T\mathcal{S})}{n}-\frac{|J|}{|P_d|}\right|=\left|\frac{A(K;n;\mathcal{S})}{n}-|K|\right|\leqslant D_n(\mathcal{S}),$$

从而 $\mathscr{D}_n(T\mathcal{S})\leqslant D_n(\mathcal{S})$.

另外, 设

$$K'=[\delta_1,\tau_1)\times\cdots\times[\delta_d,\tau_d)\quad\big(0\leqslant\delta_j\leqslant\tau_j\leqslant 1,1\leqslant j\leqslant d\big)$$

是 G_d 中的任一平行体, 那么它被 T 映射为 P_d 中的平行体

$$J'=[a_1+(b_1-a_1)\delta_1,a_1+(b_1-a_1)\tau_1)\times\cdots\times[a_d+(b_d-a_d)\delta_d,a_d+(b_d-a_d)\tau_d),$$

并且

$$A(K';n;\mathcal{S})=A(J';n;T\mathcal{S}),\quad |J'|=\prod_{j=1}^{d}(b_j-a_j)(\tau_j-\delta_j)=|P_d||K'|.$$

于是

$$\left|\frac{A(K';n;\mathcal{S})}{n}-|K'|\right|=\left|\frac{A(J';n;T\mathcal{S})}{n}-\frac{|J'|}{|P_d|}\right|\leqslant\mathscr{D}_n(T\mathcal{S}),$$

从而 $D_n(\mathcal{S})\leqslant\mathscr{D}_n(T\mathcal{S})$, 于是得到所要的结论. □

推论 1.6.1 点列 $T\mathcal{S}$ 在 P_d 中是一致分布的, 当且仅当点列 $\mathcal{S}$ 在 G_d 中是一致分布的.

证 记 $\mathcal{T}=T\mathcal{S}$. 由定理 1.6.1 可知, 对于任意 $n\geqslant 1$, $D_n(\mathcal{S}^{(n)},G_d)=\mathscr{D}_n(\mathcal{T}^{(n)},P_d)$, 由此得到结论. □

定理 1.6.2 若 $\mathcal{T}=\{\boldsymbol{y}_k\ (k=1,2,\cdots)\}$ 是 P_d 中的一个一致分布点列, 则必唯一地存在 G_d 中的一致分布点列 $\mathcal{S}=\{\boldsymbol{x}_k\ (k=1,2,\cdots)\}$, 使得 $T\mathcal{S}=\mathcal{T}$, 且 $D_n(\mathcal{S}^{(n)})=\mathscr{D}_n(\mathcal{T}^{(n)})\,(n\geqslant 1)$.

证 记

$$\boldsymbol{y}_k=(y_{k,1},\cdots,y_{k,d}),\quad \boldsymbol{x}_k=(x_{k,1},\cdots,x_{k,d})\quad (k=1,2,\cdots,n).$$

那么对于每个 $k=1,2,\cdots$, 线性方程组 (以 $x_{k,j}$ 为未知数)

$$a_j+(b_j-a_j)x_{k,j}=y_{k,j}\quad (1\leqslant j\leqslant d)$$

都有唯一一组解 $x_{k,j}$ $(1\leqslant j\leqslant d)$, 这证明了 $\mathcal{S}$ 的唯一存在性. 由定理 1.6.1 可得定理中的其他结论. □

推论 1.6.2 在保持偏差不变的条件下, 可使 P_d 中的一致分布点列与 G_d 中的一致分布点列一一对应.

定理 1.6.3 设 $\mathcal{T}=\{\boldsymbol{y}_k\ (k=1,2,\cdots)\}$ 是 P_d 中的一个一致分布点列, 那么对于 P_d 中的任何有界区域 F $(|F|>0)$, 有

$$\lim_{n\to\infty}\frac{A(F;n;\mathcal{T}^{(n)})}{n}=\frac{|F|}{|P_d|},\tag{1.6.2}$$

其中 $A(F;n;\mathcal{T}^{(n)})$ 表示点集 $\{\boldsymbol{y}_k\ (k=1,2,\cdots,n)\}$ 落在 F 中的点的个数.

证 由定理 1.6.2, 唯一地存在 G_d 中的一致分布点列 $\mathcal{S}=\{\boldsymbol{x}_k\ (k=1,2,\cdots)\}$, 使得 $T\mathcal{S}=\mathcal{T}$, 且 $D_n(\mathcal{S}^{(n)})=\mathscr{D}_n(\mathcal{T}^{(n)})\,(n\geqslant 1)$. 设 $T^{-1}F=K$ (此处 T^{-1} 表示 T 的逆映射), 那么 K 是 G_d 中的有界区域. 易证

$$|K|=\frac{|F|}{|P_d|},\quad A(K;n;\mathcal{S}^{(n)})=A(F;n;\mathcal{T}^{(n)}).$$

于是

$$\lim_{n\to\infty}\frac{A(F;n;\mathcal{T}^{(n)})}{n}=\lim_{n\to\infty}\frac{A(K;n;\mathcal{S}^{(n)})}{n}.$$

因为 $\mathcal{S}$ 在 G_d 中是一致分布的, 所以依注 1.5.3, 上式右边等于 $|K|=|F|/|P_d|$. 于是定理得证. □

注 1.6.1 依式 (1.6.1), 式 (1.6.2) 是 P_d 中的无穷点列 $\mathcal{T}$ 一致分布的充要条件. 因此, 当式 (1.6.1) 中区域 D 取作 P_d 时, 式 (1.6.1) 与式 (1.6.2) 是等价的.

定理 1.6.4 设 $\mathcal{T}=\{\boldsymbol{y}_k\ (k=1,2,\cdots)\}$ 是 P_d 中的一个一致分布点列, F 是 P_d 中的任一有界区域, $|F|>0$, 那么 $F\cap\{\boldsymbol{y}_k\ (k\geqslant 1)\}$ 是无穷集, 且 $\mathcal{T}$ 落在 F 中的点组成的点列 $\mathcal{F}$ 在 F 中是一致分布的.

证 由式 (1.6.2) 可知 $F\cap\{\boldsymbol{y}_k\ (k\geqslant 1)\}$ 是无穷集. 设 $\mathcal{F}$ 的前 n 项组成的点列 $\mathcal{F}^{(n)}=\{\boldsymbol{y}_{i_k}\ (k=1,2,\cdots,n)\}$, 还设下标 $n'\geqslant n$, 使得 $\boldsymbol{y}_{n'}=\boldsymbol{y}_{i_n}$. 那么点列 $\mathcal{T}^{(n')}=\{\boldsymbol{y}_k\ (k=1,2,\cdots,n')\}$ 落在 F 中的点的个数

$$A(F;n';\mathcal{T}^{(n')})=n.\tag{1.6.3}$$

设 J 是 F 中的任意一个平行体, 那么

$$A(J;n;\mathcal{F}^{(n)})=A(J;n';\mathcal{T}^{(n')}).$$

于是, 应用式 (1.6.3), 可得

$$\frac{A(J;n;\mathcal{F}^{(n)})}{n}=\frac{A(J;n';\mathcal{T}^{(n')})}{n'}\cdot\frac{n'}{n}=\frac{A(J;n';\mathcal{T}^{(n')})}{n'}\cdot\left(\frac{A(F;n';\mathcal{T}^{(n')})}{n'}\right)^{-1}.$$

由 $n'\geqslant n$ 可知 $n\to\infty$ 蕴含 $n'\to\infty$, 所以

$$\lim_{n\to\infty}\frac{A(J;n;\mathcal{F}^{(n)})}{n}=\lim_{n'\to\infty}\frac{A(J;n';\mathcal{T}^{(n')})}{n'}\cdot\left(\lim_{n'\to\infty}\frac{A(F;n';\mathcal{T}^{(n')})}{n'}\right)^{-1}.$$

因为 $\mathcal{T}$ 在 P_d 中是一致分布的, 而 J 也是 P_d 中的平行体, 所以由式 (1.6.1) 可知上式右边第 1 个极限等于 $|J|/|P_d|$; 而由定理 1.6.3, 右边第 2 个极限等于 $|F|/|P_d|$. 于是, 我们得到

$$\lim_{n\to\infty}\frac{A(J;n;\mathcal{F}^{(n)})}{n}=\frac{|J|}{|F|}.$$

因为平行体 $J\subseteq F$ 是任意的, 所以由定义可知点列 $\mathcal{F}$ 在 F 中一致分布. □

推论 1.6.3 设点列 $\mathcal{T}$ 和 $\mathcal{F}$ 如定理 1.6.4 所述, 则 $\mathcal{F}$ 的前 n 项组成的点列 $\mathcal{F}^{(n)}$ 在 F 中的偏差 $\mathscr{D}_n(\mathcal{F}^{(n)},F)$ 满足

$$\mathscr{D}_n(\mathcal{F}^{(n)},F)\leqslant\frac{|P_d|}{|F|}\mathscr{D}_n(\mathcal{T}^{(n)})+o(1)\quad(n\to\infty).\tag{1.6.4}$$

证 我们有

$$\frac{A(J;n;\mathcal{F}^{(n)})}{n}-\frac{|J|}{|F|}=\frac{A(J;n';\mathcal{T}^{(n')})}{n'}\cdot\frac{n'}{n}-\frac{|J|}{|F|}.$$

由定理 1.6.3 及式 (1.6.3) 得

$$\frac{n'}{n}=\frac{n'}{A(F;n';\mathcal{T}^{(n')})}=\frac{|P_d|}{|F|}\big(1+o(1)\big)\quad(n\to\infty),$$

于是

$$\begin{aligned}\left|\frac{A(J;n;\mathcal{F}^{(n)})}{n}-\frac{|J|}{|F|}\right|&=\left|\frac{A(J;n';\mathcal{T}^{(n')})}{n'}\cdot\frac{|P_d|}{|F|}\big(1+o(1)\big)-\frac{|J|}{|P_d|}\cdot\frac{|P_d|}{|F|}\right|\\&\leqslant\left|\frac{A(J;n';\mathcal{T}^{(n')})}{n'}-\frac{|J|}{|P_d|}\right|\cdot\frac{|P_d|}{|F|}+\frac{A(J;n';\mathcal{T}^{(n')})}{n'}\cdot\frac{|P_d|}{|F|}\cdot o(1)\\&\leqslant\mathscr{D}_{n'}(\mathcal{T}^{(n')})\cdot\frac{|P_d|}{|F|}+o(1)\quad(n\to\infty).\end{aligned}$$

这个不等式对于 F 中的任何平行体 J 都成立, 所以

$$\mathscr{D}_n(\mathcal{F}^{(n)},F)\leqslant\mathscr{D}_{n'}(\mathcal{T}^{(n')})\cdot\frac{|P_d|}{|F|}+o(1)\quad(n\to\infty).$$

因为 $\mathcal{T}$ 在 P_d 中是一致分布的, $\lim\limits_{n\to\infty}\mathscr{D}_n(\mathcal{T}^{(n)})$ 存在, 故

$$\mathscr{D}_{n'}(\mathcal{T}^{(n')})=\mathscr{D}_n(\mathcal{T}^{(n)})+o(1),$$

从而得到式 (1.6.4). □

注 1.6.2 依定理 1.6.1 和定理 1.6.4, 我们可以由 G_d (或 P_d) 中的一致分布点列获得 F 中的一致分布点列. 若令 $\eta=|P_d|/|F|$, 则由 $\mathcal{T}$ 在 P_d 中分布的均匀性可知, $\{\boldsymbol{y}_k\ (k=1,2,\cdots)\}$ 中 "平均" 每 η 个点中有一个落在 F 中. 因此, η 可以作为由 P_d (或 G_d) 中的一致分布点列获得 F 中的一致分布点列的 "有效性" 指标. 当 η 大 (即 $|F|$ 小) 时, 所得点列的偏差可能要比原点列的偏差大.

注 1.6.3 上述结果可以扩展到一致分布的点集序列的情形.

1.7 补充与评注

1° 星偏差这个概念的引进源于 [125]. 实际上, 有些文献 (例如 [161]) 中偏差和星偏差的定义及记号正好与此处相反. 还有些文献 (中文者居多) 将此处的星偏差直接称为偏差, 并记作 D_n. 在文献 [40,150] 中, 我们还可见到其他一些叫法.

2° 偏差和星偏差对于点的坐标的连续性 (即引理 1.1.4 和引理 1.2.2) 首先是由 E. Hlawka [95] 研究的. 引理 1.1.4 的另一种证法可见文献 [161].

3° K. Roth 定理 (即定理 1.3.1) 的证明方法是偏差理论中的一个重要方法, 对他的证明思想的分析可见 [42].

4° 1987 年, J. Beck 和 W. Chen[28] 应用 Fourier 分析给出定理 1.3.1 的另一个证明, 得到: 对于 $\mathbb{R}^d$ 中的任意有限点列 $\mathcal{S}=\mathcal{S}_d=\{\boldsymbol{x}_1,\cdots,\boldsymbol{x}_n\}$, 存在一个边平行于坐标轴的 d 维正方体 $Q\subseteq[0,1)^d$, 使得

$$\left|\frac{A(Q;n;\mathcal{S})}{n}-|Q|\right|\geqslant n^{-1}(c_1(d)(\log n)^{(d-1)/2}-c_2(d)),$$

其中 $|Q|$ 表示 Q 的体积, 常数

$$c_1(d)=2^{-7/2}3^{d/2}(\log 2)^{-(d-2)/4}((d-1)!)^{-1/2}(d\pi)^{-d/4}(2d+1)^{-(d-1)/2}(6d+1)^{-d/2},$$

以及

$$c_2(d) = 2^{d+2}3^{(d-1)/2}d^{1/2}.$$

专著 [55] 给出了这个结果的较为详细的证明. 与 [28] 略微不同的证明可见 [153].

5° 对于维数 $d \geqslant 3$, 改进 Roth 的偏差下界估计 (即定理 1.3.1) 是一个具有挑战性的问题. 1989 年, J. Beck[26] 在 3 维情形下给出了下面的改进结果: 对于 $\mathbb{R}^3$ 中的任何有限点列 $\mathcal{S}_3 = \{\boldsymbol{x}_1, \cdots, \boldsymbol{x}_n\}$ 及任意 $\varepsilon > 0$, 当 $n \geqslant n_0(\varepsilon)$ 时

$$D_n^*(\mathcal{S}_3) \geqslant c_3 n^{-1} \log n (\log\log n)^{1/8-\varepsilon}.$$

1999 年, R. C. Baker[23] 简化了 Beck 的方法, 证明了更一般的结果: 设 $d \geqslant 3$, 对于 $\mathbb{R}^d$ 中的任何有限点列 $\mathcal{S}_d = \{\boldsymbol{x}_1, \cdots, \boldsymbol{x}_n\}$, 当 $n \geqslant \mathrm{e}^{\mathrm{e}}$ 时

$$D_n^*(\mathcal{S}_d) \geqslant c_4(d) n^{-1} (\log n)^{(d-1)/2} (\log\log n / \log\log\log n)^{1/(2d-2)}.$$

这个估值稍微改进了 Roth 的结果. 有理由期待进一步的改进. 实际上, Schmidt 的二维偏差下界估计 (定理 1.3.2) 是最优的, 这是因为我们可以构造一个含 n 项的 d $(\geqslant 2)$ 维有限点列 $\mathcal{S}_d$ (例如 Hammersley 点列), 满足

$$D_n^*(\mathcal{S}_2) \leqslant c_5(d) n^{-1} (\log n)^{d-1}.$$

因此, 人们猜测: 对于任何含 n 项的 d $(\geqslant 1)$ 维有限点列 $\mathcal{S}_d$, 有

$$D_n^*(\mathcal{S}_2) \geqslant c_6(d) n^{-1} (\log n)^{d-1}.$$

这个猜想至今仅对 $d = 1, 2$ 被证明成立 ($d = 1$ 的情形见引理 1.1.2 和引理 1.1.3).

6° 由例 1.1.1, 在 $d = 1$ 的情形下, 对每个 n 都可构造一个含 n 项的点列使其满足 $D_n^* = O(n^{-1})$. Roth 定理表明这种现象只在 $d = 1$ 时才有可能出现. 对于 d 维无穷点列 $\mathcal{S}_d = \{\boldsymbol{x}_1, \cdots, \boldsymbol{x}_n, \cdots\}$, 它的前 n 项构成一个有限点列, 是否对于所有 n, D_n^* 都能较 "小" (例如, 当 $d = 1$ 时都有 $D_n^* = O(n^{-1})$)? T. van Aardenne-Ehrenfest [286-287] 首先证明了: 对于 $\mathbb{R}^d$ $(d \geqslant 1)$ 中的任何无穷点列 $\mathcal{S}_d = \{\boldsymbol{x}_1, \cdots, \boldsymbol{x}_n, \cdots\}$, 都有

$$\varlimsup_{n\to\infty} n D_n^*(\mathcal{S}_d) = \infty.$$

我们还可以证明更强的结果 (可参见 [125](第 105 页); 或者应用定理 1.3.1 及下文 7° 中的定理 1.7.3):

定理 1.7.1 对于 $\mathbb{R}^d$ $(d\geqslant 1)$ 中的任何无穷点列 $\mathcal{S}_d=\{\boldsymbol{x}_1,\cdots,\boldsymbol{x}_n,\cdots\}$, 存在无穷多个正整数 n, 使得

$$D_n^*(\mathcal{S}_d)\geqslant c_7(d)n^{-1}(\log n)^{d/2}.$$

对于 $d=1$, W. M. Schmidt[225] 得到了更好的结果:

定理 1.7.2 对于任何无穷实数列 $\mathcal{S}_1=\{x_1,\cdots,x_n,\cdots\}$, 存在无穷多个正整数 n, 使得

$$D_n^*(\mathcal{S}_1)\geqslant c_8 n^{-1}\log n.$$

一般地, 我们猜测: 对于 $\mathbb{R}^d$ $(d\geqslant 1)$ 中的任何无穷点列 $\mathcal{S}_d=\{\boldsymbol{x}_1,\cdots,\boldsymbol{x}_n,\cdots\}$, 存在无穷多个正整数 n, 使得

$$D_n^*(\mathcal{S}_d)\geqslant c_9(d)n^{-1}(\log n)^{d}.$$

当 $d>1$ 时, 这个猜想至今仍未被证明.

7° 无穷点列和有限点列的下界估计之间存在紧密的关系, 常常可以应用下列定理互相转换:

定理 1.7.3 若对于 $\mathbb{R}^{d+1}$ 中的任何含 n 项的有限点列 $\mathcal{X}_{d+1}$, 有 $nD_n^*(\mathcal{X}_{d+1})\geqslant f(n)$, 那么对于 $\mathbb{R}^d$ 中的任何含 n 项的有限点列 $\mathcal{Y}_d$, 存在 m $(1\leqslant m\leqslant n)$, 使 $\mathcal{Y}_d$ 的前 m 项形成的点列 $\mathcal{Y}_d^{(m)}$ 满足 $mD_m^*(\mathcal{Y}_d^{(m)})\geqslant f(n)-1$.

反过来, 如果对于 $\mathbb{R}^d$ 中的任何含 n 项的有限点列 $\mathcal{Y}_d$, 存在 m $(1\leqslant m\leqslant n)$, 使 $\mathcal{Y}_d$ 的前 m 项形成的点列 $\mathcal{Y}_d^{(m)}$ 满足 $mD_m^*(\mathcal{Y}_d^{(m)})\geqslant g(n)$, 那么对于 $\mathbb{R}^{d+1}$ 中的任何含 n 项的有限点列 $\mathcal{X}_{d+1}$, 有 $nD_n^*(\mathcal{X}_{d+1})\geqslant g(n)/2$.

这个定理的证明可参见 [125](第 106 和 107 页). 特别地, 可据此并由定理 1.3.1 推出上述 T. van Aardenne-Ehrenfest 的结果. 作为练习, 读者还可应用它由定理 1.3.1 推出 6° 中的定理 1.7.1, 以及由 6° 中的定理 1.7.2 推出定理 1.3.2.

8° 对于无穷点列的一致分布性的判定, 除按定义外, 还有下列判定准则:

定理 1.7.4 $\mathbb{R}^d$ 中无穷点列 $\mathcal{S}=\{\boldsymbol{x}_1,\cdots,\boldsymbol{x}_n,\cdots\}$ 是模 1 一致分布的, 当且仅当下列三个条件之一成立:

(a) 对于 $[0,1]^d$ 上的任何黎曼可积函数 f, 有

$$\lim_{n\to\infty}\frac{1}{n}\sum_{k=1}^{n}f(\{\boldsymbol{x}_k\})=\int_{[0,1]^d}f(\boldsymbol{x})\mathrm{d}\boldsymbol{x}.$$

(b) 对于 $[0,1]^d$ 上的任何连续函数 f, 有

$$\lim_{n\to\infty}\frac{1}{n}\sum_{k=1}^{n}f(\{\boldsymbol{x}_k\})=\int_{[0,1]^d}f(\boldsymbol{x})\mathrm{d}\boldsymbol{x}.$$

(c) (Weyl 准则) 对于任何非零矢 $\boldsymbol{m}\in\mathbb{Z}^d$, 有

$$\lim_{n\to\infty}\frac{1}{n}\sum_{k=1}^{n}\mathrm{e}^{2\pi\mathrm{i}(\boldsymbol{m}\boldsymbol{x}_k)}=0,$$

此处 $\mathrm{i}=\sqrt{-1}$, $\boldsymbol{x}\boldsymbol{y}$ 表示两个 d 维矢量 $\boldsymbol{x},\boldsymbol{y}$ 的标量积.

有关证明此处从略, 可见 [7,18,55,125] 等. 另外, 我们要提及下列一些文献: [258] 提出了一种新的一致分布判定方法, [157] 包含了一致分布和偏差理论中一些有趣的结果, [20-21] 研究了 p-adic 整数列的一致分布性 (它们可用于非线性伪随机数的生成).

由例 1.5.1, 当 θ 是有理数时, 点列 $\{k\theta\ (k=1,2,\cdots)\}$ 不是模 1 一致分布的. 但当 θ 是无理数时, 对于任何非零整数 m, 有

$$\left|\frac{1}{n}\sum_{k=1}^{n}\mathrm{e}^{2\pi\mathrm{i}mk\theta}\right|\leqslant\frac{1}{n|\sin\pi m\theta|},$$

因此

$$\lim_{n\to\infty}\frac{1}{n}\sum_{k=1}^{n}\mathrm{e}^{2\pi\mathrm{i}mk\theta}=0.$$

依定理 1.7.4(c), $\{k\theta\ (k=1,2,\cdots)\}$ 是模 1 一致分布的. 于是我们得到: 实数 θ 是无理数, 当且仅当无穷点列 $\{k\theta\ (k=1,2,\cdots)\}$ 是模 1 一致分布的.

9° 一些文献致力于研究偏差上界估计中的常数的明显表达式 (例如定理 1.3.1、注 1.4.2 及本节 4° 中的那些常数), 这类常数与维数 d 的关系在高维数值积分的拟 Monte Carlo 方法中具有重要意义, 与此有关的结果和讨论可见 [177] 等 (还可见本书注 3.5.7).

10° 为了特殊的目的, 人们还引进各种不同形式的偏差概念. 下面介绍其中比较常见的形式 (我们在此仅考虑 $G_d=[0,1)^d$ 中的点列).

(a) L_p 偏差. 它的定义是

$$D_n^{(p)}(\mathcal{S})=D_n^{(p)}(\mathcal{S}_d)=\left(\int_{[0,1]^d}\left|\frac{A\big([\boldsymbol{0},\boldsymbol{x});n;\mathcal{S}_d\big)}{n}-|[\boldsymbol{0},\boldsymbol{x})|\right|^p\mathrm{d}\boldsymbol{x}\right)^{1/p},$$

其中 $0<p<\infty$, $\mathcal{S}_d$ 是 $\mathbb{R}^d\ (d\geqslant1)$ 中的一个含 n 项的点列. 由 L_p 模的性质可知 $D_n^{(p)}\leqslant D_n^{(p')}(p\leqslant p')$; 特别地, $D_n^{(\infty)}(\mathcal{S}_d)=D_n^*(\mathcal{S}_d)$. 一般地, 可以证明: 对于任何 $0<p<\infty$ 及 $\mathcal{S}_d\ (d\geqslant1)$, 有

$$c_{10}(p,d)D_n^*(\mathcal{S}_d)^{(p+d)/p}\leqslant D_n^{(p)}(\mathcal{S}_d)\leqslant D_n^*(\mathcal{S}_d)$$

(见 [55,163]). 由定理 1.3.1 的证明可知

$$D_n^{(2)}(\mathcal{S}_d) \geqslant c_{11}(d)n^{-1}(\log n)^{(d-1)/2}.$$

另外, 可以证明

$$D_n^{(2)}(\mathcal{S}_d) \leqslant c_{12}(d)n^{-1}(\log n)^{(d-1)/2}$$

(见 [45,69,219]), 因而上述的下界估计是最优的. 将此结果同 [41,227] 中的结果相结合, 可知: 一般地, 当 $d \geqslant 2$ 时, 对于任何 $p>1$, 有

$$D_n^{(p)}(\mathcal{S}_d) \geqslant c_{13}(d)n^{-1}(\log n)^{(d-1)/2},$$

并且这个阶是最优的.

1998 年 F. J. Hickernell 提出广义 L_p 偏差概念并用其来研究高维数值积分误差, 对此可见 [84-86]. 文献 [203] 定义了 B 偏差, 作为特例得到一些其他形式的 L_2 偏差, 并且研究了它们与多重数值积分的关系.

(b) 迷向偏差. 设 $\mathcal{S}_d$ 是 $\mathbb{R}^d$ $(d \geqslant 1)$ 中的一个含 n 项的点列, $\mathcal{C}$ 表示 $[0,1)^d$ 中所有凸集的集合. 我们称

$$J_n(\mathcal{S}) = J_n(\mathcal{S}_d) = \sup_{C \in \mathcal{C}} \left| \frac{A(C;n;\mathcal{S}_d)}{n} - |C| \right|$$

$\big(A(C;n;\mathcal{S}_d)$ 和 $|C|$ 分别表示 C 所含 $\mathcal{S}_d$ 中的点的个数及其体积$\big)$为 $\mathcal{S}_d$ 的迷向偏差. 注意, 若 $\mathcal{S}_d$ 不在 $[0,1)^d$ 中, 则理解为点集 $\{\mathcal{S}_d\}$. 如果用 $\mathscr{T}$ 表示 $[0,1)^d$ 中所有闭的和开的凸多面体的集合, 那么上述定义等价于

$$J_n(\mathcal{S}_d) = \sup_{T \in \mathscr{T}} \left| \frac{A(T;n;\mathcal{S}_d)}{n} - |P| \right|.$$

对于 $\mathbb{R}^d$ $(d \geqslant 1)$ 中的任何有限点列 $\mathcal{S}_d$, 其迷向偏差与偏差之间有下述关系:

$$D_n \leqslant J_n \leqslant 4dD_n^{1/d}$$

(它的证明可见 [192]). S. K. Zaremba[299] 给出一个例子表明上式右边的指数 $1/d$ 不可减小. W. M. Schmidt[226] 还给出下界估计 $J_n \geqslant c_{14}(d)n^{-2/(d+1)}$. 文献 [132] 研究了某些特殊数列的迷向偏差的上界估计.

(c) 带权偏差. 这个概念同数值积分及函数逼近紧密相关. 设 $\mathcal{S}_d = \{\boldsymbol{x}_i\ (i=1,\cdots,n)\}$ 是 $[0,1)^d$ $(d \geqslant 1)$ 中的一个点列, $p_1,\cdots,p_n$ 是非负实数, $\sum\limits_{i=1}^{n} p_i = 1$. 对于 $[0,1]^d$ 中的任一

区间 $I=[\mathbf{0},\boldsymbol{\alpha})$, 用 $\chi(I;\boldsymbol{x})$ 表示其特征函数. 令

$$T_n(I)=\sum_{i=1}^{n}p_i\chi(I;\boldsymbol{x}_i).$$

我们称

$$\mathcal{D}_n(\mathcal{S})=\mathcal{D}_n(\mathcal{S}_d)=\sup_{I\subset[0,1]^d}\big|T_n(I)-|I|\big|$$

为点列 $\mathcal{S}_d$ 对于权 $p_1,\cdots,p_n$ 的偏差. 特别地, 若所有 $p_i=1/n$, 它就成为通常的星偏差.

这个概念还被扩展到 L_p $(0<p<\infty)$ 度量的情形. 例如, 设 $d=1$, $\mathcal{S}_1=\{x_1,\cdots,x_n\}$ 是 $[0,1)$ 中的一个点列. 定义 $[0,1]$ 上的函数

$$g(x)=\sum_{\substack{1\leqslant i\leqslant n\\ x_i<x}}p_i-x.$$

我们称

$$\mathcal{D}_n^{(p)}(\mathcal{S}_1)=\left(\int_0^1|g(x)|^p\mathrm{d}x\right)^{1/p}\qquad(0<p<\infty)$$

为 $\mathcal{S}_1$ 对于权 $p_1,\cdots,p_n$ 的 L_p 偏差. 并记 $\mathcal{D}_n^{(\infty)}=\mathcal{D}_n^*$ (带权星偏差). 特别地, 若所有 $p_i=1/n$, 则

$$\mathcal{D}_n^{(p)}=D_n^{(p)},\quad \mathcal{D}_n^*=D_n^*.$$

此外, 若 $\varphi(x)$ 是 $[0,1]$ 上的实值非减函数, $\lim\limits_{x\to0+}\varphi(x)=0$, 并且 $\varphi(x)>0$ $(x>0)$, 则称

$$\mathcal{D}_n^{(\varphi)}(\mathcal{S}_1)=\int_0^1\varphi(|g(x)|)\mathrm{d}x$$

为 $\mathcal{S}_1$ 对于权 $p_1,\cdots,p_n$ 的 φ 偏差.

类似地, 定义 d $(\geqslant 2)$ 维点列 $\mathcal{S}_d=\{\boldsymbol{x}_i\ (i=1,\cdots,n)\}$ 对于权 $p_1,\cdots,p_n$ 的 L_p $(0<p<\infty)$ 偏差为

$$\mathcal{D}_n^{(p)}(\mathcal{S})=\mathcal{D}_n^{(p)}(\mathcal{S}_d)=\left(\int_{[0,1]^d}\left|\sum_{k=1}^{n}p_k\chi([\mathbf{0},\boldsymbol{x});\boldsymbol{x}_k)-|[\mathbf{0},\boldsymbol{x})|\right|^p\mathrm{d}\boldsymbol{x}\right)^{1/p},$$

其中 $\chi([\mathbf{0},\boldsymbol{x});\boldsymbol{t})$ 表示 $[\mathbf{0},\boldsymbol{x})$ 的特征函数.

关于这些概念的进一步的研究, 可见 [211-212,214] 等. S. Joe[106] 还引进一种带权星偏差以用来研究多维积分的格法则. V. Sinescu[228] 定义了一种广义带权星偏差并应用于移位格法则.

(d) 多项式偏差. 它是由 E. Hlawka[99-100] 引进的. 设 $d\geqslant1,\mathcal{S}_d=\{\boldsymbol{x}_i\ (i=1,\cdots,n)\}$ 是 $[0,1)^d$ 中的一个点列, 其中 $\boldsymbol{x}_i=(x_{i,1},x_{i,2},\cdots,x_{i,d})$ (对于 $\mathbb{R}^d$ 中的点列 $\mathcal{S}$, 则用 $\{\mathcal{S}\}$

来代替它). 如 (c) 中所述, 若 $\chi(I;\boldsymbol{x})$ 是 $[0,1]^d$ 中的区间 $I=[\boldsymbol{0},\boldsymbol{\alpha})$ 的特征函数, 则通常的偏差可表示为

$$D_n^*(\mathcal{S}_d)=\sup_{I\subset[0,1]^d}\left|\frac{1}{n}\sum_{i=i}^{n}\chi(I;\boldsymbol{x}_i)-|I|\right|.$$

现在用 d 个变元的单项式代替 I 的特征函数, 称

$$P_n(\mathcal{S})=P_n(\mathcal{S}_d)=\sup_{(m_1,\cdots,m_d)\in\mathbb{N}_0^d}\left|\frac{1}{n}\sum_{i=1}^{n}x_{i,1}^{m_1}\cdots x_{i,d}^{m_d}-\prod_{j=1}^{d}\frac{1}{m_j+1}\right|$$

为 $\mathcal{S}_d$ 的多项式偏差. 可以证明

$$P_n(\mathcal{S}_d)\leqslant D_n(\mathcal{S}_d)\leqslant c_{15}(d)|\log P_n(\mathcal{S}_d)|.$$

某些其他结果可见 [113].

另外, 还有 Abel 偏差 [97,164]、球冠偏差 [222-223] 等特殊的偏差概念. P. Kirschenhofer 和 R. F. Tichy[112] 定义了二重实数列的偏差, 由此给出二重实数列的一致分布性的一些新结果 (早先的有关结果可见 [125]). 文献 [81] 给出了非一致偏差和非一致分布点列的概念.

还要指出的是, 偏差的概念也广泛地出现在组合论、离散几何及计算机科学中, 统称为组合偏差或几何偏差, 对此可见 [40,150,206] 等.

11° 广义 van der Corput 点列及广义 Hammersley 点列.

设 $r\geqslant 2$ 是给定的整数, $\boldsymbol{\sigma}(r)=\{\sigma_0,\sigma_1,\cdots\}$ 是一个给定的、由集合 $\{0,1,\cdots,r-1\}$ 上的置换 σ_i 组成的无穷序列 (因而其元素 σ_i 并非两两互异). 任一整数 $a\geqslant 0$ 可唯一地表示为

$$a=\sum_{i=0}^{\infty}e_ir^i,$$

其中 $e_i=e_i(a)$, 且当 $a\neq 0$ 时 $e_i(a)=0\ \ (i>[\log a/\log r])$. 我们定义

$$\varphi_r^{\boldsymbol{\sigma}(r)}(a)=\sum_{i=0}^{\infty}\frac{\sigma_i(e_i)}{r^{i+1}},$$

并将它称为对于 $\boldsymbol{\sigma}(r)$ 的倒位 (或倒根) 函数. 我们称

$$\mathcal{V}_2^{\boldsymbol{\sigma}(r)}=\left\{\left(\frac{k}{n},\varphi_r^{\boldsymbol{\sigma}(r)}(k)\right)(k=0,1,\cdots,n-1)\right\}$$

为对于 $\boldsymbol{\sigma}(r)$ 的广义 van der Corput 点列. 若 $\boldsymbol{\sigma}(r)$ 的所有元素相同(都是集合 $\{0,1,\cdots,r-1\}$ 上的同一个置换 $\sigma=\sigma(r)$), 则将 $\boldsymbol{\sigma}(r)$ 简记为 $\sigma(r)$, 并将 $\mathcal{V}_2^{\boldsymbol{\sigma}(r)}$ 简

记为 $\mathcal{V}_2^{\sigma(r)}$. 特别地, $\mathcal{V}_2^{\mathrm{id}(r)}$ ($\mathrm{id}(r)$ 表示 $\{0,1,\cdots,r-1\}$ 上的恒等置换) 就是通常的 van der Corput 点列 $\mathcal{V}_2=\mathcal{V}_{2,r}$.

若 $d\geqslant 2$, p_k $(k=1,\cdots,d-1)$ 是任意 $d-1$ 个不同的素数 (一般地, 可考虑 $d-1$ 个两两互素的整数 $r_1,\cdots,r_{d-1}$), 并记 $\boldsymbol{p}=(p_1,\cdots,p_{d-1})$, 则称

$$\mathcal{H}_d^{\boldsymbol{\sigma}(\boldsymbol{p})}=\left\{\left(\frac{k}{n},\varphi_{p_1}^{\boldsymbol{\sigma}(p_1)}(k),\varphi_{p_2}^{\boldsymbol{\sigma}(p_2)}(k),\cdots,\varphi_{p_{d-1}}^{\boldsymbol{\sigma}(p_{d-1})}(k)\right)(k=0,1,\cdots,n-1)\right\}$$

为对于 $\boldsymbol{\sigma}(\boldsymbol{p})$ 的广义 Hammersley 点列 ($d=2$ 时就是广义 van der Corput 点列). 若对于每个 i $(1\leqslant i\leqslant d-1)$, $\boldsymbol{\sigma}(p_i)$ 的所有元素相同(都是集合 $\{0,1,\cdots,p_i-1\}$ 上的同一个置换 $\sigma=\sigma(p_i)\big)$, 则将 $\boldsymbol{\sigma}(\boldsymbol{p})$ 和 $\mathcal{H}_d^{\boldsymbol{\sigma}(\boldsymbol{p})}$ 分别简记为 $\sigma(\boldsymbol{p})$ 和 $\mathcal{H}_d^{\sigma(\boldsymbol{p})}$. 特别地, $\mathcal{H}_d^{\mathrm{id}(\boldsymbol{p})}$ $\big(\mathrm{id}(\boldsymbol{p})$ 表示 $\sigma(p_i)$ $(1\leqslant i\leqslant d-1)$ 均是 $\{0,1,\cdots,p_i-1\}$ 上的恒等置换$\big)$就是通常的 Hammersley 点列 $\mathcal{H}_d$.

对于通常的 van der Corput 点列 $\mathcal{V}_2=\mathcal{V}_{2,r}$, F. Pillichshammer[208] 证明了: 当 $r=2,n=2^m$ (m 是非负整数) 时, 对于任何整数 $p\geqslant 1$, 其 L_p 偏差 $D_n^{(p)}$ 满足不等式

$$\big(nD_n^{(p)}(\mathcal{V}_{2,2})\big)^p=\frac{m^p}{8^p}+O\big(m^{p-1}\big),$$

其中 "O" 中的常数仅与 p 有关. H. Faure 和 F. Pillichshammer[65] 将这个结果扩充到 $r\geqslant 2$ ($n=2^m$ 同上) 的情形, 得到

$$\big(nD_n^{(p)}(\mathcal{V}_{2,r})\big)^p=m^p\left(\frac{r^2-1}{12r}\right)^p+O\big(m^{p-1}\big),$$

其中 "O" 中的常数仅与 p 和 r 有关. 因此, 当 $r\geqslant 2,n=2^m$ (m 是非负整数) 时

$$D_n^{(p)}(\mathcal{V}_{2,r})=O(n^{-1}\log n)$$

("O" 中的常数与 n 无关). 依 10° (a), 这个结果不是最优的. 鉴于这个情况, H. Faure 和 F. Pillichshammer[65] 考虑了广义 van der Corput 点列, 他们证明了: 设 $r\geqslant 2,n=2^m$ (m 是非负整数), 且 p 是一个偶数, 那么存在一个置换序列 $\boldsymbol{\sigma}(r)=\{\sigma_0,\sigma_1,\cdots,\sigma_{m-1},\mathrm{id},\mathrm{id},\cdots\}$, 其中 σ_j $(0\leqslant j\leqslant m-1)$ 或为恒等置换 id, 或为置换 $\sigma:k\mapsto r-k-1$ $(0\leqslant k\leqslant r-1)$, 使得

$$\big(nD_n^{(p)}(\mathcal{V}_2^{\boldsymbol{\sigma}(r)})\big)^p\leqslant 2\left(\frac{r^2-1}{12}\right)^p\frac{p!}{(p/2)!2^{p/2}}m^{p/2}+O(m^{p/2-1}),$$

因此 $D_n^{(p)}(\mathcal{V}_2^{\boldsymbol{\sigma}(r)})=O(n^{-1}(\log n)^{1/2})$, 其中 "$O$" 中的常数仅与 r 和 p 有关. 这个结果是最优的. 对于维数 $d>2$ 的广义 Hammersley 点列, 有待给出相应结果.

12° 设 $\mathcal{S}=\{\boldsymbol{x}_k\ (k=1,2,\cdots)\}$ 是 $\mathbb{R}^d\ (d\geqslant 1)$ 中的一个无穷点列. 对任何整数 $\nu\geqslant 0$, 定义移位 (无穷) 点列 $\mathcal{S}_\nu=\{\boldsymbol{x}_k\ (k=\nu+1,\nu+2,\cdots)\}$. 容易证明: 若 $\mathcal{S}$ 是模 1 一致分布的, 则对任何整数 $\nu\geqslant 0$, $\mathcal{S}_\nu$ 也是模 1 一致分布的, 但极限

$$\lim_{n\to\infty}\left|\frac{A\big([\boldsymbol{\alpha},\boldsymbol{\beta});n;\mathcal{S}_\nu^{(n)}\big)}{n}-|\boldsymbol{\beta}-\boldsymbol{\alpha}|\right|=0$$

($\mathcal{S}_\nu^{(n)}=\{\boldsymbol{x}_k\ (k=\nu+1,\cdots,\nu+n)\},[\boldsymbol{\alpha},\boldsymbol{\beta})\subset G_d$) 的收敛未必关于 ν 是一致的. 如果对于每个 $[\boldsymbol{\alpha},\boldsymbol{\beta})\subset G_d$, 上述极限关于 $\nu\geqslant 0$ 一致成立, 那么称 $\mathcal{S}$ 是模 1 好分布的, 并将

$$\widetilde{D}_n(\mathcal{S})=\sup_{\nu\geqslant 0}D_n(\mathcal{S}_\nu)$$

称为 $\mathcal{S}$ 的一致偏差. 显然, 模 1 好分布点列是模 1 一致分布点列, 但反之未必成立. 还可以证明: 虽然几乎所有点列是一致分布的, 但几乎所有点列都不是好分布的. 与好分布有关的基本结果可参见 [55,125].

13° 在 1.6 节中我们简要地给出了任意有界区域中的点集的偏差和一致分布的概念, 并采用初等方式讨论了某些简单区域中一致分布点列的变换. 在 [259] 中可以找到一些这类结果. 1972 年, E. Hlawka 和 R. Mück[102-103] 讨论了一致分布点列的一般变换.

第 2 章

星偏差和 L_2 偏差的精确计算

本章主要研究一维和多维有限点列的星偏差的精确计算问题, 即通过点的坐标给出星偏差的明显表达式. 在实际应用中, 基于这种类型的公式并借助于适当的算法可以较方便地计算出星偏差的精确值 (但此处没有涉及算法). 另外, 我们还简要地讨论与 L_2 偏差有关的精确计算问题. 本章应用了凸规划思想, 但对于高维情形, 星偏差精确计算公式的证明较为复杂. 为了便于通过类比加深对高维情形论证过程的理解, 我们对二维和三维情形进行了较详尽的讨论.

2.1 一维点列星偏差的精确计算

对于一维点列的星偏差, H. Niederreiter[159] 给出了下面的精确计算公式 (定理 2.1.1 和定理 2.1.2):

定理 2.1.1 设 $\mathcal{S}=\{x_1,x_2,\cdots,x_n\}$ 是 $[0,1)$ 中的一个数列, 那么它的星偏差

$$\begin{aligned}D_n^*(\mathcal{S})&=\max_{1\leqslant i\leqslant n}\max\left\{\left|x_i-\frac{i}{n}\right|,\left|x_i-\frac{i-1}{n}\right|\right\}\\&=\frac{1}{2n}+\max_{1\leqslant i\leqslant n}\left|x_i-\frac{2i-1}{2n}\right|.\end{aligned}$$

证 依引理 1.1.1, 不妨认为 $x_1\leqslant x_2\leqslant\cdots\leqslant x_n$. 又由引理 1.1.4, 可知 $D_n^*(\mathcal{S})$ 是 x_i 的连续函数. 必要时以 $x_i+\varepsilon$ $(\varepsilon>0)$ 代替 x_i, 可以认为诸 x_i 两两不等; 若能在此情形下证得结论, 那么令 $\varepsilon\to 0$ 即可导出所要的公式. 因此, 我们设 $\mathcal{S}$ 满足

$$0<x_1<x_2<\cdots<x_n<1, \tag{2.1.1}$$

并且还令 $x_0=0,x_{n+1}=1$. 显然, 我们有

$$\begin{aligned}D_n^*(\mathcal{S})&=\max_{0\leqslant i\leqslant n}\sup_{x_i<\alpha\leqslant x_{i+1}}\left|\frac{A([0,\alpha);n)}{n}-\alpha\right|\\&=\max_{0\leqslant i\leqslant n}\sup_{x_i<\alpha\leqslant x_{i+1}}\left|\frac{i}{n}-\alpha\right|.\end{aligned}$$

因为函数 $f_i(x)=|i/n-x|$ 在 $[x_i,x_{i+1}]$ 上只可能在端点处达到最大值, 所以上式等于

$$\max_{0\leqslant i\leqslant n}\max\left\{\left|\frac{i}{n}-x_i\right|,\left|\frac{i}{n}-x_{i+1}\right|\right\}.$$

注意 $x_0=0,x_{n+1}=1$, 将上式逐项写出, 可知它等于

$$\begin{aligned}&\max\left\{\left|\frac{0}{n}-x_1\right|,\left|\frac{1}{n}-x_1\right|,\left|\frac{1}{n}-x_2\right|,\left|\frac{2}{n}-x_2\right|,\left|\frac{2}{n}-x_3\right|,\cdots,\left|\frac{n}{n}-x_n\right|\right\}\\&=\max_{1\leqslant i\leqslant n}\max\left\{\left|\frac{i}{n}-x_i\right|,\left|\frac{i-1}{n}-x_i\right|\right\}.\end{aligned}$$

最后, 对于每个 i, $(2i-1)/(2n)$ 是 $[(i-1)/n,i/n]$ 的中点, 容易直接验证

$$\max\left\{\left|\frac{i}{n}-x_i\right|,\left|\frac{i-1}{n}-x_i\right|\right\}=\frac{1}{2n}+\left|x_i-\frac{2i-1}{2n}\right|,$$

由此即可完成定理的证明. □

定理 2.1.2 设 $\mathcal{S}=\{x_1,x_2,\cdots,x_n\}$ 同定理 2.1.1 中的, 那么它的偏差

$$D_n(\mathcal{S})=\frac{1}{n}+\max_{1\leqslant i\leqslant n}\left(\frac{i}{n}-x_i\right)-\min_{1\leqslant i\leqslant n}\left(\frac{i}{n}-x_i\right). \tag{2.1.2}$$

证 可设式 (2.1.1) 成立, 并令 $x_0=0,x_{n+1}=1$. 我们有

$$\begin{aligned}D_n(\mathcal{S})&=\max_{0\leqslant i\leqslant j\leqslant n}\sup_{\substack{x_i<\alpha\leqslant x_{i+1}\\x_j<\beta\leqslant x_{j+1}\\\alpha<\beta}}\left|\frac{A([\alpha,\beta);n)}{n}-(\beta-\alpha)\right|\\&=\max_{0\leqslant i\leqslant j\leqslant n}\sup_{\substack{x_i<\alpha\leqslant x_{i+1}\\x_j<\beta\leqslant x_{j+1}\\\alpha<\beta}}\left|\frac{j-i}{n}-(\beta-\alpha)\right|.\end{aligned}$$

因为

$$x_j-x_{i+1}<\beta-\alpha<x_{j+1}-x_i,$$

且函数 $f_{i,j}(x)=|(j-i)/n-x|$ 在区间 $[x_j-x_{i+1},x_{j+1}-x_i]$ 上只可能在端点处达到最大值, 所以上式等于

$$\max_{0\leqslant i\leqslant j\leqslant n}\max\left\{\left|\frac{j-i}{n}-(x_{j+1}-x_i)\right|,\left|\frac{j-i}{n}-(x_j-x_{i+1})\right|\right\}.$$

记 $r_i=i/n-x_i$ $(0\leqslant i\leqslant n+1)$, 那么上式可以改写为

$$\max_{0\leqslant i\leqslant j\leqslant n}\max\left\{\left|r_{j+1}-r_i-\frac{1}{n}\right|,\left|r_j-r_{i+1}+\frac{1}{n}\right|\right\}.$$

注意到 $r_0=0,r_{n+1}=1/n$, 将上式逐项写出, 可知

$$D_n(\mathcal{S})=\max_{\substack{0\leqslant i\leqslant n\\1\leqslant j\leqslant n+1}}\left|\frac{1}{n}+r_i-r_j\right|. \tag{2.1.3}$$

因为

$$\max_{1\leqslant i,j\leqslant n}\left|\frac{1}{n}+r_i-r_j\right|$$

就是式 (2.1.2) 的右边, 并且

$$\max_{1\leqslant i\leqslant n}r_i\geqslant r_n\geqslant 0,\quad \min_{1\leqslant i\leqslant n}r_i\leqslant r_1\leqslant\frac{1}{n},$$

所以式 (2.1.3) 右边分别对应于 $i=0$ 或 $j=n+1$ 时的极大值

$$\max_{1\leqslant j\leqslant n+1}\left|\frac{1}{n}-r_j\right|,\quad \max_{0\leqslant i\leqslant n}|r_i|$$

它们均不超过式 (2.1.2) 的右边, 因此得到所要的结论. □

注 2.1.1 由定理 2.1.1 可知, 若 $\mathcal{S}=\{x_1,x_2,\cdots,x_n\}$ 是 $[0,1)$ 中的任意数列, 则有 $D_n^*(\mathcal{S})\geqslant 1/(2n)$, 并且等号仅当 $\mathcal{S}=\{(2i-1)/(2n)\ (i=1,\cdots,n)\}$ (或其重新排列) 时成立. 由定理 2.1.2 可推出关于 $D_n(\mathcal{S})$ 的类似的结论 (参见注 1.1.2 和注 1.1.5).

注 2.1.2 设 f 是 $[0,1]$ 上的连续非减函数, $f(0)=0, f(1)=1$. 对于 $[0,1)$ 中的数列 $\mathcal{S}=\{x_1,x_2,\cdots,x_n\}$, 令

$$D_n^*(\mathcal{S};f)=\sup_{0\leqslant\alpha\leqslant 1}\left|\frac{A([0,\alpha);n;\mathcal{S})}{n}-f(\alpha)\right|.$$

类似于定理 2.1.1, 我们有

$$\begin{aligned}D_n^*(\mathcal{S};f)&=\max_{1\leqslant i\leqslant n}\max\left\{\left|f(x_i)-\frac{i}{n}\right|,\left|f(x_i)-\frac{i-1}{n}\right|\right\}\\&=\frac{1}{2n}+\max_{1\leqslant i\leqslant n}\left|f(x_i)-\frac{2i-1}{2n}\right|.\end{aligned}$$

对于定理 2.1.2 也有类似的结果.

下面的例子给出了定理 2.1.1 的一个简单应用. 如果 f 是 $[0,1]$ 上的连续函数, 那么我们称

$$\omega(f;t)=\sup_{\substack{u,v\in[0,1]\\|u-v|\leqslant t}}|f(u)-f(v)|\quad(t\geqslant 0)$$

为函数 f(在 $[0,1]$ 上) 的连续性模. 注意, $\omega(f;t)\to 0\ (t\to 0+)$.

例 2.1.1 如果 f 是 $[0,1]$ 上的连续函数, ω 是其连续性模, 则对于 $[0,1)$ 中的任意点列 $\mathcal{S}_1=\{a_1,\cdots,a_n\}$, 有

$$\left|\frac{1}{n}\sum_{k=1}^{n}f(a_k)-\int_0^1 f(t)\mathrm{d}t\right|\leqslant\omega(f;D_n^*),$$

式中 D_n^* 是 $\mathcal{S}_1$ 的星偏差.

证 不失一般性, 可以认为 $a_1\leqslant a_2\leqslant\cdots\leqslant a_n$, 那么我们有

$$\int_0^1 f(t)\mathrm{d}t=\sum_{k=1}^{n}\int_{(k-1)/n}^{k/n}f(t)\mathrm{d}t=\sum_{k=1}^{n}\frac{1}{n}f(\xi_k),$$

其中 $(k-1)/n<\xi_k<k/n\ (1\leqslant k\leqslant n)$, 于是

$$\frac{1}{n}\sum_{k=1}^{n}f(a_k)-\int_0^1 f(t)\mathrm{d}t=\frac{1}{n}\sum_{k=1}^{n}\big(f(a_k)-f(\xi_k)\big).$$

如果 $a_k\geqslant\xi_k$, 那么由定理 2.1.1 可知

$$|a_k-\xi_k|<\left|a_k-\frac{k-1}{n}\right|\leqslant D_n^*;$$

如果 $a_k < \xi_k$, 那么类似地有

$$|a_k - \xi_k| < \left|a_k - \frac{k}{n}\right| \leqslant D_n^*.$$

于是, 由连续性模的定义即可得到结论.

2.2 二维点列星偏差的精确计算

下面的定理给出了二维点列星偏差的精确计算公式 (见 [33]).

定理 2.2.1 设 $\mathcal{S}_2 = \{\boldsymbol{u}_l = (x_l, y_l)\ (l = 1, \cdots, n)\}$ 是 $[0,1)^2$ 中的有限点列, 满足

$$x_1 \leqslant x_2 \leqslant \cdots \leqslant x_n. \tag{2.2.1}$$

令

$$\boldsymbol{u}_0 = (x_0, y_0) = (0,0), \quad \boldsymbol{u}_{n+1} = (x_{n+1}, y_{n+1}) = (1,1).$$

对于每个 $l\ (l = 0, 1, \cdots, n)$, 将 $y_i\ (i = 0, 1, \cdots, l, n+1)$ 按递增顺序排列, 并记作

$$0 = \xi_{l,0} \leqslant \xi_{l,1} \leqslant \cdots \leqslant \xi_{l,l} \leqslant \xi_{l,l+1} = 1. \tag{2.2.2}$$

那么 $\mathcal{S}_2$ 的星偏差

$$D_n^*(\mathcal{S}_2) = \max_{0 \leqslant l \leqslant n} \max_{0 \leqslant k \leqslant l} \max\left\{\frac{k}{n} - x_l \xi_{l,k}, x_{l+1}\xi_{l,k+1} - \frac{k}{n}\right\}. \tag{2.2.3}$$

注 2.2.1 当 $0 \leqslant l \leqslant n, 0 \leqslant k \leqslant l$ 时, 有

$$\max\left\{\left|\frac{k}{n} - x_l\xi_{l,k}\right|, \left|\frac{k}{n} - x_{l+1}\xi_{l,k+1}\right|\right\} = \max\left\{\frac{k}{n} - x_l\xi_{l,k}, x_{l+1}\xi_{l,k+1} - \frac{k}{n}\right\}.$$

事实上, 若 $k/n - x_l\xi_{l,k} < 0$, 则 $k/n - x_{l+1}\xi_{l,k+1} \leqslant k/n - x_l\xi_{l,k} < 0$, 因而

$$\left|\frac{k}{n} - x_l\xi_{l,k}\right| \leqslant \left|\frac{k}{n} - x_{l+1}\xi_{l,k+1}\right| = x_{l+1}\xi_{l,k+1} - \frac{k}{n};$$

类似地, 若 $k/n - x_{l+1}\xi_{l,k+1} > 0$, 则 $0 < k/n - x_{l+1}\xi_{l,k+1} \leqslant k/n - x_l\xi_{l,k}$, 因而

$$\left|\frac{k}{n} - x_{l+1}\xi_{l,k+1}\right| \leqslant \left|\frac{k}{n} - x_l\xi_{l,k}\right| = \frac{k}{n} - x_l\xi_{l,k}.$$

合起来即得上述结论.

在证明定理 2.2.1 前, 先给出一些推论和例子.

推论 2.2.1 我们有

$$D_n^*(\mathcal{S}_2)=\max\left\{\max_{1\leqslant l\leqslant n}\left\{\max_{1\leqslant k\leqslant l}\max\left\{\frac{k}{n}-x_l\xi_{l,k},x_{l+1}\xi_{l,k+1}-\frac{k}{n}\right\},x_{l+1}\xi_{l,1}\right\},x_1\right\}.$$

证 首先, 当 $l=0$ 时, k 只取值 0. 因为 $x_0=0,\xi_{0,1}=1$, 所以

$$\max_{0\leqslant k\leqslant l}\max\left\{\frac{k}{n}-x_l\xi_{l,k},x_{l+1}\xi_{l,k+1}-\frac{k}{n}\right\}=x_1.$$

其次, 当 $l\neq 0$ 时, 对于每个 l $(1\leqslant l\leqslant n)$, 我们来考察

$$\max_{0\leqslant k\leqslant l}\max\left\{\frac{k}{n}-x_l\xi_{l,k},x_{l+1}\xi_{l,k+1}-\frac{k}{n}\right\}.$$

当 $k=0$ 时

$$\max\left\{\frac{k}{n}-x_l\xi_{l,k},x_{l+1}\xi_{l,k+1}-\frac{k}{n}\right\}=x_{l+1}\xi_{l,1},$$

因此

$$\begin{aligned}&\max_{0\leqslant k\leqslant l}\max\left\{\frac{k}{n}-x_l\xi_{l,k},x_{l+1}\xi_{l,k+1}-\frac{k}{n}\right\}\\&\quad=\max\left\{\max_{1\leqslant k\leqslant l}\max\left\{\frac{k}{n}-x_l\xi_{l,k},x_{l+1}\xi_{l,k+1}-\frac{k}{n}\right\},x_{l+1}\xi_{l,1}\right\},\end{aligned}$$

从而

$$\begin{aligned}&\max_{1\leqslant l\leqslant n}\max_{0\leqslant k\leqslant l}\max\left\{\frac{k}{n}-x_l\xi_{l,k},x_{l+1}\xi_{l,k+1}-\frac{k}{n}\right\}\\&\quad=\max_{1\leqslant l\leqslant n}\max\left\{\max_{1\leqslant k\leqslant l}\max\left\{\frac{k}{n}-x_l\xi_{l,k},x_{l+1}\xi_{l,k+1}-\frac{k}{n}\right\},x_{l+1}\xi_{l,1}\right\}\\&\quad=\max_{1\leqslant l\leqslant n}\left\{\max_{1\leqslant k\leqslant l}\max\left\{\frac{k}{n}-x_l\xi_{l,k},x_{l+1}\xi_{l,k+1}-\frac{k}{n}\right\},x_{l+1}\xi_{l,1}\right\}.\end{aligned}$$

最后, 综合上述两种情形, 即可得到结果. □

由推论 2.2.1 可得

推论 2.2.2 若 $\boldsymbol{u}_1=(0,0)$, 则

$$D_n^*(\mathcal{S}_2)=\max_{1\leqslant l\leqslant n}\max_{1\leqslant k\leqslant l}\max\left\{\frac{k}{n}-x_l\xi_{l,k},x_{l+1}\xi_{l,k+1}-\frac{k}{n}\right\}$$

例 2.2.1 设整数 g 与 n 互素,

$$\mathcal{S}_2=\mathcal{S}_2(g;n)=\{\boldsymbol{u}_l\ (l=1,\cdots,n)\},$$

其中

$$\boldsymbol{u}_l=\left(\frac{l-1}{n},\left\{(l-1)\frac{g}{n}\right\}\right)\quad(l=1,\cdots,n),\quad \boldsymbol{u}_1=(0,0).$$

对于每个 l $(l=1,\cdots,n)$, 将数列 $\{(i-1)g/n\}$ $(i=1,\cdots,l)$ 及 1 按递增顺序排列, 并记作

$$0=\xi_{l,1}<\xi_{l,2}<\cdots<\xi_{l,l}<\xi_{l,l+1}=1.$$

依推论 2.2.2, 我们得到

$$D_n^*(\mathcal{S}_2)=\max_{1\leqslant l\leqslant n}\varDelta_n^{(1)}(l),\tag{2.2.4}$$

其中

$$\varDelta_n^{(1)}(l)=\max_{1\leqslant k\leqslant l}\max\left\{\frac{k}{n}-\frac{l-1}{n}\xi_{l,k},\,\frac{l}{n}\xi_{l,k+1}-\frac{k}{n}\right\},$$

详细写出, 就是

$$\begin{aligned}\varDelta_n^{(1)}(l)=\frac{1}{n}\max\{\,1,\quad & l\xi_{l,2}-1, && 2-(l-1)\xi_{l,2},\\ & l\xi_{l,3}-2, && 3-(l-1)\xi_{l,3},\\ & \cdots, && \cdots,\\ & l\xi_{l,l}-(l-1), && l-(l-1)\xi_{l,l}\,\}.\end{aligned}$$

例如, 对于 $\mathcal{S}_2(7,32)$, 由公式 (2.2.4) 算得

$$\begin{aligned}D_n^*(\mathcal{S}_2)&=\varDelta_{32}^{(1)}(26)=\frac{1}{32}\big(16-(26-1)\xi_{26,16}\big)\\&=\frac{1}{32}\left(16-25\times\left\{(8-1)\times\frac{7}{32}\right\}\right)\\&=\frac{1}{32}(16-25\times0.531\ 25)=\frac{2.718\ 75}{32}\\&=0.084\ 960\ 9,\end{aligned}$$

并且这个值在点 $\boldsymbol{u}_8=(7/32,\{7\times7/32\})=(7/32,17/32)$ 上达到.

现在开始证明定理 2.2.1. 将 $x_0=0$ 和 $x_{n+1}=1$ 添加到式 (2.2.1), 并将它改写为

$$\begin{aligned}0&=x_0=\cdots=x_{h_1}<x_{h_1+1}=\cdots=x_{h_2}\\&<\cdots<x_{h_{m-1}+1}=\cdots=x_{h_m}<x_{h_{m+1}}=1,\end{aligned}\tag{2.2.5}$$

其中 $m\geqslant1,h_1\geqslant0,h_{\rho+1}-h_\rho\geqslant1$ $(\rho=1,\cdots,m),h_m=n$, 以及 $x_{h_{m+1}}=x_{n+1}=1$. 为方便计, 约定 $x_{h_m+1}=x_{h_{m+1}}$. 于是, 由式 (2.2.5) 得

$$x_{h_\rho+1}=x_{h_{\rho+1}}\quad(\rho=1,\cdots,m).$$

当 $m>1$ 时, 由于

$$x_{h_\rho+1}=x_{h_\rho+2}=\cdots=x_{h_{\rho+1}}\quad(\rho=1,\cdots,m-1),$$

所以必要时适当改变 y_i $(h_\rho+1\leqslant i\leqslant h_{\rho+1})$ 的下标顺序, 我们可设

$$y_{h_\rho+1}\leqslant y_{h_\rho+2}\leqslant\cdots\leqslant y_{h_{\rho+1}}\quad(\rho=1,\cdots,m-1).\tag{2.2.6}$$

对于每个 l $(0\leqslant l\leqslant n)$, 我们将式 (2.2.2) 改写为

$$\begin{aligned}0=\xi_{l,0}=\cdots=\xi_{l,r_1}<\xi_{l,r_1+1}=\cdots=\xi_{l,r_2}&\\<\cdots<\xi_{l,r_{u-1}+1}=\cdots=\xi_{l,r_u}<\xi_{l,r_{u+1}}=1,&\end{aligned}\tag{2.2.7}$$

其中 $u=u(l)\geqslant1,r_1\geqslant0,r_{\tau+1}-r_\tau\geqslant1$ $(\tau=1,\cdots,u),r_u=r_{u(l)}=l$, 以及 $\xi_{l,r_{u+1}}=\xi_{l,l+1}=1$. 为方便计, 约定 $\xi_{l,r_u+1}=\xi_{l,r_{u+1}}$. 于是, 由式 (2.2.7) 得

$$\xi_{l,r_\tau+1}=\xi_{l,r_{\tau+1}}\quad(\tau=1,\cdots,u).$$

我们定义长方形

$$S_{\rho,\tau}=(x_{h_\rho},x_{h_{\rho+1}}]\times(\xi_{h_\rho,r_\tau},\xi_{h_\rho,r_{\tau+1}}]\quad\big(1\leqslant\rho\leqslant m,1\leqslant\tau\leqslant u(h_\rho)\big).$$

于是, 若点 $(\alpha,\beta)\in S_{\rho,\tau}$, 则

$$A\big([0,\alpha)\times[0,\beta);n\big)=r_\tau.\tag{2.2.8}$$

我们令

$$d_n^*(\rho,\tau)=\sup_{(\alpha,\beta)\in S_{\rho,\tau}}\left|\frac{r_\tau}{n}-\alpha\beta\right|\quad\big(1\leqslant\rho\leqslant m,1\leqslant\tau\leqslant u(h_\rho)\big).$$

引理 2.2.1 当 $1\leqslant\rho\leqslant m,1\leqslant\tau\leqslant u(h_\rho)$ 时, 有

$$d_n^*(\rho,\tau)=\max\left\{\left|\frac{r_\tau}{n}-x_{h_\rho}\xi_{h_\rho,r_\tau}\right|,\left|\frac{r_\tau}{n}-x_{h_{\rho+1}}\xi_{h_\rho,r_{\tau+1}}\right|\right\}.$$

证 因为 $f_\tau(t)=|r_\tau/n-t|$ 是 t 的凸函数, 所以引理成立. □

引理 2.2.2 我们有

$$D_n^*(\mathcal{S}_2)=\max_{1\leqslant\rho\leqslant m}\max_{1\leqslant\tau\leqslant u(h_\rho)}d_n^*(\rho,\tau).$$

证 显然有

$$D_n^*(\mathcal{S}_2)\geqslant\max_{1\leqslant\rho\leqslant m}\max_{1\leqslant\tau\leqslant u(h_\rho)}d_n^*(\rho,\tau).$$

反过来, 对于任何 $(\alpha,\beta)\in(0,1]^2$, 存在一组 (ρ,τ), 使得 $(\alpha,\beta)\in S_{\rho,\tau}$. 由式 (2.2.8) 得

$$\left|\frac{A\big([0,\alpha)\times[0,\beta);n\big)}{n}-\alpha\beta\right|\leqslant d_n^*(\rho,\tau)\leqslant \max_{1\leqslant\rho\leqslant m}\max_{1\leqslant\tau\leqslant u(h_\rho)} d_n^*(\rho,\tau),$$

因而

$$D_n^*(\mathcal{S}_2)\leqslant \max_{1\leqslant\rho\leqslant m}\max_{1\leqslant\tau\leqslant u(h_\rho)} d_n^*(\rho,\tau).$$

于是引理得证. □

下文中, 我们令

$$d_n(l,k)=\max\left\{\left|\frac{k}{n}-x_l\xi_{l,k}\right|,\left|\frac{k}{n}-x_{l+1}\xi_{l,k+1}\right|\right\}\quad(0\leqslant l\leqslant n,0\leqslant k\leqslant l).$$

依引理 2.2.1 和引理 2.2.2, 以及注 2.2.1, 为证明定理 2.2.1, 我们只需证明

命题 2.2.1 我们有

$$\max_{1\leqslant\rho\leqslant m}\max_{1\leqslant\tau\leqslant u(h_\rho)} d_n^*(\rho,\tau)=\max_{0\leqslant l\leqslant n}\max_{0\leqslant k\leqslant l} d_n(l,k).$$

命题 2.2.1 的证明基于下面的引理 2.2.3 和引理 2.2.4.

引理 2.2.3 若对于每个 ρ $(1\leqslant\rho\leqslant m)$, 令

$$\delta_n^*(\rho)=\max_{0\leqslant k\leqslant h_\rho}\max\left\{\left|\frac{k}{n}-x_{h_\rho}\xi_{h_\rho,k}\right|,\left|\frac{k}{n}-x_{h_{\rho+1}}\xi_{h_\rho,k+1}\right|\right\},$$

其中 $\xi_{h_\rho,k}$ $(k=0,1,\cdots,h_\rho+1)$ 通过在式 (2.2.2) 中取 $l=h_\rho$ 来定义, 则

$$\max_{1\leqslant\tau\leqslant u(h_\rho)} d_n^*(\rho,\tau)=\delta_n^*(\rho)\quad(1\leqslant\rho\leqslant m).$$

证 首先, 如果 $0\leqslant k\leqslant r_1-1$, 那么依式 (2.2.7), $\xi_{h_\rho,k}=\xi_{h_\rho,k+1}=0$. 因此, 我们从引理 2.2.1 推出

$$\max_{0\leqslant k\leqslant r_1-1}\max\left\{\left|\frac{k}{n}-x_{h_\rho}\xi_{h_\rho,k}\right|,\left|\frac{k}{n}-x_{h_{\rho+1}}\xi_{h_\rho,k+1}\right|\right\}=\max_{0\leqslant k\leqslant r_1-1}\frac{k}{n}\leqslant d_n^*(\rho,1).\tag{2.2.9}$$

其次, 如果 τ 是式 (2.2.7) 中的一个下标, 满足 $1\leqslant\tau\leqslant u(h_\rho)-1$ 以及 $r_{\tau+1}-r_\tau>1$, 那么

$$\begin{aligned}&\max_{r_\tau<k<r_{\tau+1}}\max\left\{\left|\frac{k}{n}-x_{h_\rho}\xi_{h_\rho,k}\right|,\left|\frac{k}{n}-x_{h_{\rho+1}}\xi_{h_\rho,k+1}\right|\right\}\\&<\max\left\{\left|\frac{r_{\tau+1}}{n}-x_{h_\rho}\xi_{h_\rho,r_{\tau+1}}\right|,\left|\frac{r_\tau}{n}-x_{h_{\rho+1}}\xi_{h_\rho,r_{\tau+1}}\right|\right\}\\&\leqslant\max\{d_n^*(\rho,\tau),d_n^*(\rho,\tau+1)\}.\end{aligned}\tag{2.2.10}$$

事实上, 注意对于 $k=r_\tau+1,\cdots,r_{\tau+1}-1$, 有 $\xi_{h_\rho,k}=\xi_{h_\rho,k+1}=\xi_{h_\rho,r_{\tau+1}}$, 因此, 若 $k/n-x_{h_\rho}\xi_{h_\rho,k}\geqslant 0$, 则

$$\begin{aligned}\left|\frac{k}{n}-x_{h_\rho}\xi_{h_\rho,k}\right|&=\frac{k}{n}-x_{h_\rho}\xi_{h_\rho,k}<\frac{r_{\tau+1}}{n}-x_{h_\rho}\xi_{h_\rho,r_{\tau+1}}\\&=\left|\frac{r_{\tau+1}}{n}-x_{h_\rho}\xi_{h_\rho,r_{\tau+1}}\right|\leqslant d_n^*(\rho,\tau+1);\end{aligned}$$

若 $k/n-x_{h_\rho}\xi_{h_\rho,k}<0$, 则

$$\begin{aligned}\left|\frac{k}{n}-x_{h_\rho}\xi_{h_\rho,k}\right|&=x_{h_\rho}\xi_{h_\rho,k}-\frac{k}{n}<x_{h_{\rho+1}}\xi_{h_\rho,r_{\tau+1}}-\frac{r_\tau}{n}\\&=\left|\frac{r_\tau}{n}-x_{h_{\rho+1}}\xi_{h_\rho,r_{\tau+1}}\right|\leqslant d_n^*(\rho,\tau).\end{aligned}$$

类似地, 若 $k/n-x_{h_{\rho+1}}\xi_{h_\rho,k+1}\geqslant 0$, 则

$$\left|\frac{k}{n}-x_{h_{\rho+1}}\xi_{h_\rho,k+1}\right|<\left|\frac{r_{\tau+1}}{n}-x_{h_\rho}\xi_{h_\rho,r_{\tau+1}}\right|\leqslant d_n^*(\rho,\tau+1);$$

若 $k/n-x_{h_{\rho+1}}\xi_{h_\rho,k+1}<0$, 则

$$\left|\frac{k}{n}-x_{h_{\rho+1}}\xi_{h_\rho,k+1}\right|<\left|\frac{r_\tau}{n}-x_{h_{\rho+1}}\xi_{h_\rho,r_{\tau+1}}\right|\leqslant d_n^*(\rho,\tau).$$

综合上述诸情形, 即得式 (2.2.10).

最后, 由引理 2.2.1 (取 $\tau=1$, 并注意 $\xi_{l,r_\tau+1}=\xi_{l,r_{\tau+1}}$) 可知

$$d_n^*(\rho,1)=\max\left\{\left|\frac{r_1}{n}-x_{h_\rho}\xi_{h_\rho,r_1}\right|,\left|\frac{r_1}{n}-x_{h_{\rho+1}}\xi_{h_\rho,r_1+1}\right|\right\}.$$

将它与式 (2.2.9) 结合, 即得

$$\max_{0\leqslant k\leqslant r_1}\max\left\{\left|\frac{k}{n}-x_{h_\rho}\xi_{h_\rho,k}\right|,\left|\frac{k}{n}-x_{h_{\rho+1}}\xi_{h_\rho,k+1}\right|\right\}=d_n^*(\rho,1).$$

类似地, 由引理 2.2.1 及式 (2.2.10) 可得: 当 $\tau=1,\cdots,u(h_\rho)-1$ 时

$$\max_{r_\tau\leqslant k\leqslant r_{\tau+1}}\max\left\{\left|\frac{k}{n}-x_{h_\rho}\xi_{h_\rho,k}\right|,\left|\frac{k}{n}-x_{h_{\rho+1}}\xi_{h_\rho,k+1}\right|\right\}=\max\{d_n^*(\rho,\tau),d_n^*(\rho,\tau+1)\}.$$

注意当 $\tau=u(h_\rho)-1$ 时

$$r_{\tau+1}=r_{u(h_\rho)}=h_\rho.$$

于是, 可由上面两个等式推出所要的结论. □

引理 2.2.4 对任何 l $(0\leqslant l\leqslant n)$, 若令

$$\delta_n(l)=\max_{0\leqslant k\leqslant l}\max\left\{\left|\frac{k}{n}-x_l\xi_{l,k}\right|,\left|\frac{k}{n}-x_{l+1}\xi_{l,k+1}\right|\right\},\tag{2.2.11}$$

则

$$\max_{1\leqslant\rho\leqslant m}\delta_n^*(\rho)=\max_{0\leqslant l\leqslant n}\delta_n(l).$$

证 如果 $0\leqslant l\leqslant h_1-1$, 那么 $x_l=x_{l+1}=0$, 因而

$$\delta_n(l)=\max_{0\leqslant k\leqslant l}\frac{k}{n}<\frac{h_1}{n}\leqslant\delta_n^*(1)\quad(0\leqslant l\leqslant h_1-1);$$

但因为 $\delta_n(h_1)=\delta_n^*(1)$, 所以

$$\delta_n(l)\leqslant\delta_n^*(1)\quad(0\leqslant l\leqslant h_1).\tag{2.2.12}$$

如果 ρ 是式 (2.2.5) 中的一个下标, 满足 $1\leqslant\rho\leqslant m-1$ 及 $h_{\rho+1}-h_\rho>1$, 那么对此下标, 有

$$x_l=x_{l+1}=x_{h_{\rho+1}}\quad(h_\rho<l<h_{\rho+1}).$$

我们来证明

$$\delta_n(l)\leqslant\max\{\delta_n(h_\rho),\delta_n(h_{\rho+1}),\delta_n(l+1)\}\quad(h_\rho<l<h_{\rho+1}).\tag{2.2.13}$$

为此, 对于任何固定的 $l\in\{h_\rho+l,\cdots,h_{\rho+1}-1\}$, 考虑下列两种情形:

情形 1: $y_{l+1}\geqslant\xi_{l,l}$. 易见 $\xi_{l,k}=\xi_{l+1,k}$ $(k=0,1,\cdots,l)$, 因而

$$\left|\frac{k}{n}-x_l\xi_{l,k}\right|=\left|\frac{k}{n}-x_{l+1}\xi_{l+1,k}\right|\leqslant\delta_n(l+1)\quad(k=0,1,\cdots,l).$$

为估计 $|k/n-x_{l+1}\xi_{l,k+1}|$, 先设 $k\in\{0,1,\cdots,l-1\}$. 此时, 若 $k/n-x_{l+1}\xi_{l,k+1}\geqslant 0$, 则有

$$\begin{aligned}\left|\frac{k}{n}-x_{l+1}\xi_{l,k+1}\right|&=\frac{k}{n}-x_{l+1}\xi_{l,k+1}\leqslant\frac{k}{n}-x_{l+1}\xi_{l+1,k+1}\\&<\frac{k+1}{n}-x_{l+1}\xi_{l+1,k+1}\leqslant\delta_n(l+1);\end{aligned}$$

若 $k/n-x_{l+1}\xi_{l,k+1}<0$, 则

$$\begin{aligned}\left|\frac{k}{n}-x_{l+1}\xi_{l,k+1}\right|&=x_{l+1}\xi_{l,k+1}-\frac{k}{n}=x_{l+1}\xi_{l+1,k+1}-\frac{k}{n}\\&\leqslant x_{l+2}\xi_{l+1,k+1}-\frac{k}{n}\leqslant\delta_n(l+1).\end{aligned}\tag{2.2.14}$$

另外, 当 $k=l$ 时

$$\left|\frac{k}{n}-x_{l+1}\xi_{l,k+1}\right|=\left|\frac{l}{n}-x_{l+1}\right|.\tag{2.2.15}$$

合起来就得到

$$\delta_n(l)\leqslant \max\left\{\delta_n(l+1),\max_{h_\rho<l<h_{\rho+1}}\left|\frac{l}{n}-x_{l+1}\right|\right\}\quad (h_\rho<l<h_{\rho+1}). \tag{2.2.16}$$

现在来估计式 (2.2.16) 中的 $\max\limits_{h_\rho<l<h_{\rho+1}}|l/n-x_{l+1}|$. 我们有

$$\begin{aligned}\max_{h_\rho<l<h_{\rho+1}}\left|\frac{l}{n}-x_{l+1}\right|&=\max_{h_\rho<l<h_{\rho+1}}\left|\frac{l}{n}-x_{h_{\rho+1}}\right|\leqslant \max_{h_\rho\leqslant l\leqslant h_{\rho+1}}\left|\frac{l}{n}-x_{h_{\rho+1}}\right|\\&=\max\left\{\left|\frac{h_\rho}{n}-x_{h_{\rho+1}}\right|,\left|\frac{h_{\rho+1}}{n}-x_{h_{\rho+1}}\right|\right\}.\end{aligned}$$

易见

$$\left|\frac{h_\rho}{n}-x_{h_{\rho+1}}\right|=\left|\frac{h_\rho}{n}-x_{h_\rho+1}\xi_{h_\rho,h_\rho+1}\right|\leqslant \delta_n(h_\rho).$$

另外, 若 $h_{\rho+1}/n-x_{h_{\rho+1}}\geqslant 0$, 则

$$\left|\frac{h_{\rho+1}}{n}-x_{h_{\rho+1}}\right|=\frac{h_{\rho+1}}{n}-x_{h_{\rho+1}}<\frac{h_{\rho+1}}{n}-x_{h_{\rho+1}}\xi_{h_{\rho+1},h_{\rho+1}}\leqslant \delta_n(h_{\rho+1});$$

若 $h_{\rho+1}/n-x_{h_{\rho+1}}<0$, 则

$$\left|\frac{h_{\rho+1}}{n}-x_{h_{\rho+1}}\right|=x_{h_{\rho+1}}-\frac{h_{\rho+1}}{n}<x_{h_{\rho+1}+1}\xi_{h_{\rho+1},h_{\rho+1}+1}-\frac{h_{\rho+1}}{n}\leqslant \delta_n(h_{\rho+1}).$$

因此

$$\max_{h_\rho<l<h_{\rho+1}}\left|\frac{l}{n}-x_{l+1}\right|\leqslant \max\{\delta_n(h_\rho),\delta_n(h_{\rho+1})\}.$$

由此及式 (2.2.16), 最终推出

$$\delta_n(l)\leqslant \max\{\delta_n(l+1),\delta_n(h_\rho),\delta_n(h_{\rho+1})\}. \tag{2.2.17}$$

情形 2: $y_{l+1}<\xi_{l,l}$. 此时存在下标 $k_0<l$, 使得 $y_{l+1}\in(\xi_{l,k_0},\xi_{l,k_0+1}]$. 于是, 易见

$$\xi_{l+1,k}=\begin{cases}\xi_{l,k} & (0\leqslant k\leqslant k_0),\\ y_{l+1}\leqslant \xi_{l,k_0+1} & (k=k_0+1),\\ \xi_{l,k-1} & (k_0+2\leqslant k\leqslant l+1).\end{cases} \tag{2.2.18}$$

由此可得: 当 $k=0,1,\cdots,k_0$ 时

$$\left|\frac{k}{n}-x_l\xi_{l,k}\right|=\left|\frac{k}{n}-x_{l+1}\xi_{l+1,k}\right|\leqslant \delta_n(l+1).$$

而当 $k=k_0+1,\cdots,l$ 时, 借助于式 (2.2.18) 可以推出: 若 $k/n-x_l\xi_{l,k}\geqslant 0$, 则

$$\left|\frac{k}{n}-x_l\xi_{l,k}\right|=\frac{k}{n}-x_l\xi_{l,k}\leqslant \frac{k+1}{n}-x_{l+1}\xi_{l+1,k+1}\leqslant \delta_n(l+1);$$

若 $k/n - x_l\xi_{l,k} < 0$, 则

$$\left|\frac{k}{n} - x_l\xi_{l,k}\right| = x_l\xi_{l,k} - \frac{k}{n} \leqslant x_{l+2}\xi_{l+1,k+1} - \frac{k}{n} \leqslant \delta_n(l+1).$$

合起来我们得到

$$\left|\frac{k}{n} - x_l\xi_{l,k}\right| \leqslant \delta_n(l+1) \quad (k=0,1,\cdots,l). \tag{2.2.19}$$

还要估计 $|k/n - x_{l+1}\xi_{l,k+1}|$. 由式 (2.2.18) 易见: 当 $k=0,\cdots,k_0-1$ 时

$$\left|\frac{k}{n} - x_{l+1}\xi_{l,k+1}\right| = \left|\frac{k}{n} - x_{l+1}\xi_{l+1,k}\right| \leqslant \delta_n(l+1). \tag{2.2.20}$$

现设 $k_0 \leqslant k \leqslant l$. 若 $k/n - x_{l+1}\xi_{l,k+1} \geqslant 0$, 则应用式 (2.2.18), 可得

$$\begin{aligned}\left|\frac{k}{n} - x_{l+1}\xi_{l,k+1}\right| &= \frac{k}{n} - x_{l+1}\xi_{l,k+1} = \frac{k}{n} - x_{l+1}\xi_{l+1,k+2}\\ &< \frac{k+1}{n} - x_{l+1}\xi_{l+1,k+1} \leqslant \delta_n(l+1) \quad (k=k_0,\cdots,l-1).\end{aligned}$$

并且由于 $\xi_{l,l+1} = \xi_{l+1,l+2} = 1$, 所以上面这个不等式当 $k=l$ 时也成立. 若 $k/n - x_{l+1}\xi_{l,k+1} < 0$, 则由 $k \geqslant k_0$, 我们有 $\xi_{l,k+1} \geqslant \xi_{l,k_0+1} \geqslant y_{l+1}$, 而且由式 (2.2.6) 可推出所有的 $\xi_{l,k+1} \in \{y_0, y_1, \cdots, y_{h_\rho}\}$ $(k \geqslant k_0)$, 因而存在一个下标 k', 满足 $1 \leqslant k' \leqslant h_\rho, k' \leqslant k$, 使得 $\xi_{l,k+1} = \xi_{h_\rho,k'}$. 于是, 我们有

$$\begin{aligned}\left|\frac{k}{n} - x_{l+1}\xi_{l,k+1}\right| &= x_{l+1}\xi_{l,k+1} - \frac{k}{n} = x_{h_\rho+1}\xi_{h_\rho,k'} - \frac{k}{n}\\ &< x_{h_\rho+1}\xi_{h_\rho,k'} - \frac{k'-1}{n} \leqslant \delta_n(h_\rho) \quad (k=k_0,\cdots,l).\end{aligned} \tag{2.2.21}$$

将这些结果合起来, 就有

$$\left|\frac{k}{n} - x_{l+1}\xi_{l,k+1}\right| < \max\{\delta_n(l+1), \delta_n(h_\rho)\}. \tag{2.2.22}$$

由式 (2.2.19) 和式 (2.2.22) 即得

$$\delta_n(l) = \max\{\delta_n(l+1), \delta_n(h_\rho)\} \quad (h_\rho < l < h_{\rho+1}). \tag{2.2.23}$$

综合情形 1 和 2, 由式 (2.2.17) 和式 (2.2.23) 知式 (2.2.13) 成立.

现在来完成引理的证明. 注意, 由式 (2.2.13) 我们有

$$\delta_n(l+1) \leqslant \max\{\delta_n(h_\rho), \delta_n(h_{\rho+1}), \delta_n(l+2)\},$$

于是

$$\delta_n(l) \leqslant \max\{\delta_n(h_\rho), \delta_n(h_{\rho+1}), \delta_n(l+2)\}.$$

继续对 $\delta_n(l+2)$ 应用式 (2.2.13), 依此类推, 将此过程“迭代” $(h_{\rho+1}-1)-l$ 次, 即得

$$\delta_n(l) \leqslant \max\{\delta_n(h_\rho), \delta_n(h_{\rho+1})\} \quad (h_\rho < l < h_{\rho+1}). \tag{2.2.24}$$

这个不等式对于 $l = h_\rho$ 及 $h_{\rho+1}$ 当然也成立, 因而我们有

$$\delta_n(l) \leqslant \max\{\delta_n(h_\rho), \delta_n(h_{\rho+1})\} \quad (h_\rho \leqslant l \leqslant h_{\rho+1}).$$

又因为 $\delta_n(h_\rho) = \delta_n^*(\rho)$, 所以上式可改写为

$$\delta_n(l) \leqslant \max\{\delta_n^*(\rho), \delta_n^*(\rho+1)\} \quad (h_\rho \leqslant l \leqslant h_{\rho+1}, 1 \leqslant \rho \leqslant m-1).$$

由式 (2.2.12) 和上式可得: 对于任何 $\rho \in \{1, \cdots, m-1\}$, 有

$$\max_{0 \leqslant l \leqslant h_{\rho+1}} \delta_n(l) \leqslant \max\{\delta_n^*(1), \cdots, \delta_n^*(\rho+1)\}.$$

特别地, 取 $\rho = m-1$, 注意 $h_m = n$, 即得

$$\max_{0 \leqslant l \leqslant n} \delta_n(l) \leqslant \max_{1 \leqslant \rho \leqslant m} \delta_n^*(\rho).$$

显然相反的不等式也成立, 所以引理 2.2.4 得证. □

定理 2.2.1 之证 因为引理 2.2.3 和引理 2.2.4 蕴含命题 2.2.1, 所以定理 2.2.1 得证. □

注 2.2.2 由引理 2.2.4 的证明(注意式 (2.2.14)、式 (2.2.15)、式 (2.2.20) 及式 (2.2.21)) 可知: 如果

$$\frac{k}{n} - x_{l+1}\xi_{l,k+1} < 0 \quad (0 \leqslant k \leqslant l, h_\rho < l < h_{\rho+1}, 1 \leqslant \rho \leqslant m-1),$$

那么

$$\begin{aligned}
&\left|\frac{k}{n} - x_{l+1}\xi_{l,k+1}\right| \\
&\quad \leqslant \max\left\{x_{l+2}\xi_{l+1,k+1} - \frac{k}{n},\ x_{l+1} - \frac{l}{n},\ x_{l+1}\xi_{l+1,k} - \frac{k}{n},\ x_{h_\rho+1}\xi_{h_\rho,k^*} - \frac{k^*-1}{n}\right\},
\end{aligned}$$

其中 k^* 满足 $1 \leqslant k^* \leqslant k$.

2.3 三维点列星偏差的精确计算

下面的定理给出了三维点列星偏差的精确计算公式 [33], 其证明与定理 2.2.1 的证明是平行的, 即将上节的推理由平面扩充到空间.

定理 2.3.1 设 $\mathcal{S}_3=\{\boldsymbol{u}_l=(x_l,y_l,z_l)\ (l=1,\cdots,n)\}$ 是 $[0,1)^3$ 中的有限点列, 满足式 (2.2.1). 令

$$\boldsymbol{u}_0=(x_0,y_0,z_0)=(0,0,0),\quad \boldsymbol{u}_{n+1}=(x_{n+1},y_{n+1},z_{n+1})=(1,1,1).$$

对于每个 $l\ (l=0,1,\cdots,n)$, 按递增顺序将 $y_i\ (i=0,1,\cdots,l,n+1)$ 排列成式 (2.2.2), 并将相应的 z 坐标 $z_i\ (i=0,1,\cdots,l,n+1)$ 记作 $z_{l,i_0},z_{l,i_1},\cdots,z_{l,i_l},z_{l,i_{l+1}}$. 对于每个固定的 $l\ (0\leqslant l\leqslant n)$, 对任何 $t\ (t=0,1,\cdots,l)$, 将 $z_{l,i_\mu}\ (\mu=0,1,\cdots,t,l+1)$ 按递增顺序排列, 并记作

$$0=\eta_{l,t,0}\leqslant\eta_{l,t,1}\leqslant\cdots\leqslant\eta_{l,t,t}\leqslant\eta_{l,t,t+1}=1, \tag{2.3.1}$$

那么 $\mathcal{S}_3$ 的星偏差

$$D_n^*(\mathcal{S}_3)=\max_{0\leqslant l\leqslant n}\max_{0\leqslant t\leqslant l}\max_{0\leqslant k\leqslant l}\max\left\{\frac{k}{n}-x_l\xi_{l,t}\eta_{l,t,k},\,x_{l+1}\xi_{l,t+1}\eta_{l,t,k+1}-\frac{k}{n}\right\}. \tag{2.3.2}$$

注 2.3.1 类似于注 2.2.1, 对于 $0\leqslant l\leqslant n,0\leqslant t\leqslant l,0\leqslant k\leqslant t$, 我们有

$$\begin{aligned}&\max\left\{\frac{k}{n}-x_l\xi_{l,t}\eta_{l,t,k},\,x_{l+1}\xi_{l,t+1}\eta_{l,t,k+1}-\frac{k}{n}\right\}\\&=\max\left\{\left|\frac{k}{n}-x_l\xi_{l,t}\eta_{l,t,k}\right|,\left|\frac{k}{n}-x_{l+1}\xi_{l,t+1}\eta_{l,t,k+1}\right|\right\}.\end{aligned}$$

与二维情形类似, 我们易见下列诸推论成立.

推论 2.3.1 我们有

$$\begin{aligned}D_n^*(\mathcal{S}_3)=\max\Bigg\{&\max_{1\leqslant l\leqslant n}\Bigg\{\max_{1\leqslant t\leqslant l}\Bigg\{\max_{1\leqslant k\leqslant t}\max\left\{\frac{k}{n}-x_l\xi_{l,t}\eta_{l,t,k},x_{l+1}\xi_{l,t+1}\eta_{l,t,k+1}-\frac{k}{n}\right\},\\&x_{l+1}\xi_{l,t+1}\eta_{l,t,1}\Bigg\},x_{l+1}\xi_{l,1}\Bigg\},x_1\Bigg\}.\end{aligned}$$

推论 2.3.2 若 $\boldsymbol{u}_1=(0,0)$, 则

$$D_n^*(\mathcal{S}_3)=\max_{1\leqslant l\leqslant n}\max_{1\leqslant t\leqslant l}\max_{1\leqslant k\leqslant t}\max\left\{\frac{k}{n}-x_l\xi_{l,t}\eta_{l,t,k},\, x_{l+1}\xi_{l,t+1}\eta_{l,t,k+1}-\frac{k}{n}\right\}.$$

例 2.3.1 设整数 g 与 n 互素,

$$\mathcal{S}_3=\mathcal{S}_3(g;n)=\{\boldsymbol{u}_l\ (l=1,\cdots,n)\},$$

其中

$$\boldsymbol{u}_l=\left(\frac{l-1}{n},\left\{(l-1)\frac{g}{n}\right\},\left\{(l-1)\frac{g^2}{n}\right\}\right)\quad(l=1,\cdots,n),$$

此处 $\boldsymbol{u}_1=(0,0,0)$. 对于每个 l $(l=0,1,\cdots,n)$, 将数列 $\{(i-1)g/n\}$ $(i=1,\cdots,l)$ 及 1 按递增顺序排列, 并记作

$$0=\xi_{l,1}<\xi_{l,2}<\cdots<\xi_{l,l}<\xi_{l,l+1}=1.$$

对于每个固定的 l $(0\leqslant l\leqslant n)$, 以及任何 t $(t=0,1,\cdots,l)$, 按递增顺序排列与 $\xi_{l,1},\xi_{l,2},\cdots,\xi_{l,t},\xi_{l,l+1}$ 对应的 z 坐标, 并将它们记作

$$0=\eta_{l,t,1}\leqslant\eta_{l,t,2}\leqslant\cdots\leqslant\eta_{l,t,t}\leqslant\eta_{l,t,t+1}=1.$$

依推论 2.3.2, 我们得到

$$D_n^*(\mathcal{S}_3)=\max_{1\leqslant l\leqslant n}\max_{1\leqslant t\leqslant l}\Delta_n^{(2)}(l,t),$$

其中

$$\begin{aligned}\Delta_n^{(1,t)}(l)=\frac{1}{n}\max\Big\{\,1,\quad &(l+1)\xi_{l,t+1}\eta_{l,t,2}-1, && 2-l\xi_{l,t}\eta_{l,t,2},\\ &(l+1)\xi_{l,t+1}\eta_{l,t,3}-2, && 3-l\xi_{l,t}\eta_{l,t,3},\\ &\cdots, && \cdots,\\ &(l+1)\xi_{l,t+1}\eta_{l,t,t}-(t-1), && t-l\xi_{l,t}\eta_{l,t,t},\\ &(l+1)\xi_{l,t+1}-t\,\Big\}.\end{aligned}$$

现在来证明定理 2.3.1. 仍然写出式 (2.2.5), 并设式 (2.2.6) 成立. 对于每个 l $(l=0,1,\cdots,n)$, 点 $\boldsymbol{u}_i$ $(i=0,\cdots,l,n+1)$ 在平面 $x=x_l$ 上的投影是 $P_l(\boldsymbol{u}_i)=(x_l,y_i,z_i)$ $(i=0,\cdots,l,n+1)$. 我们按照式 (2.2.2) 将它们写作

$$\boldsymbol{u}_{l,\mu}^*=(x_l,\xi_{l,\mu},z_{l,i_\mu})\quad(\mu=0,\cdots,l,l+1).$$

特别地, $\boldsymbol{u}_{l,0}^* = (x_l,0,0), \boldsymbol{u}_{l,l+1}^* = (x_l,1,1)$. 此外, 我们仍将式 (2.2.2) 改写成式 (2.2.7), 并且在 $u>1$ 时, 由于

$$\xi_{l,r_\tau+1} = \cdots = \xi_{l,r_{\tau+1}} \quad (\tau = 1,\cdots,u-1),$$

所以必要时适当改变 z_{l,i_μ} $(r_\tau+1 \leqslant \mu \leqslant r_{\tau+1})$ 的下标顺序, 我们可设

$$z_{l,i_{r_\tau+1}} \leqslant z_{l,i_{r_\tau+2}} \leqslant \cdots \leqslant z_{l,i_{r_{\tau+1}}} \quad (\tau = 1,\cdots,u-1). \tag{2.3.3}$$

最后, 对于固定的 l $(0 \leqslant l \leqslant n)$, 以及每个 t $(t = 0,1,\cdots,l)$, 点 $\boldsymbol{u}_{l,\mu}^*$ $(\mu = 0,\cdots,t,l+1)$ 在直线

$$\begin{cases} x = x_l, \\ y = \xi_{l,t} \end{cases}$$

上的投影是 $P_{l,t}(\boldsymbol{u}_{l,\mu}^*) = (x_l,\xi_{l,t},z_{l,i_\mu})$ $(\mu = 0,\cdots,t,l+1)$. 依照式 (2.3.1), 我们将它们改写为

$$\boldsymbol{u}_{l,t,k}^* = (x_l,\xi_{l,t},\eta_{l,t,k}) \quad (k = 0,\cdots,t,t+1).$$

特别地,

$$\boldsymbol{u}_{l,t,0}^* = (x_l,\xi_{l,t},0), \quad \boldsymbol{u}_{l,t,t+1}^* = (x_l,\xi_{l,t},1).$$

类似于前面的讨论, 我们将式 (2.3.1) 改写为

$$\begin{aligned} 0 = \eta_{l,t,0} = \cdots = \eta_{l,t,s_1} < \eta_{l,t,s_1+1} = \cdots = \eta_{l,t,s_2} \\ < \cdots < \eta_{l,t,s_{v-1}+1} = \cdots = \eta_{l,t,s_v} < \eta_{l,t,s_{v+1}} = 1, \end{aligned} \tag{2.3.4}$$

其中 $v = v(l,t) \geqslant 1, s_1 \geqslant 0, s_{\sigma+1} - s_\sigma \geqslant 1$ $(\sigma = 1,\cdots,v)$,

$$s_v = s_{v(l,t)} = t, \quad \eta_{l,t,s_{v+1}} = \eta_{l,t,t+1} = 1.$$

为方便计, 约定 $\eta_{l,t,s_v+1} = \eta_{l,t,s_{v+1}}$. 于是, 由式 (2.3.4) 得

$$\eta_{l,t,s_\sigma+1} = \eta_{l,t,s_{\sigma+1}} \quad (\sigma = 1,\cdots,v). \tag{2.3.5}$$

我们定义长方体

$$V_{\rho,\tau,\sigma} = (x_{h_\rho},x_{h_{\rho+1}}] \times (\xi_{h_\rho,r_\tau},\xi_{h_\rho,r_{\tau+1}}] \times (\eta_{h_\rho,r_\tau,s_\sigma},\eta_{h_\rho,r_\tau,s_{\sigma+1}}]$$

$\big(1 \leqslant \rho \leqslant m, 1 \leqslant \tau \leqslant u(h_\rho), 1 \leqslant \sigma \leqslant v(h_\rho,r_\tau)\big)$. 于是, 若点 $(\alpha,\beta,\gamma) \in V_{\rho,\tau,\sigma}$, 则

$$A([0,\alpha) \times [0,\beta) \times [0,\gamma);n) = s_\sigma.$$

我们令

$$d_n^*(\rho,\tau,\sigma)=\sup_{(\alpha,\beta,\gamma)\in V_{\rho,\tau,\sigma}}\left|\frac{s_\sigma}{n}-\alpha\beta\gamma\right|\quad\big(1\leqslant\rho\leqslant m,1\leqslant\tau\leqslant u(h_\rho),1\leqslant\sigma\leqslant v(h_\rho,r_\tau)\big).$$

类似于引理 2.2.3 和引理 2.2.4, 我们容易证明下列两个引理:

引理 2.3.1 当 $1\leqslant\rho\leqslant m,1\leqslant\tau\leqslant u(h_\rho),1\leqslant\sigma\leqslant v(h_\rho,r_\tau)$ 时, 有

$$d_n^*(\rho,\tau,\sigma)=\max\left\{\left|\frac{s_\sigma}{n}-x_{h_\rho}\xi_{h_\rho,r_\tau}\eta_{h_\rho,r_\tau,s_\sigma}\right|,\left|\frac{s_\sigma}{n}-x_{h_{\rho+1}}\xi_{h_\rho,r_{\tau+1}}\eta_{h_\rho,r_\tau,s_{\sigma+1}}\right|\right\}.$$

引理 2.3.2 我们有

$$D_n^*(\mathcal{S}_3)=\max_{1\leqslant\rho\leqslant m}\max_{1\leqslant\tau\leqslant u}\max_{1\leqslant\sigma\leqslant v}d_n^*(\rho,\tau,\sigma).$$

下文中, 对于 $0\leqslant l\leqslant n,0\leqslant t\leqslant l,0\leqslant k\leqslant t$, 令

$$d_n(l,t,k)=\max\left\{\left|\frac{k}{n}-x_l\xi_{l,t}\eta_{l,t,k}\right|,\left|\frac{k}{n}-x_{l+1}\xi_{l,t+1}\eta_{l,t,k+1}\right|\right\}.$$

由引理 2.3.1、引理 2.3.2 及注 2.3.1 可知, 为证定理 2.3.1, 只需证

命题 2.3.1 我们有

$$\max_{1\leqslant\rho\leqslant m}\max_{1\leqslant\tau\leqslant u}\max_{1\leqslant\sigma\leqslant v}d_n^*(\rho,\tau,\sigma)=\max_{0\leqslant l\leqslant n}\max_{0\leqslant t\leqslant l}\max_{0\leqslant k\leqslant t}d_n(l,t,k).$$

现在来证明这个命题, 为此先建立下面三个引理.

引理 2.3.3 若对于每个 $\rho\ (1\leqslant\rho\leqslant m)$ 及 $\tau\ \big(1\leqslant\tau\leqslant u(h_\rho)\big)$, 令

$$\theta_n^*(\rho,\tau)=\max_{0\leqslant k\leqslant r_\tau}\max\left\{\left|\frac{k}{n}-x_{h_\rho}\xi_{h_\rho,r_\tau}\eta_{h_\rho,r_\tau,k}\right|,\left|\frac{k}{n}-x_{h_{\rho+1}}\xi_{h_\rho,r_{\tau+1}}\eta_{h_\rho,r_\tau,k+1}\right|\right\},$$

其中 $\eta_{h_\rho,r_\tau,k}$ $(k=0,\cdots,r_\tau+1)$ 通过在式 (2.3.1) 中取 $l=h_\rho$ 及 $t=r_\tau$ 来定义, 则有

$$\max_{1\leqslant\sigma\leqslant v}d_n^*(\rho,\tau,\sigma)=\theta_n^*(\rho,\tau)\quad\big(1\leqslant\rho\leqslant m,1\leqslant\tau\leqslant u(h_\rho)\big).$$

证 类似于引理 2.2.3 的证明, 我们容易得到:

1° 如果 $s_1>0$, 那么

$$\begin{aligned}&\max_{0\leqslant k\leqslant s_1-1}\max\left\{\left|\frac{k}{n}-x_{h_\rho}\xi_{h_\rho,r_\tau}\eta_{h_\rho,r_\tau,k}\right|,\left|\frac{k}{n}-x_{h_{\rho+1}}\xi_{h_\rho,r_{\tau+1}}\eta_{h_\rho,r_\tau,k+1}\right|\right\}\\&\quad=\max_{0\leqslant k\leqslant s_1-1}\frac{k}{n}<\frac{s_1}{n}\leqslant d_n^*(\rho,\tau,1);\end{aligned}$$

2° 如果 σ 是式 (2.3.4) 中的一个下标, 满足 $1\leqslant\sigma\leqslant v(h_\rho,r_\tau)-1$ 以及 $s_{\sigma+1}-s_\sigma>1$, 那么

$$\max_{s_\sigma\leqslant k\leqslant s_{\sigma+1}}\max\left\{\left|\frac{k}{n}-x_{h_\rho}\xi_{h_\rho,r_\tau}\eta_{h_\rho,r_\tau,k}\right|,\left|\frac{k}{n}-x_{h_{\rho+1}}\xi_{h_\rho,r_{\tau+1}}\eta_{h_\rho,r_\tau,k+1}\right|\right\}$$

$$\leqslant \max\{d_n^*(\rho,\tau,\sigma),d_n^*(\rho,\tau,\sigma+1)\}.$$

由以上结果并应用引理 2.3.1 (分别取 $\sigma=1$, 以及 $\sigma=1,\cdots,v(h_\rho,r_\tau)-1$; 并注意式 (2.3.5) 和 $s_{v(h_\rho,r_\tau)}=r_\tau$), 即可推出所要的结果. □

引理 2.3.4 若对任何 ρ $(1\leqslant\rho\leqslant m)$, 令

$$\theta_n^*(\rho)=\max_{0\leqslant t\leqslant h_\rho}\max_{0\leqslant k\leqslant t}\max\left\{\left|\frac{k}{n}-x_{h_\rho}\xi_{h_\rho,t}\eta_{h_\rho,t,k}\right|,\left|\frac{k}{n}-x_{h_{\rho+1}}\xi_{h_\rho,t+1}\eta_{h_\rho,t,k+1}\right|\right\},$$

其中 $\xi_{h_\rho,t}$ $(t=0,\cdots,h_\rho+1)$ 及 $\eta_{h_\rho,t,k}$ $(t=0,\cdots,h_\rho;k=0,\cdots,t+1)$ 分别通过在式 (2.2.2) 及式 (2.3.1) 中取 $l=h_\rho$ 来定义, 则

$$\max_{1\leqslant\tau\leqslant u}\theta_n^*(\rho,\tau)=\theta_n^*(\rho)\quad(1\leqslant\rho\leqslant m).\tag{2.3.6}$$

证 与引理 2.2.4 的证明类似. 对于 $1\leqslant\rho\leqslant m,0\leqslant t\leqslant h_\rho$, 令

$$\widetilde{\theta}_n^*(\rho,t)=\max_{0\leqslant k\leqslant t}\max\left\{\left|\frac{k}{n}-x_{h_\rho}\xi_{h_\rho,t}\eta_{h_\rho,t,k}\right|,\left|\frac{k}{n}-x_{h_{\rho+1}}\xi_{h_\rho,t+1}\eta_{h_\rho,t,k+1}\right|\right\}.$$

1° 当 $0\leqslant t\leqslant r_1-1$ 时, 有

$$\xi_{h_\rho,t}=\xi_{h_\rho,t+1}=0.$$

于是对任何 k $(0\leqslant k\leqslant t)$, 有

$$\left|\frac{k}{n}-x_{h_\rho}\xi_{h_\rho,t}\eta_{h_\rho,t,k}\right|=\left|\frac{k}{n}-x_{h_{\rho+1}}\xi_{h_\rho,t+1}\eta_{h_\rho,t,k+1}\right|=\frac{k}{n}<\frac{r_1}{n},$$

所以

$$\widetilde{\theta}_n^*(\rho,t)\leqslant\widetilde{\theta}_n^*(\rho,1)\quad(0\leqslant t<r_1).\tag{2.3.7}$$

2° 设 τ 是式 (2.2.7) 中的一个下标, 满足 $1\leqslant\tau\leqslant u-1,r_{\tau+1}-r_\tau>1$. 那么对任何 $t\in\{r_\tau+1,\cdots,r_{\tau+1}-1\}$, 有

$$\xi_{h_\rho,t}=\xi_{h_\rho,t+1}=\xi_{h_\rho,r_{\tau+1}}.$$

我们来证明

$$\widetilde{\theta}_n^*(\rho,t)\leqslant\max\{\widetilde{\theta}_n^*(\rho,r_\tau),\widetilde{\theta}_n^*(\rho,r_{\tau+1})\}\quad(r_\tau<t<r_{\tau+1}).\tag{2.3.8}$$

为此, 我们设 t 是任意一个这样的下标, 并将它固定, 考虑两种情形:

情形 1: $z_{h_\rho,i_{t+1}}\geqslant\eta_{h_\rho,t,t}$. 此时

$$\eta_{h_\rho,t,k}=\eta_{h_\rho,t+1,k}\quad(k=0,1,\cdots,t),$$

因而当 $k=0,1,\cdots,t$ 时

$$\left|\frac{k}{n}-x_{h_\rho}\xi_{h_\rho,t}\eta_{h_\rho,t,k}\right|=\left|\frac{k}{n}-x_{h_\rho}\xi_{h_\rho,t+1}\eta_{h_\rho,t+1,k}\right|\leqslant\widetilde{\theta}_n^*(\rho,t+1).$$

现在设 $k\in\{0,\cdots,t-1\}$. 如果 $k/n-x_{h_{\rho+1}}\xi_{h_\rho,t+1}\eta_{h_\rho,t,k+1}\geqslant 0$, 那么

$$\left|\frac{k}{n}-x_{h_{\rho+1}}\xi_{h_\rho,t+1}\eta_{h_\rho,t,k+1}\right|<\frac{k+1}{n}-x_{h_\rho}\xi_{h_\rho,t+1}\eta_{h_\rho,t+1,k+1}\leqslant\widetilde{\theta}_n^*(\rho,t+1);$$

如果 $k/n-x_{h_{\rho+1}}\xi_{h_\rho,t+1}\eta_{h_\rho,t,k+1}<0$, 那么

$$\left|\frac{k}{n}-x_{h_{\rho+1}}\xi_{h_\rho,t+1}\eta_{h_\rho,t,k+1}\right|\leqslant x_{h_{\rho+1}}\xi_{h_\rho,t+2}\eta_{h_\rho,t+1,k+1}-\frac{k}{n}\leqslant\widetilde{\theta}_n^*(\rho,t+1).$$

此外, 当 $k=t$ 时

$$\left|\frac{k}{n}-x_{h_{\rho+1}}\xi_{h_\rho,t+1}\eta_{h_\rho,t,k+1}\right|=\left|\frac{t}{n}-x_{h_{\rho+1}}\xi_{h_\rho,t+1}\right|.$$

合起来就得到: 当 $r_\tau<t<r_{\tau+1}$ 时

$$\widetilde{\theta}_n^*(\rho,t)\leqslant\max\left\{\widetilde{\theta}_n^*(\rho,t+1),\max_{r_\tau<t<r_{\tau+1}}\left|\frac{t}{n}-x_{h_{\rho+1}}\xi_{h_\rho,t+1}\right|\right\}.\tag{2.3.9}$$

注意, 对于上式右边括号中的第 2 个表达式, 我们有

$$\begin{aligned}\max_{r_\tau<t<r_{\tau+1}}\left|\frac{t}{n}-x_{h_{\rho+1}}\xi_{h_\rho,t+1}\right|&\leqslant\max_{r_\tau\leqslant t\leqslant r_{\tau+1}}\left|\frac{t}{n}-x_{h_{\rho+1}}\xi_{h_\rho,r_{\tau+1}}\right|\\&\leqslant\max\left\{\left|\frac{r_\tau}{n}-x_{h_{\rho+1}}\xi_{h_\rho,r_{\tau+1}}\right|,\left|\frac{r_{\tau+1}}{n}-x_{h_{\rho+1}}\xi_{h_\rho,r_{\tau+1}}\right|\right\}.\end{aligned}$$

又因为

$$\left|\frac{r_\tau}{n}-x_{h_{\rho+1}}\xi_{h_\rho,r_{\tau+1}}\right|=\left|\frac{r_\tau}{n}-x_{h_{\rho+1}}\xi_{h_\rho,r_\tau+1}\eta_{h_\rho,r_\tau,r_\tau+1}\right|\leqslant\widetilde{\theta}_n^*(\rho,r_\tau),$$

并且, 若 $r_{\tau+1}/n-x_{h_{\rho+1}}\xi_{h_\rho,r_{\tau+1}}\geqslant 0$, 则

$$\left|\frac{r_{\tau+1}}{n}-x_{h_{\rho+1}}\xi_{h_\rho,r_{\tau+1}}\right|<\frac{r_{\tau+1}}{n}-x_{h_\rho}\xi_{h_\rho,r_{\tau+1}}\eta_{h_\rho,r_{\tau+1},r_{\tau+1}}\leqslant\widetilde{\theta}_n^*(\rho,r_{\tau+1});$$

而若 $r_{\tau+1}/n-x_{h_{\rho+1}}\xi_{h_\rho,r_{\tau+1}}<0$, 则

$$\left|\frac{r_{\tau+1}}{n}-x_{h_{\rho+1}}\xi_{h_\rho,r_{\tau+1}}\right|<x_{h_{\rho+1}}\xi_{h_\rho,r_\tau+1}\eta_{h_\rho,r_\tau,r_\tau+1}-\frac{r_\tau}{n}\leqslant\widetilde{\theta}_n^*(\rho,r_\tau).$$

所以合起来就有

$$\max_{r_\tau<t<r_{\tau+1}}\left|\frac{t}{n}-x_{h_{\rho+1}}\xi_{h_\rho,t+1}\right|\leqslant\max\left\{\widetilde{\theta}_n^*(\rho,r_\tau),\widetilde{\theta}_n^*(\rho,r_{\tau+1})\right\}.$$

由此及式 (2.3.9) 即得

$$\widetilde{\theta}_n^*(\rho,t) \leqslant \max\left\{\widetilde{\theta}_n^*(\rho,t+1),\widetilde{\theta}_n^*(\rho,r_\tau),\widetilde{\theta}_n^*(\rho,r_{\tau+1})\right\} \quad (r_\tau < t < r_{\tau+1}). \tag{2.3.10}$$

情形 2: $z_{h_\rho,i_{t+1}} < \eta_{h_\rho,t,t}$. 此时, 存在一个下标 $k_0 < t$, 使得

$$z_{h_\rho,i_{t+1}} \in (\eta_{h_\rho,t,k_0},\eta_{h_\rho,t,k_0+1}).$$

于是, 我们有

$$\eta_{h_\rho,t+1,k} = \begin{cases} \eta_{h_\rho,t,k} & (0 \leqslant k \leqslant k_0), \\ z_{h_\rho,i_{t+1}} \leqslant \eta_{h_\rho,t,k_0+1} & (k = k_0+1), \\ \eta_{h_\rho,t,k-1} & (k_0+2 \leqslant k \leqslant t+1). \end{cases} \tag{2.3.11}$$

由此可得: 当 $k=0,1,\cdots,k_0$ 时

$$\left|\frac{k}{n} - x_{h_\rho}\xi_{h_\rho,t}\eta_{h_\rho,t,k}\right| = \left|\frac{k}{n} - x_{h_\rho}\xi_{h_\rho,t+1}\eta_{h_\rho,t+1,k}\right| \leqslant \widetilde{\delta}_n^*(\rho,t+1).$$

而当 $k=k_0+1,\cdots,t$ 时, 借助于式 (2.3.11) 可推出: 若 $k/n - x_{h_\rho}\xi_{h_\rho,t}\eta_{h_\rho,t,k} \geqslant 0$, 那么

$$\left|\frac{k}{n} - x_{h_\rho}\xi_{h_\rho,t}\eta_{h_\rho,t,k}\right| \leqslant \frac{k+1}{n} - x_{h_\rho}\xi_{h_\rho,t+1}\eta_{h_\rho,t+1,k+1} \leqslant \widetilde{\delta}_n^*(\rho,t+1);$$

若 $k/n - x_{h_\rho}\xi_{h_\rho,t}\eta_{h_\rho,t,k} < 0$, 则

$$\left|\frac{k}{n} - x_{h_\rho}\xi_{h_\rho,t}\eta_{h_\rho,t,k}\right| \leqslant x_{h_{\rho+1}}\xi_{h_\rho,t+2}\eta_{h_\rho,t+1,k+1} - \frac{k}{n} \leqslant \widetilde{\delta}_n^*(\rho,t+1).$$

合起来我们就得到

$$\left|\frac{k}{n} - x_{h_\rho}\xi_{h_\rho,t}\eta_{h_\rho,t,k}\right| \leqslant \widetilde{\delta}_n^*(\rho,t+1) \quad (k=0,1,\cdots,t). \tag{2.3.12}$$

现在来估计 $|k/n - x_{h_{\rho+1}}\xi_{h_\rho,t+1}\eta_{h_\rho,t,k+1}|$. 首先, 设 $0 \leqslant k \leqslant k_0-1$. 由式 (2.3.11) 易见: 若 $k/n - x_{h_{\rho+1}}\xi_{h_\rho,t+1}\eta_{h_\rho,t,k+1} \geqslant 0$, 则

$$\begin{aligned}\left|\frac{k}{n} - x_{h_{\rho+1}}\xi_{h_\rho,t+1}\eta_{h_\rho,t,k+1}\right| &\leqslant \frac{k}{n} - x_{h_\rho}\xi_{h_\rho,t+1}\eta_{h_\rho,t+1,k+1} \\ &< \frac{k}{n} - x_{h_\rho}\xi_{h_\rho,t+1}\eta_{h_\rho,t+1,k} \leqslant \widetilde{\delta}_n^*(\rho,t+1);\end{aligned}$$

若 $k/n - x_{h_{\rho+1}}\xi_{h_\rho,t+1}\eta_{h_\rho,t,k+1} < 0$, 则

$$\left|\frac{k}{n} - x_{h_{\rho+1}}\xi_{h_\rho,t+1}\eta_{h_\rho,t,k+1}\right| \leqslant x_{h_{\rho+1}}\xi_{h_\rho,t+2}\eta_{h_\rho,t+1,k+1} - \frac{k}{n} \leqslant \widetilde{\delta}_n^*(\rho,t+1).$$

于是, 我们有

$$\left|\frac{k}{n}-x_{h_{\rho+1}}\xi_{h_\rho,t+1}\eta_{h_\rho,t,k+1}\right|\leqslant\widetilde{\delta}_n^*(\rho,t+1)\quad(k=0,1,\cdots,k_0-1).\tag{2.3.13}$$

其次, 设 $k_0\leqslant k\leqslant t$. 如果 $k/n-x_{h_{\rho+1}}\xi_{h_\rho,t+1}\eta_{h_\rho,t,k+1}\geqslant 0$, 那么应用式 (2.3.11) 可推出: 当 $k_0\leqslant k<t$ 时

$$\begin{aligned}\left|\frac{k}{n}-x_{h_{\rho+1}}\xi_{h_\rho,t+1}\eta_{h_\rho,t,k+1}\right|&=\frac{k}{n}-x_{h_{\rho+1}}\xi_{h_\rho,t+1}\eta_{h_\rho,t+1,k+2}\\&<\frac{k}{n}-x_{h_\rho}\xi_{h_\rho,t+1}\eta_{h_\rho,t+1,k}\leqslant\widetilde{\delta}_n^*(\rho,t+1).\end{aligned}$$

并且由于 $\eta_{h_\rho,t,t+1}=\eta_{h_\rho,t+1,t+2}=1$, 所以这个不等式当 $k=t$ 时也成立. 如果 $k/n-x_{h_{\rho+1}}\xi_{h_\rho,t+1}\eta_{h_\rho,t,k+1}<0$, 则由 $k\geqslant k_0$, 我们有 $\eta_{h_\rho,t,k+1}\geqslant\eta_{h_\rho,t,k_0+1}\geqslant z_{h_\rho,i_{t+1}}$, 而且由式 (2.3.3) 可推出所有的 $\eta_{h_\rho,t,k+1}\in\{z_{h_\rho,i_\mu}(\mu=0,\cdots,r_\tau)\}$ $(k\geqslant k_0)$, 因而存在一个下标 k', 满足 $1\leqslant k'\leqslant r_\tau,k'\leqslant k$, 使得 $\eta_{h_\rho,t,k+1}=\eta_{h_\rho,r_\tau,k'}$. 于是, 当 $k_0\leqslant k\leqslant t$ 时

$$\left|\frac{k}{n}-x_{h_{\rho+1}}\xi_{h_\rho,t+1}\eta_{h_\rho,t,k+1}\right|<x_{h_{\rho+1}}\xi_{h_\rho,r_\tau+1}\eta_{h_\rho,r_\tau,k'}-\frac{k'-1}{n}\leqslant\widetilde{\delta}_n^*(\rho,r_\tau).$$

将这些结果合起来就有

$$\left|\frac{k}{n}-x_{h_{\rho+1}}\xi_{h_\rho,t+1}\eta_{h_\rho,t,k+1}\right|<\max\{\widetilde{\delta}_n^*(\rho,t+1),\widetilde{\delta}_n^*(\rho,r_\tau)\}\quad(k=k_0,\cdots,t),$$

并且由此式及式 (2.3.13) 即得

$$\left|\frac{k}{n}-x_{h_{\rho+1}}\xi_{h_\rho,t+1}\eta_{h_\rho,t,k+1}\right|<\max\{\widetilde{\delta}_n^*(\rho,t+1),\widetilde{\delta}_n^*(\rho,r_\tau)\}\quad(k=0,1,\cdots,t).$$

最后, 从式 (2.3.12) 及上式可知, 在情形 2 下有

$$\widetilde{\theta}_n^*(\rho,t)\leqslant\max\left\{\widetilde{\theta}_n^*(\rho,t+1),\widetilde{\theta}_n^*(\rho,r_\tau)\right\}\quad(r_\tau<t<r_{\tau+1}).$$

综合情形 1 和 2, 并实施类似于推导式 (2.2.24) 的“迭代”过程, 由式 (2.3.10) 和上式即可得知式 (2.3.8) 成立.

3° 由式 (2.3.8) 可知

$$\widetilde{\theta}_n^*(\rho,t)\leqslant\max\{\widetilde{\theta}_n^*(\rho,r_\tau),\widetilde{\theta}_n^*(\rho,r_{\tau+1})\}\quad(r_\tau\leqslant t\leqslant r_{\tau+1}).$$

注意

$$\widetilde{\theta}_n^*(\rho,r_\tau)=\theta_n^*(\rho,\tau)\quad(\tau=1,\cdots,u(h_\rho)),$$

所以上式可改写为

$$\widetilde{\theta}_n^*(\rho,t) \leqslant \max\{\theta_n^*(\rho,\tau),\theta_n^*(\rho,\tau+1)\} \quad (r_\tau \leqslant t \leqslant r_{\tau+1}, 1 \leqslant \tau \leqslant u-1).$$

又由式 (2.3.7) 得知

$$\widetilde{\theta}_n^*(\rho,t) \leqslant \theta_n^*(\rho,1) \quad (0 \leqslant t \leqslant r_1).$$

因此, 对于任何 $\tau \in \{1,\cdots,u-1\}$, 有

$$\max_{0 \leqslant t \leqslant r_{\tau+1}} \widetilde{\theta}_n^*(\rho,t) \leqslant \max\{\theta_n^*(\rho,1),\cdots,\theta_n^*(\rho,\tau+1)\}.$$

特别地, 取 $\tau = u(h_\rho)-1$, 可得

$$\max_{0 \leqslant t \leqslant h_\rho} \widetilde{\theta}_n^*(\rho,t) \leqslant \max_{1 \leqslant \tau \leqslant u} \theta_n^*(\rho,\tau),$$

即

$$\theta_n^*(\rho) \leqslant \max_{1 \leqslant \tau \leqslant u} \theta_n^*(\rho,\tau).$$

显然, 相反的不等式也成立, 于是式 (2.3.6) 成立, 引理 2.3.4 得证. □

引理 2.3.5 对于任何 l $(0 \leqslant l \leqslant n)$, 令

$$\theta_n(l) = \max_{0 \leqslant t \leqslant l} \max_{0 \leqslant k \leqslant t} \max\left\{\left|\frac{k}{n} - x_l \xi_{l,t} \eta_{l,t,k}\right|, \left|\frac{k}{n} - x_{l+1} \xi_{l,t+1} \eta_{l,t,k+1}\right|\right\},$$

那么

$$\max_{1 \leqslant \rho \leqslant m} \theta_n^*(\rho) = \max_{0 \leqslant l \leqslant n} \theta_n(l).$$

证 证明的步骤大体上与引理 2.3.4 的相同, 但要稍复杂些.

1° 容易证明

$$\theta_n(l) \leqslant \theta_n^*(1) \quad (0 \leqslant l \leqslant h_1 - 1). \tag{2.3.14}$$

2° 设 ρ 是式 (2.2.5) 中的一个下标, 满足 $1 \leqslant \rho \leqslant m$ 及 $h_{\rho+1} - h_\rho > 1$, 那么我们有

$$x_l = x_{l+1} = x_{h_{\rho+1}} \quad (l \in \{h_\rho + 1, \cdots, h_{\rho+1} - 1\}).$$

并且, 因为此时点 $P_l(\boldsymbol{u}_i)$ $(i = 0,\cdots,l)$ 的位置与点 $P_{l+1}(\boldsymbol{u}_i)$ $(i = 0,\cdots,l)$ 的位置相同, 所以

$$\xi_{l,t} \geqslant \xi_{l+1,t} \quad (0 \leqslant t \leqslant l, h_\rho < l < h_{\rho+1}).$$

下面我们来证明

$$\theta_n(l) \leqslant \max\left\{\theta_n(h_\rho),\theta_n(h_{\rho+1})\right\} \quad (h_\rho < l < h_{\rho+1}). \tag{2.3.15}$$

首先, 考虑 $|k/n-x_l\xi_{l,t}\eta_{l,t,k}|$ $(0\leqslant t\leqslant l,0\leqslant k\leqslant t)$. 先设 $k/n-x_l\xi_{l,t}\eta_{l,t,k}\geqslant 0$. 若 $\xi_{l,t}=\xi_{l+1,t}$, 则也有 $\eta_{l,t,k}=\eta_{l+1,t,k}$, 因而

$$\begin{aligned}\left|\frac{k}{n}-x_l\xi_{l,t}\eta_{l,t,k}\right|&=\frac{k}{n}-x_l\xi_{l,t}\eta_{l,t,k}\\&=\frac{k}{n}-x_{l+1}\xi_{l+1,t}\eta_{l+1,t,k}\leqslant\theta_n(l+1);\end{aligned}$$

若 $\xi_{l,t}>\xi_{l+1,t}$, 则 $\xi_{l,t}=\xi_{l+1,t+1}$, 并且 $\eta_{l,t,k}\geqslant\eta_{l+1,t+1,k}$, 因而

$$\left|\frac{k}{n}-x_l\xi_{l,t}\eta_{l,t,k}\right|\leqslant\frac{k}{n}-x_{l+1}\xi_{l+1,t+1}\eta_{l+1,t+1,k}\leqslant\theta_n(l+1).$$

再设 $k/n-x_l\xi_{l,t}\eta_{l,t,k}<0$. 若 $\xi_{l,t}=\xi_{l+1,t}$, 则类似地得到

$$\left|\frac{k}{n}-x_l\xi_{l,t}\eta_{l,t,k}\right|=x_{l+1}\xi_{l+1,t}\eta_{l+1,t,k}-\frac{k}{n}\leqslant\theta_n(l+1);$$

若 $\xi_{l,t}>\xi_{l+1,t}$, 则 $\xi_{l,t}=\xi_{l+1,t+1}\leqslant\xi_{l+1,t+2}$, 并且 $\eta_{l,t,k}\leqslant\eta_{l+1,t+1,k+1}$, 因而

$$\left|\frac{k}{n}-x_l\xi_{l,t}\eta_{l,t,k}\right|\leqslant x_{l+2}\xi_{l+1,t+2}\eta_{l+1,t+1,k+1}-\frac{k}{n}\leqslant\theta_n(l+1).$$

合起来就有

$$\left|\frac{k}{n}-x_l\xi_{l,t}\eta_{l,t,k}\right|\leqslant\theta_n(l+1)\quad(h_\rho<l<h_{\rho+1}).\tag{2.3.16}$$

其次, 考虑 $|k/n-x_{l+1}\xi_{l,t+1}\eta_{l,t,k+1}|$ $(0\leqslant t\leqslant l,0\leqslant k\leqslant t)$. 类似地, 先设 $k/n-x_{l+1}\xi_{l,t+1}\eta_{l,t,k+1}\geqslant 0$. 若 $\xi_{l,t+1}=\xi_{l+1,t+1}$, 则也有 $\eta_{l+1,t+1,k+1}=\eta_{l,t+1,k+1}\leqslant\eta_{l,t,k+1}$, 因而

$$\left|\frac{k}{n}-x_{l+1}\xi_{l,t+1}\eta_{l,t,k+1}\right|\leqslant\frac{k+1}{n}-x_{l+1}\xi_{l+1,t+1}\eta_{l+1,t+1,k+1}\leqslant\theta_n(l+1);\tag{2.3.17}$$

若 $\xi_{l,t+1}>\xi_{l+1,t+1}$, 则 $\xi_{l,t+1}=\xi_{l+1,t+2}$, 并且 $\eta_{l,t,k+1}\geqslant\eta_{l,t+1,k+1}\geqslant\eta_{l+1,t+2,k+1}$, 因而

$$\left|\frac{k}{n}-x_{l+1}\xi_{l,t+1}\eta_{l,t,k+1}\right|\leqslant\frac{k+1}{n}-x_{l+1}\xi_{l+1,t+2}\eta_{l+1,t+2,k+1}\leqslant\theta_n(l+1).\tag{2.3.18}$$

再设 $k/n-x_{l+1}\xi_{l,t+1}\eta_{l,t,k+1}<0$. 我们须区分下列三种情形:

情形 1: 设存在一个下标 $i\in\{h_\rho+1,\cdots,l\}$, 使得

$$P_l(\boldsymbol{u}_i)=(x_l,\xi_{l,t+1},z_{l,i_{t+1}}),$$

即 $\xi_{l,t+1}$ 是集合 $\{\boldsymbol{u}_i\ (i=h_\rho+1,\cdots,l)\}$ 中的某个点在平面 $x=x_l$ 上的投影的 y 坐标. 依式 (2.2.6), 我们有 $\xi_{l,t+1}=\xi_{l+1,t+1}$ 及 $\eta_{l,t,k+1}=\eta_{l+1,t,k+1}$, 因而

$$\left|\frac{k}{n}-x_{l+1}\xi_{l,t+1}\eta_{l,t,k+1}\right|\leqslant x_{l+2}\xi_{l+1,t+1}\eta_{l+1,t,k+1}-\frac{k+1}{n}\leqslant\theta_n(l+1).\tag{2.3.19}$$

情形 2: 设存在下标 $i,j\in\{0,\cdots,h_\rho\}$, 使得

$$P_l(\boldsymbol{u}_i)=(x_l,\xi_{l,t+1},z_{l,i_{t+1}}),\quad P_l(\boldsymbol{u}_j)=(x_l,\xi_{l,t},z_{l,i_t}).$$

于是, 我们有 $\xi_{l,t+1}=\xi_{h_\rho,t'}$ 及 $\eta_{l,t,k+1}=\eta_{h_\rho,t'-1,k'}$, 其中下标 t',k' 满足 $1\leqslant t'\leqslant t+1,1\leqslant k'\leqslant k+1$, 因而

$$\left|\frac{k}{n}-x_{l+1}\xi_{l,t+1}\eta_{l,t,k+1}\right|\leqslant x_{h_\rho+l}\xi_{h_\rho,t'}\eta_{h_\rho,t'-1,k'}-\frac{k'-1}{n}\leqslant\theta_n(h_\rho).\tag{2.3.20}$$

情形 3: 设存在下标 $i\in\{0,\cdots,h_\rho\}$ 和 $j\in\{h_\rho+1,\cdots,l\}$, 使得

$$P_l(\boldsymbol{u}_i)=(x_l,\xi_{l,t+1},z_{l,i_{t+1}}),\quad P_l(\boldsymbol{u}_j)=(x_l,\xi_{l,t},z_{l,i_t}).$$

依式 (2.2.6), 我们有 $y_{l+1}\geqslant\xi_{l,t}$, 此处 y_{l+1} 是 $\boldsymbol{u}_{l+1}$ 的 y 坐标. 对此我们再分两种情况进行讨论:

情形 3a: $y_{l+1}\geqslant\xi_{l,t+1}$. 那么 $\xi_{l,t+1}=\xi_{l+1,t+1},\eta_{l,t,k+1}=\eta_{l+1,t,k+1}$, 因而

$$\left|\frac{k}{n}-x_{l+1}\xi_{l,t+1}\eta_{l,t,k+1}\right|\leqslant x_{l+2}\xi_{l+1,t+1}\eta_{l+1,t,k+1}-\frac{k}{n}\leqslant\theta_n(l+1).\tag{2.3.21}$$

情形 3b: 设 $y_{l+1}<\xi_{l,t+1}$. 如果我们还设 $t\neq l$, 那么 $\xi_{l,t+2}$ 也是有定义的. 依式 (2.2.6), 我们有 $P_l(\boldsymbol{u}_w)=(x_l,\xi_{l,t+2},z_{l,i_{t+2}})$, 其中 $w\in\{0,\cdots,h_\rho\}$. 于是

$$\xi_{l,t+1}=\xi_{h_\rho,t''}\leqslant\xi_{h_\rho,t''+1},\quad \xi_{l,t+2}=\xi_{h_\rho,t''+1},\quad \eta_{l,t,k+1}\leqslant\eta_{l,t+1,k+2}=\eta_{h_\rho,t'',k''},$$

其中 $1\leqslant t''\leqslant t,1\leqslant k''\leqslant k+1$. 因而我们得到: 当 $0\leqslant t<l$ 时

$$\left|\frac{k}{n}-x_{l+1}\xi_{l,t+1}\eta_{l,t,k+1}\right|\leqslant x_{h_\rho+l}\xi_{h_\rho,t''+1}\eta_{h_\rho,t'',k''}-\frac{k''-1}{n}\leqslant\theta_n(h_\rho).\tag{2.3.22}$$

而当 $t=l$ 时, $\xi_{l,t+1}=\xi_{l,l+1}=1$. 我们定义二维点集

$$\widetilde{S}_2=\{\widetilde{\boldsymbol{u}}_j=(\widetilde{x}_j,\widetilde{y}_j)=(x_j,z_j)\ (j=1,\cdots,n)\}.$$

由注 2.2.2 容易推出

$$\begin{aligned}&\left|\frac{k}{n}-x_{l+1}\eta_{l,l,k+1}\right|\\&\quad=\left|\frac{k}{n}-\widetilde{x}_{l+1}\widetilde{\xi}_{l,k+1}\right|\\&\quad\leqslant\max\left\{x_{l+2}\eta_{l+1,l+1,k+1}-\frac{k}{n},x_{l+1}-\frac{l}{n},x_{l+1}\eta_{l+1,l+1,k}-\frac{k}{n},x_{h_\rho+1}\eta_{h_\rho,h_\rho,k^*}-\frac{k^*-1}{n}\right\},\end{aligned}$$

其中 $1 \leqslant k^* \leqslant k$. 因为上式右边括号中的四项分别满足

$$
\begin{aligned}
&x_{l+2}\eta_{l+1,l+1,k+1}-\frac{k}{n}=x_{l+2}\xi_{l+1,l+2}\eta_{l+1,l+1,k+1}-\frac{k}{n}\leqslant\theta_n(l+1),\\
&x_{l+1}-\frac{l}{n}<x_{h_\rho+1}\xi_{h_\rho,h_\rho+1}\eta_{h_\rho,h_\rho,h_\rho+1}-\frac{h_\rho}{n}\leqslant\theta_n(h_\rho),\\
&x_{l+1}\eta_{l+1,l+1,k}-\frac{k}{n}\leqslant x_{l+2}\xi_{l+1,l+2}\eta_{l+1,l+1,k}-\frac{k}{n}\leqslant\theta_n(l+1),\\
&x_{h_\rho+1}\eta_{h_\rho,h_\rho,k^*}-\frac{k^*-1}{n}=x_{h_\rho+1}\xi_{h_\rho,h_\rho+1}\eta_{h_\rho,h_\rho,k^*}-\frac{k^*-1}{n}\leqslant\theta_n(h_\rho),
\end{aligned}
$$

所以我们得到: 当 $t=l$ 时

$$
\left|\frac{k}{n}-x_{l+1}\xi_{l,t+1}\eta_{l,t,k+1}\right|\leqslant\max\{\theta_n(l+1),\theta_n(h_\rho)\}. \tag{2.3.23}
$$

合起来, 由式 (2.3.21)～式 (2.3.23) 可知: 在情形 3 下, 有

$$
\left|\frac{k}{n}-x_{l+1}\xi_{l,t+1}\eta_{l,t,k+1}\right|\leqslant\max\{\theta_n(l+1),\theta_n(h_\rho)\}\quad(t=l). \tag{2.3.24}
$$

综合情形 $1\sim3$, 由式 (2.3.19)、式 (2.3.20) 和式 (2.3.24) 即得

$$
\left|\frac{k}{n}-x_{l+1}\xi_{l,t+1}\eta_{l,t,k+1}\right|\leqslant\max\{\theta_n(l+1),\theta_n(h_\rho)\}\quad(h_\rho<l<h_{\rho+1}). \tag{2.3.25}
$$

最后, 易由式 (2.3.16) 和式 (2.3.25)(类似于式 (2.2.24) 的推导) 得到式 (2.3.15).

3° 因为 $\theta_n(h_\rho)=\theta_n^*(\rho)$ $(\rho=1,\cdots,m)$, 所以由式 (2.3.14) 和式 (2.3.15) 分别得到

$$
\begin{aligned}
&\theta_n(l)\leqslant\theta_n^*(1)\quad(0\leqslant l\leqslant h_1),\\
&\theta_n(l)\leqslant\max\{\theta_n^*(\rho),\theta_n^*(\rho+1)\}\quad(h_\rho\leqslant l\leqslant h_{\rho+1},1\leqslant\rho\leqslant m-1).
\end{aligned}
$$

注意 $h_m=n$, 容易由上面两式推出

$$
\max_{0\leqslant l\leqslant n}\theta_n(l)\leqslant\max_{1\leqslant\rho\leqslant m}\theta_n^*(\rho).
$$

相反的不等式显然成立, 所以引理 2.3.5 得证. □

定理 2.3.1 之证 易见引理 2.3.3～引理 2.3.5 蕴含命题 2.3.1, 所以定理 2.3.1 成立. □

2.4 星偏差精确计算的一般性公式

设 $d \geqslant 2$, 将 $\mathbb{R}^d$ 中的点记作 $(x_1, x_2, \cdots, x_d)$. 我们来建立 $[0,1)^d$ 中的点集 $S_d = \{\boldsymbol{u}_l \ (l = 1, \cdots, n)\}$ 的星偏差的精确计算公式. 我们约定: 在本节中将 S_d 的点 $\boldsymbol{u}_l$ 的第 $\tau \ (1 \leqslant \tau \leqslant d)$ 个坐标 x_τ 记作 $u_{\tau,l}$, 即

$$\boldsymbol{u}_l = (u_{1,l}, u_{2,l}, \cdots, u_{d,l}) \quad (l = 1, \cdots, n).$$

设 S_d 的 n 个点的顺序满足

$$u_{1,1} \leqslant u_{1,2} \leqslant \cdots \leqslant u_{1,n}. \tag{2.4.1}$$

还令

$$\boldsymbol{u}_0 = (u_{1,0}, \cdots, u_{d,0}) = (0, \cdots, 0), \quad \boldsymbol{u}_{n+1} = (u_{1,n+1}, \cdots, u_{d,n+1}) = (1, \cdots, 1).$$

对于每个 $l_1 \ (l_1 = 0, 1, \cdots, n)$, 将 $u_{2,j} \ (j = 0, 1, \cdots, l_1, n+1)$ 按递增的顺序排列, 并改记为

$$0 = \overline{u}_{2,l_1,0} \leqslant \overline{u}_{2,l_1,1} \leqslant \cdots \leqslant \overline{u}_{2,l_1,l_1} < \overline{u}_{2,l_1,l_1+1} = 1, \tag{2.4.2}$$

并且对于每个 $\tau = 3, \cdots, d$, 将与它们对应的第 τ 个坐标 $u_{\tau,j}$ 记作 $u_{\tau,l_1,\sigma_1(j)} \ (j = 0, \cdots, l_1, l_1+1)$, 此处 σ_1 是 $\{0, \cdots, l_1, l_1+1\}$ 的一个由式 (2.4.2) 确定的置换. 例如, 当 $d = 3$ 时, 式 (2.4.1) 和式 (2.4.2) 就分别成为式 (2.2.1) 和式 (2.2.2) (l_1 记作 l), 而此处的 $u_{\tau,l_1,\sigma_1(j)} \ (j = 0, \cdots, l_1, l_1+1; \tau = 3)$ 就是定理 2.2.1 中的 $z_{l,i_0}, z_{l,i_1}, \cdots, z_{l,i_l}, z_{l,i_{l+1}}$; 特别地, 此处的 σ_1 是将 $\{0, \cdots, l, l+1\}$ 变为 $\{i_0, i_1, \cdots, i_l, i_{l+1}\}$ 的置换. 对于每个固定的 $l_1 \ (0 \leqslant l_1 \leqslant n)$ 和任何 $l_2 \ (l_2 = 0, 1, \cdots, l_1)$, 将 $u_{3,l_1,\sigma_1(j)} \ (j = 0, 1, \cdots, l_2, l_1+1)$ 按递增的顺序排列, 并改记为

$$0 = \overline{u}_{3,l_1,l_2,0} \leqslant \overline{u}_{3,l_1,l_2,1} \leqslant \cdots \leqslant \overline{u}_{3,l_1,l_2,l_2} \leqslant \overline{u}_{3,l_1,l_2,l_2+1} = 1, \tag{2.4.3}$$

并且对于每个 $\tau = 4, \cdots, d$, 将与它们对应的第 τ 个坐标 $u_{\tau,j}$ 记作 $u_{\tau,l_1,l_2,\sigma_2(j)} \ (j = 0, \cdots, l_2, l_2+1)$, 此处 σ_2 是 $\{0, \cdots, l_2, l_2+1\}$ 的一个由式 (2.4.3) 确定的置换. 一般地,

如果 $1<\nu<d-1$, 则对任何满足 $n\geqslant l_1\geqslant l_2\geqslant\cdots\geqslant l_\nu\geqslant 0$ 的 ν 数组 $(l_1,l_2,\cdots,l_\nu)$, 我们已经逐次将坐标 $u_{2,j}$ $(j=0,\cdots,l_1,n+1)$, $u_{3,l_1,\sigma_1(j)}$ $(j=0,\cdots,l_2,l_1+1),\cdots$, 以及 $u_{\nu+1,l_1,\cdots,l_{\nu-1},\sigma_{\nu-1}(j)}$ $(j=0,\cdots,l_\nu,l_{\nu-1}+1)$ 按递增的顺序排列, 此处 σ_t $(t=1,2,\cdots,\nu-1)$ 是 $\{0,\cdots,l_t,l_t+1\}$ 的一个置换, 并且已将它们改记为

$$\begin{aligned}0=\overline{u}_{r,l_1,\cdots,l_{r-1},0}&\leqslant\overline{u}_{r,l_1,\cdots,l_{r-1},1}\leqslant\cdots\leqslant\overline{u}_{r,l_1,\cdots,l_{r-1},l_{r-1}}\\&<\overline{u}_{r,l_1,\cdots,l_{r-1},l_{r-1}+1}=1\quad(r=2,3,\cdots,\nu+1),\end{aligned}$$

那么对于任何 $l_{\nu+1}$ $(l_{\nu+1}=0,\cdots,l_\nu)$, 我们将坐标

$$u_{\nu+2,l_1,\cdots,l_\nu,\sigma_\nu(j)}\quad(j=0,\cdots,l_{\nu+1},l_\nu+1)$$

按递增的顺序排列, 此处 σ_ν 是 $\{0,\cdots,l_\nu,l_\nu+1\}$ 的一个置换, 并且将它们改记为

$$\begin{aligned}0=\overline{u}_{\nu+2,l_1,\cdots,l_{\nu+1},0}&\leqslant\overline{u}_{\nu+2,l_1,\cdots,l_{\nu+1},1}\leqslant\cdots\leqslant\overline{u}_{\nu+2,l_1,\cdots,l_{\nu+1},l_{\nu+1}}\\&<\overline{u}_{\nu+2,l_1,\cdots,l_{\nu+1},l_{\nu+1}+1}=1.\end{aligned}$$

于是, 对于每个 $d-1$ 数组 $\boldsymbol{l}=(l_1,l_2,\cdots,l_{d-1})$ $(n\geqslant l_1\geqslant l_2\geqslant\cdots\geqslant l_{d-1}\geqslant 0)$, 我们逐次得到 $d-1$ 个数集

$$U_{\boldsymbol{l},r}=\{\overline{u}_{r+1,l_1,\cdots,l_r,j}\ (j=0,\cdots,l_r,l_r+1)\}\quad(r=1,2,\cdots,d-1),$$

它们满足

$$0=\overline{u}_{r+1,l_1,\cdots,l_r,0}\leqslant\overline{u}_{r+1,l_1,\cdots,l_r,1}\leqslant\cdots\leqslant\overline{u}_{r+1,l_1,\cdots,l_r,l_r}<\overline{u}_{r+1,l_1,\cdots,l_r,l_r+1}=1.\tag{2.4.4}$$

定理 2.4.1 设 $d\geqslant 2$, 点集 S_d 及数集 $U_{\boldsymbol{l},r}$ $(r=1,2,\cdots,d-1)$ 如上, 那么 S_d 的星偏差

$$\begin{aligned}D_n^*(S_d)=\max_{0\leqslant k_1\leqslant n}\max_{0\leqslant k_2\leqslant k_1}\cdots\max_{0\leqslant k_d\leqslant k_{d-1}}\max\Bigg\{&\frac{k_d}{n}-u_{1,k_1}\overline{u}_{2,k_1,k_2}\cdots\overline{u}_{d,k_1,\cdots,k_d},\\&u_{1,k_1+1}\overline{u}_{2,k_1,k_2+1}\cdots\overline{u}_{d,k_1,\cdots,k_{d-1},k_d+1}-\frac{k_d}{n}\Bigg\}.\end{aligned}\tag{2.4.5}$$

注 2.4.1 特别地, 若 $\boldsymbol{u}_1=(0,\cdots,0)$, 则上式右边的极值可取自集合

$$\{(k_1,k_2,\cdots,k_d)\ (1\leqslant k_1\leqslant n,1\leqslant k_2\leqslant k_1,\cdots,1\leqslant k_d\leqslant k_{d-1})\}.$$

下面给出定理 2.4.1 的证明 (这个证明比较复杂, 初学者可以暂时略去).

为书写清晰计, 在下文中, 我们有时将坐标 $u_{r,\cdots}$ 及 $\overline{u}_{r,\cdots}$ 分别写成 $u_r(\cdots)$ 及 $\overline{u}_r(\cdots)$, 还将点 $\boldsymbol{u}^*_{\cdots}$ 写成 $\boldsymbol{u}^*(\cdots)$.

将两个数 $u_{1,0}=0$ 及 $u_{1,n+1}=1$ 添加到式 (2.4.1) 中, 并将此式改写为

$$0=u_1(0)=\cdots=u_1(h_{1,1})<u_1(h_{1,1}+1)=\cdots=u_1(h_{1,2})<\cdots$$
$$<u_1(h_{1,m-1}+1)=\cdots=u_1(h_{1,m_1})<u_1(h_{1,m_1+1})=1, \tag{2.4.6}$$

其中 $m_1\geqslant 1,h_{1,1}\geqslant 0,h_{1,m_1}=n,h_{1,\rho_1+1}-h_{1,\rho_1}\geqslant 1\ (\rho_1=1,\cdots,m_1)$, 以及 $u_1(h_{1,m_1+1})=u_{1,n+1}=1$. 我们约定:

$$u_1(h_{1,m_1}+1)=u_1(h_{1,m_1+1}).$$

于是, 由式 (2.4.6) 得

$$u_1(h_{1,\rho_1}+1)=u_1(h_{1,\rho_1+1})\quad(\rho_1=1,\cdots,m_1).$$

此外, 在 $m_1>1$ 的情形下, 因为

$$u_1(h_{1,\rho_1}+1)=u_1(h_{1,\rho_1}+2)=\cdots=u_1(h_{1,\rho_1+1})\quad(\rho_1=1,\cdots,m_1-1),$$

所以必要时改变 $u_{2,k}(h_{1,\rho_1}+1\leqslant k\leqslant h_{1,\rho_1+1})$ 的下标 k 的顺序, 我们可以认为

$$u_2(h_{1,\rho_1}+1)\leqslant u_2(h_{1,\rho_1}+2)\leqslant\cdots\leqslant u_2(h_{1,\rho_1+1})\quad(\rho_1=1,\cdots,m_1-1).$$

对于每个 $l_1\ (l_1=0,1,\cdots,n)$, 点 $\boldsymbol{u}_i\ (i=0,\cdots,l_1,n+1)$ 在超平面 $x_1=u_{1,l_1}$ 上的投影 $P_{l_1}(\boldsymbol{u}_i)$ 是 $(u_{1,l_1},u_{2,i},\cdots,u_{d,i})\ (i=0,\cdots,l_1,n+1)$. 由式 (2.4.2), 它们可改写为

$$\boldsymbol{u}^*(l_1,j)=(u_{1,l_1},\overline{u}_{2,l_1,j},u_{3,l_1,\sigma_1(j)},\cdots,u_{d,l_1,\sigma_1(j)})\quad(j=0,\cdots,l_1,l_1+1).$$

特别地,

$$\boldsymbol{u}^*(l_1,0)=(u_{1,l_1},0,\cdots,0),\quad \boldsymbol{u}^*(l_1,l_1+1)=(u_{1,l_1},1,\cdots,1).$$

我们将式 (2.4.2) 改写为

$$0=\overline{u}_2(l_1,0)=\cdots=\overline{u}_2(l_1,h_{2,1})<\overline{u}_2(l_1,h_{2,1}+1)=\cdots=\overline{u}_2(l_1,h_{2,2})$$
$$<\cdots<\overline{u}_2(l_1,h_{2,m_2-1}+1)=\cdots=\overline{u}_2(l_1,h_{2,m_2})<\overline{u}_2(l_1,h_{2,m_2+1})=1,$$

其中 $m_2=m_2(l_1)\geqslant 1,h_{2,1}\geqslant 0,h_{2,m_2}=l_1,h_{2,\rho_2+1}-h_{2,\rho_2}\geqslant 1\ (\rho_2=1,\cdots,m_2)$, 以及 $\overline{u}_2(l_1,h_{2,m_2+1})=u_{2,n+1}=1$. 我们约定:

$$\overline{u}_2(l_1,h_{2,m_2}+1)=\overline{u}_2(l_1,h_{2,m_2+1}).$$

于是

$$\overline{u}_2(l_1,h_{2,\rho_2}+1)=\overline{u}_2(l_1,h_{2,\rho_2+1})\quad(\rho_2=1,\cdots,m_2).$$

此外, 在 $m_2>1$ 的情形下, 因为

$$\overline{u}_2(l_1,h_{2,\rho_2}+1)=\overline{u}_2(l_1,h_{2,\rho_2}+2)=\cdots=\overline{u}_2(l_1,h_{2,\rho_2+1})\quad(\rho_2=1,\cdots,m_2-1),$$

所以必要时改变 $u_{3,l_1,\sigma_1(j)}$ $(h_{2,\rho_2}+1\leqslant j\leqslant h_{2,\rho_2+1})$ 的下标 $\sigma_1(j)$ 的顺序, 我们可以认为数列

$$\{u_{3,l_1,\sigma_1(j)}\ (j=h_{2,\rho_2}+1,h_{2,\rho_2}+2,\cdots,h_{2,\rho_2+1})\}\quad(\rho_2=1,\cdots,m_2-1)$$

都是递增的.

下面我们固定 l_1 $(0\leqslant l_1\leqslant n)$. 依式 (2.4.3), 对于每个 l_2 $(l_2=0,1,\cdots,l_1)$, 点 $\boldsymbol{u}^*(l_1,i)$ $(i=0,\cdots,l_2,l_1+1)$ 在超平面

$$\begin{cases}x_1=u_{1,l_1},\\x_2=\overline{u}_{2,l_1,l_2}\end{cases}$$

上的投影 $P_{l_1,l_2}\big(\boldsymbol{u}^*(l_1,i)\big)$ 可写作

$$\boldsymbol{u}^*(l_1,l_2,j)=(u_{1,l_1},\overline{u}_{2,l_1,l_2},\overline{u}_{3,l_1,l_2,j},u_{4,l_1,l_2,\sigma_2(j)},\cdots,u_{d,l_1,l_2,\sigma_2(j)})\ (j=0,\cdots,l_2,l_2+1).$$

特别地, 有

$$\begin{aligned}\boldsymbol{u}^*(l_1,l_2,0)&=(u_{1,l_1},\overline{u}_{2,l_1,l_2},0,\cdots,0),\\\boldsymbol{u}^*(l_1,l_2,l_2+1)&=(u_{1,l_1},\overline{u}_{2,l_1,l_2},1,\cdots,1).\end{aligned}$$

我们将式 (2.4.3) 改写为

$$\begin{aligned}0&=\overline{u}_3(l_1,l_2,0)=\cdots=\overline{u}_3(l_1,l_2,h_{3,1})<\overline{u}_3(l_1,l_2,h_{3,1}+1)\\&=\cdots=\overline{u}_3(l_1,l_2,h_{3,2})<\cdots<\overline{u}_3(l_1,l_2,h_{3,m_3-1}+1)\\&=\cdots=\overline{u}_3(l_1,l_2,h_{3,m_3})<\overline{u}_3(l_1,l_2,h_{3,m_3+1})=1,\end{aligned}$$

其中 $m_3=m_3(l_1,l_2)\geqslant1,h_{3,1}\geqslant0,h_{3,m_3}=l_2,h_{3,\rho_3+1}-h_{3,\rho_3}\geqslant1$ $(\rho_3=1,\cdots,m_3)$, 以及 $\overline{u}_2(l_1,l_2,h_{3,m_3+1})=u_{3,n+1}=1$. 我们约定:

$$\overline{u}_3(l_1,l_2,h_{3,m_3}+1)=\overline{u}_3(l_1,l_2,h_{3,m_3+1}).$$

于是

$$\overline{u}_3(l_1,l_2,h_{3,\rho_3}+1)=\overline{u}_3(l_1,l_2,h_{3,\rho_3+1})\quad(\rho_3=1,\cdots,m_3).$$

此外, 当 $m_3>1$ 时, 因为

$$\overline{u}_3(l_1,l_2,h_{3,\rho_3}+1)=\overline{u}_3(l_1,l_2,h_{3,\rho_3}+2)=\cdots=\overline{u}_3(l_1,l_2,h_{3,\rho_3+1})\quad(\rho_3=1,\cdots,m_3-1),$$

所以必要时改变 $u_{4,l_1,l_2,\sigma_2(j)}$ $(h_{3,\rho_3}+1\leqslant j\leqslant h_{3,\rho_3+1})$ 的下标 $\sigma_2(j)$ 的顺序, 我们不妨认为下面的数列都是递增的:

$$\{u_{4,l_1,l_2,\sigma_2(j)}\ (j=h_{3,\rho_3}+1,h_{3,\rho_3}+2,\cdots,h_{3,\rho_3+1})\}\quad(\rho_3=1,\cdots,m_3-1).$$

一般地, 对于每个 $d-1$ 数组 $\boldsymbol{l}=(l_1,\cdots,l_{d-1})$ $(n\geqslant l_1\geqslant\cdots\geqslant l_{d-1}\geqslant 0)$, 我们逐次对每个 r $(1<r<d)$ 构造点 $\boldsymbol{u}^*(l_1,\cdots,l_{r-1},i)$ $(i=0,\cdots,l_r,l_{r-1}+1)$ 在超平面

$$\begin{cases} x_1=u_{1,l_1},\\ x_2=\overline{u}_{2,l_1,l_2},\\ \cdots,\\ x_r=\overline{u}_{r,l_1,\cdots,l_r}\end{cases}$$

上的投影 $P_{l_1,\cdots,l_r}\big(\boldsymbol{u}^*(l_1,\cdots,l_{r-1},i)\big)$, 并且基于式 (2.4.4) 将这些点写作

$$\begin{aligned}\boldsymbol{u}^*(l_1,\cdots,l_r,j)=&(u_{1,l_1},\overline{u}_{2,l_1,l_2},\cdots,\overline{u}_{r,l_1,\cdots,l_r},\overline{u}_{r+1,l_1,\cdots,l_r,j},u_{r+2,l_1,\cdots,l_r,\sigma_r(j)},\\ &\cdots,u_{d,l_1,\cdots,l_r,\sigma_r(j)})\quad(j=0,\cdots,l_r,l_r+1).\end{aligned}$$

特别地, 有

$$\begin{aligned}\boldsymbol{u}^*(l_1,\cdots,l_r,0)&=(u_{1,l_1},\overline{u}_{2,l_1,l_2},\cdots,\overline{u}_{r,l_1,\cdots,l_r},0,\cdots,0),\\ \boldsymbol{u}^*(l_1,\cdots,l_r,l_r+1)&=(u_{1,l_1},\overline{u}_{2,l_1,l_2},\cdots,\overline{u}_{r,l_1,\cdots,l_r},1,\cdots,1).\end{aligned}$$

注意, $\boldsymbol{u}^*_{l_1,\cdots,l_r,j}$ 的第 $r+1$ 个坐标 $\overline{u}_{r+1,l_1,\cdots,l_r,j}$ $(j=0,\cdots,l_r,l_r+1)$ 恰好形成集合 $U_{\boldsymbol{l},r}$. 对于 $r=1,\cdots,d-1$, 我们将式 (2.4.4) 改写为

$$\begin{aligned}0=&\overline{u}_{r+1}(l_1,\cdots,l_r,0)=\cdots=\overline{u}_{r+1}(l_1,\cdots,l_r,h_{r+1,1})\\ &<\overline{u}_{r+1}(l_1,\cdots,l_r,h_{r+1,1}+1)=\cdots=\overline{u}_{r+1}(l_1,\cdots,l_r,h_{r+1,2})<\cdots\\ &<\overline{u}_{r+1}(l_1,\cdots,l_r,h_{r+1,m_{r+1}-1}+1)=\cdots=\overline{u}_{r+1}(l_1,\cdots,l_r,h_{r+1,m_{r+1}})\\ &<\overline{u}_{r+1}(l_1,\cdots,l_r,h_{r+1,m_{r+1}+1})=1,\end{aligned}\tag{2.4.7}$$

其中

$$\begin{aligned}&m_{r+1}=m_{r+1}(l_1,\cdots,l_r)\geqslant 1,\quad h_{r+1,1}\geqslant 0,\quad h_{r+1,m_{r+1}}=l_r,\\&h_{r+1,\rho_{r+1}+1}-h_{r+1,\rho_{r+1}}\geqslant 1\quad(\rho_{r+1}=1,\cdots,m_{r+1}),\\&\overline{u}_{r+1}(l_1,\cdots,l_r,h_{r+1,m_{r+1}+1})=u_{r+1,n+1}=1.\end{aligned}$$

我们约定:

$$\overline{u}_{r+1}(l_1,\cdots,l_r,h_{r+1,m_{r+1}}+1)=\overline{u}_{r+1}(l_1,\cdots,l_r,h_{r+1,m_{r+1}+1}).$$

于是

$$\overline{u}_{r+1}(l_1,\cdots,l_r,h_{r+1,\rho_{r+1}}+1)=\overline{u}_{r+1}(l_1,\cdots,l_r,h_{r+1,\rho_{r+1}+1})\quad(\rho_{r+1}=1,\cdots,m_{r+1}).$$

此外, 对于 $r<d-1$, 当 $m_{r+1}>1$ 时, 因为

$$\begin{aligned}\overline{u}_{r+1}(l_1,\cdots,l_r,h_{r+1,\rho_{r+1}}+1)&=\overline{u}_{r+1}(l_1,\cdots,l_r,h_{r+1,\rho_{r+1}}+2)=\cdots\\&=\overline{u}_{r+1}(l_1,\cdots,l_r,h_{r+1,\rho_{r+1}+1})\quad(\rho_{r+1}=1,\cdots,m_{r+1}-1),\end{aligned}$$

所以必要时改变 $u_{r+2,l_1,\cdots,l_r,\sigma_r(j)}$ $(h_{r+1,\rho_{r+1}}+1\leqslant j\leqslant h_{r+1,\rho_{r+1}+1})$ 的下标 $\sigma_r(j)$ 的顺序, 我们可以认为数列

$$\{u_{r+2,l_1,\cdots,l_r,\sigma_r(j)}\ (j=h_{r+1,\rho_{r+1}}+1,h_{r+1,\rho_{r+1}}+2,\cdots,h_{r+1,\rho_{r+1}+1})\}\tag{2.4.8}$$

$(\rho_{r+1}=1,\cdots,m_{r+1}-1)$ 都是递增的.

考虑 d 对超平面

$$\begin{aligned}&x_r=\overline{u}_r(h_{1,\rho_1},h_{2,\rho_2},\cdots,h_{r-1,\rho_{r-1}},h_{r,\rho_r}),\\&x_r=\overline{u}_r(h_{1,\rho_1},h_{2,\rho_2},\cdots,h_{r-1,\rho_{r-1}},h_{r,\rho_r+1})\quad(r=1,2,\cdots,d).\end{aligned}$$

它们形成超长方体

$$\begin{aligned}V_{\rho_1,\rho_2,\cdots,\rho_d}=&(u_1(h_{1,\rho_1}),u_1(h_{1,\rho_1+1})]\times(\overline{u}_2(h_{1,\rho_1},h_{2,\rho_2}),\overline{u}_2(h_{1,\rho_1},h_{2,\rho_2+1})]\times\cdots\\&\times(\overline{u}_d(h_{1,\rho_1},\cdots,h_{d-1,\rho_{d-1}},h_{d,\rho_d}),\overline{u}_d(h_{1,\rho_1},\cdots,h_{d-1,\rho_{d-1}},h_{d,\rho_d+1})],\end{aligned}$$

它以 $\boldsymbol{u}^*(h_{1,\rho_1},\cdots,h_{d-1,\rho_{d-1}},h_{d,\rho_d})$ 和 $\boldsymbol{u}^*(h_{1,\rho_1},\cdots,h_{d-1,\rho_{d-1}},h_{d,\rho_d+1})$ 为其一对相邻顶点. 易见, 若 $\boldsymbol{\alpha}=(\alpha_1,\alpha_2,\cdots,\alpha_d)\in V_{\rho_1,\rho_2,\cdots,\rho_d}$, 则

$$A\big([0,\alpha_1)\times[0,\alpha_2)\times\cdots\times[0,\alpha_d);n\big)=h_{d,\rho_d}.$$

我们定义

$$d_n^*(\rho_1,\rho_2,\cdots,\rho_d)=\sup_{\boldsymbol{\alpha}\in V_{\rho_1,\rho_2,\cdots,\rho_d}}\left|\frac{h_{d,\rho_d}}{n}-\alpha_1\cdots\alpha_d\right|\ (1\leqslant\rho_1\leqslant m_1,\cdots,1\leqslant\rho_d\leqslant m_d),$$

类似于引理 2.2.1 和引理 2.2.2, 我们有

$$\begin{aligned}d_n^*(\rho_1,\rho_2,\cdots,\rho_d)=\max\Bigg\{&\frac{h_{d,\rho_d}}{n}-u_1(h_{1,\rho_1})\overline{u}_2(h_{1,\rho_1},h_{2,\rho_2})\cdots\overline{u}_d(h_1,\rho_1,\cdots h_d,\rho_d),\\&u_1(h_{1,\rho_1+1})\overline{u}_2(h_{1,\rho_1},h_{2,\rho_2+1})\cdots\overline{u}_d(h_{1,\rho_1},\cdots,h_{d-1,\rho_{d-1}}h_{d,\rho_d+1})-\frac{h_{d,\rho_d}}{n}\Bigg\},\end{aligned}$$

以及

$$D_n^*(\rho_1,\rho_2,\cdots,\rho_d)=\max_{1\leqslant\rho_1\leqslant m_1}\max_{1\leqslant\rho_2\leqslant m_2}\cdots\max_{1\leqslant\rho_d\leqslant m_d}d_n^*(\rho_1,\rho_2,\cdots,\rho_d).$$

设 $d\geqslant 2$. 对于每个 r $(1\leqslant r\leqslant d-1)$, 我们定义

$$\begin{aligned}&A_{d,r}(h_{1,\rho_1},\cdots,h_{r,\rho_r},k_{r+1},\cdots,k_d)\\&=\frac{k_d}{n}-u_1(h_{1,\rho_1})\overline{u}_2(h_{1,\rho_1},h_{2,\rho_2})\cdots\overline{u}_r(h_{1,\rho_1},\cdots,h_{r,\rho_r})\\&\quad\cdot\overline{u}_{r+1}(h_{1,\rho_1},\cdots,h_{r,\rho_r},k_{r+1})\cdots\overline{u}_d(h_{1,\rho_1},\cdots,h_{r,\rho_r},k_{r+1},\cdots,k_d),\end{aligned}$$

以及

$$\begin{aligned}&B_{d,r}(h_{1,\rho_1},\cdots,h_{r,\rho_r},k_{r+1},\cdots,k_d)\\&=u_1(h_{1,\rho_1+1})\overline{u}_2(h_{1,\rho_1},h_{2,\rho_2+1})\cdots\overline{u}_r(h_{1,\rho_1},\cdots,h_{r-1,\rho_{r-1}}h_{r,\rho_r+1})\\&\quad\cdot\overline{u}_{r+1}(h_{1,\rho_1},\cdots,h_{r,\rho_r},k_{r+1}+1)\cdots\\&\quad\cdot\overline{u}_d(h_{1,\rho_1},\cdots,h_{r,\rho_r},k_{r+1},\cdots,k_{d-1},k_d+1)-\frac{k_d}{n}.\end{aligned}$$

并且记

$$A_{d,0}(k_1,\cdots,k_d)=\frac{k_d}{n}-u_1(k_1)\overline{u}_2(k_1,k_2)\cdots\overline{u}_d(k_1,k_2,\cdots,k_d),$$

以及

$$B_{d,0}(k_1,\cdots,k_d)=u_1(k_1+1)\overline{u}_2(k_1,k_2+1)\cdots\overline{u}_d(k_1,\cdots,k_{d-1},k_d)-\frac{k_d}{n}.$$

设 $\rho_i\in\{1,\cdots,m_i\}$ $(1\leqslant i\leqslant d-1)$. 我们定义: 当 $1\leqslant r\leqslant d-1$ 时

$$\begin{aligned}&\delta_{d,n}^*(\rho_1,\cdots,\rho_r)\\&=\max_{0\leqslant k_{r+1}\leqslant h_{r,\rho_r}}\max_{0\leqslant k_{r+2}\leqslant k_{r+1}}\cdots\max_{0\leqslant k_d\leqslant k_{d-1}}\max\big\{A_{d,r}(h_{1,\rho_1},\cdots,h_{r,\rho_r},k_{r+1},\cdots,k_d),\end{aligned}$$

$$B_{d,r}(h_{1,\rho_1},\cdots,h_{r,\rho_r},k_{r+1},\cdots,k_d)\big\}.$$

最后, 对于 $k_1\in\{0,\cdots,n\}$, 令

$$\delta_{d,n}(k_1)=\max_{0\leqslant k_2\leqslant k_1}\max_{0\leqslant k_3\leqslant k_2}\cdots\max_{0\leqslant k_d\leqslant k_{d-1}}\max\big\{A_{d,0}(k_1,\cdots,k_d),B_{d,0}(k_1,\cdots,k_d)\big\}.$$

下文中, 若不引起混淆, 我们将把 $A_{d,r},B_{d,r},\delta^*_{d,n},\delta_{d,n}$ 分别记为 $A_r,B_r,\delta^*_n,\delta_n$.

类似于引理 2.3.3 和引理 2.3.4, 我们可以用同样的推理证明下面的引理 2.4.1 和引理 2.4.2.

引理 2.4.1 设 $d\geqslant 2$, 则当 $1\leqslant\rho_i\leqslant m_i\ (i=1,\cdots,d-1)$ 时

$$\max_{1\leqslant\rho_d\leqslant m_d}d_n(\rho_1,\cdots,\rho_d)=\delta^*_n(\rho_1,\cdots,\rho_{d-1}).\tag{2.4.9}$$

证 在式 (2.4.7) 中取 $r=d-1$ 及 $\boldsymbol{l}=(h_{1,\rho_1},\cdots,h_{d-1,\rho_{d-1}})$, 可得

$$\begin{aligned}0&=\overline{u}_d(h_{1,\rho_1},\cdots,h_{d-1,\rho_{d-1}},0)=\cdots=\overline{u}_d(h_{1,\rho_1},\cdots,h_{d-1,\rho_{d-1}}h_{d,1})\\&<\overline{u}_d(h_{1,\rho_1},\cdots,h_{d-1,\rho_{d-1}}h_{d,1}+1)=\cdots=\overline{u}_d(h_{1,\rho_1},\cdots,h_{d-1,\rho_{d-1}},h_{d,2})\\&<\cdots<\overline{u}_d(h_{1,\rho_1},\cdots,h_{d-1,\rho_{d-1}},h_{d,m_d-1}+1)=\cdots\\&=\overline{u}_d(h_{1,\rho_1},\cdots,h_{d-1,\rho_{d-1}},h_{d,m_d})\\&<\overline{u}_d(h_{1,\rho_1},\cdots,h_{d-1,\rho_{d-1}},h_{d,m_d+1})=1.\end{aligned}\tag{2.4.10}$$

先设 $h_{d,1}\geqslant 1$, 那么当 $0\leqslant k_d\leqslant h_{d,1}-1$ 时

$$\begin{aligned}&\max\big\{A_{d-1}(h_{1,\rho_1},\cdots,h_{_{d-1,\rho_{d-1}}},k_d),\ B_{d-1}(h_{1,\rho_1},\cdots,h_{_{d-1,\rho_{d-1}}},k_d)\big\}\\&\quad=\frac{k_d}{n}<\frac{h_{d,1}}{n}\leqslant d^*_n(\rho_1,\cdots,\rho_{d-1},1).\end{aligned}\tag{2.4.11}$$

再设 $\rho_d\ (1\leqslant\rho_d<m_d)$ 是式 (2.4.10) 中的一个下标, 且满足 $h_{d,\rho_d+1}-h_{d,\rho_d}>1$. 我们来证明: 当 $h_{d,\rho_d}<k_d<h_{d,\rho_d+1}$ 时

$$\begin{aligned}&\max\big\{A_{d-1}(h_{1,\rho_1},\cdots,h_{_{d-1,\rho_{d-1}}},k_d),\ B_{d-1}(h_{1,\rho_1},\cdots,h_{_{d-1,\rho_{d-1}}},k_d)\big\}\\&\quad\leqslant\max\big\{d^*_n(\rho_1,\cdots,\rho_{d-1},\rho_d),d^*_n(\rho_1,\cdots,\rho_{d-1},\rho_d+1)\big\}.\end{aligned}\tag{2.4.12}$$

实际上, 因为当 $h_{d,\rho_d}<k_d<h_{d,\rho_d+1}$ 时

$$\begin{aligned}\overline{u}_d(h_{1,\rho_1},\cdots,h_{d-1,\rho_{d-1}},k_d)&=\overline{u}_d(h_{1,\rho_1},\cdots,h_{d-1,\rho_{d-1}},k_d+1)\\&=\overline{u}_d(h_{1,\rho_1},\cdots,h_{d-1,\rho_{d-1}},h_{d,\rho_d+1}),\end{aligned}$$

所以

$$
\begin{aligned}
&A_{d-1}(h_{1,\rho_1},\cdots,h_{d-1,\rho_{d-1}},k_d)\\
&\quad\leqslant \frac{h_{d,\rho_d+1}}{n}-u_1(h_{1,\rho_1})\overline{u}_2(h_{1,\rho_1},h_{2,\rho_2})\cdots\overline{u}_{d-1}(h_{1,\rho_1},\cdots,h_{d-1,\rho_{d-1}})\\
&\qquad\cdot\overline{u}_d(h_{1,\rho_1},\cdots,h_{d-1,\rho_{d-1}},h_{d,\rho_d+1})\\
&\quad\leqslant d_n^*(\rho_1,\cdots,\rho_{d-1},\rho_d+1),
\end{aligned}
$$

以及

$$
\begin{aligned}
&B_{d-1}(h_{1,\rho_1},\cdots,h_{d-1,\rho_{d-1}},k_d)\\
&\quad\leqslant u_1(h_{1,\rho_1+1})\overline{u}_2(h_{1,\rho_1},h_{2,\rho_2+1})\cdots\overline{u}_{d-1}(h_{1,\rho_1},\cdots,h_{d-2,\rho_{d-2}},h_{d-1,\rho_{d-1}+1})\\
&\qquad\cdot\overline{u}_d(h_{1,\rho_1},\cdots,h_{d-1,\rho_{d-1}},h_{d,\rho_d+1})-\frac{h_{d,\rho_d}}{n}\\
&\quad\leqslant d_n^*(\rho_1,\cdots,\rho_{d-1},\rho_d).
\end{aligned}
$$

从而推出式 (2.4.12). 由式 (2.4.11) 及式 (2.4.12) 即得式 (2.4.9). □

引理 2.4.2 设 $d>2$, 则当 $1\leqslant\rho_i\leqslant m_i$ $(i=1,\cdots,d-2)$ 时

$$
\max_{1\leqslant\rho_{d-1}\leqslant m_{d-1}}\delta_n^*(\rho_1,\cdots,\rho_{d-1})=\delta_n^*(\rho_1,\cdots,\rho_{d-2}). \tag{2.4.13}
$$

证 当 $0\leqslant k_{d-1}\leqslant h_{d-2,\rho_{d-2}}$ 时, 我们定义

$$
\begin{aligned}
\widetilde{\delta}_n^*(\rho_1,\cdots,\rho_{d-2},k_{d-1})=\max_{0\leqslant k_d\leqslant k_{d-1}}\max\big\{&A_{d-2}(h_{1,\rho_1},\cdots,h_{d-2,\rho_{d-2}},k_{d-1},k_d),\\
&B_{d-2}(h_{1,\rho_1},\cdots,h_{d-2,\rho_{d-2}},k_{d-1},k_d)\big\},
\end{aligned}
$$

其中 $1\leqslant\rho_i\leqslant m_i$ $(i=1,\cdots,d-2)$.

1° 设 $h_{d-1,1}>0$. 由式 (2.4.7) $\big($取 $r=d-2$ 及 $\boldsymbol{l}=(h_{1,\rho_1},\cdots,h_{d-2,\rho_{d-2}},k_{d-1})\big)$可知

$$
\begin{aligned}
&\overline{u}_{d-1}(h_{1,\rho_1},\cdots,h_{d-2,\rho_{d-2}},k_{d-1})\\
&\quad=\overline{u}_{d-1}(h_{1,\rho_1},\cdots,h_{d-2,\rho_{d-2}},k_{d-1}+1)\\
&\quad=\overline{u}_{d-1}(h_{1,\rho_1},\cdots,h_{d-2,\rho_{d-2}},h_{d-1,1})=0\quad(0\leqslant k_{d-1}<h_{d-1,1}).
\end{aligned}
$$

于是, 当 $0\leqslant k_{d-1}<h_{d-1,1}$ 时

$$
\widetilde{\delta}_n^*(\rho_1,\cdots,\rho_{d-2},k_{d-1})<\frac{k_d}{n}<\frac{h_{d-1,d}}{n}<\delta_n^*(\rho_1,\cdots,\rho_{d-2},1). \tag{2.4.14}
$$

2° 设 ρ_{d-1} $(1\leqslant\rho_{d-1}<m_{d-1})$ 是式 (2.4.10) 中的一个下标, 满足 $h_{d-1,\rho_{d-1}+1}-h_{d-1,\rho_{d-1}}>1$. 此时, 由式 (2.4.7) (取 $r=d-2$ 及 $\boldsymbol{l}=(h_{1,\rho_1},\cdots,h_{d-2,\rho_{d-2}},k_{d-1})$)可知

$$
\begin{aligned}
&\overline{u}_{d-1}(h_{1,\rho_1},\cdots,h_{d-2,\rho_{d-2}},h_{d-1,\rho_{d-1}}+1)\\
&\quad=\overline{u}_{d-1}(h_{1,\rho_1},\cdots,h_{d-2,\rho_{d-2}},k_{d-1})=\overline{u}_{d-1}(h_{1,\rho_1},\cdots,h_{d-2,\rho_{d-2}},k_{d-1}+1)\\
&\quad=\overline{u}_{d-1}(h_{1,\rho_1},\cdots,h_{d-2,\rho_{d-2}},h_{d-1,\rho_{d-1}+1})\quad(h_{d-1,\rho_{d-1}}<k_{d-1}<h_{d-1,\rho_{d-1}+1}).
\end{aligned}
$$

我们来证明: 当 $h_{d-1,\rho_{d-1}}<k_{d-1}<h_{d-1,\rho_{d-1}+1}$ 时

$$
\widetilde{\delta}_n^*(\rho_1,\cdots,\rho_{d-2},k_{d-1})\leqslant\max\big\{\widetilde{\delta}_n^*(\rho_1,\cdots,\rho_{d-2},h_{d-1,\rho_{d-1}}),\widetilde{\delta}_n^*(\rho_1,\cdots,\rho_{d-2},h_{d-1,\rho_{d-1}+1})\big\}.\tag{2.4.15}
$$

为此, 我们固定下标 k_{d-1}, 并考虑两种情形:

情形 1: 设

$$
u_d\big(h_{1,\rho_1},\cdots,h_{d-2,\rho_{d-2}},\sigma_{d-2}(k_{d-1}+1)\big)\geqslant\overline{u}_d(h_{1,\rho_1},\cdots,h_{d-2,\rho_{d-2}},k_{d-1},k_{d-1}).
$$

那么对于 $k_d=0,1,\cdots,k_{d-1}$, 有

$$
\overline{u}_d(h_{1,\rho_1},\cdots,h_{d-2,\rho_{d-2}},k_{d-1},k_d)=\overline{u}_d(h_{1,\rho_1},\cdots,h_{d-2,\rho_{d-2}},k_{d-1}+1,k_d).
$$

于是

$$
\begin{aligned}
&A_{d-2}(h_{1,\rho_1},\cdots,h_{d-2,\rho_{d-2}},k_{d-1},k_d)\\
&\quad=A_{d-2}(h_{1,\rho_1},\cdots,h_{d-2,\rho_{d-2}},k_{d-1}+1,k_d)\\
&\quad\leqslant\widetilde{\delta}_n^*(\rho_1,\cdots,\rho_{d-2},k_{d-1}+1)\quad(0\leqslant k_d\leqslant k_{d-1}).
\end{aligned}\tag{2.4.16}
$$

现在估计 $B_{d-2}(h_{1,\rho_1},\cdots,h_{d-2,\rho_{d-2}},k_{d-1},k_d)$. 若 $k_d\in\{0,\cdots,k_{d-1}-1\}$, 则有

$$
\begin{aligned}
&B_{d-2}(h_{1,\rho_1},\cdots,h_{d-2,\rho_{d-2}},k_{d-1},k_d)\\
&\quad=B_{d-2}(h_{1,\rho_1},\cdots,h_{d-2,\rho_{d-2}},k_{d-1}+1,k_d)\\
&\quad\leqslant\widetilde{\delta}_n^*(\rho_1,\cdots,\rho_{d-2},k_{d-1}+1);
\end{aligned}\tag{2.4.17}
$$

而若 $k_d=k_{d-1}$ (此处 $h_{d-1,\rho_{d-1}}<k_{d-1}<h_{d-1,\rho_{d-1}+1}$), 注意此时

$$
\begin{aligned}
&\overline{u}_d(h_{1,\rho_1},\cdots,h_{d-2,\rho_{d-2}},k_{d-1},k_d+1)\\
&\quad=\overline{u}_d(h_{1,\rho_1},\cdots,h_{d-2,\rho_{d-2}},k_{d-1},k_{d-1}+1)=1,
\end{aligned}
$$

$$\overline{u}_d(h_{1,\rho_1},\cdots,h_{d-2,\rho_{d-2}},h_{d-1,\rho_{d-1}},h_{d-1,\rho_{d-1}}+1)=1,$$

则有 (当 $k_d=k_{d-1}$ 时)

$$\begin{aligned}
&B_{d-2}(h_{1,\rho_1},\cdots,h_{d-2,\rho_{d-2}},k_{d-1},k_d)\\
&\quad=u_1(h_{1,\rho_1+1})\overline{u}_2(h_{1,\rho_1},h_{2,\rho_2+1})\cdots\overline{u}_{d-1}(h_{1,\rho_1},\cdots,h_{d-2,\rho_{d-2}},k_{d-1}+1)\\
&\qquad\cdot\overline{u}_d(h_{1,\rho_1},\cdots,h_{d-2,\rho_{d-2}},k_{d-1},k_d+1)-\frac{k_d}{n}\\
&\quad=u_1(h_{1,\rho_1+1})\overline{u}_2(h_{1,\rho_1},h_{2,\rho_2+1})\cdots\overline{u}_{d-1}(h_{1,\rho_1},\cdots,h_{d-2,\rho_{d-2}},k_{d-1}+1)-\frac{k_{d-1}}{n}\\
&\quad\leqslant u_1(h_{1,\rho_1+1})\overline{u}_2(h_{1,\rho_1},h_{2,\rho_2+1})\cdots\overline{u}_{d-1}(h_{1,\rho_1},\cdots,h_{d-2,\rho_{d-2}},h_{d-1,\rho_{d-1}}+1)\\
&\qquad\cdot\overline{u}_d(h_{1,\rho_1},\cdots,h_{d-2,\rho_{d-2}},h_{d-1,\rho_{d-1}},h_{d-1,\rho_{d-1}}+1)-\frac{h_{d-1,\rho_{d-1}}}{n}\\
&\quad=B_{d-2}(h_{1,\rho_1},\cdots,h_{d-2,\rho_{d-2}},h_{d-1,\rho_{d-1}},h_{d-1,\rho_{d-1}})\\
&\quad\leqslant\widetilde{\delta}_n^*(\rho_1,\cdots,\rho_{d-2},h_{d-1,\rho_{d-1}}).
\end{aligned}\tag{2.4.18}$$

由式 (2.4.16)~式 (2.4.18), 依 $\widetilde{\delta}_n^*$ 的定义即得: 当 $h_{d-1,\rho_{d-1}}<k_{d-1}<h_{d-1,\rho_{d-1}+1}$ 时

$$\widetilde{\delta}_n^*(\rho_1,\cdots,\rho_{d-2},k_{d-1})\leqslant\max\left\{\widetilde{\delta}_n^*(\rho_1,\cdots,\rho_{d-2},k_{d-1}+1),\widetilde{\delta}_n^*(\rho_1,\cdots,\rho_{d-2},h_{d-1,\rho_{d-1}})\right\}.\tag{2.4.19}$$

情形 2: 设

$$u_d\big(h_{1,\rho_1},\cdots,h_{d-2,\rho_{d-2}},\sigma_{d-2}(k_{d-1}+1)\big)<\overline{u}_d(h_{1,\rho_1},\cdots,h_{d-2,\rho_{d-2}},k_{d-1},k_{d-1}).$$

那么存在下标 $k^*<k_{d-1}$, 使实数

$$\begin{aligned}
&u_d\big(h_{1,\rho_1},\cdots,h_{d-2,\rho_{d-2}},\sigma_{d-2}(k_{d-1}+1)\big)\\
&\in\big(\overline{u}_d(h_{1,\rho_1},\cdots,h_{d-2,\rho_{d-2}},k_{d-1},k^*),\overline{u}_d(h_{1,\rho_1},\cdots,h_{d-2,\rho_{d-2}},k_{d-1},k^*+1)\big].
\end{aligned}$$

于是, 当 $0\leqslant k\leqslant k^*$ 时

$$\overline{u}_d(h_{1,\rho_1},\cdots,h_{d-2,\rho_{d-2}},k_{d-1}+1,k)=\overline{u}_d(h_{1,\rho_1},\cdots,h_{d-2,\rho_{d-2}},k_{d-1},k);\tag{2.4.20}$$

而当 $k=k^*+1$ 时

$$\begin{aligned}
&\overline{u}_d(h_{1,\rho_1},\cdots,h_{d-2,\rho_{d-2}},k_{d-1}+1,k)\\
&\quad=u_d\big(h_{1,\rho_1},\cdots,h_{d-2,\rho_{d-2}},\sigma_{d-2}(k_{d-1}+1)\big)\\
&\quad\leqslant\overline{u}_d(h_{1,\rho_1},\cdots,h_{d-2,\rho_{d-2}},k_{d-1},k^*+1);
\end{aligned}\tag{2.4.21}$$

当 $k^*+2\leqslant k\leqslant k_{d-1}+1$ 时

$$\overline{u}_d(h_{1,\rho_1},\cdots,h_{d-2,\rho_{d-2}},k_{d-1}+1,k)=\overline{u}_d(h_{1,\rho_1},\cdots,h_{d-1,\rho_{d-1}},k_{d-1},k-1). \tag{2.4.22}$$

于是, 由式 (2.4.20) 得

$$\begin{aligned}&A_{d-2}(h_{1,\rho_1},\cdots,h_{d-2,\rho_{d-2}},k_{d-1},k_d)\\&\quad=A_{d-2}(h_{1,\rho_1},\cdots,h_{d-2,\rho_{d-2}},k_{d-1}+1,k_d)\\&\quad\leqslant\widetilde{\delta}_n^*(\rho_1,\cdots,\rho_{d-2},k_{d-1}+1)\quad(0\leqslant k_d\leqslant k^*);\end{aligned} \tag{2.4.23}$$

由式 (2.4.22) 得

$$\begin{aligned}&A_{d-2}(h_{1,\rho_1},\cdots,h_{d-2,\rho_{d-2}},k_{d-1},k_d)\\&\quad=A_{d-2}(h_{1,\rho_1},\cdots,h_{d-2,\rho_{d-2}},k_{d-1}+1,k_d+1)\\&\quad\leqslant\widetilde{\delta}_n^*(\rho_1,\cdots,\rho_{d-2},k_{d-1}+1)\quad(k^*+1\leqslant k_d\leqslant k_{d-1}).\end{aligned} \tag{2.4.24}$$

现在估计 $B_{d-2}(h_{1,\rho_1},\cdots,h_{d-2,\rho_{d-2}},k_{d-1},k_d)$. 由式 (2.4.20) 得

$$\begin{aligned}&B_{d-2}(h_{1,\rho_1},\cdots,h_{d-2,\rho_{d-2}},k_{d-1},k_d)\\&\quad\leqslant B_{d-2}(h_{1,\rho_1},\cdots,h_{d-2,\rho_{d-2}},k_{d-1}+1,k_d)\\&\quad\leqslant\widetilde{\delta}_n^*(\rho_1,\cdots,\rho_{d-2},k_{d-1}+1)\quad(0\leqslant k_d\leqslant k^*-1).\end{aligned} \tag{2.4.25}$$

若 $k_d\geqslant k^*$, 则由式 (2.4.21) 得

$$\begin{aligned}&\overline{u}_d(h_{1,\rho_1},\cdots,h_{d-2,\rho_{d-2}},k_{d-1},k_d+1)\\&\quad\geqslant\overline{u}_d(h_{1,\rho_1},\cdots,h_{d-1,\rho_{d-1}},k_{d-1},k^*+1)\geqslant u_d\big(h_{1,\rho_1},\cdots,h_{d-2,\rho_{d-2}},\sigma_{d-2}(k_{d-1}+1)\big).\end{aligned}$$

并且, 因为数列

$$\{u_d\big(h_{1,\rho_1},\cdots,h_{d-2,\rho_{d-2}},\sigma_{d-2}(j)\big)\ (j=h_{d-1,\rho_{d-1}}+1,\cdots,h_{d-1,\rho_{d-1}+1})\}$$

递增, 所以当所有 $k_d\geqslant k^*$ 时, 实数 $\overline{u}_d(h_{1,\rho_1},\cdots,h_{d-2,\rho_{d-2}},k_{d-1},k_d+1)$ 属于集合 $\{u_d\big(h_{1,\rho_1},\cdots,h_{d-2,\rho_{d-2}},\sigma_{d-2}(j)\big)\,(j=0,\cdots,h_{d-1,\rho_{d-1}})\}$, 故存在下标 k', 使得

$$\overline{u}_d(h_{1,\rho_1},\cdots,h_{d-2,\rho_{d-2}},k_{d-1},k_d+1)=\overline{u}_d(h_{1,\rho_1},\cdots,h_{d-2,\rho_{d-2}},h_{d-1,\rho_{d-1}},k'),$$

其中 $1\leqslant k'\leqslant h_{d-1,\rho_{d-1}}$ 且 $k'\leqslant k_d$. 于是, 我们得到

$$B_{d-2}(h_{1,\rho_1},\cdots,h_{d-2,\rho_{d-2}},k_{d-1},k_d)$$

$$\begin{aligned}&\leqslant B_{d-2}(h_{1,\rho_1},\cdots,h_{d-2,\rho_{d-2}},h_{d-1,\rho_{d-1}},k'-1)\\&\leqslant \widetilde{\delta}_n^*(\rho_1,\cdots,\rho_{d-2},h_{d-1,\rho_{d-1}})\quad (k^*\leqslant k_d\leqslant k_{d-1}).\end{aligned}\tag{2.4.26}$$

由式 (2.4.23)~式 (2.4.26) 及 $\widetilde{\delta}_n^*$ 的定义可推出: 当 $h_{d-1,\rho_{d-1}}<k_{d-1}<h_{d-1,\rho_{d-1}+1}$ 时

$$\widetilde{\delta}_n^*(\rho_1,\cdots,\rho_{d-2},k_{d-1})\leqslant \max\left\{\widetilde{\delta}_n^*(\rho_1,\cdots,\rho_{d-2},k_{d-1}+1),\widetilde{\delta}_n^*(\rho_1,\cdots,\rho_{d-2},h_{d-1,\rho_{d-1}})\right\}.\tag{2.4.27}$$

综合情形 1 和 2, 由式 (2.4.19) 和式 (2.4.27) 可得式 (2.4.15).

3° 注意

$$\widetilde{\delta}_n^*(\rho_1,\cdots,\rho_{d-2},h_{d-1,\rho_{d-1}})=\delta_n^*(\rho_1,\cdots,\rho_{d-2},\rho_{d-1}),$$

我们由式 (2.4.14) 和式 (2.4.15) 可得到

$$\max_{0\leqslant k_{d-1}\leqslant h_{d-2,\rho_{d-2}}}\widetilde{\delta}_n^*(\rho_1,\cdots,\rho_{d-2},k_{d-1})\leqslant \max_{1\leqslant \rho_{d-1}\leqslant m_{d-1}}\delta_n^*(\rho_1,\cdots,\rho_{d-2},\rho_{d-1}),$$

即

$$\delta_n^*(\rho_1,\cdots,\rho_{d-2})\leqslant \max_{1\leqslant \rho_{d-1}\leqslant m_{d-1}}\delta_n^*(\rho_1,\cdots,\rho_{d-2},\rho_{d-1}).$$

因为相反的不等式显然成立, 所以式 (2.4.13) 得证. □

类似于注 2.2.2, 由式 (2.4.17)、式 (2.4.18)、式 (2.4.25) 及式 (2.4.26) 可得:

注 2.4.2 如果数组 (k_{d-1},k_d) 满足 $h_{d-1,\rho_{d-1}}<k_{d-1}<h_{d-1,\rho_{d-1}+1}$ 及 $0\leqslant k_d\leqslant k_{d-1}$, 那么

$$\begin{aligned}&B_{d,d-2}(h_{1,\rho_1},\cdots,h_{d-2,\rho_{d-2}},k_{d-1},k_d)\\&\leqslant \max\left\{B_{d,d-2}(h_{1,\rho_1},\cdots,h_{d-2,\rho_{d-2}},k_{d-1}+1,k_d),\right.\\&\qquad B_{d,d-2}(h_{1,\rho_1},\cdots,h_{d-2,\rho_{d-2}},h_{d-1,\rho_{d-1}},k_d^*),\\&\qquad \left.B_{d,d-2}(h_{1,\rho_1},\cdots,h_{d-2,\rho_{d-2}},h_{d-1,\rho_{d-1}},h_{d-1,\rho_{d-1}})\right\},\end{aligned}$$

其中下标 k_d^* 满足 $0\leqslant k_d^*\leqslant h_{d-1,\rho_{d-1}}$.

下面我们继续证明一些辅助结果.

引理 2.4.3 设 $d\geqslant 2$. 如果数组 $(k_{d-j+1},\cdots,k_{d-1},k_d)$ 满足

$$\begin{aligned}&h_{d-j+1,\rho_{d-j+1}}<k_{d-j+1}<h_{d-j+1,\rho_{d-j+1}+1},\\&0\leqslant k_{d-j+2}\leqslant k_{d-j+1},\quad \cdots,\quad 0\leqslant k_d\leqslant k_{d-1},\end{aligned}$$

那么对于 $j=2,\cdots,d$, 我们有

$$\begin{aligned}&B_{d,d-j}(h_{1,\rho_1},\cdots,h_{d-j,\rho_{d-j}},k_{d-j+1},\cdots,k_{d-1},k_d)\\&\leqslant \max_{\substack{1\leqslant\mu\leqslant j-1\\1\leqslant\nu\leqslant j}}\{B_{d,d-j}(h_{1,\rho_1},\cdots,h_{d-j,\rho_{d-j}},\underbrace{k_{d-j+1}+1,\cdots,k_{d-j+1}+1}_{\mu\text{次}},\\&\quad k_{d-j+\mu+1},\cdots,k_d),\ B_{d,d-j}(h_{1,\rho_1},\cdots,h_{d-j,\rho_{d-j}},\\&\quad \underbrace{h_{d-j+1,\rho_{d-j+1}},\cdots,h_{d-j+1,\rho_{d-j+1}}}_{\nu\text{次}},k^*_{d-j+\nu+1},\cdots,k^*_d)\},\end{aligned}$$

其中 k^*_σ $(\sigma=d-j+2,\cdots,d)$ 是某些下标, 满足

$$0\leqslant k^*_{d-j+2}\leqslant h_{d-j+1,\rho_{d-j+1}},\quad 0\leqslant k^*_{d-j+3}\leqslant k^*_{d-j+2},\quad\cdots,\quad 0\leqslant k^*_d\leqslant k^*_{d-1}.$$

证 我们把引理所说的不等式记作 $\mathcal{P}(d,j)$ $(2\leqslant j\leqslant d)$, 并且对维数 d 应用数学归纳法.

由注 2.2.2 易见 $\mathcal{P}(2,2)$ 成立. 由引理 2.3.4 及引理 2.3.5 的证明容易推出 $\mathcal{P}(3,2)$ 和 $\mathcal{P}(3,3)$ 也成立. 现在设 $d\geqslant 4$, 并且不等式 $\mathcal{P}(d-1,j)$ $(2\leqslant j\leqslant d-1)$ 成立, 要证明不等式 $\mathcal{P}(d,j)$ $(2\leqslant j\leqslant d)$ 成立. 注 2.4.2 蕴含 $\mathcal{P}(d,2)$ 成立. 现在对于任意固定的下标 $j\geqslant 3$ 推导具有所要形式的不等式 $\mathcal{P}(d,j)$.

在式 (2.4.7) 中取

$$r=d-j,\quad \boldsymbol{l}=(h_{1,\rho_1},\cdots,h_{d-j,\rho_{d-j}},k_{d-j+1},\cdots,k_{d-1}),$$

我们可知: 对任何 $h_{d-j+1}\in\{h_{d-j+1,\rho_{d-j+1}}+1,\cdots,h_{d-j+1,\rho_{d-j+1}+1}-1\}$, 有

$$\begin{aligned}&\overline{u}_{d-j+1}(h_{1,\rho_1},\cdots,h_{d-j,\rho_{d-j}},k_{d-j+1})\\&\quad=\overline{u}_{d-j+1}(h_{1,\rho_1},\cdots,h_{d-j,\rho_{d-j}},k_{d-j+1}+1)\\&\quad=\overline{u}_{d-j+1}(h_{1,\rho_1},\cdots,h_{d-j,\rho_{d-j}},h_{d-j+1,\rho_{d-j+1}+1}),\end{aligned}\tag{2.4.28}$$

我们还用 H 表示超平面

$$\begin{cases}x_1=u_1(h_{1,\rho_1}),\\x_2=\overline{u}_2(h_{1,\rho_1},h_{2,\rho_2}),\\\cdots,\\x_{d-j}=\overline{u}_{d-j}(h_{1,\rho_1},\cdots,h_{d-j,\rho_{d-j}}),\\x_{d-j+1}=\overline{u}_{d-j+1}(h_{1,\rho_1},\cdots,h_{d-j,\rho_{d-j}},k_{d-j+1}),\end{cases}$$

用 $P_H(\boldsymbol{u})$ 表示点 $\boldsymbol{u}$ 在 H 上的投影.

下面分三种情形讨论 $B_{d,d-j}(h_{1,\rho_1},\cdots,h_{d-j,\rho_{d-j}},k_{d-j+1},\cdots,k_d)$.

情形 1: 设存在下标 $\tau\in\{h_{d-j+1,\rho_{d-j+1}}+1,\cdots,k_{d-j+1}\}$, 使得

$$\begin{aligned}
&P_H\big(\boldsymbol{u}^*(h_{1,\rho_1},\cdots,h_{d-j,\rho_{d-j}},\tau)\big)\\
&=\big(u_1(h_{1,\rho_1}),\overline{u}_2(h_{1,\rho_1},h_{2,\rho_2}),\cdots,\overline{u}_{d-j}(h_{1,\rho_1},\cdots,h_{d-j,\rho_{d-j}}),\\
&\quad\overline{u}_{d-j+1}(h_{1,\rho_1},\cdots,h_{d-j,\rho_{d-j}},k_{d-j+1}),\\
&\quad\overline{u}_{d-j+2}(h_{1,\rho_1},\cdots,h_{d-j,\rho_{d-j}},k_{d-j+1},k_{d-j+2}+1),\\
&\quad u_{d-j+3}(h_{1,\rho_1},\cdots,h_{d-j,\rho_{d-j}},k_{d-j+1},\sigma_{d-j+1}(k_{d-j+2}+1)),\cdots,\\
&\quad u_d(h_{1,\rho_1},\cdots,h_{d-j,\rho_{d-j}},k_{d-j+1},\sigma_{d-j+1}(k_{d-j+2}+1))\big).
\end{aligned}$$

于是 $\overline{u}_{d-j+2}(h_{1,\rho_1},\cdots,h_{d-j,\rho_{d-j}},k_{d-j+1},k_{d-j+2}+1)$ 恰好就是这个投影的第 $d-j+2$ 个坐标. 因为数列 (2.4.8)(取 $r=d-j$ 及 $\boldsymbol{l}=(h_{1,\rho_1},\cdots,h_{d-j,\rho_{d-j}},k_{d-j+1},\cdots,k_{d-1})$)是递增的, 所以

$$\begin{aligned}
&\overline{u}_{d-j+2}(h_{1,\rho_1},\cdots,h_{d-j,\rho_{d-j}},k_{d-j+1},k_{d-j+2}+1)\\
&\quad=\overline{u}_{d-j+2}(h_{1,\rho_1},\cdots,h_{d-j,\rho_{d-j}},k_{d-j+1}+1,k_{d-j+2}+1),
\end{aligned}$$

并且当 $\sigma=d-j+3,\cdots,d$ 时

$$\begin{aligned}
&\overline{u}_\sigma(h_{1,\rho_1},\cdots,h_{d-j,\rho_{d-j}},k_{d-j+1},k_{d-j+2},\cdots,k_{\sigma-1},k_\sigma+1)\\
&\quad=\overline{u}_\sigma(h_{1,\rho_1},\cdots,h_{d-j,\rho_{d-j}},k_{d-j+1}+1,k_{d-j+2},\cdots,k_{\sigma-1},k_\sigma+1).
\end{aligned}$$

因此, 注意式 (2.4.28), 我们得到

$$\begin{aligned}
&B_{d,d-j}(h_{1,\rho_1},\cdots,h_{d-j,\rho_{d-j}},k_{d-j+1},\cdots,k_d)\\
&\leqslant B_{d,d-j}(h_{1,\rho_1},\cdots,h_{d-j,\rho_{d-j}},k_{d-j+1}+1,k_{d-j+2},\cdots,k_d).
\end{aligned}\tag{2.4.29}$$

情形 2: 设存在下标 $\mu,\nu\in\{0,\cdots,h_{d-j+1,\rho_{d-j+1}}\}$, 使得

$$\begin{aligned}
&P_H\big(\boldsymbol{u}^*(h_{1,\rho_1},\cdots,h_{d-j,\rho_{d-j}},\mu)\big)\\
&=\big(u_1(h_{1,\rho_1}),\overline{u}_2(h_{1,\rho_1},h_{2,\rho_2}),\cdots,\overline{u}_{d-j}(h_{1,\rho_1},\cdots,h_{d-j,\rho_{d-j}}),\\
&\quad\overline{u}_{d-j+1}(h_{1,\rho_1},\cdots,h_{d-j,\rho_{d-j}},k_{d-j+1}),\\
&\quad\overline{u}_{d-j+2}(h_{1,\rho_1},\cdots,h_{d-j,\rho_{d-j}},k_{d-j+1},k_{d-j+2}+1),
\end{aligned}$$

$$u_{d-j+3}(h_{1,\rho_1},\cdots,h_{d-j,\rho_{d-j}},k_{d-j+1},\sigma_{d-j+1}(k_{d-j+2}+1)),\cdots,$$
$$u_d(h_{1,\rho_1},\cdots,h_{d-j,\rho_{d-j}},k_{d-j+1},\sigma_{d-j+1}(k_{d-j+2}+1))),$$

以及

$$\begin{aligned}
&P_H\big(\boldsymbol{u}^*(h_{1,\rho_1},\cdots,h_{d-j,\rho_{d-j}},\nu)\big)\\
&=\big(u_1(h_{1,\rho_1}),\overline{u}_2(h_{1,\rho_1},h_{2,\rho_2}),\cdots,\overline{u}_{d-j}(h_{1,\rho_1},\cdots,h_{d-j,\rho_{d-j}}),\\
&\quad\overline{u}_{d-j+1}(h_{1,\rho_1},\cdots,h_{d-j,\rho_{d-j}},k_{d-j+1}),\\
&\quad\overline{u}_{d-j+2}(h_{1,\rho_1},\cdots,h_{d-j,\rho_{d-j}},k_{d-j+1},k_{d-j+2}),\\
&\quad u_{d-j+3}(h_{1,\rho_1},\cdots,h_{d-j,\rho_{d-j}},k_{d-j+1},\sigma_{d-j+1}(k_{d-j+2})),\cdots,\\
&\quad u_d(h_{1,\rho_1},\cdots,h_{d-j,\rho_{d-j}},k_{d-j+1},\sigma_{d-j+1}(k_{d-j+2}))\big),
\end{aligned}$$

那么类似于情形 1, 我们有

$$\begin{aligned}
&\overline{u}_{d-j+2}(h_{1,\rho_1},\cdots,h_{d-j,\rho_{d-j}},k_{d-j+1},k_{d-j+2}+1)\\
&\quad=\overline{u}_{d-j+2}(h_{1,\rho_1},\cdots,h_{d-j,\rho_{d-j}},h_{d-j+1,\rho_{d-j+1}},k'_{d-j+2}),
\end{aligned}$$

并且当 $\sigma=d-j+3,\cdots,d$ 时

$$\begin{aligned}
&\overline{u}_\sigma(h_{1,\rho_1},\cdots,h_{d-j,\rho_{d-j}},k_{d-j+1},k_{d-j+2},\cdots,k_{\sigma-1},k_\sigma+1)\\
&\quad=\overline{u}_\sigma(h_{1,\rho_1},\cdots,h_{d-j,\rho_{d-j}},h_{d-j+1,\rho_{d-j+1}},k'_{d-j+2}-1,k'_{d-j+3}-1,\cdots,k'_{\sigma-1}-1,k'_\sigma),
\end{aligned}$$

其中 $1\leqslant k'_{d-j+2}\leqslant k_{d-j+2}+1,k'_{d-j+2}\leqslant h_{d-j+1,\rho_{d-j+1}}$, $1\leqslant k'_\sigma\leqslant k_\sigma+1,k'_\sigma\leqslant k'_{\sigma-1}-1$. 因此, 再由式 (2.4.28), 我们得到

$$\begin{aligned}
&B_{d,d-j}(h_{1,\rho_1},\cdots,h_{d-j,\rho_{d-j}},k_{d-j+1},\cdots,k_d)\\
&\quad\leqslant B_{d,d-j}(h_{1,\rho_1},\cdots,h_{d-j,\rho_{d-j}},h_{d-j+1,\rho_{d-j+1}},k'_{d-j+2}-1,\cdots,k'_d-1).
\end{aligned}\tag{2.4.30}$$

情形 3: 设存在下标 $\mu\in\{0,\cdots,h_{d-j+1,\rho_{d-j+1}}\}$ 及 $\nu\in\{h_{d-j+1,\rho_{d-j+1}}+1,\cdots,k_{d-j+1}\}$, 使得

$$\begin{aligned}
&P_H\big(\boldsymbol{u}^*(h_{1,\rho_1},\cdots,h_{d-j,\rho_{d-j}},\mu)\big)\\
&=\big(u_1(h_{1,\rho_1}),\overline{u}_2(h_{1,\rho_1},h_{2,\rho_2}),\cdots,\overline{u}_{d-j}(h_{1,\rho_1},\cdots,h_{d-j,\rho_{d-j}}),\\
&\quad\overline{u}_{d-j+1}(h_{1,\rho_1},\cdots,h_{d-j,\rho_{d-j}},k_{d-j+1}),
\end{aligned}$$

$$
\begin{aligned}
&\overline{u}_{d-j+2}(h_{1,\rho_1},\cdots,h_{d-j,\rho_{d-j}},k_{d-j+1},k_{d-j+2}+1),\\
&u_{d-j+3}(h_{1,\rho_1},\cdots,h_{d-j,\rho_{d-j}},k_{d-j+1},\sigma_{d-j+1}(k_{d-j+2}+1)),\cdots,\\
&u_d(h_{1,\rho_1},\cdots,h_{d-j,\rho_{d-j}},k_{d-j+1},\sigma_{d-j+1}(k_{d-j+2}+1))\big),
\end{aligned}
$$

以及

$$
\begin{aligned}
&P_H\big(\boldsymbol{u}^*(h_{1,\rho_1},\cdots,h_{d-j,\rho_{d-j}},\nu)\big)\\
&=\big(u_1(h_{1,\rho_1}),\overline{u}_2(h_{1,\rho_1},h_{2,\rho_2}),\cdots,\overline{u}_{d-j}(h_{1,\rho_1},\cdots,h_{d-j,\rho_{d-j}}),\\
&\quad\overline{u}_{d-j+1}(h_{1,\rho_1},\cdots,h_{d-j,\rho_{d-j}},k_{d-j+1}),\\
&\quad\overline{u}_{d-j+2}(h_{1,\rho_1},\cdots,h_{d-j,\rho_{d-j}},k_{d-j+1},k_{d-j+2}),\\
&\quad u_{d-j+3}(h_{1,\rho_1},\cdots,h_{d-j,\rho_{d-j}},k_{d-j+1},\sigma_{d-j+1}(k_{d-j+2})),\cdots,\\
&\quad u_d(h_{1,\rho_1},\cdots,h_{d-j,\rho_{d-j}},k_{d-j+1},\sigma_{d-j+1}(k_{d-j+2}))\big).
\end{aligned}
$$

那么类似于情形 1, 我们推出点 $\boldsymbol{u}^*(h_{1,\rho_1},\cdots,h_{d-j,\rho_{d-j}},k_{d-j+1}+1)$ 的第 $d-j+2$ 个坐标

$$
\begin{aligned}
&u_{d-j+2}\big(h_{1,\rho_1},\cdots,h_{d-j,\rho_{d-j}},\sigma_{d-j}(k_{d-j+1}+1)\big)\\
&\quad\geqslant\overline{u}_{d-j+2}(h_{1,\rho_1},\cdots,h_{d-j,\rho_{d-j}},k_{d-j+1},k_{d-j+2}).
\end{aligned}
$$

下面我们进一步分两种情形来讨论.

情形 3a: 设下面的附加条件成立:

$$
\begin{aligned}
&u_{d-j+2}\big(h_{1,\rho_1},\cdots,h_{d-j,\rho_{d-j}},\sigma_{d-j}(k_{d-j+1}+1)\big)\\
&\quad\geqslant\overline{u}_{d-j+2}(h_{1,\rho_1},\cdots,h_{d-j,\rho_{d-j}},k_{d-j+1},k_{d-j+2}+1).
\end{aligned}
\tag{2.4.31}
$$

此时, 我们有

$$
\begin{aligned}
&\overline{u}_{d-j+2}(h_{1,\rho_1},\cdots,h_{d-j,\rho_{d-j}},k_{d-j+1},k_{d-j+2}+1)\\
&\quad=\overline{u}_{d-j+2}(h_{1,\rho_1},\cdots,h_{d-j,\rho_{d-j}},k_{d-j+1}+1,k_{d-j+2}+1),
\end{aligned}
$$

并且对于 $\sigma=d-j+3,\cdots,d$, 有

$$
\begin{aligned}
&\overline{u}_\sigma(h_{1,\rho_1},\cdots,h_{d-j,\rho_{d-j}},k_{d-j+1},k_{d-j+2},\cdots,k_{\sigma-1},k_\sigma+1)\\
&\quad=\overline{u}_\sigma(h_{1,\rho_1},\cdots,h_{d-j,\rho_{d-j}},k_{d-j+1}+1,k_{d-j+2},\cdots,k_{\sigma-1},k_\sigma+1),
\end{aligned}
$$

因而我们得到

$$\begin{aligned}&B_{d,d-j}(h_{1,\rho_1},\cdots,h_{d-j,\rho_{d-j}},k_{d-j+1},\cdots,k_d)\\&\quad\leqslant B_{d,d-j}(h_{1,\rho_1},\cdots,h_{d-j,\rho_{d-j}},k_{d-j+1}+1,k_{d-j+2},\cdots,k_d).\end{aligned}\tag{2.4.32}$$

情形 3b: 设附加条件式 (2.4.31) 不成立, 即

$$\begin{aligned}&u_{d-j+2}\big(h_{1,\rho_1},\cdots,h_{d-j,\rho_{d-j}},\sigma_{d-j}(k_{d-j+1}+1)\big)\\&\quad<\overline{u}_{d-j+2}(h_{1,\rho_1},\cdots,h_{d-j,\rho_{d-j}},k_{d-j+1},k_{d-j+2}+1).\end{aligned}$$

首先, 若 $k_{d-j+2}\neq k_{d-j+1}$, 则 $\overline{u}_{d-j+2}(h_{1,\rho_1},\cdots,h_{d-j,\rho_{d-j}},k_{d-j+1},k_{d-j+2}+2)$ 有定义. 因为数列 (2.4.8) 递增, 所以存在下标 $\omega\in\{0,\cdots,h_{d-j+1,\rho_{d-j+1}}\}$, 使得

$$\begin{aligned}&P_H\big(\boldsymbol{u}^*(h_{1,\rho_1},\cdots,h_{d-j,\rho_{d-j}},\omega)\big)\\&\quad=\big(u_1(h_{1,\rho_1}),\overline{u}_2(h_{1,\rho_1},h_{2,\rho_2}),\cdots,\overline{u}_{d-j}(h_{1,\rho_1},\cdots,h_{d-j,\rho_{d-j}}),\\&\qquad\overline{u}_{d-j+1}(h_{1,\rho_1},\cdots,h_{d-j,\rho_{d-j}},k_{d-j+1}),\\&\qquad\overline{u}_{d-j+2}(h_{1,\rho_1},\cdots,h_{d-j,\rho_{d-j}},k_{d-j+1},k_{d-j+2}+2),\\&\qquad u_{d-j+3}(h_{1,\rho_1},\cdots,h_{d-j,\rho_{d-j}},k_{d-j+1},\sigma_{d-j+1}(k_{d-j+2}+2)),\cdots,\\&\qquad u_d(h_{1,\rho_1},\cdots,h_{d-j,\rho_{d-j}},k_{d-j+1},\sigma_{d-j+1}(k_{d-j+2}+2))\big).\end{aligned}$$

于是, 我们有

$$\begin{aligned}&\overline{u}_{d-j+2}(h_{1,\rho_1},\cdots,h_{d-j,\rho_{d-j}},k_{d-j+1},k_{d-j+2}+1)\\&\quad=\overline{u}_{d-j+2}(h_{1,\rho_1},\cdots,h_{d-j,\rho_{d-j}},h_{d-j+1,\rho_{d-j+1}},k''_{d-j+2})\\&\quad\leqslant\overline{u}_{d-j+2}(h_{1,\rho_1},\cdots,h_{d-j,\rho_{d-j}},h_{d-j+1,\rho_{d-j+1}},k''_{d-j+2}+1),\end{aligned}$$

以及

$$\begin{aligned}&\overline{u}_{d-j+2}(h_{1,\rho_1},\cdots,h_{d-j,\rho_{d-j}},k_{d-j+1},k_{d-j+2}+2)\\&\quad=\overline{u}_{d-j+2}(h_{1,\rho_1},\cdots,h_{d-j,\rho_{d-j}},h_{d-j+1,\rho_{d-j+1}},k''_{d-j+2}+2);\end{aligned}$$

并且当 $\sigma=d-j+3,\cdots,d$ 时

$$\begin{aligned}&\overline{u}_\sigma(h_{1,\rho_1},\cdots,h_{d-j,\rho_{d-j}},k_{d-j+1},k_{d-j+2},\cdots,k_{\sigma-1},k_\sigma+1)\\&\quad\leqslant\overline{u}_\sigma(h_{1,\rho_1},\cdots,h_{d-j,\rho_{d-j}},k_{d-j+1},k_{d-j+2}+1,\cdots,k_{\sigma-1}+1,k_\sigma+2)\end{aligned}$$

$$=\overline{u}_\sigma(h_{1,\rho_1},\cdots,h_{d-j,\rho_{d-j}},h_{d-j+1,\rho_{d-j+1}},k''_{d-j+2},\cdots,k''_{\sigma-1},k''_\sigma),$$

其中 $1\leqslant k''_{d-j+2}\leqslant k_{d-j+2}+1,k''_{d-j+2}\leqslant h_{d-j+1,\rho_{d-j+1}}$, $1\leqslant k''_\sigma\leqslant k_\sigma+1,k''_\sigma\leqslant k''_{\sigma-1}$. 于是, 我们得到

$$\begin{aligned}&B_{d,d-j}(h_{1,\rho_1},\cdots,h_{d-j,\rho_{d-j}},k_{d-j+1},\cdots,k_d)\\&\quad\leqslant B_{d,d-j}(h_{1,\rho_1},\cdots,h_{d-j,\rho_{d-j}},h_{d-j+1,\rho_{d-j+1}},k''_{d-j+2},\cdots,k''_{d-1},k''_d-1).\end{aligned}\tag{2.4.33}$$

其次, 若 $k_{d-j+2}=k_{d-j+1}$, 则

$$\overline{u}_{d-j+2}(h_{1,\rho_1},\cdots,h_{d-j,\rho_{d-j}},k_{d-j+1},k_{d-j+2}+1)=1.$$

我们定义 $d-1$ 维点集

$$\widetilde{S}_{d-1}=\{\widetilde{\boldsymbol{u}}_k=(\widetilde{u}_{1,k},\cdots,\widetilde{u}_{d-j,k},\widetilde{u}_{d-j+1,k},\cdots,\widetilde{u}_{d-1,k})\ (k=1,\cdots,n)\},$$

其中

$$\begin{aligned}&\widetilde{u}_{\mu,k}=u_{\mu,k}\quad(\mu=1,\cdots,d-j+1),\\&\widetilde{u}_{\nu,k}=u_{\nu+1,k}\quad(\nu=d-j+2,\cdots,d-1).\end{aligned}$$

记 $d'=d-1,j'=j-1$, 那么 $d-j=d'-j'$. 由归纳假设, 不等式 $\mathcal{P}(d',j')$ 成立. 将它应用于集合 $\widetilde{S}_{d-1}$, 我们得到: 当 $k_{d-j+2}=k_{d-j+1}$ 时

$$\begin{aligned}&\widetilde{B}_{d',d'-j'}(h_{1,\rho_1},\cdots,h_{d-j,\rho_{d-j}},k_{d-j+1},k_{d-j+3},\cdots,k_d)\\&\quad\leqslant\max_{\substack{1\leqslant\mu\leqslant j-2\\1\leqslant\nu\leqslant j-1}}\{\widetilde{B}_{d',d'-j'}(h_{1,\rho_1},\cdots,h_{d-j,\rho_{d-j}},\underbrace{k_{d-j+1}+1,\cdots,k_{d-j+1}+1,}_{\mu\text{次}}\\&\quad\quad k_{d-j+\mu+2},\cdots,k_d),\ \widetilde{B}_{d',d'-j'}(h_{1,\rho_1},\cdots,h_{d-j,\rho_{d-j}},\\&\quad\quad\underbrace{h_{d-j+1,\rho_{d-j+1}},\cdots,h_{d-j+1,\rho_{d-j+1}},}_{\nu\text{次}}k'''_{d-j+\nu+2},\cdots,k'''_d)\},\end{aligned}\tag{2.4.34}$$

其中 k'''_λ $(d-j+3\leqslant\lambda\leqslant d)$ 是某些下标, 它们满足

$$0\leqslant k'''_{d-j+3}\leqslant h_{d-j+1,\rho_{d-j+1}},\quad 0\leqslant k'''_{d-j+4}\leqslant k'''_{d-j+3},\quad\cdots,\quad 0\leqslant k'''_d\leqslant k'''_{d-1}.$$

还要注意

$$u_1(h_{1,\rho_1+1})=\widetilde{u}_1(h_{1,\rho_1+1}),$$

$$\begin{aligned}&\overline{u}_\sigma(h_{1,\rho_1},\cdots,h_{\sigma-1,\rho_{\sigma-1}},h_{\sigma,\rho_\sigma}+1)\\&\quad=\overline{\overline{u}}_\sigma(h_{1,\rho_1},\cdots,h_{\sigma-1,\rho_{\sigma-1}},h_{\sigma,\rho_\sigma}+1)\quad(\sigma=2,\cdots,d-j),\\&\overline{u}_{d-j+1}(h_{1,\rho_1},\cdots,h_{d-j,\rho_{d-j}},k_{d-j+1})=\overline{\overline{u}}_{d-j+1}(h_{1,\rho_1},\cdots,h_{d-j,\rho_{d-j}},k_{d-j+1}),\\&\overline{u}_\tau(h_{1,\rho_1},\cdots,h_{d-j,\rho_{d-j}},k_{d-j+1},k_{d-j+3},\cdots,k_\tau)\\&\quad=\overline{\overline{u}}_{\tau-1}(h_{1,\rho_1},\cdots,h_{d-j,\rho_{d-j}},k_{d-j+1},k_{d-j+3},\cdots,k_\tau)\quad(\tau=d-j+3,\cdots,d),\end{aligned}$$

以及

$$\begin{aligned}&\overline{u}_{d-j+2}(h_{1,\rho_1},\cdots,h_{d-j,\rho_{d-j}},k_{d-j+1},k_{d-j+1}+1)\\&\quad=\overline{u}_{d-j+2}(h_{1,\rho_1},\cdots,h_{d-j,\rho_{d-j}},k_{d-j+1}+1,k_{d-j+1}+2)\\&\quad=\overline{u}_{d-j+2}(h_{1,\rho_1},\cdots,h_{d-j,\rho_{d-j}},h_{d-j+1,\rho_{d-j+1}},h_{d-j+1,\rho_{d-j+1}}+1)=1,\end{aligned}$$

最后, 我们得到: 当 $k_{d-j+2}=k_{d-j+1}$ 时

$$\begin{aligned}&\widetilde{B}_{d',d'-j'}(h_{1,\rho_1},\cdots,h_{d-j,\rho_{d-j}},k_{d-j+1},k_{d-j+3},\cdots,k_d)\\&\quad=B_{d,d-j}(h_{1,\rho_1},\cdots,h_{d-j,\rho_{d-j}},k_{d-j+1},k_{d-j+2},k_{d-j+3},\cdots,k_d);\end{aligned}$$

并且对于 $\mu=1,2,\cdots,j-2$ 及 $\nu=1,2,\cdots,j-1$, 有

$$\begin{aligned}&\widetilde{B}_{d',d'-j'}(h_{1,\rho_1},\cdots,h_{d-j,\rho_{d-j}},\underbrace{k_{d-j+1}+1,\cdots,k_{d-j+1}+1}_{\mu\text{次}},k_{d-j+\mu+2},\cdots,k_d)\\&\quad=B_{d,d-j}(h_{1,\rho_1},\cdots,h_{d-j,\rho_{d-j}},\underbrace{k_{d-j+1}+1,\cdots,k_{d-j+1}+1}_{\mu+1\text{次}},k_{d-j+\mu+2},\cdots,k_d),\\&\widetilde{B}_{d',d'-j'}(h_{1,\rho_1},\cdots,h_{d-j,\rho_{d-j}},\underbrace{h_{d-j+1,\rho_{d-j+1}},\cdots,h_{d-j+1,\rho_{d-j+1}}}_{\nu\text{次}},k'''_{d-j+\nu+2},\cdots,k'''_d)\\&\quad=B_{d,d-j}(h_{1,\rho_1},\cdots,h_{d-j,\rho_{d-j}},\underbrace{h_{d-j+1,\rho_{d-j+1}},\cdots,h_{d-j+1,\rho_{d-j+1}}}_{\nu+1\text{次}},k'''_{d-j+\nu+2},\cdots,k'''_d),\end{aligned}$$

其中 k'''_λ $(d-j+3\leqslant\lambda\leqslant d)$ 是式 (2.4.34) 中出现的下标. 将这些等式代入式 (2.4.34), 我们即得

$$\begin{aligned}&B_{d,d-j}(h_{1,\rho_1},\cdots,h_{d-j,\rho_{d-j}},k_{d-j+1},k_{d-j+2},k_{d-j+3},\cdots,k_d)\\&\quad\leqslant\max_{\substack{1\leqslant\mu\leqslant j-2\\1\leqslant\nu\leqslant j-1}}\{B_{d,d-j}(h_{1,\rho_1},\cdots,h_{d-j,\rho_{d-j}},\underbrace{k_{d-j+1}+1,\cdots,k_{d-j+1}+1}_{\mu+1\text{次}},k_{d-j+\mu+2},\cdots,k_d),\end{aligned}$$

$$B_{d,d-j}(h_{1,\rho_1},\cdots,h_{d-j,\rho_{d-j}},\underbrace{h_{d-j+1,\rho_{d-j+1}},\cdots,h_{d-j+1,\rho_{d-j+1}}}_{\nu+1\text{次}},k'''_{d-j+\nu+2},\cdots,k'''_d)\}. \tag{2.4.35}$$

因为式 (2.4.30)、式 (2.4.33) 及式 (2.4.35) 是在不同的条件下推导出来的, 它们不能同时成立, 所以不妨将下标 k',k'',k''' 统一改记为 k^*. 于是我们由式 (2.4.29)、式 (2.4.30)、式 (2.4.32)、式 (2.4.33) 及式 (2.4.35), 可知不等式 $\mathcal{P}(d,j)$ 确实成立. 引理得证. □

引理 2.4.4 设 $d\geqslant 4$, 则对 $j=2,\cdots,d-2$, 有

$$\max_{1\leqslant\rho_{d-j}\leqslant m_{d-j}}\delta_n^*(\rho_1,\cdots,\rho_{d-j})=\delta_n^*(\rho_1,\cdots,\rho_{d-j-1}), \tag{2.4.36}$$

其中 $1\leqslant\rho_\tau\leqslant m_\tau$ $(\tau=1,\cdots,d-j-1)$.

证 类似于引理 2.4.2 (或引理 2.3.4), 对于 $0\leqslant k_{d-j}\leqslant h_{d-j-1,\rho_{d-j-1}}$, 我们定义

$$\begin{aligned}&\widetilde{\delta_n}^*(\rho_1,\cdots,\rho_{d-j-1},k_{d-j})\\&\quad=\max_{0\leqslant k_{d-j+1}\leqslant k_{d-j}}\max_{0\leqslant k_{d-j+2}\leqslant k_{d-j+1}}\cdots\max_{0\leqslant k_d\leqslant k_{d-1}}\max\big\{A_{d-j-1}(h_{1,\rho_1}\cdots,\\&\qquad h_{d-j-1,\rho_{d-j-1}},k_{d-j},\cdots,k_d),B_{d-j-1}(h_{1,\rho_1}\cdots,h_{d-j-1,\rho_{d-j-1}},k_{d-j},\cdots,k_d)\big\},\end{aligned}$$

其中 $1\leqslant\rho_\tau\leqslant m_\tau$ $(\tau=1,\cdots,d-j-1)$.

第 1 步: 我们来证明

$$\max_{0\leqslant k_{d-j}\leqslant h_{d-j-1,\rho_{d-j-1}}}\widetilde{\delta_n}^*(\rho_1,\cdots,\rho_{d-j-1},k_{d-j})\leqslant\max_{1\leqslant\rho_{d-j}\leqslant m_{d-j}}\delta_n^*(\rho_1,\cdots,\rho_{d-j}). \tag{2.4.37}$$

1° 在式 (2.4.7) 中取

$$\begin{aligned}&r=d-j-1,\\&\boldsymbol{l}=(h_{1,\rho_1},\cdots,h_{d-j-1,\rho_{d-j-1}},k_{d-j},\cdots,k_{d-1}),\end{aligned}$$

可知对于 $k_{d-j}\in\{0,\cdots,h_{d-j,1}-1\}$, 有

$$\begin{aligned}&\overline{u}_{d-j}(h_{1,\rho_1},\cdots,h_{d-j-1,\rho_{d-j-1}},k_{d-j})\\&\quad=\overline{u}_{d-j}(h_{1,\rho_1},\cdots,h_{d-j-1,\rho_{d-j-1}},k_{d-j}+1)\\&\quad=\overline{u}_{d-j}(h_{1,\rho_1},\cdots,h_{d-j-1,\rho_{d-j-1}},k_{d-j,1})=0,\end{aligned}$$

因而当 $0\leqslant k_{d-j}\leqslant h_{d-j,1}$ 时

$$\widetilde{\delta_n}^*(\rho_1,\cdots,\rho_{d-j-1},k_{d-j})=\frac{k_d}{n}\leqslant\frac{h_{d-j,1}}{n}\leqslant\delta_n^*(\rho_1,\cdots,\rho_{d-j-1},1). \tag{2.4.38}$$

2° 取 $r,\boldsymbol{l}$ 同上. 设 ρ_{d-j} $(1\leqslant\rho_{d-j}<m_{d-j})$ 是式 (2.4.7) 中的一个下标, 满足 $h_{d-j,\rho_{d-j}+1}-h_{d-j,\rho_{d-j}}>1$. 我们来证明: 当 $h_{d-j,\rho_{d-j}}\leqslant k_{d-j}\leqslant h_{d-j,\rho_{d-j}+1}$ 时

$$\begin{aligned}&\widetilde{\delta_n}^*(\rho_1,\cdots,\rho_{d-j-1},k_{d-j})\\&\quad\leqslant\max\left\{\widetilde{\delta_n}^*(\rho_1,\cdots,\rho_{d-j-1},h_{d-j,\rho_{d-j}}),\widetilde{\delta_n}^*(\rho_1,\cdots,\rho_{d-j-1},h_{d-j,\rho_{d-j}+1})\right\}.\end{aligned} \tag{2.4.39}$$

因为对于每个 $\tau=0,1,\cdots,k_{d-j}$, 点 $\boldsymbol{u}^*(h_{1,\rho_1},\cdots,h_{d-j-1,\rho_{d-j-1}},\tau)$ 在两个超平面

$$\begin{cases}x_1=u_1(h_{1,\rho_1}),\\x_2=\overline{u}_2(h_{1,\rho_1},h_{2,\rho_2}),\\\cdots,\\x_{d-j-1}=\overline{u}_{d-j-1}(h_{1,\rho_1},\cdots,h_{d-j-1,\rho_{d-j-1}}),\\x_{d-j}=\overline{u}_{d-j}(h_{1,\rho_1},\cdots,h_{d-j-1,\rho_{d-j-1}},k_{d-j})\\\quad\text{或 }x_{d-j}=\overline{u}_{d-j}(h_{1,\rho_1},\cdots,h_{d-j-1,\rho_{d-j-1}},k_{d-j}+1)\end{cases}$$

上的投影是相同的, 所以当 $h_{d-j,\rho_{d-j}}<k_{d-j}<h_{d-j,\rho_{d-j}+1},0\leqslant k_{d-j+1}\leqslant k_{d-j}$ 时

$$\begin{aligned}&\overline{u}_{d-j+1}(h_{1,\rho_1},\cdots,h_{d-j-1,\rho_{d-j-1}},k_{d-j},k_{d-j+1})\\&\quad\geqslant\overline{u}_{d-j+1}(h_{1,\rho_1},\cdots,h_{d-j-1,\rho_{d-j-1}},k_{d-j}+1,k_{d-j+1}).\end{aligned} \tag{2.4.40}$$

如果上式中等号成立, 那么我们还有: 当 $\sigma=d-j+2,\cdots,d$ 时

$$\begin{aligned}&\overline{u}_\sigma(h_{1,\rho_1},\cdots,h_{d-j-1,\rho_{d-j-1}},k_{d-j},k_{d-j+1},\cdots,k_\sigma)\\&\quad=\overline{u}_\sigma(h_{1,\rho_1},\cdots,h_{d-j-1,\rho_{d-j-1}},k_{d-j}+1,k_{d-j+1},\cdots,k_\sigma).\end{aligned}$$

另外, 仍由式 (2.4.7)(其中 $r,\boldsymbol{l}$ 同上) 得知: 当 $h_{d-j,\rho_{d-j}}<k_{d-j}<h_{d-j,\rho_{d-j}+1}$ 时

$$\begin{aligned}&\overline{u}_{d-j}(h_{1,\rho_1},\cdots,h_{d-j-1,\rho_{d-j-1}},k_{d-j})\\&\quad=\overline{u}_{d-j}(h_{1,\rho_1},\cdots,h_{d-j-1,\rho_{d-j-1}},k_{d-j}+1)\\&\quad=\overline{u}_{d-j}(h_{1,\rho_1},\cdots,h_{d-j-1,\rho_{d-j-1}},h_{d-j,\rho_{d-j}+1}).\end{aligned} \tag{2.4.41}$$

于是, 我们得到

$$A_{d-j-1}(h_{1,\rho_1},\cdots,h_{d-j-1,\rho_{d-j-1}},k_{d-j},\cdots,k_d)$$

$$
\begin{aligned}
&\leqslant A_{d-j-1}(h_{1,\rho_1},\cdots,h_{d-j-1,\rho_{d-j-1}},k_{d-j}+1,k_{d-j+1},\cdots,k_d)\\
&\leqslant \widetilde{\delta}_n^*(\rho_1,\cdots,\rho_{d-j-1},k_{d-j}+1).
\end{aligned}\tag{2.4.42}
$$

如果式 (2.4.40) 中严格的不等号成立, 那么我们有

$$
\begin{aligned}
&\overline{u}_{d-j+1}(h_{1,\rho_1},\cdots,h_{d-j-1,\rho_{d-j-1}},k_{d-j},k_{d-j+1})\\
&\quad=\overline{u}_{d-j+1}(h_{1,\rho_1},\cdots,h_{d-j-1,\rho_{d-j-1}},k_{d-j}+1,k_{d-j+1}+1),
\end{aligned}
$$

并且当 $\tau=d-j+2,\cdots,d$ 时

$$
\begin{aligned}
&\overline{u}_\tau(h_{1,\rho_1},\cdots,h_{d-j-1,\rho_{d-j-1}},k_{d-j},k_{d-j+1},\cdots,k_\tau)\\
&\quad\geqslant \overline{u}_\tau(h_{1,\rho_1},\cdots,h_{d-j-1,\rho_{d-j-1}},k_{d-j}+1,k_{d-j+1}+1,k_{d-j+2},\cdots,k_\tau).
\end{aligned}
$$

由此并注意到式 (2.4.41), 我们得到

$$
\begin{aligned}
&A_{d-j-1}(h_{1,\rho_1},\cdots,h_{d-j-1,\rho_{d-j-1}},k_{d-j},\cdots,k_d)\\
&\quad\leqslant A_{d-j-1}(h_{1,\rho_1},\cdots,h_{d-j-1,\rho_{d-j-1}},k_{d-j}+1,k_{d-j+1}+1,k_{d-j+2},\cdots,k_d)\\
&\quad\leqslant \widetilde{\delta}_n^*(\rho_1,\cdots,\rho_{d-j-1},k_{d-j}+1).
\end{aligned}\tag{2.4.43}
$$

由式 (2.4.42) 和式 (2.4.43) 可得: 当 $h_{d-j,\rho_{d-j}}<k_{d-j}<h_{d-j,\rho_{d-j}+1}$ 时

$$
A_{d-j-1}(h_{1,\rho_1},\cdots,h_{d-j-1,\rho_{d-j-1}},k_{d-j},\cdots,k_d)\leqslant \widetilde{\delta}_n^*(\rho_1,\cdots,\rho_{d-j-1},k_{d-j}+1).\tag{2.4.44}
$$

此外, 由引理 2.4.3 可推出: 当 $h_{d-j,\rho_{d-j}}<k_{d-j}<h_{d-j,\rho_{d-j}+1}$ 时

$$
\begin{aligned}
&B_{d-j-1}(h_{1,\rho_1},\cdots,h_{d-j-1,\rho_{d-j-1}},k_{d-j},\cdots,k_d)\\
&\quad\leqslant \max\left\{\widetilde{\delta}_n^*(\rho_1,\cdots,\rho_{d-j-1},k_{d-j}+1),\widetilde{\delta}_n^*(\rho_1,\cdots,\rho_{d-j-1},h_{d-j,\rho_{d-j}})\right\},
\end{aligned}
$$

由此式及式 (2.4.44) 可得: 当 $h_{d-j,\rho_{d-j}}<k_{d-j}<h_{d-j,\rho_{d-j}+1}$ 时

$$
\begin{aligned}
&\widetilde{\delta_n}^*(\rho_1,\cdots,\rho_{d-j-1},k_{d-j})\\
&\quad\leqslant \max\left\{\widetilde{\delta_n}^*(\rho_1,\cdots,\rho_{d-j-1},k_{d-j}+1),\widetilde{\delta_n}^*(\rho_1,\cdots,\rho_{d-j-1},h_{d-j,\rho_{d-j}})\right\}.
\end{aligned}
$$

将这个不等式应用于出现在它右边的项 $\widetilde{\delta_n}^*(\rho_1,\cdots,\rho_{d-j-1},k_{d-j}+1)$ (即进行“迭代”), 即可推出: 当 $h_{d-j,\rho_{d-j}}<k_{d-j}<h_{d-j,\rho_{d-j}+1}$ 时

$$
\widetilde{\delta_n}^*(\rho_1,\cdots,\rho_{d-j-1},k_{d-j})
$$

$$\leqslant \max\left\{\widetilde{\delta_n}^*(\rho_1,\cdots,\rho_{d-j-1},h_{d-j,\rho_{d-j}}),\widetilde{\delta_n}^*(\rho_1,\cdots,\rho_{d-j-1},h_{d-j,\rho_{d-j}+1})\right\}.$$

显然, 当 $k_{d-j}=h_{d-j,\rho_{d-j}}$ 或 $h_{d-j,\rho_{d-j}+1}$ 时, 上式也成立, 于是式 (2.4.39) 得证.

3° 注意, 若在 $A_{d-j-1}(h_{1,\rho_1},\cdots,h_{d-j-1,\rho_{d-j-1}},k_{d-j},\cdots,k_d)$ 中令 $k_{d-j}=h_{d-j,\rho_{d-j}}$, 它就成为

$$A_{d-j}(h_{1,\rho_1},\cdots,,h_{d-j,\rho_{d-j}},k_{d-j+1},\cdots,k_d);$$

对于 $B_{d-j-1}(h_{1,\rho_1},\cdots,h_{d-j-1,\rho_{d-j-1}},k_{d-j},\cdots,k_d)$ 也有类似的结果, 因而我们推出

$$\widetilde{\delta_n}^*(\rho_1,\cdots,\rho_{d-j-1},h_{d-j,\rho_{d-j}})=\delta_n^*(\rho_1,\cdots,\rho_{d-j-1},\rho_{d-j}).$$

据此, 由式 (2.4.38) 和式 (2.4.39) 得到

$$\begin{aligned}&\max_{0\leqslant k_{d-j}\leqslant h_{d-j,t+1}}\widetilde{\delta_n}^*(\rho_1,\cdots,\rho_{d-j-1},k_{d-j})\\&\leqslant\max_{1\leqslant\rho_{d-j}\leqslant t+1}\delta_n^*(\rho_1,\cdots,\rho_{d-j-1},\rho_{d-j})\quad(0\leqslant t<m_{d-j}).\end{aligned}\tag{2.4.45}$$

还要注意, 在式 (2.4.7) 中有关系式 $h_{r+1,m_{r+1}}=l_r$, 我们上面已经取定 $r=d-j-1$ 及 $l_r=h_{d-j-1,\rho_{d-j-1}}$, 因此 $h_{d-j,m_{d-j}}=h_{d-j-1,\rho_{d-j-1}}$. 现在式 (2.4.45) 中特别取 $t=m_{d-j}-1$, 即可得到式 (2.4.37).

第 2 步: 我们来证明式 (2.4.37) 的反向不等式

$$\max_{0\leqslant k_{d-j}\leqslant h_{d-j-1,\rho_{d-j-1}}}\widetilde{\delta_n}^*(\rho_1,\cdots,\rho_{d-j-1},k_{d-j})\geqslant\max_{1\leqslant\rho_{d-j}\leqslant m_{d-j}}\delta_n^*(\rho_1,\cdots,\rho_{d-j}).\tag{2.4.46}$$

为此, 注意到

$$\max_{1\leqslant\rho_{d-j}\leqslant m_{d-j}}\delta_n^*(\rho_1,\cdots,\rho_{d-j})=\max_{1\leqslant t\leqslant m_{d-j}}\widetilde{\delta}_n^*(\rho_1,\cdots,\rho_{d-j-1},h_{d-j,t}),$$

这意味着 $\widetilde{\delta_n}^*(\rho_1,\cdots,\rho_{d-j-1},k_{d-j})$ 中变量 k_{d-j} 的取值范围是 $\{h_{d-j,t}\ (1\leqslant t\leqslant m_{d-j})\}$. 因为

$$h_{d-j,1}\geqslant 0,\quad h_{d-j,m_{d-j}}=h_{d-j-1,\rho_{d-j-1}},$$

所以这个范围不会超出在

$$\max_{0\leqslant k_{d-j}\leqslant h_{d-j-1,\rho_{d-j-1}}}\widetilde{\delta_n}^*(\rho_1,\cdots,\rho_{d-j-1},k_{d-j})$$

中 k_{d-j} 的取值范围, 因此所要证明的不等式确实成立.

第 3 步: 由式 (2.4.37) 和式 (2.4.46), 并注意到

$$\max_{0\leqslant k_{d-j}\leqslant h_{d-j-1,\rho_{d-j-1}}} \widetilde{\delta}_n^{\,*}(\rho_1,\cdots,\rho_{d-j-1},k_{d-j})=\delta_n^*(\rho_1,\cdots,\rho_{d-j-1}),$$

即得式 (2.4.36). □

引理 2.4.5 若 $d\geqslant 4$, 则

$$\max_{1\leqslant\rho_1\leqslant m_1}\delta_n^*(\rho_1)=\max_{0\leqslant k_1\leqslant n}\delta_n(k_1).$$

证 证法同上 (参见引理 2.2.4 或引理 2.3.5 的证法). 首先可证明: 对于 $0\leqslant k_1\leqslant h_{1,1}$, 有

$$\delta_n(k_1)\leqslant\delta_n^*(1).$$

并且对于式 (2.4.6) 中的任一使 $h_{1,\rho_1+1}-h_{1,\rho_1}>1$ 的下标 ρ_1 $(1\leqslant\rho_1<m_1)$, 有

$$\delta_n(k_1)\leqslant\max\left\{\delta_n^*(h_{1,\rho_1}),\delta_n^*(h_{1,\rho_1+1})\right\}.$$

注意 $\delta_n(h_{1,\rho_1})=\delta_n^*(\rho_1)$, 从上面两个不等式可推出

$$\max_{0\leqslant k_1\leqslant n}\delta_n(k_1)\leqslant\max_{1\leqslant\rho_1\leqslant m_1}\delta_n^*(\rho_1).$$

反向不等式显然成立, 于是引理得证. □

定理 2.4.1 之证 当 $d\geqslant 4$ 时, 式 (2.4.5) 可由引理 2.4.1 和引理 2.4.2、引理 2.4.4 和引理 2.4.5 推出; $d=2$ 和 $d=3$ 的情形就是定理 2.2.1 和定理 2.3.1. 于是定理 2.4.1 得证. □

2.5 L_2 偏差的精确计算

在第 1 章 1.7 节中我们引入了 L_p 偏差的概念, 它的定义是

$$D_n^{(p)}=D_n^{(p)}(\mathcal{S}_d)=\left(\int_{[0,1]^d}\left|\frac{A([0,\boldsymbol{x});n;\mathcal{S}_d)}{n}-|[0,\boldsymbol{x})|\right|^p\mathrm{d}\boldsymbol{x}\right)^{1/p},$$

其中 $0<p<\infty$, $\mathcal{S}_d$ 是 $\mathbb{R}^d$ $(d\geqslant 1)$ 中的一个含 n 项的点列. 现在推导 L_2 偏差的精确计算公式.

J. F. Koksma[115] 首先考虑了一维情形:

定理 2.5.1 对于 $[0,1)$ 中的任何点列 $\mathcal{S}_1=\{a_1,\cdots,a_n\}$, 其 L_2 偏差 $D_n^{(2)}$ 满足

$$\left(D_n^{(2)}\right)^2=\frac{1}{3}+\frac{1}{n^2}\sum_{k=1}^{n}(na_k^2+a_k)-\frac{2}{n^2}\sum_{k=1}^{n}\sum_{l=1}^{k}\max\{a_k,a_l\}. \tag{2.5.1}$$

证 定义函数

$$\chi(x;a)=\begin{cases}1, & a<x,\\ \chi(x;a)=0, & a\geqslant x.\end{cases}$$

那么

$$\begin{aligned}\left(nD_n^{(2)}\right)^2&=\int_0^1\left(\sum_{k=1}^{n}\chi(x;a_k)-nx\right)^2\mathrm{d}x\\&=n^2\int_0^1 x^2\mathrm{d}x-2n\sum_{k=1}^{n}\int_0^1 x\chi(x;a_k)\mathrm{d}x+\sum_{k=1}^{n}\sum_{l=1}^{n}\int_0^1\chi(x;a_k)\chi(x;a_l)\mathrm{d}x\\&=\frac{1}{3}n^2-n\sum_{k=1}^{n}(1-a_k^2)+\sum_{k=1}^{n}\sum_{l=1}^{n}\left(1-\max\{a_k,a_l\}\right)\\&=\frac{1}{3}n^2+\sum_{k=1}^{n}(na_k^2+a_k)-2\sum_{k=1}^{n}\sum_{l=1}^{k}\max\{a_k,a_l\},\end{aligned}$$

由此即得结论. □

推论 2.5.1 若 $\mathcal{S}_1$ 满足 $a_1\leqslant a_2\leqslant\cdots\leqslant a_n$, 则

$$(D_n^{(2)})^2=\frac{1}{12n^2}+\frac{1}{n}\sum_{k=1}^{n}\left(a_k^2-\frac{2k-1}{2n}\right)^2. \tag{2.5.2}$$

证 可由式 (2.5.1) 直接计算得到. □

注 2.5.1 由式 (2.5.2) 得: 对于 $[0,1)$ 中的任何点列 $\mathcal{S}_1=\{a_1,\cdots,a_n\}$, 有

$$D_n^{(2)}(\mathcal{S}_1)\geqslant\frac{1}{\sqrt{12}n},$$

并且等号仅当 $\mathcal{S}_1=\{(2k-1)/n\ (k=1,2,\cdots,n)\}$ (或其重新排列) 时成立.

T. T. Warnock[295] 将定理 2.5.1 扩充到多维情形, 得到下面的公式:

定理 2.5.2 设 $d\geqslant 1$. 对于 $[0,1)^d$ 中的任何点列

$$\mathcal{S}_d=\{\boldsymbol{a}_1,\cdots,\boldsymbol{a}_n\}\quad(\boldsymbol{a}_k=(a_{k,1},\cdots,a_{k,d})),$$

其 L_2 偏差 $D_n^{(2)}$ 满足

$$\left(D_n^{(2)}\right)^2=3^{-d}-\frac{2^{1-d}}{n}\sum_{k=1}^{n}\prod_{j=1}^{d}(1-a_{k,j}^2)+\frac{1}{n^2}\sum_{k=1}^{n}\sum_{l=1}^{n}\prod_{j=1}^{d}\left(1-\max\{a_{k,j},a_{l,j}\}\right).$$

证 直接计算可得

$$\begin{aligned}\left(nD_n^{(2)}\right)^2&=\int_{[0,1]^d}\left(A([\mathbf{0},\boldsymbol{x});n)-n|\boldsymbol{x}|\right)^2\mathrm{d}\boldsymbol{x}\\&=n^2\prod_{k=1}^{d}\int_0^1 x_k^2\mathrm{d}x_k-2n\int_{[0,1]^d}|\boldsymbol{x}|\cdot A\big([\mathbf{0},\boldsymbol{x});n\big)\mathrm{d}\boldsymbol{x}+\int_{[0,1]^d}\big(A([\mathbf{0},\boldsymbol{x});n)\big)^2\mathrm{d}\boldsymbol{x}.\end{aligned}$$

易见上式右边第 1 项为 $3^{-d}n^2$. 为计算右边其他两项, 类似于定理 2.5.1 的证明, 对于 $k=1,\cdots,d$, 我们定义函数

$$\chi(\boldsymbol{x};\boldsymbol{a})=\begin{cases}1, & \boldsymbol{a}\in[\mathbf{0},\boldsymbol{x}),\\0, & \boldsymbol{a}\notin[\mathbf{0},\boldsymbol{x}).\end{cases}$$

于是, 我们有

$$\begin{aligned}\int_{[0,1]^d}\big(A([\mathbf{0},\boldsymbol{x});n)\big)^2\mathrm{d}\boldsymbol{x}&=\int_{[0,1]^d}\Big(\sum_{k=1}^{d}\chi(\boldsymbol{x};\boldsymbol{a}_k)\Big)^2\mathrm{d}\boldsymbol{x}\\&=\sum_{\boldsymbol{a}_k,\boldsymbol{a}_l\in\mathcal{S}_d}\int_{[0,1]^d}\chi(\boldsymbol{x};\boldsymbol{a}_k)\chi(\boldsymbol{x};\boldsymbol{a}_l)\mathrm{d}\boldsymbol{x}.\end{aligned}$$

对于任意一组固定的数组 (k,l), 积分 $\int_{[0,1]^d}\chi(\boldsymbol{x};\boldsymbol{a}_k)\chi(\boldsymbol{x};\boldsymbol{a}_l)\mathrm{d}\boldsymbol{x}$ 表示由 $\{\boldsymbol{x}\in[0,1]^d\mid \boldsymbol{a}_k,\boldsymbol{a}_k\in[\mathbf{0},\boldsymbol{x})\}$ 定义的立体的体积, 这个立体可以表示为

$$\begin{aligned}&\{\boldsymbol{x}\in[0,1]^d\mid x_j\geqslant\max\{a_{k,j},a_{l,j}\}\ (j=1,\cdots,d)\}\\&\quad=[\max\{a_{k,1},a_{l,1}\},1]\times\cdots\times[\max\{a_{k,d},a_{l,d}\},1],\end{aligned}$$

因而它的体积等于 $\prod\limits_{j=1}^{d}\big(1-\max\{a_{k,j},a_{l,j}\}\big)$. 于是

$$\int_{[0,1]^d}\big(A([\mathbf{0},\boldsymbol{x});n)\big)^2\mathrm{d}\boldsymbol{x}=\sum_{k=1}^{n}\sum_{l=1}^{n}\prod_{j=1}^{d}\big(1-\max\{a_{k,j},a_{l,j}\}\big).$$

类似地, 可证明

$$\begin{aligned}\int_{[0,1]^d}|\boldsymbol{x}|\cdot A\big([\mathbf{0},\boldsymbol{x});n\big)\mathrm{d}\boldsymbol{x}&=\int_{[0,1]^d}|\boldsymbol{x}|\Big(\sum_{\boldsymbol{a}_k\in[0,\boldsymbol{x})}\chi(\boldsymbol{x};\boldsymbol{a}_k)\Big)\mathrm{d}\boldsymbol{x}\\&=\sum_{\boldsymbol{a}_k\in\mathcal{S}_d}\prod_{j=1}^{d}\int_{a_{k,j}}^{1}x_j\mathrm{d}x_j=2^{-d}\sum_{k=1}^{n}\prod_{j=1}^{d}(1-a_{k,j}^2),\end{aligned}$$

因而定理 2.5.2 得证. □

注 2.5.2 用同样的方法可证 $\mathcal{S}_d$ 对于权 $p_1,\cdots,p_n$ 的 L_2 偏差 $\mathcal{D}_n^{(2)}$ (其定义见第 1 章 1.6 节 10°) 满足

$$(\mathcal{D}_n^{(2)})^2 = 3^{-d} - 2^{1-d}\sum_{k=1}^{n} p_k \prod_{j=1}^{d}(1-a_{k,j}^2) + \sum_{k=1}^{n}\sum_{l=1}^{n} p_k p_l \prod_{j=1}^{d}\big(1-\max\{a_{k,j},a_{l,j}\}\big).$$

2.6 补充与评注

1° 定理 2.1.1 的证明应用了星偏差对于点的坐标的连续性. 与此相反, 我们可以不应用这个性质而直接给出定理 2.1.1 的证明(见 [125] 及 [55](第 54 页)), 并且由定理 2.1.1 导出一维点列星偏差对于点的坐标的连续性 [161].

2° 例 2.1.1 的多维推广可见 [213]. 设 $d\geqslant 2$, f 是 $[0,1]^d$ 上的连续函数, 它 (在 $[0,1]^d$ 上) 的连续性模定义为

$$\omega(f;t) = \sup_{\substack{\boldsymbol{u},\boldsymbol{v}\in[0,1]^d \\ \|\boldsymbol{u},\boldsymbol{v}\|\leqslant t}} |f(\boldsymbol{u})-f(\boldsymbol{v})| \quad (t\geqslant 0),$$

其中 $\|\boldsymbol{x}\| = \max\limits_{1\leqslant k\leqslant d}|x_k|$ 表示 $\boldsymbol{x}=(x_1,\cdots,x_d)\in\mathbb{R}^d$ 的模. 那么对于 $[0,1)^d$ 中的任何点列 $\mathcal{S}_d=\{\boldsymbol{a}_1,\cdots,\boldsymbol{a}_n\}$, 有

$$\left|\frac{1}{n}\sum_{k=1}^{n} f(\boldsymbol{a}_k) - \int_{[0,1]^d} f(\boldsymbol{x})\mathrm{d}\boldsymbol{x}\right| \leqslant 4\omega(f;D_n^{*\,1/d}),$$

其中 D_n^* 是 $\mathcal{S}_d$ 的星偏差, 并且在一般情形下常数 4 不能换成小于 1 的数. 类似结果还可见文献 [10, 96], 但其中常数要差些, 例如 [10] 中的常数不是 4 而是 5. 另外, P. D. Proinov 实际上证明的要更多些, 他考虑了加权形式.

例 2.1.1 及这个结果表明偏差理论与数值积分关系密切, 我们将在第 5 章中进一步讨论偏差理论对数值积分的应用.

3° 定理 2.1.1 的证明基于凸规划的思想, 将 x_i 排序是其关键. 欲将它推广到多维情形, 必须对多维点列给出一种适当的排序方法, 但即使对二维情形就已遇到困难. H. Niederreiter[161] 给出过一个结果, 将多维点列的星偏差表示为有限多个数的极大值. 但

由于这个结果本质上具有递推的特征而不是通过点的坐标给出的明显公式, 因此有其理论价值但不便于用来进行数值计算. 1986 年, L. De Clerck[46] 考虑了满足下列条件的二维点列 $\mathcal{S}_2=\{(x_k,y_k)\ (k=1,\cdots,n)\}$: 对于任何 $i<j$,

$$x_i<x_j \quad 且 \quad y_i\neq y_j,$$

她给出了下面的公式:

$$D_n^*(\mathcal{S}_2)=\max_{1\leqslant i\leqslant n}\left\{x_i-\frac{i-1}{n},g_{n,i}-\frac{i-1}{n},\frac{t_i}{n}-x_iy_i,\lambda_i\right\}, \tag{2.6.1}$$

其中

$$\lambda_i=\max_{t_i\leqslant k\leqslant i-1}\max\left\{x_ig_{i-1,k}-\frac{k-1}{n},\frac{k+1}{n}-x_ig_{i-1,k}\right\}\quad (i=1,\cdots,n),$$

诸数 $g_{i,k}$ $(1\leqslant k\leqslant i)$ 表示由小到大排列的 y 坐标 y_k $(1\leqslant k\leqslant i)$, 而参数 t_i $(i=1,\cdots,n)$ 定义为: $t_1=t_2=1$, 并且当 $i\geqslant 3$ 时

$$t_i=\begin{cases}1, & y_i\in[0,g_{i-1,1})\cup(g_{i-1,i-1},1),\\ k+1, & y_i\in(g_{i-1,k},g_{i-1,k+1}),1\leqslant k\leqslant i-2.\end{cases}$$

她还应用这个结果推出某些二维 Hammersley 点列的星偏差的精确计算公式. 一般来说, 在对其他二维点列应用公式 (2.6.1) 时, 必须预先算出参数 t_i; 而且不难想象对于维数 $d\geqslant 3$ 的情形, 与 t_i 对应的参数将非常复杂. 因此 De Clerck 的结果不便于推广. 文献 [33] 和 [306](即定理 2.2.1、定理 2.3.1 和定理 2.4.1) 完全解决了这个问题. 看来, 类似的方法也可用来建立某些特殊形式的多维有限点集偏差的精确计算公式. 另外, 给出多维有限点集星偏差 (及偏差) 精确计算的有效性算法也是值得考虑的问题.

4° 对于 L_2 偏差的计算, S. Heinrich[83], 给出了一个有效算法 (对此还可参见 [55] 第 372~377 页). 但当 $p\neq 2$ 时, 目前还没有关于 L_p 偏差的有效算法, 甚至精确计算公式问题也没有完全解决 (仅对一维点列当 $p>2$ 为偶数时能找到这种公式).

对于 $[0,1)$ 中的一维点列 $\mathcal{S}_1=\{x_1,\cdots,x_n\}$, 设 $\mathcal{D}_n^{(p)}(\mathcal{S}_1)=\mathcal{D}_n^{(p)}$ 是它对于权 $p_1,\cdots,p_n$ 的 L_p 偏差 (见第 1 章 1.7 节 10°). P. D. Proinov[210] 将定理 2.1.1 推广到 $\mathcal{D}_n^*$, 证明了: 若 $x_1\leqslant x_2\leqslant\cdots\leqslant x_n$, 则

$$\mathcal{D}_n^*=\mathcal{D}_n^{(\infty)}=\max_{1\leqslant k\leqslant n}\left(\frac{p_k}{2}+\left|x_k-\frac{a_k+a_{k-1}}{2}\right|\right),$$

其中

$$a_0=0,\quad a_k=\sum_{i=1}^k p_i\quad (k=1,\cdots,n).$$

P. D. Proinov 和 V. A. Andreeva[215] 将定理 2.5.1 推广到 $\mathcal{D}_n^{(2)}$, 证明了: 若 $x_1 \leqslant x_2 \leqslant \cdots \leqslant x_n$, 则

$$(\mathcal{D}_n^{(2)})^2 = \frac{1}{12}\sum_{k=1}^{n} p_k^3 + \sum_{k=1}^{n} p_k \left(x_k - \frac{a_k + a_{k-1}}{2}\right)^2.$$

他们还证明了:

$$(\mathcal{D}_n^{(4)})^4 = \frac{1}{80}\sum_{k=1}^{n} p_k^5 + \frac{1}{2}\sum_{k=1}^{n} p_k^3 \left(x_k - \frac{a_k + a_{k-1}}{2}\right)^2 + \sum_{k=1}^{n} p_k \left(x_k - \frac{a_k + a_{k-1}}{2}\right)^4.$$

特别地, 令所有 $p_i = 1/n$, 我们由上述两个公式分别得到推论 2.5.1 及一维点列的 L_4 偏差 $D_n^{(4)}$ 的精确计算公式

$$(D_n^{(4)})^4 = \frac{1}{80n^4} + \frac{1}{2n^3}\sum_{k=1}^{n} p_k^3 \left(x_k - \frac{2k-1}{2n}\right)^2 + \frac{1}{n}\sum_{k=1}^{n} \left(x_k - \frac{2k-1}{2n}\right)^4.$$

V. A. Andreeva[22] 证明了下面的一般性结果: 对于任何偶数 p, 带权 L_p 偏差

$$(\mathcal{D}_n^{(p)})^p = \frac{1}{2^p(p+1)}\sum_{k=1}^{n} p_k^{p+1} + \sum_{i=1}^{p/2} c_i \sum_{k=1}^{n} p_k^{p-2i+1} \left(x_k - \frac{a_k + a_{k-1}}{2}\right)^{2i},$$

其中系数

$$c_i = \frac{1}{2^{p-2i}(p+1)}\binom{p+1}{2i} \quad (i = 1, \cdots, p/2).$$

由此容易推出一维点列的 L_p 偏差 $D_n^{(p)}$ (p 为偶数) 的精确计算公式.

5° 对于 F. Hickernell 提出的广义 L_p 偏差 (第 1 章 1.7 节 10°) 的精确计算公式, 文献 [84-85] 给出了 $p = 2$ 时的有关结果. 对此我们可以考虑 $p = 2k$ $(k > 1)$ 的情形.

6° 对于底 $r \geqslant 2$ 且点数 $n = 2^m$ (m 是非负整数) 的 van der Corput 点列 $\mathcal{V}_{2,r}$ 的 L_p $(p = 1,2)$ 偏差, 文献 [65] 给出了下列精确计算公式:

$$nL_1(\mathcal{V}_{2,r}) = m\frac{r^2-1}{12r} + \frac{1}{2} + \frac{1}{4r^m}$$

($r = 2$ 时的特殊情形还可见 [208]), 以及

$$\begin{aligned}\big(nL_2(\mathcal{V}_{2,r})\big)^2 = {} & m^2\left(\frac{r^2-1}{12r}\right)^2 + m\left(\frac{3r^4+10r^2-13}{720r^2} + \frac{r^2-1}{12r}\left(1 - \frac{1}{2r^2}\right)\right) \\ & + \frac{3}{8} + \frac{1}{4r^m} - \frac{1}{72r^{2m}}\end{aligned}$$

($r = 2$ 时的特殊情形还可见 [77, 208, 289]). 另外, 该文还包含一个特殊的广义 van der Corput 点列 $\mathcal{V}_2^{\boldsymbol{\sigma}(r)}$(见第 1 章 1.7 节 11°) 的 L_2 偏差的精确计算公式, 其中置换序列 $\boldsymbol{\sigma}(r) = \{\sigma_0, \sigma_1, \cdots, \sigma_{m-1}, \mathrm{id}, \mathrm{id}, \cdots\}$, 而置换 σ_j $(0 \leqslant j \leqslant m-1)$ 或为恒等置换 id, 或为置

换 $\sigma: k \mapsto r-k-1$ $(0 \leqslant k \leqslant r-1)$. 对于 $d \geqslant 2$ 的广义 Hammersley 点列的相应结果则有待建立.

此外, M. V. Reddy[216-217] 还给出了其他一些特殊点列 (如第 3 章将要介绍的好格点点集, 第 5 章将要定义的复制格法则所使用的某些网点点集等) 的 L_2 偏差的精确计算公式; [203] 给出了 B 偏差(见第 1 章 1.7 节 10°(a)) 的各种特例 (L_2 偏差) 的精确计算公式, 等等.

第 3 章 低偏差点列

本章研究一些低偏差点列的构造. 所谓低偏差点列是指一个含 n 项的有限点列, 它的偏差 (或星偏差) 上界的阶是 $O(n^{-1+\varepsilon})$, 其中 $\varepsilon > 0$ 任意小. 也就是说, 依照 Roth 定理和 Schmidt 定理, 它的偏差 (或星偏差) 上界估计的主阶 (即非对数因子) 是不可能改进的. 因此, 当 n 较大时它的偏差 (或星偏差) 是小的. 例如, van der Corput 点列、Hammersley 点列及 Halton 点列等都是这样的点列. 低偏差点列广泛应用在各种拟 Monte Carlo 方法中, 这将是本书第 5 章和第 6 章的主题. 本章给出若干重要的应用数论方法构造的低偏差点列, 包括一些经典点列 (如 H. Niederreiter 的 (t,s) 点列) 及某些基于丢番图逼近 (或数的几何) 的结果而产生的新的点列. 特别地, 通过这些讨论给出以指数和估计为主的偏差 (或星偏差) 上界估计方法, 其中最重要的工具是 Erdös-Turán-Koksma 不等式.

3.1 Erdös-Turán-Koksma 不等式

我们已经看到, 指数和可用来判断点列的一致分布性 (即 Weyl 准则, 见第 1 章 1.7 节 8°). 下面我们将要证明的定理 3.1.1 表明, 它也可用来估计某些类型的点列的偏差的上界. 在叙述和证明这个定理前, 我们先给出一些记号. 对于 $a\in\mathbb{R}$, 令

$$\overline{a}=\max\{|a|,1\},\quad e(a)=\exp(2\pi \mathrm{i}a)=\mathrm{e}^{2\pi \mathrm{i}a}\quad (\mathrm{i}=\sqrt{-1}).$$

设 $\boldsymbol{x}=(x_1,\cdots,x_d),\boldsymbol{y}=(y_1,\cdots,y_d)\in\mathbb{R}^d$. 我们定义 $|\boldsymbol{x}|_0=\overline{x}_1\cdots\overline{x}_d$ 及 $|\boldsymbol{x}|_\infty=\max\limits_{1\leqslant k\leqslant d}|x_k|$, 并用 $\boldsymbol{x}\boldsymbol{y}=x_1y_1+\cdots+x_dy_d$ 表示 $\boldsymbol{x}$ 和 $\boldsymbol{y}$ 的标量积.

定理 3.1.1 设 $d\geqslant 1$, $\mathcal{S}=\mathcal{S}_d=\{\boldsymbol{x}_1,\cdots,\boldsymbol{x}_n\}$ 是 $\mathbb{R}^d$ 中的一个有限点列, 那么 $\mathcal{S}$ 的偏差

$$D_n(\mathcal{S})\leqslant\left(\frac{3}{2}\right)^d\left(\frac{2}{M+1}+\sum_{0<|\boldsymbol{m}|_\infty\leqslant M}\frac{1}{|\boldsymbol{m}|_0}\left|\frac{1}{n}\sum_{k=1}^n e(\boldsymbol{m}\boldsymbol{x}_k)\right|\right),\tag{3.1.1}$$

其中 M 是任意正整数.

这个不等式的一维情形 (称为 Erdös-Turán 不等式) 是 P. Erdös 和 P. Turán[62] 于 1948 年首先得到的 (还可参见 [125]), 其后曾出现过它的几个不同的变体或推广以及不同的证明. 20 世纪 50 年代初期, J. F. Koksma[116] 和 P. Szüsz[269] 独立地给出了它的多维形式 (即定理 3.1.1, 但右边的常数取不同的值), 通常称为 Erdös-Turán-Koksma 不等式, 是偏差理论中的一个重要结果. H. Niederreiter 和 W. Philipp[187] 于 1973 年还给出了 Erdös-Turán-Koksma 不等式的一个推广形式和另一个证明. 文献 [7] 包含这个不等式的一个稍弱的变体. 1985 年 J. D. Vaaler[284-285] 应用调和分析的工具提出一种改进 Erdös-Turán 不等式的方法. 1989 年 P. Grabner[73] 采用这个方法给出 Erdös-Turán-Koksma 不等式的一个新证明. 下面的证明则是依照文献 [73, 284] 改写的, 要用到一些较专门的知识 (初学者可以暂时略去).

我们先回顾一些定义和记号.

1° 设函数 f 在 $\mathbb{R}$ 上有界、连续且绝对可积, 那么称

$$\widehat{f}(t)=\int_{-\infty}^{\infty}f(x)e(-xt)\mathrm{d}x$$

为 f 的 Fourier 变换. 此时

$$f(x)=\int_{-\infty}^{\infty}\widehat{f}(t)e(xt)\mathrm{d}t,$$

它称为 Fourier 逆变换公式. 我们还有

$$\sum_{n\in\mathbb{Z}}f(x+n)=\sum_{n\in\mathbb{Z}}\widehat{f}(n)e(nx).$$

特别地, 当 $x=0$ 时

$$\sum_{n\in\mathbb{Z}}f(n)=\sum_{n\in\mathbb{Z}}\widehat{f}(n).$$

它们称为 Poisson 求和公式, 其中 f 还要满足某些其他条件 (例如, $x^2f(x)$ 有界, 除有限多个例外点外, f 分段连续可微且 $x^2f'(x)$ 有界). 与上述结果有关的细节可参考 [39,47,263] 等.

2° 设 $\delta>0$. 对于给定的函数 $F(x)$, 令 $F_\delta(x)=\delta F(\delta x)$. 易见, 若 F 可积, 则 F_δ 也可积, 并且容易验证 F_δ 的 Fourier 变换 $\widehat{F_\delta}$ 和 F 的 Fourier 变换 $\widehat{F}$ 之间有关系式:

$$\widehat{F_\delta}(t)=\widehat{F}(\delta^{-1}t). \tag{3.1.2}$$

3° 对于有限区间 $[a,b]$ 上的实函数 f, 我们用

$$V_f=V_f([a,b])=\sup\sum_{i=0}^{n-1}|f(x_{i+1})-f(x_i)|$$

表示 f 在 $[a,b]$ 上的全变差, 其中 sup 取自 $[a,b]$ 的所有分划 $a=x_0<x_1<\cdots<x_n=b$. 对于无限区间 $(-\infty,+\infty)$ 上的实函数 f, 则令

$$V_f\big((-\infty,a]\big)=\lim_{x\to-\infty}V_f([x,a]),\quad V_f(\mathbb{R})=\lim_{x\to+\infty}V_f\big((-\infty,x]\big).$$

若 f 是周期为 1 的周期函数, 则 $V_f(x)=V_f([a,x])$ 也以 1 为周期.

对于有限或无限区间 $[a,b]$, 若存在实数 M 使 $V_f([a,b])<M$, 则称 f 为 $[a,b]$ 上的有界变差函数.

设 $g(x)$ 和 $f(x)$ 分别是有限区间 $[a,b]$ 上的连续函数和有界变差函数, 则用 $\int_a^b g(x)\mathrm{d}f(x)$ 表示 $g(x)$ 关于 $f(x)$ 的 Stieljes 积分. 与此有关的进一步的知识可见 [1], [4](第三卷) 及 [9] 等.

4° 设 f 是 $\mathbb{R}$ 上的有界变差函数, 那么称

$$\phi(t)=\int_{-\infty}^{\infty}e(-xt)\mathrm{d}f(x)\quad(t\in\mathbb{R})$$

为 f 的 Fourier-Stieljes 变换, 或 $\mathrm{d}f$ 的 Fourier 变换, 也记为 $\widehat{\mathrm{d}f}(t)$, 此处

$$\int_{-\infty}^{\infty} e(-xt)\mathrm{d}f(x) = \lim_{R\to\infty}\int_{-R}^{R} e(-xt)\mathrm{d}f(x).$$

例如, 若函数 $f(x)$ 取作 x 的符号函数

$$\operatorname{sgn}(x) = \begin{cases} 1, & x>0, \\ 0, & x=0, \\ -1, & x<0, \end{cases}$$

则对于任何 $R>0$, 函数 $\operatorname{sgn}(x)$ 在 $[-R,R]$ 上有一个跳跃点 $x=0$, 因此, 按 Stieljes 积分的计算公式(见 [4](第 76 页)), 容易算出

$$\int_{-R}^{R} e(-xt)\mathrm{d}f(x) = \cos 0\cdot\big(1-(-1)\big) = 2,$$

因此

$$\widehat{\mathrm{d}\,\operatorname{sgn}}(t) = 2. \tag{3.1.3}$$

与 Fourier-Stieljes 变换有关的一些基本结果可见 [39].

5° 若 f 和 g 是两个周期为 1 的周期函数, 则定义函数

$$f*g(x) = (f*g)(x) = \int_{-1/2}^{1/2} f(x-t)g(t)\mathrm{d}t,$$
$$f*\mathrm{d}V_f(x) = (f*\mathrm{d}V_f)(x) = \int_{-1/2}^{1/2} f(x-t)\mathrm{d}V_f(t).$$

它们分别称为 f 与 g 及 f 与 $\mathrm{d}V_f$ 的卷积. 注意, 卷积是交换的: $f*g(x)=g*f(x)$ (在此我们不讨论保证积分存在的条件).

6° 整函数 $f(z)$ 称为有指数型 $\sigma\geqslant 0$, 如果对于任何 $\varepsilon>0$, 以及所有 z, 其满足

$$|f(z)| \leqslant C(\varepsilon)\mathrm{e}^{(\sigma+\varepsilon)|z|},$$

其中 $C(\varepsilon)>0$ 是一个常数.

我们现在定义下列三个复变量 z 的函数:

$$H(z) = \left(\frac{\sin\pi z}{\pi}\right)^2\left(\sum_{n\in\mathbb{Z}}\frac{\operatorname{sgn}(n)}{(z-n)^2}+\frac{2}{z}\right),$$
$$K(z) = \left(\frac{\sin\pi z}{\pi z}\right)^2,$$
$$J(z) = \frac{1}{2}H'(z).$$

$K(z)$ 就是熟知的 Fejér 核. 易见, 这三个函数都有指数型 2π. 由于

$$\begin{aligned}\int_{-1}^{1}(1-|x|)e(xt)\mathrm{d}x&=2\int_0^1(1-x)\cos 2\pi tx\mathrm{d}x\\&=2\int_0^1(1-x)\frac{\mathrm{d}}{\mathrm{d}x}\left(\frac{\sin 2\pi tx}{2\pi t}\right)\mathrm{d}x=2\int_0^1\frac{\sin 2\pi tx}{2\pi t}\mathrm{d}x\\&=\int_0^1\frac{\mathrm{d}}{\mathrm{d}x}\left(\frac{\sin^2\pi tx}{(\pi t)^2}\right)\mathrm{d}x=\left(\frac{\sin\pi t}{\pi t}\right)^2,\end{aligned}$$

因此, 我们有

$$\widehat{K}(t)=\begin{cases}1-|t|, & |t|<1,\\0, & \text{其他}.\end{cases}\tag{3.1.4}$$

引理 3.1.1 设 $x\in\mathbb{R}$, 则

$$|H(x)|\leqslant 1\quad 且\quad |\operatorname{sgn}(x)-H(x)|\leqslant K(x).$$

证 因为 $\operatorname{sgn}(x)$ 和 $H(x)$ 是奇函数, 所以我们只需证明: 当 $x>0$ 时

$$1-K(x)\leqslant H(x)\leqslant 1.$$

由

$$\sum_{n\in\mathbb{Z}}\frac{1}{(x-n)^2}=\left(\frac{\pi}{\sin\pi x}\right)^2$$

(见 [4](第 2 卷第 397 页)) 可知: 当 $x>0$ 时

$$H(x)=1+\left(\frac{\sin\pi x}{\pi}\right)^2\left(\frac{2}{x}-\frac{1}{x^2}-2\sum_{n=1}^{\infty}\frac{1}{(x+n)^2}\right).$$

应用算术–几何平均不等式, 可得

$$\begin{aligned}\frac{1}{x^2}+2\sum_{n=1}^{\infty}\frac{1}{(x+n)^2}&=\sum_{n=0}^{\infty}\left(\frac{1}{(x+n)^2}+\frac{1}{(x+n+1)^2}\right)\\&\geqslant 2\sum_{n=0}^{\infty}\frac{1}{(x+n)(x+n+1)}=\frac{2}{x};\end{aligned}$$

同时, 我们还有

$$\sum_{n=1}^{\infty}\frac{1}{(x+n)^2}\leqslant\sum_{n=1}^{\infty}\frac{1}{(x+n)(x+n-1)}=\frac{1}{x}.$$

于是得到

$$1-\left(\frac{\sin\pi x}{\pi x}\right)^2\leqslant H(x)\leqslant 1,$$

从而引理得证. □

引理 3.1.2 $J(x)$ 在 $\mathbb{R}$ 上绝对可积, 它的 Fourier 变换

$$\widehat{J}(t)=\begin{cases}1, & t=0,\\ \pi t(1-|t|)\cot\pi t+|t|, & 0<|t|<1,\\ 0, & \text{其他}.\end{cases} \tag{3.1.5}$$

此外, $\widehat{J}(t)$ 是 $[0,1]$ 上递减的偶函数, 并且

$$|\widehat{J}(t)|\leqslant 1 \quad (t\in\mathbb{R}).$$

证 令

$$H_N(z)=\left(\frac{\sin\pi z}{\pi}\right)^2\left(\sum_{n=-N}^{N}\frac{\operatorname{sgn}(n)}{(z-n)^2}+\frac{2}{z}\right),$$

那么在复平面 $\mathbb{C}$ 的任何紧子集上

$$\lim_{N\to\infty}H_N(z)=H(z),\quad \lim_{N\to\infty}\frac{1}{2}H_N'(z)=J(z)$$

一致地成立. 因为

$$\begin{aligned}H_N(z)&=\sum_{n=-N}^{N}\operatorname{sgn}(n)\left(\frac{\sin\pi(z-n)}{\pi(z-n)}\right)^2+\frac{2(\sin\pi z)^2}{\pi^2 z}\\&=\sum_{n=-N}^{N}\operatorname{sgn}(n)K(z-n)+2zK(z),\end{aligned}$$

并且容易算出

$$K(z)=\int_{-1}^{1}(1-|t|)e(zt)\mathrm{d}t,\quad zK(z)=\frac{1}{2\pi\mathrm{i}}\int_{-1}^{1}\operatorname{sgn}(t)e(zt)\mathrm{d}t,$$

所以我们得到

$$H_N(z)=\int_{-1}^{1}(1-|t|)\left(\sum_{-N}^{N}\operatorname{sgn}(n)e(-nt)\right)e(zt)\mathrm{d}t+\frac{1}{\pi\mathrm{i}}\int_{-1}^{1}\operatorname{sgn}(t)e(zt)\mathrm{d}t.$$

对 z 求导, 并应用恒等式

$$\sum_{n-N}^{N}\operatorname{sgn}(n)e(-nt)=-\mathrm{i}\cot\pi t+\mathrm{i}\frac{\cos\pi(2N+1)t}{\sin\pi t},$$

我们得到

$$\frac{1}{2}H'(z)=\int_{-1}^{1}\big((1-|t|)\pi t\cot\pi t+|t|\big)e(zt)\mathrm{d}t-\int_{-1}^{1}\cos\pi(2N+1)t\frac{\pi t e(zt)}{\sin\pi t}\mathrm{d}t.$$

由 Riemann-Lebesgue 引理(见 [47], [263] 或 [1](第 413 页), [4](第三卷第 353 页)) 可知, 当 $N\to\infty$ 时上式右边第 2 项收敛于 0, 所以我们得到

$$J(z)=\int_{-1}^{1}\big((1-|t|)\pi t\cot\pi t+|t|\big)e(zt)\mathrm{d}t. \tag{3.1.6}$$

依 Fourier 逆变换公式, 并注意到 $(1-|t|)\pi t\cot\pi t+|t|$ 是偶函数, 当 $t\to0$ 时其极限为 1, 由式 (3.1.6) 即得式 (3.1.5). 若令

$$\varphi(t)=(1-t)\pi t\cot\pi t+t,$$

则式 (3.1.6) 可改写为

$$J(z)=2\int_0^1\varphi(t)e(zt)\mathrm{d}t,$$

对它进行三次分部积分, 可得

$$J(z)=\frac{1}{(2\pi z)^3}\left(2\int_0^1\varphi'''(t)\sin2\pi zt\mathrm{d}t-\frac{4\pi^3}{3}\sin2\pi z\right),$$

因此

$$|J(x)|\leqslant\frac{c}{(1+|x|)^3},$$

其中 $c>0$ 是常数. 于是, $J(x)$ 在 $\mathbb{R}$ 上绝对可积. 另外, 因为

$$\varphi'(t)=\pi(1-2t)\cot\pi t-t(1-t)\frac{\pi^2}{\sin^2\pi t}+1,$$

所以当 $0<t<1$ 时 $\varphi'(t)<0$, 从而 $\widehat{J}(t)$ 是 $[0,1]$ 上递减的偶函数, 而且

$$|\widehat{J}(t)|\leqslant|\widehat{J}(0)|=1.$$

于是引理得证. □

为了继续进行定理的证明, 我们还需要定义一些辅助函数. 首先, 令

$$j_M(x)=\sum_{m\in\mathbb{Z}}J_{M+1}(x+m),\quad k_M(x)=\sum_{m\in\mathbb{Z}}K_{M+1}(x+m),$$

其中 $k_M(x)$ 称为周期 Fejér 核. 由 Poisson 求和公式并应用式 (3.1.2) 及式 (3.1.5), 可得

$$\begin{aligned}j_M(x)&=\sum_{m\in\mathbb{Z}}\widehat{J_{M+1}}(m)e(mx)=\sum_{m\in\mathbb{Z}}\widehat{J}\big((M+1)^{-1}m\big)e(mx)\\&=\sum_{m=-M}^{M}\widehat{J}\big((M+1)^{-1}m\big)e(mx).\end{aligned}$$

再次应用式 (3.1.2), 我们得到

$$j_M(x) = \sum_{m=-M}^{M} \widehat{J_{M+1}}(m)e(mx). \tag{3.1.7}$$

类似地得到

$$k_M(x) = \sum_{m=-M}^{M} \widehat{K_{M+1}}(m)e(mx), \tag{3.1.8}$$

以及

$$k_M(x) = \sum_{m=-M}^{M} \left(1 - \frac{|m|}{M+1}\right) e(mx).$$

由此可知

$$\begin{aligned} k_M(x) &= (M+1)^{-1} \sum_{m=-M}^{M} (M+1-|m|)e(mx) \\ &= 2(M+1)^{-1} \left(\frac{M+1}{2} + \sum_{m=1}^{M} (M+1-m)\cos 2\pi mx \right). \end{aligned}$$

记

$$A_0 = \frac{1}{2}, \quad A_n = \frac{1}{2} + \sum_{m=1}^{n} \cos 2\pi mx \quad (n = 1, \cdots, M),$$

则有

$$k_M(x) = 2(M+1)^{-1} \sum_{n=0}^{M} A_n.$$

因为当 $n = 0, \cdots, M$ 时

$$\begin{aligned} A_n &= \frac{1}{2} \sum_{m=0}^{n} \big(e(mx) + e(-mx)\big) - \frac{1}{2} = \frac{1}{2} \sum_{m=0}^{n} e(mx) + \frac{1}{2} \sum_{m=-n}^{-1} e(mx) \\ &= \frac{1 - e\big((n+1)x\big)}{2\big(1 - e(x)\big)} + \frac{e(-nx) - 1}{2\big(1 - e(x)\big)} = \frac{e\big(-(n+1/2)x\big) - e\big((n+1/2)x\big)}{2\big(e(-x/2) - e(x/2)\big)} \\ &= \frac{\sin(2n+1)\pi x}{2\sin \pi x}, \end{aligned}$$

所以

$$\begin{aligned} \sum_{n=0}^{M} A_n &= \frac{1}{2\sin \pi x} \sum_{n=0}^{M} \sin(2n+1)\pi x \\ &= \frac{1}{4\sin^2 \pi x} \sum_{n=0}^{M} \big(\cos 2n\pi x - \cos 2(n+1)\pi x\big) \\ &= \frac{1}{2} \left(\frac{\sin \pi(M+1)x}{\sin \pi x} \right)^2. \end{aligned}$$

于是, 我们得到

$$k_M(x)=(M+1)^{-1}\left(\frac{\sin\pi(M+1)x}{\sin\pi x}\right)^2$$

(还可见 [1](第 404 页) 等). 这是一个 M 阶三角多项式.

其次, 我们定义周期函数

$$\psi(x)=\frac{\{x\}-\{-x\}}{2}=\begin{cases}\{x\}-\dfrac{1}{2}, & x\notin\mathbb{Z},\\ 0, & \text{其他},\end{cases}$$

它是 Bernoulli 多项式 $B_1(x)=x-1/2$ 的周期扩展. 它的 Fourier 系数

$$\widehat{\psi}_n=\begin{cases}-(2\pi\mathrm{i}n)^{-1}, & n\neq 0,\\ 0, & n=0\end{cases}$$

(见 [1](第 373 页), [4](第三卷第 368 页)). 由此及式 (3.1.7) 可算出卷积

$$\begin{aligned}\psi*j_M(x)&=\int_{-1/2}^{1/2}\psi(x-y)j_M(y)\mathrm{d}y\\&=\sum_{n=-\infty}^{\infty}\sum_{m=-M}^{M}\widehat{\psi}_n\widehat{J_{M+1}}(m)\int_{-1/2}^{1/2}e\big((x-y)n\big)e(my)\mathrm{d}y\\&=\left(\sum_{n>M}\sum_{m=-M}^{M}+\sum_{n\leqslant M}\sum_{m=-M}^{M}\right)\widehat{\psi}_n\widehat{J_{M+1}}(m)e(nx)\int_{-1/2}^{1/2}e\big((m-n)y\big)\mathrm{d}y.\end{aligned}$$

因为

$$\int_{-1/2}^{1/2}e\big((m-n)y\big)\mathrm{d}y=\begin{cases}1, & m=n,\\ 0, & m\neq n,\end{cases}$$

所以我们得到

$$\psi*j_M(x)=-\sum_{\substack{m=M\\ m\neq 0}}^{M}(2\pi\mathrm{i}m)^{-1}\widehat{J_{M+1}}(m)e(mx).\tag{3.1.9}$$

注意 $\widehat{J_{M+1}}(x)$ 是奇函数, 所以上式可化为

$$\psi*j_M(x)=-\sum_{m=1}^{M}\widehat{J_{M+1}}(m)\frac{\sin 2\pi mx}{\pi m}.\tag{3.1.10}$$

特别地, 由此可知 $\psi*j_M$ 是一个 M 阶三角多项式.

最后, 我们令

$$E(x)=H(x)-\mathrm{sgn}(x).$$

由引理 3.1.2 的证明, 可知 $H'(x)=2J(x)$ 在 $\mathbb{R}$ 上有界, 因此可推出 $H(x)$ 是 $\mathbb{R}$ 上的有界变差函数(应用 [4](第三卷第 54 页) 的 3°), 所以 $E(x)$ 也有同样的性质. 于是, 注意到式 (3.1.3), 当 $t\neq 0$ 时

$$\begin{aligned}\frac{1}{2}\widehat{\mathrm{d}E}(t)&=\frac{1}{2}\int_{-\infty}^{\infty}e(-xt)\mathrm{d}E(x)=\frac{1}{2}\int_{-\infty}^{\infty}e(-xt)\mathrm{d}H(x)-\frac{1}{2}\widehat{\mathrm{d}\,\mathrm{sgn}}(t)\\&=\frac{1}{2}\int_{-\infty}^{\infty}H'(x)e(-xt)\mathrm{d}x-\frac{1}{2}\widehat{\mathrm{d}\,\mathrm{sgn}}(t)\\&=\int_{-\infty}^{\infty}J(x)e(-xt)\mathrm{d}x-1=\widehat{J}(t)-1.\end{aligned}$$

应用 Stieljes 积分的分部积分公式, 并且注意引理 3.1.1 中的估值及 $H(z)$ 有指数型 2π, 可知上式左边的积分

$$\frac{1}{2}\widehat{\mathrm{d}E}(t)=\int_{-\infty}^{\infty}E(x)\mathrm{d}e(-xt)=\pi\mathrm{i}t\int_{-\infty}^{\infty}E(x)e(-xt)\mathrm{d}x=\pi\mathrm{i}t\widehat{E}(t).$$

另外, 我们还有 $\lim\limits_{t\to 0}\big(\widehat{J}(t)-1\big)=0$. 因此

$$\widehat{E}(t)=\begin{cases}(\pi\mathrm{i}t)^{-1}\big(\widehat{J}(t)-1\big), & t\neq 0,\\ 0, & t=0.\end{cases}\tag{3.1.11}$$

引理 3.1.3 三角多项式 $\psi*j_M(x)$ 满足不等式

$$|\psi*j_M(x)-\psi(x)|\leqslant\frac{1}{2M+2}k_M(x).\tag{3.1.12}$$

证 应用 $\psi(x)$ 的 Fourier 展开、式 (3.1.9) 和式 (3.1.11), 并注意到

$$\widehat{J_{M+1}}(m)=0\quad(|m|>M),\quad \widehat{E}(0)=0,$$

我们有

$$\begin{aligned}\psi*j_M(x)-\psi(x)&=-\sum_{\substack{m=-\infty\\m\neq 0}}^{\infty}(2\pi\mathrm{i}m)^{-1}\big(\widehat{J_{M+1}}(m)-1\big)e(mx)\\&=-\sum_{\substack{m=-\infty\\m\neq 0}}^{\infty}(2\pi\mathrm{i}m)^{-1}\big(\widehat{J}\big((M+1)^{-1}m\big)-1\big)e(mx)\\&=-\sum_{\substack{m=-\infty\\m\neq 0}}^{\infty}(2\pi\mathrm{i}m)^{-1}\cdot\pi\mathrm{i}(M+1)^{-1}m\widehat{E}\big((M+1)^{-1}m\big)e(mx)\\&=-\frac{1}{2M+2}\sum_{m=-\infty}^{\infty}\widehat{E_{M+1}}(m)e(mx).\end{aligned}$$

应用 Poisson 求和公式, 可由上式得到

$$\begin{aligned}\psi*j_M(x)-\psi(x)&=-\frac{1}{2M+2}\sum_{m=-\infty}^{\infty}E_{M+1}(m+x)\\&=-\frac{1}{2M+2}\sum_{m=-\infty}^{\infty}(M+1)E\big((M+1)(m+x)\big).\end{aligned}$$

最后, 由引理 3.1.1 推出

$$\begin{aligned}|\psi*j_M(x)-\psi(x)|&\leqslant\frac{1}{2M+2}\sum_{m=-\infty}^{\infty}(M+1)K\big((M+1)(m+x)\big)\\&=\frac{1}{2M+2}\sum_{m=-\infty}^{\infty}K_{M+1}(m+x)=\frac{1}{2M+2}k_M(x).\end{aligned}$$

于是式 (3.1.12) 得证. □

引理 3.1.4 设 f 是以 1 为周期的有界变差的实周期函数, 并且对于每个 $x\in[0,1]$, 有

$$|2f(x)-f(x-)-f(x+)|=|f(x-)-f(x+)|,\tag{3.1.13}$$

那么 $f*j_M(x)$ 和 $\mathrm{d}V_f*k_M(x)$ 都是阶数至多为 M 的三角多项式, 并且满足

$$|f(x)-f*j_M(x)|\leqslant\frac{1}{2M+2}\mathrm{d}V_f*k_M(x),\tag{3.1.14}$$

此处 $V_f(x)=V_f([-1/2,x])$, $f(x-)$ 和 $f(x+)$ 分别表示函数 f 在点 x 处的左极限和右极限.

证 由 $j_M(x)$ 和 $k_M(x)$ 的定义, 可以推知三角多项式 $f*j_M(x)$ 和 $\mathrm{d}V_f*k_M(x)$ 的阶数至多为 M. 为证明式 (3.1.14), 先设 $x\in[0,1]$ 是 f 的连续点. 由式 (3.1.9) 和式 (3.1.7) 得

$$\frac{\mathrm{d}}{\mathrm{d}x}\psi*j_M(x)=1-j_M(x),$$

因此

$$\begin{aligned}&\int_{-1/2}^{1/2}\big(\psi*j_M(x-t)-\psi(x-t)\big)\mathrm{d}f(t)\\&=\int_{-1/2}^{1/2}f(x-t)\mathrm{d}\big(\psi*j_M(t)-\psi(t)\big)\\&=\int_{-1/2}^{1/2}f(x-t)\big(1-j_M(t)\big)\mathrm{d}t-\int_{-1/2}^{1/2}f(x-t)\mathrm{d}\psi(t)\\&=\int_{-1/2}^{1/2}f(x-t)\mathrm{d}t-\int_{-1/2}^{1/2}f(x-t)j_M(t)\mathrm{d}t-\int_{-1/2}^{1/2}f(x-t)\mathrm{d}\psi(t)\end{aligned}$$

$$= -f * j_M(x) + \int_{-1/2}^{1/2} f(x-t)\mathrm{d}\big(t-\psi(t)\big).$$

注意, 当 $|t| \leqslant 1/2$ 时

$$t-\psi(t) = \begin{cases} \dfrac{1}{2}, & 0 < t \leqslant \dfrac{1}{2}, \\ 0, & t = 0, \\ -\dfrac{1}{2}, & -\dfrac{1}{2} \leqslant t < 0, \end{cases}$$

由此算出

$$\int_{-1/2}^{1/2} f(x-t)\mathrm{d}\big(t-\psi(t)\big) = f(x)\left(\frac{1}{2} - \left(-\frac{1}{2}\right)\right) = f(x),$$

于是

$$\int_{-1/2}^{1/2} f(x-t)\mathrm{d}\big(\psi * j_M(t) - \psi(t)\big) = f(x) - f * j_M(x).$$

应用 Stieljes 积分的分部积分公式及式 (3.1.12), 我们推出

$$\begin{aligned} |f(x) - f * j_M(x)| &= \left| \int_{-1/2}^{1/2} \big(\psi * j_M(x-t) - \psi(x-t)\big)\mathrm{d}f(t) \right| \\ &\leqslant \int_{-1/2}^{1/2} |\psi * j_M(x-t) - \psi(x-t)| \mathrm{d}V_f(t) \\ &\leqslant \frac{1}{2M+2} \int_{-1/2}^{1/2} k_M(x-t)\mathrm{d}V_f(t) \\ &= \frac{1}{2M+2} \mathrm{d}V_f * k_M(x). \end{aligned}$$

如果 f 在 x 处不连续, 那么 $f(x+)$ 及 $f(x-)$ 存在(见 [9](第 246 页)), 所以当 h 足够小时 f 在 $(x-2h, x)$ 及 $(x, x+2h)$ 上连续. 由式 (3.1.15), $2f(x) - f(x-) - f(x+) = \pm\big(f(x-) - f(x+)\big)$, 因此 $f(x) = f(x+)$ 或 $f(x-)$. 不妨设 $f(x) = f(x+)$. 因为 f 在 $(x, x+2h)$ 上连续, 所以依上文所证, 我们有

$$|f(x+h) - f * j_M(x+h)| \leqslant \frac{1}{2M+2} \mathrm{d}V_f * k_M(x+h),$$

在其中令 $h \to 0$, 并注意 $\mathrm{d}V_f * k_M(x)$ 及 $f * j_M(x)$ 连续, 即得

$$|f(x+) - f * j_M(x)| \leqslant \frac{1}{2M+2} \mathrm{d}V_f * k_M(x),$$

因而式 (3.1.14) 也成立. 于是引理得证. □

引理 3.1.5 设 $\mathcal{S}_d$ 和 M 如定理 3.1.1 所述, 那么

$$D_n(\mathcal{S}_d) \leqslant \left(1 + \frac{1}{M+1}\right)^d - 1$$

$$+\sum_{0<|\boldsymbol{m}|_\infty\leqslant M}\left(\frac{1}{(M+1)^{d-\mu(\boldsymbol{m})}}\left(1+\frac{1}{M+1}\right)^{\mu(\boldsymbol{m})}+\frac{1}{|\pi\boldsymbol{m}|_0}\right)\cdot\left|\frac{1}{n}\sum_{k=1}^{n}e(\boldsymbol{m}\boldsymbol{x}_k)\right|,$$

其中 $\mu(\boldsymbol{m})$ 表示 $\boldsymbol{m}$ 的零分量 (即 $m_j=0$) 的个数.

证 设 $I=I_1\times\cdots\times I_d\subset[0,1)^d$, 其中 $I_i=[\alpha_i,\beta_i)\subset[0,1)$, 而且 $|I_i|\leqslant 1$ $(i=1,\cdots,d)$. 用 $\chi_i(x)=\chi(I_i;x)$ 表示区间 I_i 的特征函数, 即

$$\chi(I_i;x)=\begin{cases}1, & \{x\}\in I_i,\\ 0, & \{x\}\notin I_i,\end{cases}$$

那么 I 的特征函数

$$\chi(\boldsymbol{x})=\chi(I;\boldsymbol{x})=\prod_{i=1}^{d}\chi_i(x_i). \tag{3.1.15}$$

在引理 3.1.4 中取 $f(x)$ 为 $\chi_i(x_i)$, 记 $\mathrm{d}V_i(x_i)=\mathrm{d}V_{\chi_i}(x_i)$, 并应用式 (3.1.8), 可得

$$\begin{aligned}|\chi_i(x_i)-\chi_i*j_M(x_i)|&\leqslant\frac{1}{2M+2}\mathrm{d}V_i*k_M(x_i)\\&=\frac{1}{2M+2}\sum_{m_i=-M}^{M}\widehat{K_{M+1}}(m_i)\int_0^1 e\big(m_i(x_i-t)\big)\mathrm{d}V_i(t)\\&=\frac{1}{2M+2}\sum_{m_i=-M}^{M}\widehat{K_{M+1}}(m_i)e(m_ix_i)\int_0^1 e(-m_it)\mathrm{d}V_i(t).\end{aligned} \tag{3.1.16}$$

记

$$C_{i,m_i}=\frac{1}{2}\int_0^1 e(-m_it)\mathrm{d}V_i(t),$$

那么

$$|C_{i,m_i}|\leqslant 1 \tag{3.1.17}$$

(因为 $V_i(t)\leqslant 2$). 还记

$$g_i(x_i)=\chi_i*j_M(x_i).$$

类似于式 (3.1.9), 并注意 χ_i 的 Fourier 系数 $\widehat{\chi}_{im_i}=\widehat{\chi}_i(m_i)$, 由式 (3.1.7) 可推出

$$g_i(x_i)=\sum_{m_i=M}^{M}\widehat{\chi}_i(m_i)\widehat{J_{M+1}}(m_i)e(m_ix_i). \tag{3.1.18}$$

由式 (3.1.16) 得

$$|\chi_i(x_i)-g_i(x_i)|\leqslant\frac{1}{M+1}\sum_{m_i=-M}^{M}\widehat{K_{M+1}}(m_i)C_{i,m_i}e(m_ix_i). \tag{3.1.19}$$

在第 1 章引理 1.4.4 中取 $m=d$, 所有 $s_\nu=1$, 并令

$$\alpha_{\nu 1}=\chi_\nu(x_\nu),\quad c_{\nu 1}=g_\nu(x_\nu)-\chi_\nu(x_\nu),\quad c_\nu=|\chi_\nu(x_\nu)-g_\nu(x_\nu)|\quad(\nu=1,\cdots,d),$$

那么

$$\left|\prod_{i=1}^{d}\chi_i(x_i)-\prod_{i=1}^{d}g_i(x_i)\right|\leqslant\prod_{i=1}^{d}\big(1+|\chi_i(x_i)-g_i(x_i)|\big)-1.$$

设 $\boldsymbol{x}_k=(x_{k,1},\cdots,x_{k,d})\in\mathcal{S}_d$, 那么由上式及式 (3.1.15) 得到

$$\begin{aligned}\left|\sum_{k=1}^{n}\chi(\boldsymbol{x}_k)-n|I|\right|&\leqslant\left|\sum_{k=1}^{n}\left(\prod_{i=1}^{d}\chi_i(x_i)-\prod_{i=1}^{d}g_i(x_{k,i})\right)\right|+\left|\sum_{k=1}^{n}\prod_{i=1}^{d}g_i(x_{k,i})-n|I|\right|\\&\leqslant\sum_{k=1}^{n}\left(\prod_{i=1}^{d}\big(1+|\chi_i(x_i)-g_i(x_i)|\big)-1\right)+\left|\sum_{k=1}^{n}\left(\prod_{i=1}^{d}g_i(x_{k,i})-|I|\right)\right|.\end{aligned}\tag{3.1.20}$$

由式 (3.1.18) 和式 (3.1.19) 可知

$$\begin{aligned}\text{上式}\leqslant&\sum_{k=1}^{n}\left(\prod_{i=1}^{d}\left(1+\frac{1}{M+1}\sum_{m_i=-M}^{M}\widehat{K_{M+1}}(m_i)C_{i,m_i}e(m_ix_{k,i})\right)-1\right)\\&+\left|\sum_{k=1}^{n}\left(\prod_{i=1}^{d}\left(\sum_{m_i=-M}^{M}\widehat{\chi}_i(m_i)\widehat{J_{M+1}}(m_i)e(m_ix_{k,i})\right)-|I|\right)\right|.\end{aligned}\tag{3.1.21}$$

因为当 $m_i=0$ 时

$$\widehat{K_{M+1}}(m_i)C_{i,m_i}e(m_ix_{k,i})=C_{i,0}=\frac{1}{2}\int_0^1\mathrm{d}V_i(t)=1,$$
$$\widehat{\chi}_i(m_i)\widehat{J_{M+1}}(m_i)e(m_ix_{k,i})=\widehat{\chi}_i(0)=\widehat{\chi}_{i0}=\int_{I_i}\mathrm{d}t=|I_i|,$$

所以式 (3.1.21) 右边等于

$$\begin{aligned}&\sum_{k=1}^{n}\left(\prod_{i=1}^{d}\left(1+\frac{1}{M+1}+\frac{1}{M+1}\sum_{\substack{m_i=-M\\m_i\neq0}}^{M}\widehat{K_{M+1}}(m_i)C_{i,m_i}e(m_ix_{k,i})\right)-1\right)\\&+\left|\sum_{0<|\boldsymbol{m}|_\infty\leqslant M}\prod_{i=1}^{d}\left(\widehat{\chi}_i(m_i)\widehat{J_{M+1}}(m_i)\right)\sum_{k=1}^{n}e(\boldsymbol{m}\boldsymbol{x}_k)\right|.\end{aligned}\tag{3.1.22}$$

最后, 我们需要一些简单的估值. 除式 (3.1.19) 外, 还要注意 $\widehat{\chi}_i(0)=0$, 而当 $m_i\neq0$ 时

$$\begin{aligned}|\widehat{\chi}_i(m_i)|&=\left|\int_{\alpha_i}^{\beta_i}e(-xm_i)\mathrm{d}x\right|=\left|\frac{e(\beta_im_i)-e(\alpha_im_i)}{-2\pi m_ii}\right|\\&=\left|\frac{\sin\pi m_i|I_i|}{\pi m_i}\right|\leqslant\frac{1}{\pi m_i}.\end{aligned}$$

又由式 (3.1.4) 得

$$|\widehat{K_{M+1}}(m_i)| = \left|\widehat{K}\left(\frac{m_i}{M+1}\right)\right| \leqslant 1, \quad \widehat{K_{M+1}}(0) = 1.$$

由引理 3.1.2 可知

$$|\widehat{J_{M+1}}(m_i)| \leqslant 1, \quad \widehat{J_{M+1}}(0) = 1.$$

于是式 (3.1.22) 的第 1 项为

$$\sum_{k=1}^{n}\left(\left(1+\frac{1}{M+1}\right)^d + A_k - 1\right) = n\left(1+\frac{1}{M+1}\right)^d + \sum_{k=1}^{n} A_k - n,$$

其中

$$\left|\sum_{k=1}^{n} A_k\right| \leqslant \sum_{0<|\boldsymbol{m}|_\infty \leqslant M}\left(1+\frac{1}{M+1}\right)^{\mu(\boldsymbol{m})}\left(\frac{1}{M+1}\right)^{d-\mu(\boldsymbol{m})}\left|\sum_{k=1}^{n} e(\boldsymbol{m}\boldsymbol{x}_k)\right|;$$

而式 (3.1.22) 的第 2 项小于或等于

$$\sum_{0<|\boldsymbol{m}|_\infty \leqslant M}\left|\prod_{i=1}^{d}\widehat{\chi}_i(m_i)\widehat{J_{M+1}}(m_i)\right|\left|\sum_{k=1}^{n} e(\boldsymbol{m}\boldsymbol{x}_k)\right| \leqslant \sum_{0<|\boldsymbol{m}|_\infty \leqslant M}\frac{1}{|\pi\boldsymbol{m}|_0}\left|\sum_{k=1}^{n} e(\boldsymbol{m}\boldsymbol{x}_k)\right|.$$

因此, 由式 (3.1.20) 和式 (3.1.22) 得到

$$\begin{aligned}
&\left|\sum_{k=1}^{n}\chi(\boldsymbol{x}_k) - n|I|\right| \\
&\quad \leqslant n\left(1+\frac{1}{M+1}\right)^d - n \\
&\qquad + \sum_{0<|\boldsymbol{m}|_\infty \leqslant M}\left(\frac{1}{(M+1)^{d-\mu(\boldsymbol{m})}}\left(1+\frac{1}{M+1}\right)^{\mu(\boldsymbol{m})} + \frac{1}{|\pi\boldsymbol{m}|_0}\right)\left|\sum_{k=1}^{n} e(\boldsymbol{m}\boldsymbol{x}_k)\right|,
\end{aligned}$$

两边除以 n, 即得所要的不等式. 于是引理得证. □

定理 3.1.1 之证 对于引理 3.1.5 中不等式右边的项, 我们有

$$\left(1+\frac{1}{M+1}\right)^d - 1 \leqslant \left(\frac{3}{2}\right)^d \frac{2}{M+1},$$

以及

$$\begin{aligned}
&\frac{1}{(M+1)^{d-\mu(\boldsymbol{m})}}\left(1+\frac{1}{M+1}\right)^{\mu(\boldsymbol{m})} + \frac{1}{|\pi\boldsymbol{m}|_0} \\
&\quad = \frac{1}{(M+1)^{d-\mu(\boldsymbol{m})}}\left(1+\frac{1}{M+1}\right)^{\mu(\boldsymbol{m})} + \frac{1}{\pi^{d-\mu(\boldsymbol{m})}|\boldsymbol{m}|_0}
\end{aligned}$$

$$\leqslant \frac{1}{|\boldsymbol{m}|_0}\left(\frac{1}{\pi^{d-\mu(\boldsymbol{m})}}+\left(1+\frac{1}{M+1}\right)^{\mu(\boldsymbol{m})}\right)$$

$$\leqslant \frac{1}{|\boldsymbol{m}|_0}\left(\frac{1}{\pi}+\left(\frac{3}{2}\right)^{d-1}\right)\leqslant \frac{1}{|\boldsymbol{m}|_0}\left(\frac{3}{2}\right)^{d}.$$

由此可得式 (3.1.1), 于是定理 3.1.1 得证. □

注 3.1.1 式 (3.1.1) 中的常数 $(3/2)^d$ 可以改进. 例如, 当 $M>q/(q-1)$ 时, 其中 q 是任意大于 1 的固定的数, 我们有

$$D_n(\mathcal{S})\leqslant \frac{q^d-1}{q-1}\left(\frac{1}{M+1}+\sum_{0<|\boldsymbol{m}|_\infty\leqslant M}\frac{1}{|\boldsymbol{m}|_0}\left|\frac{1}{n}\sum_{k=1}^{n}e(\boldsymbol{m}\boldsymbol{x}_k)\right|\right).$$

推论 3.1.1 设 $d\geqslant 1$, $\mathcal{S}=\mathcal{S}_d=\{\boldsymbol{x}_1,\cdots,\boldsymbol{x}_n\}$ 是 $\mathbb{R}^d$ 中的一个有限点列, 那么 $\mathcal{S}$ 的偏差

$$D_n(\mathcal{S})\leqslant 6\left(\frac{3}{2}\right)^d\left(\sum_{\boldsymbol{m}\neq 0}\frac{1}{|\boldsymbol{m}|_0^2}\left|\frac{1}{n}\sum_{k=1}^{n}e(\boldsymbol{m}\boldsymbol{x}_k)\right|^2\right)^{1/(d+2)}. \tag{3.1.23}$$

证 令

$$F_n=\left(\sum_{\boldsymbol{m}\neq 0}\frac{1}{|\boldsymbol{m}|_0^2}\left|\frac{1}{n}\sum_{k=1}^{n}e(\boldsymbol{m}\boldsymbol{x}_k)\right|^2\right)^{1/2}.$$

若 $F_n>3^{-d/2}$, 则因为 $D_n(\mathcal{S})\leqslant 1$, 所以不等式 (3.1.23) 显然成立. 现在设 $F_n\leqslant 3^{d/2}$, 并记 $h=(3^{d/2}F_n)^{-2/(d+2)}$, 那么 $h\geqslant 1$. 在定理 3.1.1 中取 $M=[h]$ (注意 $M\geqslant 1$). 由 Cauchy-Schwarz 不等式可知

$$\sum_{0<|\boldsymbol{m}|_\infty\leqslant M}1\cdot\frac{1}{|\boldsymbol{m}|_0}\left|\frac{1}{n}\sum_{k=1}^{n}e(\boldsymbol{m}\boldsymbol{x}_k)\right|\leqslant (2M+1)^{d/2}F_n.$$

于是, 由定理 3.1.1 得到

$$D_n(\mathcal{S})\leqslant \left(\frac{3}{2}\right)^d\left(\frac{1}{M+1}+(2M+1)^{d/2}F_n\right)$$

$$\leqslant \left(\frac{3}{2}\right)^d\left(\frac{1}{h}+3^{d/2}h^{d/2}F_n\right)=2\left(\frac{3}{2}\right)^d 3^{d/(d+2)}F_n^{2/(d+2)}.$$

因此不等式 (3.1.23) 得证. □

注 3.1.2 不等式 (3.1.23) 是由 H. Stegbuchner[262] 给出的, 在其中令 $d=1$ 即可得到 LeVeque 不等式的一个稍弱一点的变体 (即常数要差些). 原始的 LeVeque 不等式 (见 [125]) 是: 若 $\mathcal{S}=\{x_1,\cdots,x_n\}$ 是 $\mathbb{R}$ 中的一个有限点列, 那么它的偏差

$$D_n(\mathcal{S})\leqslant\left(\frac{6}{\pi^2}\sum_{m=1}^{\infty}\frac{1}{m^2}\left|\frac{1}{n}\sum_{k=1}^{n}e(mx_k)\right|^2\right)^{1/3},$$

并且其中常数 $6/\pi^2$ 及指数 $1/3$ 是最优的.

注 3.1.3 F. E. Su[266] 给出了 LeVeque 型偏差的下界估计

$$D_n(\mathcal{S}) \geqslant \left(\frac{2}{\pi^2}\sum_{m=1}^{\infty}\frac{1}{m^2}\left|\frac{1}{n}\sum_{k=1}^{n}e(mx_k)\right|^2\right)^{1/2},$$

其中 $\mathcal{S}=\{x_1,\cdots,x_n\}$ 是 $\mathbb{R}$ 中的一个有限点列. 他还将此结果扩充到维数 $d>1$ 的情形, 并应用于 d ($\geqslant 1$) 维 Kronecker 点列 (下节即将介绍这个点列).

3.2 Kronecker 点列

在第 1 章中我们证明了: 当且仅当 θ 是无理数, 点列 $\{k\theta\ (k=1,2,\cdots)\}$ 是模 1 一致分布的. 这个点列的多维推广形式是

$$\{k\boldsymbol{\theta}=(k\theta_1,\cdots,k\theta_d)\ (k=1,2,\cdots)\},$$

其中 $\boldsymbol{\theta}=(\theta_1,\cdots,\theta_d)\in\mathbb{R}^d$ ($d\geqslant 1$), 它称为 d 维 Kronecker 点列, 并且有时将它简记为 $(k\boldsymbol{\theta})$.

如果 $1,\theta_1,\cdots,\theta_d$ 在 $\mathbb{Q}$ 上线性无关 (即对于任何不全为零的整数 $l_0,l_1,\cdots,l_d$, 总有 $l_0+l_1\theta_1+\cdots+l_d\theta_d\neq 0$), 那么对任何非零矢 $\boldsymbol{m}\in\mathbb{Z}^d$, 实数 $\sigma=\boldsymbol{m}\boldsymbol{\theta}\notin\mathbb{Q}$, 因而对于任何固定的非零整矢 $\boldsymbol{m}$, 一维点列 $\{k\sigma\ (k=1,2,\cdots)\}$ 是模 1 一致分布的. 依 (一维情形) Weyl 准则, 对任何非零整数 l,

$$\lim_{n\to\infty}\frac{1}{n}\sum_{k=1}^{n}\mathrm{e}^{2\pi\mathrm{i}(l\cdot k\sigma)}=0.$$

特别地, 取 $l=1$, 则得

$$\lim_{n\to\infty}\frac{1}{n}\sum_{k=1}^{n}\mathrm{e}^{2\pi\mathrm{i}(k\boldsymbol{m}\boldsymbol{\theta})}=0,$$

即

$$\lim_{n\to\infty}\frac{1}{n}\sum_{k=1}^{n}\mathrm{e}^{2\pi\mathrm{i}(\boldsymbol{m}\cdot k\boldsymbol{\theta})}=0.$$

因为 $\boldsymbol{m}$ 是任意非零矢, 依 (多维情形) Weyl 准则, 可知 $\{k\boldsymbol{\theta}\ (k=1,2,\cdots)\}$ 是模 1 一致分布的. 反过来, 如果 $1,\theta_1,\cdots,\theta_d$ 在 $\mathbb{Q}$ 上线性相关, 那么存在非零矢 $\boldsymbol{m}_0\in\mathbb{Z}^d$ 使 $\boldsymbol{m}_0\boldsymbol{\theta}\in\mathbb{Q}$, 因而一维点列 $\{k(\boldsymbol{m}_0\boldsymbol{\theta})\ (k=1,2,\cdots)\}$ 不是模 1 一致分布的. 依 (一维情形) Weyl 准则, 存在非零整数 h_0 使

$$\lim_{n\to\infty}\frac{1}{n}\sum_{k=1}^{n}\mathrm{e}^{2\pi\mathrm{i}(h_0\cdot k\boldsymbol{m}_0\boldsymbol{\theta})}\neq 0,$$

因此, 对于非零矢 $h_0\boldsymbol{m}_0\in\mathbb{Z}^d$, 有

$$\lim_{n\to\infty}\frac{1}{n}\sum_{k=1}^{n}\mathrm{e}^{2\pi\mathrm{i}(h_0\boldsymbol{m}_0\cdot k\boldsymbol{\theta})}\neq 0.$$

依 (多维情形) Weyl 准则, 可知 $\{k\boldsymbol{\theta}\ (k=1,2,\cdots)\}$ 不是模 1 一致分布的. 于是我们得到

引理 3.2.1 设 $\boldsymbol{\theta}=(\theta_1,\cdots,\theta_d)\in\mathbb{R}^d$, 那么当且仅当 $1,\theta_1,\cdots,\theta_d$ 在 $\mathbb{Q}$ 上线性无关, 点列 $\{k\boldsymbol{\theta}\ (k=1,2,\cdots)\}$ 是模 1 一致分布的.

关于 Kronecker 点列的偏差上界估计, 1964 年, W. M. Schmidt[221] 证明了: 对几乎所有 (Lebesgue 测度的意义) 的 $\boldsymbol{\theta}\in\mathbb{R}^d$, 点列 $\{k\boldsymbol{\theta}\ (k=1,2,\cdots,n)\}$ 的偏差 $D_n=O(n^{-1+\varepsilon})$, 其中 $\varepsilon>0$ 任意给定; 更精确地说, 根据 [27, 110-111] 的结果, 可知 D_n 介于 $\lambda_1 n^{-1}(\log n)^d(\log\log n)^{1-\varepsilon}$ 和 $\lambda_2 n^{-1}(\log n)^d(\log\log n)^{1+\varepsilon}$ 之间, 此处 $\lambda_i>0$ 是常数. 但要具体构造出具有这种性质的 $\boldsymbol{\theta}\in\mathbb{R}^d$, 通常须假定 $\boldsymbol{\theta}$ 满足某些丢番图不等式. 下面是一个典型的结果[309]:

定理 3.2.1 设 $d\geqslant 1,\boldsymbol{\theta}=(\theta_1,\cdots,\theta_d)\in\mathbb{R}^d$, 还设 $a,b\geqslant 0,a+b\geqslant 1$. 如果对任何非零的 $\boldsymbol{m}=(m_1,\cdots,m_s)\in\mathbb{Z}^d$, 有

$$\|\boldsymbol{m}\boldsymbol{\theta}\|\geqslant\gamma|\boldsymbol{m}|_0^{-a}|\boldsymbol{m}|_\infty^{-b},\tag{3.2.1}$$

其中 $\gamma>0$ 是常数, 而符号 $\|a\|=\min\{|z-a|\mid|z\in\mathbb{Z}\}$ $(a\in\mathbb{R})$, 那么点列 $(k\boldsymbol{\theta})^{(n)}=\{k\boldsymbol{\theta}\ (1\leqslant k\leqslant n)\}$ 的偏差

$$D_n\big((k\boldsymbol{\theta})^{(n)}\big)\leqslant\begin{cases}\gamma_1(a,b,d)n^{-1+\frac{a+b-1}{a+b}}(\log n)^{\frac{1+\delta_{0,a+b-1}}{a+b}}, & 0\leqslant a<1,\\ \gamma_1(a,b,d)n^{-1+\frac{b}{b+1}}(\log n)^{\frac{d+\delta_{0b}}{b+1}}, & a=1,\\ \gamma_1(a,b,d)n^{-1+\frac{d(a-1)+b}{d(a-1)+b+1}}(\log n)^{\frac{1}{d(a-1)+b+1}}, & a>1,\end{cases}$$

其中 γ_1 (及下文中的 γ_i) >0 是常数, δ_{ij} 是 Kronecker 符号.

注 3.2.1 由式 (3.2.1) 可以得到 $1,\theta_1,\cdots,\theta_d$ 的一个线性无关性度量 (关于此概念, 可见 [19]). 如果在式 (3.2.1) 中 $b=0$, 那么可以证明: 若有无穷多个非零的 $\boldsymbol{m}=(m_1,\cdots,m_d)\in\mathbb{Z}^d$ 满足式 (3.2.1), 则必有 $a\geqslant 1$(参见注 3.3.2). 因为我们已假设 $a+b\geqslant 1$, 所以 $0\leqslant a<1$ 的情形是可能的.

在定理 3.2.1 中分别取 $b=0$ 及 $a=0$, 我们得到

推论 3.2.1 设 $a\geqslant 1$. 如果 $\boldsymbol{\theta}=(\theta_1,\cdots,\theta_d)\in\mathbb{R}^d$ 满足

$$\|\boldsymbol{m}\boldsymbol{\theta}\|\geqslant\gamma|\boldsymbol{m}|_0^{-a}\quad(\boldsymbol{m}\in\mathbb{Z}^d,\boldsymbol{m}\neq\boldsymbol{0}),$$

那么

$$D_n(k\boldsymbol{\theta})\leqslant\gamma_2(a,d)n^{-1+\frac{d(a-1)}{d(a-1)+1}}(\log n)^{\frac{1+d\delta_{1a}}{d(a-1)+1}}.$$

特别地, 当 $a=1$ 或 $1+\varepsilon'>1$ 时

$$D_n(k\boldsymbol{\theta})=O(n^{-1+\varepsilon})\quad(\varepsilon>0).$$

推论 3.2.2 设 $b\geqslant 1$. 如果 $\boldsymbol{\theta}=(\theta_1,\cdots,\theta_d)\in\mathbb{R}^d$ 满足

$$\|\boldsymbol{m}\boldsymbol{\theta}\|\geqslant\gamma|\boldsymbol{m}|_\infty^{-b}\quad(\boldsymbol{m}\in\mathbb{Z}^d,\boldsymbol{m}\neq 0),$$

那么

$$D_n(k\boldsymbol{\theta})\leqslant\gamma_3(b,d)n^{-\frac{1}{b}}(\log n)^{\frac{1+\delta_{1b}}{b}}.$$

特别地, 当 $b=1$ 时

$$D_n(k\boldsymbol{\theta})=O(n^{-1+\varepsilon})\quad(\varepsilon>0).$$

在推论 3.2.1 中取 $d=1$, 可得

推论 3.2.3 设 $a\geqslant 1$. 如果实数 θ 满足

$$\|m\theta\|\geqslant\gamma|m|_0^{-a}\quad(m\in\mathbb{Z},m\neq 0),$$

那么

$$D_n(k\theta)\leqslant\gamma_4(a)n^{-\frac{1}{a}}(\log n)^{\frac{1}{a}}.$$

特别地, 当 $a=1$ 时

$$D_n(k\theta)=O(n^{-1+\varepsilon})\quad(\varepsilon>0).$$

为证明定理 3.2.1, 我们首先给出下面一个简单的辅助结果:

引理 3.2.2 设 m,n 是任意整数且 $n>1$, δ 是任意实数, 则

$$\left|\sum_{k=m+1}^{m+n} e(k\delta)\right| \leqslant \min\left\{n,(2\|\delta\|)^{-1}\right\}.$$

证 注意

$$\left|\sum_{k=m+1}^{m+n} e(k\delta)\right| = \left|\sum_{k=1}^{n} e(k\delta)\right|,$$

所以可设 $m=0$. 因为函数 $e(x)$ 和 $\|x\|$ 都以 1 为周期, 所以不妨设 $0\leqslant\delta<1$. 当 $0<\delta<1$ 时

$$\left|\sum_{k=1}^{n} e(k\delta)\right| = \left|\frac{e\big((n+1)\delta\big)-e(\delta)}{e(\delta)-1}\right| \leqslant \frac{1}{\sin\pi\delta} = \frac{1}{\sin\pi\|\delta\|}.$$

注意当 $0\leqslant t\leqslant\pi/2$ 时 $(2/\pi)t\leqslant\sin t\leqslant t$, 所以

$$\left|\sum_{k=1}^{n} e(k\delta)\right| \leqslant \frac{1}{2\|\delta\|}.$$

显然, 对于任何实数 δ, 有

$$\left|\sum_{k=1}^{n} e(k\delta)\right| \leqslant n.$$

因此引理得证. □

定理 3.2.1 之证 由定理 3.1.1 及引理 3.2.2 得

$$D_n(k\boldsymbol{\theta}) \leqslant \left(\frac{3}{2}\right)^d \left(\frac{2}{M+1}+\frac{1}{2N}S_0\right), \tag{3.2.2}$$

其中

$$S_0 = \sum_{0<|\boldsymbol{m}|_\infty\leqslant M} (|\boldsymbol{m}|_0\|\boldsymbol{m\theta}\|)^{-1}.$$

对于每个 $\boldsymbol{r}=(r_1,\cdots,r_d)\in\mathbb{N}^d$, 其中 $1\leqslant r_i\leqslant[\log_2 M]$ $(1\leqslant i\leqslant d)$, 用 $T_{\boldsymbol{r}}$ 表示所有满足条件 $0<\max|m_i|\leqslant M$, 并且 $2^{r_i-1}\leqslant|m_i|<2^{r_i}$ $(r_i>1)$ 及 $m_i=0$ $(r_i=1)$ 的点 $\boldsymbol{m}=(m_1,\cdots,m_d)\in\mathbb{Z}^d$ 的集合. 于是我们有

$$S_0 \leqslant 4^d\sum_{\boldsymbol{r}} 2^{-(r_1+\cdots+r_d)} \sum_{\boldsymbol{m}\in T_{\boldsymbol{r}}} \|\boldsymbol{m\theta}\|^{-1} = S_{0,1}+\cdots+S_{0,d}, \tag{3.2.3}$$

其中 $S_{0,j}$ 表示对于满足 $|\boldsymbol{r}|_\infty=r_j$ 的 $\boldsymbol{r}$ 求和. 我们还令

$$\sigma=\sigma(\boldsymbol{r})=\gamma^{-1}2^{(r_1+\cdots+r_d)a+(\max r_j)b}.$$

对于任何固定的 $T_{\boldsymbol{r}}$, 若 $r_1=\max\limits_{1\leqslant i\leqslant d} r_i$, 则对于每个 $\boldsymbol{m}\in T_{\boldsymbol{r}}$, 由式 (3.2.1) 得

$$\frac{1}{2}\geqslant\|\boldsymbol{m\theta}\|\geqslant\gamma|\boldsymbol{m}|_0^{-a}|\boldsymbol{m}|_\infty^{-b}\geqslant\sigma^{-1},$$

于是存在一个正整数 $l\leqslant[\sigma]$, 满足

$$l\sigma^{-1}\leqslant\|\boldsymbol{m\theta}\|<(l+1)\sigma^{-1}. \tag{3.2.4}$$

注意, 对任何 $l\leqslant[\sigma]$, 至多存在两个不同的点 $\boldsymbol{m}$ 满足式 (3.2.4). 这是因为如果存在三个这样的点, 那么其中存在两点 $\boldsymbol{m}^{(1)}$ 和 $\boldsymbol{m}^{(2)}$, 使得或者 $\|\boldsymbol{m}^{(i)}\boldsymbol{\theta}\|=\{\boldsymbol{m}^{(i)}\boldsymbol{\theta}\}(i=1,2)$, 或者 $\|\boldsymbol{m}^{(i)}\boldsymbol{\theta}\|=1-\{\boldsymbol{m}^{(i)}\boldsymbol{\theta}\}(i=1,2)$. 于是 $\|(\boldsymbol{m}^{(1)}-\boldsymbol{m}^{(2)})\boldsymbol{\theta}\|<\sigma^{-1}$, 并且

$$|m_i^{(1)}-m_i^{(2)}|<2^{r_i}-2^{r_i-1}=2^{r_i-1}\quad(1\leqslant i\leqslant d),\quad 0<|\boldsymbol{m}^{(1)}-\boldsymbol{m}^{(2)}|_\infty<2^{r_1-1},$$

从而由式 (3.2.1) 得

$$\begin{aligned}\sigma^{-1}&>\|(\boldsymbol{m}^{(1)}-\boldsymbol{m}^{(2)})\boldsymbol{\theta}\|\geqslant\gamma|\boldsymbol{m}^{(1)}-\boldsymbol{m}^{(2)}|_0^{-a}|\boldsymbol{m}^{(1)}-\boldsymbol{m}^{(2)}|_\infty^{-b}\\&>\gamma 2^{-(r_1+\cdots+r_d-d)a-(r_1-1)b},\end{aligned}$$

这与 σ 的定义矛盾. 于是由式 (3.2.4) 推出: 对于满足条件 $|\boldsymbol{r}|_\infty=r_1$ 的 $\boldsymbol{r}$, 有

$$\begin{aligned}\sum_{\boldsymbol{m}\in T_{\boldsymbol{r}}}\|\boldsymbol{m\theta}\|^{-1}&\leqslant 2\gamma^{-1}2^{(r_1+\cdots+r_d)a+r_1b}\sum_{l=1}^{[\sigma]}l^{-1}\\&\leqslant c_1(a,b)2^{(r_1+\cdots+r_d)a+r_1b}\log M,\end{aligned}$$

其中 c_1 (及下文中的 c_i) >0 为常数. 一般地, 若 $|\boldsymbol{r}|_\infty=r_j$, 则

$$\sum_{\boldsymbol{m}\in T_{\boldsymbol{r}}}\|\boldsymbol{m\theta}\|^{-1}\leqslant c_1(a,b)2^{(r_1+\cdots+r_d)a+r_jb}\log M.$$

由此可知

$$\begin{aligned}S_{0,1}&<4^dc_1(a,b)(\log M)\sum_{\substack{\boldsymbol{r}\\|\boldsymbol{r}|_\infty=r_1}}2^{-(r_1+\cdots+r_d)}2^{(r_1+\cdots+r_d)a+r_1b}\\&\leqslant(d-1)!4^dc_1(a,b)(\log M)\sum_{\substack{r_1\geqslant r_2\geqslant\cdots\geqslant r_d\\r_1\leqslant[\log_2M]}}2^{(a+b-1)r_1}2^{(a-1)(r_2+\cdots+r_d)}\\&=c_2(a,b,d)(\log M)\sum_{r_1\leqslant[\log_2M]}2^{r_1(a+b-1)}\sum_{r_d\leqslant\cdots\leqslant r_2\leqslant r_1}2^{(a-1)(r_2+\cdots+r_d)}.\end{aligned}$$

对于 $S_{0,j}$ 类似的估值也成立 (r_j 与 r_1 对换), 所以我们得到

$$S_0 \leqslant dc_2(a,b,d)(\log M) \sum_{r_1 \leqslant [\log_2 M]} 2^{r_1(a+b-1)} \sum_{r_d \leqslant \cdots \leqslant r_2 \leqslant r_1} 2^{(a-1)(r_2+\cdots+r_d)}.$$

注意 $a+b-1 \geqslant 0$, 当 $0 \leqslant a < 1, a+b-1>0$ 时, 由上式可得

$$\begin{aligned} S_0 &\leqslant c_3(a,b,d)(\log M)\left(\sum_{r_1=1}^{[\log_2 M]} (2^{a+b-1})^{r_1}\right) \cdot \prod_{i=2}^{d}\left(\sum_{r_i=1}^{\infty} 2^{(a-1)r_i}\right) \\ &\leqslant c_4(a,b,d)M^{a+b-1}(\log M), \end{aligned}$$

而当 $0 \leqslant a < 1, a+b-1=0$ 时

$$\begin{aligned} S_0 &\leqslant c_3(a,b,d)(\log M)\left(\sum_{r_1=1}^{[\log_2 M]} 1\right) \cdot \prod_{i=2}^{d}\left(\sum_{r_i=1}^{\infty} 2^{(a-1)r_i}\right) \\ &\leqslant c_4(a,b,d)(\log M)^2. \end{aligned}$$

合起来就得: 当 $0 \leqslant a < 1$ 时

$$S_0 \leqslant c_4(a,b,d)M^{a+b-1}(\log M)^{1+\delta_{0,a+b-1}}.$$

类似地, 当 $a=1, b \neq 0$ 时

$$\begin{aligned} S_0 &\leqslant dc_2(a,b,d)(\log M)\left(\sum_{r_1=1}^{[\log_2 M]} (2^b)^{r_1}\right) \cdot \prod_{i=2}^{d}\left(\sum_{r_i=1}^{[\log_2 M]} 1\right) \\ &\leqslant c_5(a,b,d)M^b(\log M)^d, \end{aligned}$$

而当 $a=1, b=0$ 时

$$S_0 \leqslant dc_2(a,b,d)(\log M) \cdot \prod_{i=1}^{d}\left(\sum_{r_i=1}^{[(\log_2 M)]} 1\right) \leqslant c_5(a,b,d)(\log M)^{d+1}.$$

合起来就得: 当 $a=1$ 时

$$S_0 \leqslant c_5(a,b,d)M^b(\log M)^{d+\delta_{0b}}.$$

最后, 当 $a>1$ 时, 因为 $a+b-1>0$, 所以

$$S_0 \leqslant dc_2(a,b,d)(\log M)\left(\sum_{r_1=1}^{[\log_2 M]} (2^{a+b-1})^{r_1}\right) \cdot \prod_{i=2}^{d}\left(\sum_{r_i=1}^{[\log_2 M]} (2^{a-1})^{r_i}\right)$$

$$\leqslant c_6(a,b,d)M^{d(a-1)+b}(\log M).$$

现在取

$$M=\begin{cases}[n^{\frac{1}{a+b}}(\log n)^{-\frac{1+\delta_{0,a+b-1}}{a+b}}], & 0\leqslant a<1,\\ [n^{\frac{1}{b+1}}(\log n)^{-\frac{d+\delta_{0b}}{b+1}}], & a=1,\\ [n^{\frac{1}{d(a-1)+b+1}}(\log n)^{\frac{1}{d(a-1)+b+1}}], & a>1,\end{cases}$$

由上面关于 S_0 的三个估值式及式 (3.2.2) 即得所要结果. □

现在应用定理 3.2.1 及其推论给出一些低偏差点列的例子.

例 3.2.1 设 $\boldsymbol{\theta}=(\theta_1,\cdots,\theta_d)$, 诸 θ_i 是实代数数, $1,\theta_1,\cdots,\theta_d$ 在 $\mathbb{Q}$ 上线性无关. 依 Schmidt 代数数, 并联立有理逼近定理 (见 [224], 或参见 [18]), 对于任何非零的 $\boldsymbol{m}=(m_1,\cdots,m_d)\in\mathbb{Z}^d$ 及 $\varepsilon>0$, 有 $\|\boldsymbol{m\theta}\|\geqslant\gamma_5|\boldsymbol{m}|_0^{-1-\varepsilon}$. 于是由定理 3.2.1, $D_n(k\boldsymbol{\theta})=O(n^{-1+\varepsilon})$ (对此还可见 [7,161,163] 等).

下面的低偏差点列的例子都是应用超越数 (即不满足任何整系数非零多项式的复数) 构造的.

例 3.2.2 设 $\{\lambda_1,\cdots,\lambda_d\}$ 及 $\{\alpha_1,\cdots,\alpha_d\}$ 是两组分别两两互异的有理数, 而且 $\lambda_i\neq-1,-2,\cdots$ $(1\leqslant i\leqslant d)$. 令

$$\phi_i=\sum_{n=1}^{\infty}\frac{{\alpha_i}^n}{(\lambda_i+1)\cdots(\lambda_i+n)}\quad(i=1,\cdots,d),$$

并记 $\boldsymbol{\phi}=(\phi_1,\cdots,\phi_d)$. 依文献 [149], 对于任何满足条件 $\max\limits_{1\leqslant i\leqslant d}|m_i|>\gamma_5(\alpha_i,\lambda_i,\varepsilon)$ 的非零的 $(m_0,m_1,\cdots,m_d)\in\mathbb{Z}^{d+1}$, 有

$$|m_0+m_1\phi_1+\cdots+m_s\phi_d|>\gamma_6(\overline{m}_1\cdots\overline{m}_d)^{-1}\big(\max_{1\leqslant i\leqslant d}|m_i|\big)^{-\varepsilon},$$

因而

$$\|\boldsymbol{m\phi}\|>\gamma_7(\alpha_i,\lambda_i,\varepsilon)|\boldsymbol{m}|_0^{-1}|\boldsymbol{m}|_\infty^{-\varepsilon}\quad(\boldsymbol{m}\in\mathbb{R}^d\setminus\{\boldsymbol{0}\}).$$

于是由定理 3.2.1 可知 $D_n(k\boldsymbol{\phi})=O(n^{-1+\varepsilon})$.

例 3.2.3 设 $\alpha_0,\alpha_1,\cdots,\alpha_d\in\mathbb{Q}$, $\alpha_i>0$, $\alpha_i+\alpha_0\neq0,-1,-2,\cdots$ $(1\leqslant i\leqslant d)$, 并且

$$\alpha_i\not\equiv\alpha_j\ (\mathrm{mod}\ 1)\quad(i\neq j;1\leqslant i,j\leqslant d).$$

令

$$\eta_i=\eta_i(a)=\sum_{k=0}^{\infty}\frac{(\alpha_i)_k}{(\alpha_0+\alpha_i)_k}a^{-k}\quad(1\leqslant i\leqslant d),$$

其中 $a\in\mathbb{Z}$, $(\alpha)_k=\alpha(\alpha+1)\cdots(\alpha+k-1)$ $(k\geqslant 1)$, $(\alpha)_0=1$. 记 $\boldsymbol{\eta}(a)=\big(\eta_1(a),\cdots,\eta_d(a)\big)$. 由文献 [260] 的定理 2, 存在有效常数 $\gamma_8=\gamma_8(d,\alpha_i,\varepsilon)$, 使当 $|a|\geqslant\gamma_8$ 时, 对于所有非零的 $(m_0,m_1,\cdots,m_d)\in\mathbb{Z}^{d+1}$, 有

$$|m_0+m_1\eta_1(a)+\cdots+m_d\eta_d(a)|>\gamma_9(d,a,\alpha_i,\varepsilon)(\overline{m}_1\cdots\overline{m}_d)^{-1-\varepsilon}.$$

于是由推论 3.2.1 得: 对于任何 $a\in\mathbb{Z}$ $(|a|\geqslant\gamma_8)$, 偏差 $D_n(k\boldsymbol{\eta}(a))=O(n^{-1+\varepsilon})$.

为给出其他例子, 我们需要下面的引理:

引理 3.2.3 设 $\boldsymbol{\omega}=(\omega_1,\cdots,\omega_d)\in\mathbb{R}^d$, 以及 $a\geqslant b>0$. 如果对于每个非零的 $(m_0,m_1,\cdots,m_d)\in\mathbb{Z}^{d+1}$, 有

$$|m_0+m_1\omega_1+\cdots+m_d\omega_d|\geqslant\gamma_{10}\left(\prod_{i=0}^{d}\overline{m}_i\right)^{-a}(\max_{0\leqslant i\leqslant d}|m_i|)^b, \tag{3.2.5}$$

那么对于任何非零的 $\boldsymbol{m}=(m_1,\cdots,m_d)\in\mathbb{Z}^d$, 有

$$\|\boldsymbol{m\omega}\|\geqslant\gamma_{11}(a,b,d,\boldsymbol{\omega})|\boldsymbol{m}|_0^{-a}|\boldsymbol{m}|_\infty^{-(a-b)}. \tag{3.2.6}$$

证 设

$$\|\boldsymbol{m\omega}\|=|m_0+\boldsymbol{m\omega}|\quad(m_0\in\mathbb{Z}).$$

若 $m_0=0$, 则式 (3.2.6) 显然成立. 现设 $m_0\neq 0$, 那么有

$$|m_0|\leqslant|m_0+\boldsymbol{m\omega}|+|\boldsymbol{m\omega}|\leqslant 1/2+(|\omega_1|+\cdots+|\omega_d|)|\boldsymbol{m}|_\infty.$$

又由式 (3.2.5) 可知

$$\begin{aligned}\|\boldsymbol{m\omega}\|=|m_0+\boldsymbol{m\omega}|&\geqslant\gamma_{10}\left(\prod_{i=0}^{d}\overline{m}_i\right)^{-a}(\max_{0\leqslant i\leqslant d}|m_i|)^b\\&\geqslant\gamma_{10}|m_0|^{-a}|\boldsymbol{m}|_0^{-a}|m_0|^b=\gamma_{10}|m_0|^{b-a}|\boldsymbol{m}|_0^{-a}.\end{aligned}$$

由此及上式即可推出式 (3.2.6). □

例 3.2.4 设 $r_1,\cdots,r_d$(两两互异) 和 $l_1,\cdots,l_d\in\mathbb{Z}$ 均不为零. 由文献 [297] 的定理可推出: 对于任何非零的 $(m_0,m_1,\cdots,m_d)\in\mathbb{Z}^{d+1}$, 有

$$|m_0+m_1l_1\mathrm{e}^{r_1}+\cdots+m_dl_d\mathrm{e}^{r_d}|>\gamma_{12}(r_i,l_i,\varepsilon)(\overline{m}_0\overline{m}_1\cdots\overline{m}_d)^{-1-\varepsilon}(\max_{0\leqslant i\leqslant d}|m_i|).$$

于是, 由引理 3.2.3 和定理 3.2.1, 可知点列 $(\{kl_1\mathrm{e}^{r_1}\},\cdots,\{kl_d\mathrm{e}^{r_d}\})$ $(1\leqslant k\leqslant n)$ 的偏差 $D_n=O(n^{-1+\varepsilon})$.

注 3.2.2 特殊情形 $l_1=\cdots=l_d=1$ 可见文献 [7, 312].

例 3.2.5 设 $q,l\in\mathbb{N},l\leqslant q$，$(g_{ij})_{q\times q}$ 是一阶齐次线性微分方程组的解的基本矩阵. 还设 $f_1,\cdots,f_s$ $(s=ql)$ 是 (g_{ij}) 的一个列的元素, 它们形成一组有效性 E 函数 (其意义可参见 [19]). 令 $h_0(z)=1$，$h_1(z),\cdots,h_d(z)$ 是 $f_1,\cdots,f_s$ 的某些全次数小于或等于 m 的幂积, 设它们在 $\mathbb{C}$ 上线性无关, 并且存在有理数 $r_0\neq 0$, 它不是微分方程组的奇点, 使得所有 $h_i(r_0)\in\mathbb{R}$ 不为零. 依文献 [205] 的一个结果可知: 对于任何非零的 $(m_0,m_1,\cdots,m_d)\in\mathbb{Z}^{d+1}$, 有

$$|m_0+m_1h_1(r_0)+\cdots+m_dh_d(r_0)|>\gamma_{13}(\overline{m}_0\overline{m}_1\cdots\overline{m}_d)^{-1-\varepsilon}(\max_{0\leqslant i\leqslant d}|m_i|).$$

由引理 3.2.3 和定理 3.2.1, 可知 $\{(\{kh_1(r_0)\},\cdots,\{kh_d(r_0)\})(1\leqslant k\leqslant n)\}$ 是一个低偏差点列.

3.3 广义 Kronecker 点列

设 $\boldsymbol{A}=(\theta_{ij})$ 是一个 $t\times d$ 实矩阵, 其行矢记为 $\boldsymbol{\theta}_i=(\theta_{i1},\cdots,\theta_{id})$ $(i=1,\cdots,t)$, 其列矢记为 $\boldsymbol{\gamma}_j=(\theta_{1j},\cdots,\theta_{tj})$ $(j=1,\cdots,d)$. 我们还定义

$$\mathscr{K}=\{\boldsymbol{k}=(k_1,\cdots,k_t)\mid k_i\in\mathbb{N}\ (1\leqslant i\leqslant t)\}.$$

对于 $\boldsymbol{k}=(k_1,\cdots,k_t)\in\mathscr{K}$, 有

$$\boldsymbol{kA}=\left(\sum_{i=1}^{t}k_i\theta_{i1},\cdots,\sum_{i=1}^{t}k_i\theta_{id}\right)=(\boldsymbol{k\gamma}_1,\cdots,\boldsymbol{k\gamma}_d).$$

我们称 $\{\boldsymbol{kA}(\boldsymbol{k}\in\mathscr{K})\}$ 为广义 Kronecker 点列, 并且有时将它简记为 $(\boldsymbol{kA})$. 特别地, 当 $t=1$ 时就得到 Kronecker 点列. 本节的目的是对某些给定的矩阵 $\boldsymbol{A}$ 及 $\mathbb{N}^t$ 中的点集序列 $\{\mathscr{K}_n\ (n=1,2,\cdots)\}$ 估计 $\mathbb{R}^d$ 中的点集序列 $\{\boldsymbol{kA}\ (\boldsymbol{k}\in\mathscr{K}_n)\}$ 的偏差. 一个典型结果如下 (它是定理 3.2.1 的扩充[310]):

定理 3.3.1 设 $a,b\geqslant 0,a+b\geqslant 1$; 整数 $n\geqslant 2,N=n^t$. 集合

$$\mathscr{K}_n=\{\boldsymbol{k}=(k_1,\cdots,k_t)\mid k_i\in\mathbb{N},1\leqslant k_i\leqslant n\ (1\leqslant i\leqslant t)\}.$$

如果 $t\times d$ 实矩阵 $\boldsymbol{A}=(\theta_{ij})$ 具有下列性质: 对任何非零的 $\boldsymbol{m}=(m_1,\cdots,m_d)\in\mathbb{Z}^d$, 有

$$\prod_{i=1}^{t}\|\boldsymbol{m}\boldsymbol{\theta}_i\|\geqslant\gamma|\boldsymbol{m}|_0^{-a}|\boldsymbol{m}|_\infty^{-b},\tag{3.3.1}$$

其中 γ (及后文中的 γ_i,c_i) >0 为常数, 则点集 $(\boldsymbol{kA})^{(N)}=\{\boldsymbol{kA}\ (\boldsymbol{k}\in\mathscr{K}_n)\}$ 的偏差

$$D_N\big((\boldsymbol{kA})^{(N)}\big)\leqslant\begin{cases}\gamma_1(a,b,\boldsymbol{A})N^{-1+\frac{a+b-1}{a+b}}(\log N)^{\frac{t+\delta_{0,a+b-1}}{a+b}}, & 0\leqslant a<1,\\ \gamma_1(a,b,\boldsymbol{A})N^{-1+\frac{b}{b+1}}(\log N)^{\frac{t+d-1+\delta_{0b}}{b+1}}, & a=1,\\ \gamma_1(a,b,\boldsymbol{A})N^{-1+\frac{d(a-1)+b}{d(a-1)+b+1}}(\log N)^{\frac{t}{d(a-1)+b+1}}, & a>1.\end{cases}$$

注 3.3.1 可以证明: 式 (3.3.1) 中, 若 $b=0$, 则必有 $a\geqslant1$(见注 3.3.2). 因为 $a+b\geqslant1$, 所以有可能出现 $0\leqslant a<1$.

定理 3.3.1 的证明思路与定理 3.2.1 的相同. 因为

$$\sum_{j=1}^{d}m_j(\boldsymbol{k}\boldsymbol{\gamma}_j)=\sum_{i=1}^{t}k_i(\boldsymbol{m}\boldsymbol{\theta}_i),$$

所以

$$\sum_{\boldsymbol{k}\in\mathscr{K}_n}e((\boldsymbol{kA})\boldsymbol{m})=\sum_{\boldsymbol{k}\in\mathcal{K}_n}\prod_{i=1}^{t}e(k_i(\boldsymbol{m}\boldsymbol{\theta}_i))=\prod_{i=1}^{t}\sum_{k_i=1}^{n}e\big(k_i(\boldsymbol{m}\boldsymbol{\theta}_i)\big).$$

于是由定理 3.1.1 和引理 3.2.2 得到

$$D_N(\boldsymbol{kA})\leqslant\left(\frac{3}{2}\right)^d\left(\frac{2}{M+1}+\frac{1}{2^tN}S_0\right),\tag{3.3.2}$$

其中

$$S_0=\sum_{0<|\boldsymbol{m}|_\infty\leqslant M}\left(|\boldsymbol{m}|_0\prod_{i=1}^{t}\|\boldsymbol{m}\boldsymbol{\theta}_i\|\right)^{-1}.\tag{3.3.3}$$

对于 $\boldsymbol{r}=(r_1,\cdots,r_d)\in\mathbb{N}^d,1\leqslant r_j\leqslant[\log_2M]\ (1\leqslant j\leqslant d)$, 令 $T_{\boldsymbol{r}}$ 为所有满足下述条件的 $\boldsymbol{m}=(m_1,\cdots,m_d)\in\mathbb{Z}^d$ 的集合: $0<|\boldsymbol{m}|_\infty\leqslant M$, 而且

$$2^{r_j-1}\leqslant|m_j|<2^{r_j}\quad(r_j>1),\quad m_j=0\quad(r_j=1).$$

于是有

$$S_0\leqslant4^d\sum_{\boldsymbol{r}}2^{-(r_1+\cdots+r_d)}\sum_{\boldsymbol{m}\in T_{\boldsymbol{r}}}\prod_{i=1}^{t}\|\boldsymbol{m}\boldsymbol{\theta}_i\|^{-1}.\tag{3.3.4}$$

我们保留定理 3.2.1 的证明中定义的参数

$$\sigma=\sigma(\boldsymbol{r})=\gamma^{-1}2^{(r_1+\cdots+r_d)a+(\max r_j)b}.$$

对任何固定的 $T_{\boldsymbol{r}}$, 若 $|\boldsymbol{r}|_\infty = r_1$, 则对于每个 $\boldsymbol{m} \in T_{\boldsymbol{r}}$, 由式 (3.3.1) 得

$$\frac{1}{2} \geqslant \prod_{i=1}^{t} \|\boldsymbol{m}\boldsymbol{\theta}_i\| \geqslant \gamma |\boldsymbol{m}|_0^{-a} |\boldsymbol{m}|_\infty^{-b} > \sigma^{-1} \quad (1 \leqslant i \leqslant t), \tag{3.3.5}$$

于是存在正整数 $l \leqslant [\sigma]$, 使得

$$l\sigma^{-1} \leqslant \prod_{i=1}^{t} \|\boldsymbol{m}\boldsymbol{\theta}_i\| < (l+1)\sigma^{-1}. \tag{3.3.6}$$

为估计满足不等式 (3.3.6) 的 $\boldsymbol{m} \in T_r$ 的个数, 我们需要一些引理.

设 T 为给定的正数, k 为给定的正整数, 我们称 k 维区域

$$a_i < x_i \leqslant b_i \quad (1 \leqslant i \leqslant k), \quad \prod_{i=1}^{k} (b_i - a_i) = T \tag{3.3.7}$$

为 $P_{k,T}$ 型平行体.

引理 3.3.1 设 $\lambda > 0, \mu \geqslant 2$. 用 $\tau(k,T)$ 表示覆盖 k 维区域

$$0 < x_1 \cdots x_k < \lambda, \quad \mu^{-1} < x_i \leqslant 1/2 \quad (0 \leqslant i \leqslant k) \tag{3.3.8}$$

的 $P_{k,T}$ 型平行体的最小个数, 则有

$$\tau(k,T) \leqslant 2^{k-1}(\lambda T^{-1} + 1)(\log_2 \mu)^{k-1}. \tag{3.3.9}$$

证 对维数 k 用数学归纳法. 对 1 维情形, 式 (3.3.9) 显然成立. 设 $k \geqslant 1$, 且式 (3.3.9) 在 k 维情形下成立, 要证它对 $k+1$ 维区域

$$0 < x_1 \cdots x_{k+1} < \lambda, \quad \mu^{-1} < x_i \leqslant 1/2 \quad (0 \leqslant i \leqslant k+1) \tag{3.3.10}$$

也成立. 将它用超平面 $x_{k+1} = 2^{-i}$ $(i = 1, \cdots, [\log_2 \mu])$ 划分为 $[\log_2 \mu]$ 个子区域

$$2^{-i-1} < x_{k+1} \leqslant 2^{-i} \quad (i = 1, \cdots, [\log_2 \mu] - 1) \tag{3.3.11}$$

以及子区域

$$\mu^{-1} < x_{k+1} \leqslant 2^{-i} \quad (i = [\log_2 \mu]). \tag{3.3.12}$$

对于式 (3.3.11) 中的每个子区域, 有

$$0 < x_1 \cdots x_k < 2^{i+1}\lambda, \quad \mu^{-1} < x_i \leqslant 1/2 \quad (0 \leqslant i \leqslant k).$$

由归纳假设得知: 对于这些 k 维子区域, 有

$$\tau(k,2^iT)\leqslant 2^{k-1}(2\lambda T^{-1}+1)(\log_2\mu)^{k-1};$$

对于子区域 (3.3.12), 有

$$0<x_1\cdots x_k<\lambda\mu,\quad \mu^{-1}<x_i\leqslant 1/2\quad (0\leqslant i\leqslant k),$$

因此, 类似地由归纳假设, 对这个 k 维子区域, 有

$$\tau(k,2^{-1}\mu T)\leqslant 2^{k-1}(2\lambda T^{-1}+1)(\log_2\mu)^{k-1}.$$

因为当 $i<[\log_2\mu]$ 时 $x_{k+1}<2^{-i}$, 所以以每个 $P_{k,2^iT}$ 为底作高为 2^{-i} 的 $P_{k+1,T}$ 型平行体覆盖 $k+1$ 维区域 (3.3.11); 而当 $i=[\log_2\mu]$ 时 $x_{k+1}<2^{-i}<2\mu^{-1}$, 所以以 $P_{k,2^{-1}\mu T}$ 为底作高为 $2\mu^{-1}$ 的 $P_{k+1,T}$ 型平行体覆盖 $k+1$ 维区域 (3.3.12). 由此, 我们最终得到

$$\begin{aligned}\tau(k+1,T)&\leqslant\sum_{i=1}^{[\log_2\mu]-1}\tau(k,2^iT)+\tau(k,2^{-1}\mu T)\\&\leqslant 2^k(\lambda T^{-1}+1)(\log_2\mu)^k.\end{aligned}$$

于是引理得证. □

引理 3.3.2 在每个 $P_{t,\sigma^{-1}}$ 型平行体中, 形式如 $(\|\boldsymbol{m}\boldsymbol{\theta}_1\|,\cdots,\|\boldsymbol{m}\boldsymbol{\theta}_t\|)$ $(\boldsymbol{m}\in T_{\boldsymbol{r}})$ 的点的个数至多为 2^t.

证 如若不然, 则有 2^t+1 个 $\boldsymbol{m}\in T_{\boldsymbol{r}}$ 使点 $(\|\boldsymbol{m}\boldsymbol{\theta}_1\|,\cdots,\|\boldsymbol{m}\boldsymbol{\theta}_t\|)$ 满足式 (3.3.7) (其中 $k=t,T=\sigma^{-1}$). 这些点中将有 $2^{t-1}+1$ 个使 $\|\boldsymbol{m}\boldsymbol{\theta}_1\|$ 或者全可表示为 $\{\boldsymbol{m}\boldsymbol{\theta}_1\}$ 的形式, 或者全可表示为 $1-\{\boldsymbol{m}\boldsymbol{\theta}_1\}$ 的形式. 类似地, 这 $2^{t-1}+1$ 个点中将有 $2^{t-2}+1$ 个使 $\|\boldsymbol{m}\boldsymbol{\theta}_2\|$ 或者全可表示为 $\{\boldsymbol{m}\boldsymbol{\theta}_2\}$ 的形式, 或者全可表示为 $1-\{\boldsymbol{m}\boldsymbol{\theta}_2\}$ 的形式. 以此类推, 我们最终得到两个点

$$\boldsymbol{m}_1=(m_{11},\cdots,m_{1d}),\quad \boldsymbol{m}_2=(m_{21},\cdots,m_{2d}),$$

使得 $\|\boldsymbol{m}_j\boldsymbol{\theta}_t\|$ $(j=1,2)$ 具有相同的表示形式. 记 $\boldsymbol{\mu}=(\mu_1,\cdots,\mu_d)=\boldsymbol{m}_1-\boldsymbol{m}_2$, 则 $\boldsymbol{\mu}\neq\boldsymbol{0}$, 并且

$$|\mu_j|<2^{r_j}-2^{r_j-1}=2^{r_j-1}\quad (1\leqslant j\leqslant d).$$

对于每个 i $(1\leqslant i\leqslant t)$, 如果 $\|\boldsymbol{m}_j\boldsymbol{\theta}_i\|=\{\boldsymbol{m}_j\boldsymbol{\theta}_i\}$ $(j=1,2)$, 那么因为 $\{\boldsymbol{m}_j\boldsymbol{\theta}_i\}\in(a_i,b_i](j=1,2;1\leqslant i\leqslant t)$, 所以 $\|\boldsymbol{\mu}\boldsymbol{\theta}_i\|\leqslant b_i-a_i$; 如果 $\|\boldsymbol{m}_j\boldsymbol{\theta}_i\|=1-\{\boldsymbol{m}_j\boldsymbol{\theta}_i\}$ $(j=1,2)$, 也可得到同

样的结果. 因此

$$\prod_{i=1}^{t}\|\boldsymbol{\mu}\boldsymbol{\theta}_i\| \leqslant \prod_{i=1}^{t}(b_i-a_i)=\sigma^{-1}.$$

另外, 由式 (3.3.1) 得上式左边 $\geqslant \sigma^{-1}2^{da+b}$, 于是我们得到矛盾, 因而引理得证. □

定理 3.3.1 之证 用 $\nu(l)$ 表示使点 $(\|\boldsymbol{m}\boldsymbol{\theta}_1\|,\cdots,\|\boldsymbol{m}\boldsymbol{\theta}_t\|)$ 落在区域 (3.3.8) (其中 $\lambda=l\sigma^{-1},\mu=\sigma$) 中的 $\boldsymbol{m}\in T_{\boldsymbol{r}}$ 的个数. 由式 (3.3.5) 可知 $\nu(1)=0$ 及 $\|\boldsymbol{m}\boldsymbol{\theta}_i\|\geqslant\sigma^{-1}$ $(i=1,\cdots,t)$. 因此, $\nu(l+1)-\nu(l)$ 表示满足式 (3.3.6) 的 $\boldsymbol{m}\in T_{\boldsymbol{r}}$ 的个数. 设 $|\boldsymbol{r}|_\infty=r_1$. 由式 (3.3.6) 得

$$\begin{aligned}\sum_{\boldsymbol{m}\in T_{\boldsymbol{r}}}\prod_{i=1}^{t}\|\boldsymbol{m}\boldsymbol{\theta}_i\|^{-1} &\leqslant \sum_{l=1}^{[\sigma]}\big(\nu(l+1)-\nu(l)\big)\prod_{i=1}^{t}\|\boldsymbol{m}\boldsymbol{\theta}_i\|^{-1}\\ &\leqslant \sigma\sum_{l=1}^{[\sigma]}\frac{\nu(l+1)-\nu(l)}{l}\\ &=\sigma\left(\sum_{l=1}^{[\sigma]-1}\nu(l+1)\left(\frac{1}{l}-\frac{1}{l+1}\right)+\frac{\nu([\sigma]+1)}{[\sigma]}\right).\end{aligned}$$

由引理 3.3.1 和引理 3.3.2 知 $\nu(l)\leqslant 4^t l(\log_2\sigma)^{t-1}$, 并注意 r_j 的定义, 我们由上式推出: 当 $|\boldsymbol{r}|_\infty=r_1$ 时

$$\begin{aligned}\sum_{\boldsymbol{m}\in T_{\boldsymbol{r}}}\prod_{i=1}^{t}\|\boldsymbol{m}\boldsymbol{\theta}_i\|^{-1} &\leqslant 4^t(\log_2\sigma)^{t-1}\sigma\left(\sum_{l=1}^{[\sigma]-1}l^{-1}+2\right)\\ &\leqslant c_1(a,b,\boldsymbol{A})(\log M)^t 2^{(r_1+\cdots+r_d)a+r_1b}.\end{aligned}$$

对于满足 $|\boldsymbol{r}|_\infty=r_j$ 的 $\boldsymbol{r}$ 也有同样的估值 (其中 r_1 和 r_j 互换). 于是, 由式 (3.3.4) 得到

$$\begin{aligned}S_0 &\leqslant d4^d c_1(a,b,\boldsymbol{A})(\log M)^t\sum_{\substack{\boldsymbol{r}\\|\boldsymbol{r}|_\infty=r_1}}2^{(r_1+\cdots+r_d)(a-1)+r_1b}\\ &\leqslant d(d-1)!4^d c_1(a,b,\boldsymbol{A})(\log M)^t\sum_{\substack{r_1\geqslant r_2\geqslant\cdots\geqslant r_d\\ r_1\leqslant[\log_2 M]}}2^{(r_2+\cdots+r_d)(a-1)+r_1(a+b-1)}\\ &\leqslant d(d-1)!4^d c_1(a,b,\boldsymbol{A})(\log M)^t\sum_{r_1\leqslant[\log_2 M]}2^{(a+b-1)r_1}\sum_{r_1\geqslant r_2\geqslant\cdots\geqslant r_d}2^{(a-1)(r_2+\cdots+r_d)}.\end{aligned}$$

类似于定理 3.2.1 的证明, 由此得到

$$S_0 \leqslant \begin{cases} c_2(a,b,\boldsymbol{A})M^{a+b-1}(\log M)^{t+\delta_{0,a+b-1}}, & 0 \leqslant a < 1, \\ c_3(a,b,\boldsymbol{A})M^b(\log M)^{t+d-1+\delta_{0b}}, & a = 1, \\ c_4(a,b,\boldsymbol{A})M^{d(a-1)+b}(\log M)^t, & a > 1. \end{cases}$$

最后, 取

$$M = \begin{cases} [N^{\frac{1}{a+b}}(\log N)^{-\frac{t+\delta_{0,a+b-1}}{a+b}}], & 0 \leqslant a < 1, \\ [N^{\frac{1}{b+1}}(\log N)^{-\frac{t+d-1+\delta_{0b}}{b+1}}], & a = 1, \\ [N^{\frac{1}{d(a-1)+b+1}}(\log N)^{-\frac{t}{d(a-1)+b+1}}], & a > 1, \end{cases}$$

由式 (3.3.2) 即可完成定理的证明. □

下面是另一个典型结果 [310].

定理 3.3.2 设整数 $a \geqslant 1, b \geqslant 0$, 整数 N, 集合 $\mathscr{K}_n$ 及矩阵 $\boldsymbol{A}$ 如定理 3.3.1 所述, 但将条件式 (3.3.1) 换成: 对任何非零的 $\boldsymbol{m} = (m_1, \cdots, m_d) \in \mathbb{Z}^d$, 有

$$\prod_{i=1}^{t} \|\boldsymbol{m}\boldsymbol{\theta}_i\| \geqslant \gamma |\boldsymbol{m}|_0^{-a} \left(\prod_{j=1}^{d} \overline{\log \overline{m}_j} \right)^{-b}. \tag{3.3.13}$$

那么点集 $(\boldsymbol{k}\boldsymbol{A})^{(N)} = \{\boldsymbol{k}\boldsymbol{A}(\boldsymbol{k} \in \mathscr{K}_n)\}$ 的偏差

$$D_N\big((\boldsymbol{k}\boldsymbol{A})^{(N)}\big) \leqslant \gamma_2(a,b,\boldsymbol{A}) N^{-1+\frac{d(a-1)}{s(a-1)+1}} (\log N)^{\frac{t+db+d\delta_{a1}}{s(a-1)+1}}.$$

证 证明与上面类似. 因为 $\log_2 \mathrm{e} > 1$, 所以式 (3.3.13) 右边的自然对数可代以以 2 为底的对数. 还将 $T_{\boldsymbol{r}}$ 的定义中的参数 M 改记为 M_1, 并取

$$\sigma = \sigma(\boldsymbol{r}) = \gamma^{-1} 2^{(r_1+\cdots+r_d)a}(r_1 \cdots r_d)^b.$$

易验证对于此 σ 引理 3.3.2 仍然成立. 于是当 $|\boldsymbol{r}|_\infty = r_1$ 时, 我们有

$$\sum_{\boldsymbol{m} \in T_{\boldsymbol{r}}} \prod_{i=1}^{t} \|\boldsymbol{m}\boldsymbol{\theta}_i\|^{-1} \leqslant c_5(a,b,\boldsymbol{A})(\log M_1)^t 2^{(r_1+\cdots+r_s)a}(r_1 \cdots r_s)^b.$$

由此可推出

$$\begin{aligned} S_0 &\leqslant d4^d c_5(a,b,\boldsymbol{A})(\log M_1)^t \sum_{\substack{\boldsymbol{r} \\ |\boldsymbol{r}|_\infty = r_1}} 2^{(r_1+\cdots+r_d)(a-1)}(r_1 \cdots r_d)^b \\ &\leqslant d(d-1)!4^d c_5(a,b,\boldsymbol{A})(\log M_1)^t \sum_{\substack{r_1 \geqslant r_2 \geqslant \cdots \geqslant r_d \\ r_1 \leqslant [\log_2 M_1]}} 2^{(r_1+\cdots+r_d)(a-1)}(r_1 \cdots r_d)^b \end{aligned}$$

$$\leqslant c_6(a,b,\boldsymbol{A})(\log M_1)^{t+db}\sum_{\substack{r_1\geqslant r_2\geqslant\cdots\geqslant r_d\\ r_1\leqslant[\log_2 M_1]}}2^{(r_1+\cdots+r_d)(a-1)},$$

从而得到

$$S_0\leqslant\begin{cases}c_7(a,b,\boldsymbol{A})(\log M_1)^{t+d+db}, & a=1,\\ c_8(a,b,\boldsymbol{A})M_1^{d(a-1)}(\log M_1)^{t+d+db}, & a>1.\end{cases}$$

最后, 取

$$M_1=\begin{cases}[N(\log N)^{-(t+d+db)}], & a=1,\\ [N^{\frac{1}{d(a-1)+1}}(\log N)^{-\frac{t+d+db}{d(a-1)+1}}], & a>1,\end{cases}$$

由式 (3.3.2) 即得所要的结果. □

注 3.3.2 实际上, 定理 3.3.2 中的式 (3.3.13) 蕴含条件 $a\geqslant 1$. 由 Dirichlet 联立逼近定理(见 [18] 第 47 页定理 3)可知, 对于任意 $Q\in\mathbb{N}$, 存在非零的 $\boldsymbol{m}=(m_1,\cdots,m_d)\in\mathbb{Z}^d$, 使得

$$\|\boldsymbol{m}\boldsymbol{\theta}_i\|\leqslant Q^{-1}\quad(i=1,\cdots,t),$$

$$|m_j|<Q^{t/d}\quad(j=1,\cdots,d),$$

其中不等式 $|m_j|<Q^{t/d}$ 可换成 $\overline{m}_j\leqslant Q^{t/d}$. 注意 $1,\theta_1,\cdots,\theta_d$ 在 $\mathbb{Q}$ 上线性无关. 令 $Q\to\infty$, 可知存在无穷多个非零的 $\boldsymbol{m}=(m_1,\cdots,m_d)\in\mathbb{Z}^d$, 满足

$$\prod_{i=1}^{t}\|\boldsymbol{m}\boldsymbol{\theta}_i\|\leqslant|\boldsymbol{m}|_0^{-1},$$

由此及式 (3.3.13) 得

$$|\boldsymbol{m}|_0^{-1}\geqslant\gamma|\boldsymbol{m}|_0^{-a}\left(\prod_{j=1}^{d}\overline{\log\overline{m}_j}\right)^{-b}. \tag{3.3.14}$$

对于任意给定的 $\varepsilon>0$, 当 $|\boldsymbol{m}|_0$ 足够大时

$$\gamma\left(\prod_{j=1}^{d}\overline{\log\overline{m}_j}\right)^{-b}\geqslant|\boldsymbol{m}|_0^{-\varepsilon},$$

于是, 由式 (3.3.14) 得

$$|\boldsymbol{m}|_0^{-1}\geqslant|\boldsymbol{m}|_0^{-a-\varepsilon},$$

所以 $a+\varepsilon\geqslant 1$. 因为 ε 可以任意接近于 0, 所以 $a\geqslant 1$.

类似地, 若式 (3.3.1) 中 $b=0$, 则也有 $a\geqslant 1$.

3.4 点列 $\{(k/n)\boldsymbol{a}\}$

若在 Kronecker 点列中用某些有理数代替 θ_i, 则可以得到点列

$$\mathcal{S}(\boldsymbol{a}) = \mathcal{S}_n(\boldsymbol{a}) = \left\{\left(k\frac{a_1}{n}, k\frac{a_2}{n}, \cdots, k\frac{a_d}{n}\right)(k=1,2,\cdots,n)\right\}, \tag{3.4.1}$$

此处 $\boldsymbol{a}=(a_1,a_2,\cdots,a_d)$ 是某个整点, 我们将它记作 $\{(k/n)\boldsymbol{a}\}$. 我们希望能适当选取 $\boldsymbol{a}$, 使 $\{\mathcal{S}_n\}(\boldsymbol{a})$ 成为低偏差点列. 注意, 在 Kronecker 点列中, θ_i 与 n 无关, 因而它可以无限延伸; 而对于点列 (3.4.1), 参数 a_i/n 依赖 n. 因此, 实际上我们是要构造低偏差点集序列 $\{\{\mathcal{S}_n\}(\boldsymbol{a})(n\in\mathcal{N})\}$ $(\mathcal{N}\subseteq\mathbb{N})$.

20 世纪 50 年代末 60 年代初, N. M. Korobov[117] 和 E. Hlawka[94] 各自独立地证明了满足上述要求的整点 $\boldsymbol{a}=(a_1,a_2,\cdots,a_d)$ 的存在性 (其中 n 取作素数 p), 并将这种点列用于多维数值积分的近似计算, 对于某些函数类, 其积分误差远远优于通常的 Monte Carlo 方法. 这种点列 $\{\mathcal{S}_p\}(\boldsymbol{a})$ 的偏差上界的阶是 $O(p^{-1+\epsilon})$ (对于任意给定的 $\epsilon>0$). 我们称使 $\{\mathcal{S}_n\}(\boldsymbol{a})$ 成为低偏差点列的整点 $\boldsymbol{a}=(a_1,a_2,\cdots,a_d)$ 为 (模 n) 好格点 (参见 [94] 或 [177] 第 109 页).

现在给出下面关于点列 $\{\mathcal{S}_p\}(\boldsymbol{a})$ 的偏差上界估计的基本结果[171].

定理 3.4.1 设 $\mathcal{S}_n(\boldsymbol{a})$ 如式 (3.4.1), 那么对于每个 $d\geqslant 2$ 及每个素数 p, 存在整点 $\boldsymbol{a}=(a_1,\cdots,a_d)$, 使点集 $\{\mathcal{S}_p\}(\boldsymbol{a})$ 的偏差

$$D_p(\{\mathcal{S}_p\}(\boldsymbol{a})) < p^{-1}\left(\frac{2}{\pi}\log p+\frac{7}{5}\right)^d + (d-1)p^{-1}. \tag{3.4.2}$$

为证明此定理, 我们先给出一些记号和引理. 对于整数 $M\geqslant 2$ 及 m, 令

$$r(m,M)=\begin{cases}1, & m\equiv 0 \pmod M,\\ m\sin\pi\|mM^{-1}\|, & m\not\equiv 0 \pmod M).\end{cases}$$

对 $\boldsymbol{m}=(m_1,\cdots,m_d)\in\mathbb{Z}^d$, 记

$$r(\boldsymbol{m},M)=\prod_{j=1}^{d} r(m_j,M).$$

注意, 对任何 $\boldsymbol{m}\in\mathbb{Z}^d, r(\boldsymbol{m},M)>0$. 还用记号 $\sum\limits_{m(M)}$ 和 $\sum\limits_{\boldsymbol{m}(M)}$ 分别表示对整数 $m, -M/2<m<M/2$ 和整数组 $(m_1,\cdots,m_d), -M/2<m_j<M/2\ (1\leqslant j\leqslant d)$ 求和; $\sum\limits_{m(M)}{}'$ 或 $\sum\limits_{\boldsymbol{m}(M)}{}'$ 分别表示求和时不计 $m=0$ 或 $\boldsymbol{m}=\boldsymbol{0}$. 此外, 对于 $\boldsymbol{x}=(x_1,\cdots,x_d)$ 和 $\boldsymbol{y}=(y_1,\cdots,y_d)\in\mathbb{Z}^d$, 用 $\boldsymbol{x}\equiv\boldsymbol{y}(M)$ 表示 $x_j\equiv y_j \pmod M\ (j=1,\cdots,d)$.

引理 3.4.1 如果 $\boldsymbol{y}_1,\cdots,\boldsymbol{y}_n\in\mathbb{Z}^d$, 那么对于任何整数 $M\geqslant 2$, 点列

$$\mathcal{S}=\left\{\frac{1}{M}\boldsymbol{y}_1,\cdots,\frac{1}{M}\boldsymbol{y}_n\right\}$$

的偏差

$$D_n(\mathcal{S})\leqslant\frac{d}{M}+\sum_{\boldsymbol{m}(M)}{}'\frac{1}{r(\boldsymbol{m},M)}\left|\frac{1}{n}\sum_{k=1}^{n}e\left(\boldsymbol{m}\cdot M^{-1}\boldsymbol{y}_k\right)\right|. \tag{3.4.3}$$

证 对于 $\boldsymbol{t}=(t_1,\cdots,t_d)\in\mathbb{Z}^d$, 令 $A(\boldsymbol{t};n)=A(t_1,\cdots,t_d;n)$ 是满足 $\boldsymbol{y}_k\equiv\boldsymbol{t}(M)$ 的 $k\ (0\leqslant k\leqslant n-1)$ 的个数. 还用下式定义 $\mathbb{Z}^d$ 上的函数:

$$c_{\boldsymbol{t}}(\boldsymbol{x})=\begin{cases}1, & \boldsymbol{x}\equiv\boldsymbol{t}(M),\\ 0, & \boldsymbol{x}\not\equiv\boldsymbol{t}(M).\end{cases}$$

于是当 $\boldsymbol{x}=(x_1,\cdots,x_d)\in\mathbb{Z}^d$ 时, 我们有

$$\begin{aligned}c_{\boldsymbol{t}}(\boldsymbol{x})&=M^{-d}\prod_{j=1}^{d}\sum_{m_j(M)}e\big(m_j(x_j-t_j)M^{-1}\big)\\&=M^{-d}\sum_{\boldsymbol{m}(M)}e\big(\boldsymbol{m}\cdot(\boldsymbol{x}-\boldsymbol{t})M^{-1}\big).\end{aligned}$$

由此可知

$$\begin{aligned}A(\boldsymbol{t};n)&=\sum_{k=1}^{n}c_{\boldsymbol{t}}(\boldsymbol{y}_k)=M^{-d}\sum_{k=1}^{n}\sum_{\boldsymbol{m}(M)}e\big(\boldsymbol{m}\cdot(\boldsymbol{y}_k-\boldsymbol{t})M^{-1}\big)\\&=M^{-d}\sum_{\boldsymbol{m}(M)}e(-\boldsymbol{m}\cdot\boldsymbol{t}M^{-1})\sum_{k=1}^{n}e(\boldsymbol{m}\cdot\boldsymbol{y}_kM^{-1}),\end{aligned}$$

因而

$$A(\boldsymbol{t};n)-nM^{-d}=M^{-d}\sum_{\boldsymbol{m}(M)}{}'e(-\boldsymbol{m}\cdot\boldsymbol{t}M^{-1})\sum_{k=1}^{n}e(\boldsymbol{m}\cdot\boldsymbol{y}_kM^{-1}). \tag{3.4.4}$$

现设 $J=[\alpha_1,\beta_1)\times\cdots\times[\alpha_d,\beta_d)\subseteq[0,1)^d$. 如果对于某个 $j\ (1\leqslant j\leqslant d)$, $[\alpha_j,\beta_j)$ 不存在形如 $[u_j/M,v_j/M]\ (u_j\leqslant v_j$ 是整数) 的子区间, 那么 $A(J;n)=0$, 并且 $\beta_j-\alpha_j<1/M$, 因而

$$\left|\frac{A(J;n)}{n}-|J|\right|=|J|<\frac{1}{M}. \tag{3.4.5}$$

如果对于每个 j $(1\leqslant j\leqslant d)$, $[\alpha_j,\beta_j)$ 都存在形如 $[u_j/M,v_j/M]$ ($u_j\leqslant v_j$ 是整数) 的子区间, 我们 (对每个 j) 选取其中最大的一个 (仍记作 $[u_j/M,v_j/M]$), 那么由式 (3.4.4) 可知

$$\begin{aligned}A(J;n)-n|J| &= \sum_{\boldsymbol{t},u_j\leqslant t_j\leqslant v_j}\big(A(\boldsymbol{t};n)-nM^{-d}\big)\\&\quad+nM^{-d}(v_1-u_1+1)\cdots(v_d-u_d+1)-n|J|\\&=M^{-d}\sum_{\boldsymbol{m}(M)}{}'\sum_{\boldsymbol{t},u_j\leqslant t_j\leqslant v_j}e(-\boldsymbol{m}\cdot\boldsymbol{t}M^{-1})\sum_{k=1}^{n}e(\boldsymbol{m}\cdot\boldsymbol{y}_kM^{-1})\\&\quad+n\left(\frac{(v_1-u_1+1)\cdots(v_d-u_d+1)}{M^d}-|J|\right),\end{aligned}$$

于是

$$\begin{aligned}\left|\frac{A(J;n)}{n}-|J|\right| &\leqslant M^{-d}\sum_{\boldsymbol{m}(M)}{}'\left|\sum_{\boldsymbol{t},u_j\leqslant t_j\leqslant v_j}e(\boldsymbol{m}\cdot\boldsymbol{t}M^{-1})\right|\left|\frac{1}{n}\sum_{k=1}^{n}e(\boldsymbol{m}\cdot\boldsymbol{y}_kM^{-1})\right|\\&\quad+\left|\frac{(v_1-u_1+1)\cdots(v_d-u_d+1)}{M^d}-|J|\right|.\end{aligned}\tag{3.4.6}$$

首先来估计式 (3.4.6) 右边第 1 个加项中的 $|\sum_{\boldsymbol{t}}|$. 对于固定的 $\boldsymbol{m}=(m_1,\cdots,m_d)\in\mathbb{Z}^d$, 我们有

$$\left|\sum_{\boldsymbol{t},u_j\leqslant t_j\leqslant v_j}e(\boldsymbol{m}\cdot\boldsymbol{t}M^{-1})\right|=\left|\sum_{\boldsymbol{t},0\leqslant t_j\leqslant v_j-u_j}e(\boldsymbol{m}\cdot\boldsymbol{t}M^{-1})\right|=\prod_{j=1}^{d}\left|\sum_{t_j=0}^{v_j-u_j}e(m_jt_jM^{-1})\right|.$$

易见, 当 $m_j\equiv 0(M)$ 时

$$\left|\sum_{t_j=0}^{v_j-u_j}e(m_jt_jM^{-1})\right|=v_j-u_j+1\leqslant M=\frac{M}{r(m_j,M)},$$

而当 $m_j\not\equiv 0(M)$ 时

$$\begin{aligned}\left|\sum_{t_j=0}^{v_j-u_j}e(m_jt_jM^{-1})\right| &= \frac{\big|e\big(m_j(v_j-u_j+1)M^{-1}\big)-1\big|}{|e(m_jM^{-1})-1|}\\&\leqslant\frac{2}{|e(m_jM^{-1})-1|}=\frac{1}{\sin\pi\|m_jM^{-1}\|}=\frac{M}{r(m_j,M)},\end{aligned}$$

因此

$$\left|\sum_{\boldsymbol{t},u_j\leqslant t_j\leqslant v_j}e(\boldsymbol{m}\cdot\boldsymbol{t}M^{-1})\right|\leqslant\prod_{j=1}^{d}\frac{M}{r(m_j,M)}=\frac{M^d}{r(\boldsymbol{m},M)}.\tag{3.4.7}$$

现在来估计式 (3.4.6) 右边第 2 个加项. 用数学归纳法易证: 当 $0\leqslant\gamma_j\leqslant1,0\leqslant\delta_j\leqslant1$ $(1\leqslant j\leqslant d)$ 时

$$|\gamma_1\cdots\gamma_d-\delta_1\cdots\delta_d|\leqslant\sum_{j=1}^{d}|\gamma_j-\delta_j|. \tag{3.4.8}$$

因此

$$\begin{aligned}&\left|\frac{(v_1-u_1+1)\cdots(v_d-u_d+1)}{M^d}-|J|\right|\\&=\left|\prod_{j=1}^{d}\frac{(v_j-u_j+1)}{M}-\prod_{j=1}^{d}(\beta_j-\alpha_j)\right|\leqslant\sum_{j=1}^{d}\left|\frac{v_j-u_j+1}{M}-(\beta_j-\alpha_j)\right|.\end{aligned}$$

由 u_j,v_j 的定义, 我们有

$$\frac{u_j}{M}=\alpha_j+\vartheta_{1j},\quad \frac{v_j}{M}=\beta_j-\vartheta_{2j},$$

其中 $0\leqslant\vartheta_{1j}<1/M,0<\vartheta_{2j}\leqslant1/M$, 因此对每个 j $(1\leqslant j\leqslant d)$, 有

$$\left|\frac{v_j-u_j+1}{M}-(\beta_j-\alpha_j)\right|=\left|\frac{1}{M}-\vartheta_{1j}-\vartheta_{1j}\right|<\frac{1}{M},$$

从而

$$\left|\frac{(v_1-u_1+1)\cdots(v_d-u_d+1)}{M^d}-|J|\right|\leqslant\frac{d}{M}. \tag{3.4.9}$$

由式 (3.4.6)、式 (3.4.7) 及式 (3.4.9) 得到

$$\left|\frac{A(J;n)}{n}-|J|\right|\leqslant\frac{d}{M}+{\sum_{\boldsymbol{m}(M)}}'\frac{1}{r(\boldsymbol{m},M)}\left|\frac{1}{n}\sum_{k=1}^{n}e\left(\boldsymbol{m}\cdot M^{-1}\boldsymbol{y}_k\right)\right|.$$

最后, 因为 $J\subseteq[0,1)^d$ 是任意的, 所以由此及式 (3.4.5) 可知式 (3.4.3) 成立. □

注 3.4.1 用数学归纳法易证: 若 $\varepsilon=\max\limits_{1\leqslant i\leqslant d}|\gamma_i-\delta_i|<1$, 则

$$|\gamma_1\cdots\gamma_d-\delta_1\cdots\delta_d|\leqslant1-(1-\varepsilon)^d.$$

以它代替不等式 (3.4.8), 则式 (3.4.3) 可化成

$$D_n(\mathcal{S})\leqslant1-\left(1-\frac{1}{M}\right)^d+{\sum_{\boldsymbol{m}(M)}}'\frac{1}{r(\boldsymbol{m},M)}\left|\frac{1}{n}\sum_{k=1}^{n}e\left(\boldsymbol{m}\cdot M^{-1}\boldsymbol{y}_k\right)\right|. \tag{3.4.10}$$

引理 3.4.2 对于任何整数 $M\geqslant2$, 有

$$\sum_{\boldsymbol{m}(M)}\frac{1}{r(\boldsymbol{m},M)}<\left(\frac{2}{\pi}\log M+\frac{7}{5}\right)^d. \tag{3.4.11}$$

证 由定义得

$$\sum_{\boldsymbol{m}(M)}\frac{1}{r(\boldsymbol{m},M)}=\left(\sum_{m(M)}\frac{1}{r(m,M)}\right)^d. \tag{3.4.12}$$

因此, 只需估计 $\sum\limits_{m(M)} 1/r(m,M)$. 我们有

$$\begin{aligned}\sum_{m(M)}\frac{1}{r(m,M)}&=1+\frac{1}{M}\sum_{m(M)}{}'\csc\pi\|mM^{-1}\|\\&\leqslant 1+\frac{2}{M}\sum_{m=1}^{[M/2]}\csc\pi mM^{-1},\end{aligned}$$

以及

$$\begin{aligned}\sum_{m=1}^{[M/2]}\csc\pi mM^{-1}&=\csc\pi M^{-1}+\sum_{m=2}^{[M/2]}\csc\pi mM^{-1}\\&\leqslant\csc\pi M^{-1}+\int_1^{[M/2]}\csc\pi xM^{-1}\mathrm{d}x\\&\leqslant\csc\pi M^{-1}+\frac{M}{\pi}\int_{\pi/M}^{\pi/2}\csc t\mathrm{d}t\\&=\csc\pi M^{-1}+\frac{M}{\pi}\log\cot\pi(2M)^{-1}\\&<\csc\pi M^{-1}+\frac{M}{\pi}\log 2M\pi^{-1}.\end{aligned}$$

注意, 当 $M\geqslant 6$ 时, $(\pi/M)^{-1}\sin(\pi/M)\geqslant(\pi/6)^{-1}\sin(\pi/6)$, 所以 $\sin(\pi/M)\geqslant 3/M$, 从而由上式推出: 当 $M\geqslant 6$ 时

$$\sum_{m=1}^{[M/2]}\csc\pi mM^{-1}<\frac{M}{\pi}\log M+\left(\frac{1}{3}-\frac{1}{\pi}\log\frac{\pi}{2}\right)M.$$

又因为 $1/3-\pi^{-1}\log(\pi/2)<1/5$, 所以当 $M\geqslant 6$ 时

$$\sum_{m=1}^{[M/2]}\csc\pi mM^{-1}<\frac{M}{\pi}\log M+\frac{M}{5}.$$

经直接验证, 可知上式对 $M=3,4,5$ 也成立, 于是最终得到

$$\sum_{m(M)}\frac{1}{r(m,M)}<\frac{2}{\pi}\log M+\frac{7}{5}\quad(M\geqslant 3).$$

当 $M=2$ 时此式可以直接验证. 由此及式 (3.4.12) 即得式 (3.4.11). □

定理 3.4.1 之证 在引理 3.4.1 中取 $M=p$, 以及

$$\boldsymbol{y}_k=\left(\left\{\frac{ka_1}{p}\right\},\left\{\frac{ka_2}{p}\right\},\cdots,\left\{\frac{ka_d}{p}\right\}\right)\quad(k=1,2,\cdots,p).$$

记 $\boldsymbol{a}=(a_1,\cdots,a_d)$. 因为指数和

$$\sum_{k=1}^{p} e(k\boldsymbol{m}\cdot\boldsymbol{a}p^{-1})=\begin{cases}0, & \boldsymbol{m}\cdot\boldsymbol{a}\not\equiv 0(p),\\ p, & \boldsymbol{m}\cdot\boldsymbol{a}\equiv 0(p),\end{cases}$$

所以由引理 3.4.1 得

$$D_p(\mathcal{S})\leqslant \frac{d}{M}+R(\boldsymbol{a};p),$$

其中已令

$$R(\boldsymbol{a};p)=\sum_{\substack{\boldsymbol{m}(p)\\ \boldsymbol{m}\cdot\boldsymbol{a}\equiv 0(p)}}{}' \frac{1}{r(\boldsymbol{m},p)}.$$

记 $G=\{0,1,\cdots,p-1\}$, 并考虑

$$\sum_{\boldsymbol{a}\in G^d} R(\boldsymbol{a};p)=\sum_{\boldsymbol{m}(p)}{}' \frac{1}{r(\boldsymbol{m},p)}\sum_{\substack{\boldsymbol{a}\in G^d\\ \boldsymbol{m}\cdot\boldsymbol{a}\equiv 0(p)}} 1.$$

对于每个 $\boldsymbol{m}$, 满足同余条件 $\boldsymbol{m}\cdot\boldsymbol{a}\equiv 0(p)$ 的 $\boldsymbol{a}\in G^d$ 可以这样来选取: 其 $d-1$ 个坐标取 G 的任意元素, 共有 p^{d-1} 种取法, 最后一个坐标则由同余条件唯一地确定. 因此, $\boldsymbol{m}\cdot\boldsymbol{a}\equiv 0(p)$ 在 G 中恰好有 p^{d-1} 个解. 由此并应用引理 3.4.2 (注意 $\boldsymbol{m}=\boldsymbol{0}$ 时, $r(\boldsymbol{m},p)=1$), 可得

$$\sum_{\boldsymbol{a}\in G^d} R(\boldsymbol{a};p)=p^{d-1}\sum_{\boldsymbol{m}(p)}{}' \frac{1}{r(\boldsymbol{m},p)}<p^{d-1}\left(\left(\frac{2}{\pi}\log M+\frac{7}{5}\right)^d-1\right). \tag{3.4.13}$$

因为 G 中含有 p^d 个元素, 所以存在一个整点 $\boldsymbol{a}\in G^d$, 使得

$$R(\boldsymbol{a};p)<\frac{1}{p}\left(\left(\frac{2}{\pi}\log M+\frac{7}{5}\right)^d-1\right)$$

(不然将会得到与式 (3.4.13) 矛盾的结果. 实际上, 可取 $R(\boldsymbol{a};p)$ 在 G^d 上的极小值点作为上述整点 $\boldsymbol{a}$), 于是式 (3.4.2) 得证. □

注 3.4.2 定理 3.4.1 也可以直接应用定理 3.1.1 来证明, 对此可见专著 [125] 第 154~156 页 (但明显常数不同). 上面给出的证明实际上是它的一个变体 (参见文献 [171,177]).

注 3.4.3 当 $d=2$ 时, G. Larcher[133] 证明了: 对于任何整数 $n\geqslant 3$, 存在 $\boldsymbol{a}\in\mathbb{Z}^2$, 使得

$$D_n(\{\mathcal{S}_n\}\boldsymbol{a}))\leqslant Cn^{-1}(\log n)(\log\log n)^2,$$

其中 $C>0$ 为常数.

使 $\{\mathcal{S}_n\}(\boldsymbol{a})$ 成为低偏差点列的整点 $\boldsymbol{a}=(a_1,a_2,\cdots,a_d)$ 通常也称为 (模 n) 最优系数 (依 [119] 定理 22 或本书命题 5.2.5, 这样的定义要比 N. M. Korobov 的原始定义宽些). 定理 3.4.1 表明 (模 p) 最优系数是存在的. N. M. Korobov[118] 还进一步指出, 可以取 $(1,a,a^2,\cdots,a^{d-1})$ 作为 (模 p) 最优系数, 并给出计算整数 a 的方法. 在现今文献中常将形如

$$\{(\{k/p\},\{ka/p\},\cdots,\{ka^{d-1}/p\})\quad(k=1,2,\cdots,p)\}$$

的点列称作 Korobov 点列.

定理 3.4.2 存在整数 a, 使 Korobov 点列的偏差

$$D_p<p^{-1}(d-1)\left(\frac{2}{\pi}\log p+\frac{7}{5}\right)^d+p^{-1}.$$

证 在定理 3.4.1 的证明中将 $\boldsymbol{a}$ 取作 $\boldsymbol{a}^*=(1,a,a^2,\cdots,a^{d-1})$, 类似地有

$$D_p\leqslant\frac{d}{M}+R_1(\boldsymbol{a}^*;p),$$

其中已令

$$R_1(\boldsymbol{a}^*;p)=\sideset{}{'}\sum_{\substack{\boldsymbol{m}(p)\\ \boldsymbol{m}\cdot\boldsymbol{a}^*\equiv 0(p)}}\frac{1}{r(\boldsymbol{m},p)}.$$

我们来考虑

$$\sum_{a\in G}R_1(\boldsymbol{a}^*;p)=\sideset{}{'}\sum_{\boldsymbol{m}(p)}\frac{1}{r(\boldsymbol{m},p)}\sum_{\substack{a\in G\\ \boldsymbol{m}\cdot\boldsymbol{a}^*\equiv 0(p)}}1,$$

其中 G 同上文. 对于每个 $\boldsymbol{m}$, 以 a 为未知元的同余式

$$\boldsymbol{m}\cdot\boldsymbol{a}^*\equiv 0(p)\quad(a\in G)$$

至多有 $d-1$ 个解 (见 [5] 定理 2.9.1), 因此

$$\sum_{a\in G}R_1(\boldsymbol{a}^*;p)\leqslant(d-1)\sideset{}{'}\sum_{\boldsymbol{m}(p)}\frac{1}{r(\boldsymbol{m},p)}<(d-1)\left(\left(\frac{2}{\pi}\log M+\frac{7}{5}\right)^d-1\right),$$

从而存在 $a\in G$, 使得

$$R_1(\boldsymbol{a}^*;p)<p^{-1}(d-1)\left(\left(\frac{2}{\pi}\log M+\frac{7}{5}\right)^d-1\right).$$

由此易得所要的结论. □

注 3.4.4 我们将在第 5 章 5.2 节中进一步讨论 Korobov 点列及最优系数.

3.5 (t,m,s) 网和 (t,s) 点列

20 世纪 60 年代中叶, 苏联数学家 I. M. Sobol'[250-252] 构造了一种由特殊的二进小数组成的低偏差点集和由此形成的点列, 它们分别称为 P_t (即 Π_τ) 网和 LP_t(即 $Л\Pi_\tau$) 点列, 并应用于多维数值积分. 大约 20 年后, H. Niederreiter[174] 给出了更加一般的低偏差点列构造, 它们由某些特殊的 b 进小数组成, 并建立了与之有关的理论 (偏差估计、算法和数值实现、与组合学的关系以及推广等). 本节主要研究与偏差上界估计有关的一些结果.

设 $s\geqslant 1,b\geqslant 2$ 是固定的整数. 考虑维数 $d=s$ 的单位方体 $G_s=[0,1)^s$, 将它的子集 (子区间)

$$E=\prod_{i=1}^{s}[\lambda_i b^{-\mu_i},(\lambda_i+1)b^{-\mu_i})$$

称作以 b 为底的基本区间, 此处 $\lambda_i,\mu_i\in\mathbb{Z},0\leqslant\lambda_i<b^{\mu_i},\mu_i\geqslant 0\ (1\leqslant i\leqslant s)$. 这个基本区间的体积 $|E|=b^{-\mu}$, 其中 $\mu=\sum\limits_{i=1}^{s}\mu_i$.

设 $0\leqslant t\leqslant m,t,m\in\mathbb{Z}$, $\mathcal{P}$ 是由 G_s 中的 b^m 个点组成的点集. 如果对于每个体积为 b^{t-m} 的以 b 为底的基本区间 E, 点集 $\mathcal{P}$ 落在 E 中的点的个数 $A(E;\mathcal{P})=b^t$ (也就是说, 这种点的个数与 $\mathcal{P}$ 的点数之比等于 E 的体积), 那么称 $\mathcal{P}$ 为以 b 为底的 (t,m,s) 网.

注 3.5.1 如果令 $D(E;\mathcal{P})=A(E;\mathcal{P})-n|E|$, 其中 $n=b^m$, 那么 $\mathcal{P}$ 是以 b 为底的 (t,m,s) 网, 当且仅当对于每个体积为 b^{t-m} 的以 b 为底的基本区间 E, 有 $D(E;\mathcal{P})=0$.

对于非负整数 t, G_s 中的一个无穷点列 $\{\boldsymbol{x}_0,\boldsymbol{x}_1,\cdots,\boldsymbol{x}_n,\cdots\}$ 称作以 b 为底的 (t,s) 点列, 如果对于所有整数 $l\geqslant 0$ 及 $m>t$, 点集 $\{\boldsymbol{x}_k\left(lb^m\leqslant k<(l+1)b^m\right)\}$ 都是以 b 为底的 (t,m,s) 网.

注 3.5.2 因为 G_s 中任何由 b^t 个点组成的点集是一个以 b 为底的 (t,t,s) 网, 所以实际上, 在上述定义中可以令 $m=t$ (平凡情形).

注 3.5.3 对于实数 $x\in[0,1)$, 写出它的 b 进表达式

$$x=\sum_{j=1}^{\infty}\xi_j b^{-j},\quad \xi_j=\xi_j(x)\in\{0,1,\cdots,b-1\}\quad (j=1,2,\cdots),$$

并定义 $[0,1)$ 中的一个实数

$$[x]_{b,m}=\sum_{j=1}^{m}\xi_j(x)b^{-j}.$$

对于 $\boldsymbol{x}=(x_1,\cdots,x_s)\in[0,1)^s$, 我们定义点 $[\boldsymbol{x}]_{b,m}=([x_1]_{b,m},\cdots,[x_s]_{b,m})\in G_s$. 于是, 在此记号下, G_s 中的一个无穷点列 $\{\boldsymbol{x}_0,\boldsymbol{x}_1,\cdots,\boldsymbol{x}_n,\cdots\}$ 称作以 b 为底的 (t,s) 点列, 当且仅当对于所有整数 $l\geqslant 0$ 及 $m>t$, 点集 $\{[\boldsymbol{x}_k]\big(lb^m\leqslant k<(l+1)b^m\big)\}$ 都是以 b 为底的 (t,m,s) 网.

对于上面的定义, 当底 $b=2$ 时, 我们就得到 Sobol' 的构造. 依 I. M. Sobol'[252], 将 (t,m,s) 网称作 P_t (即 Π_τ) 网, (t,s) 点列称作 LP_t (即 $\text{Л}\Pi_\tau$) 点列; 特别地, 当 $t=0$ 时, 得到 H. Faure[64] 的构造, 分别称为 P_0(即 Π_0) 网及 LP_0 (即 $\text{Л}\Pi_0$) 点列.

我们首先给出 (t,m,s) 网和 (t,s) 点列的一些简单性质.

引理 3.5.1 以 b 为底的 (一维) van der Corput 点列 $\{\varphi_b(k)\ (k=0,1,\cdots,n-1)\}$ 是以 b 为底的 $(0,1)$ 点列.

证 固定整数 $l\geqslant 0$ 及 $m\geqslant 1$, 考虑 b^m 个点 $x_k=\varphi_b(k)$, 其中 $k\in[lb^m,(l+1)b^m)$. 在 b 进制中, $b^m=1\underbrace{0\cdots0}_{m}$, $l=l_1\cdots l_r$, 此处 $l_i\in\{0,\cdots,b-1\}\,(i=1,\cdots,r)$, $lb^m=l_1\cdots l_r\underbrace{0\cdots0}_{m}$. 于是当 $k\in[lb^m,(l+1)b^m)$ 时, 数 $k=lb^m+k_1\,(0\leqslant k_1<b^m)$ 的 b 进制表示是 $k=l_1\cdots l_re_1\cdots e_m$, 其中 $e_1\cdots e_m=k_1$, 且最初连续若干个 e_i 可能为 0. 由倒位函数的定义得

$$\begin{aligned}x_k=\varphi_b(k)&=0.e_m\cdots e_1l_r\cdots l_1\\&=b^{-m}\cdot(e_m\cdots e_1)+0.\underbrace{0\cdots0}_{m}l_r\cdots l_1,\end{aligned}$$

这表明 $x_k\in\big[\lambda b^{-m},(\lambda+1)b^{-m}\big)$, 其中 $\lambda=e_m\cdots e_1, 0\leqslant\lambda<b^m$. 所以 $k\in[lb^m,(l+1)b^m)$ 当且仅当 $x_k\in\big[\lambda b^{-m},(\lambda+1)b^{-m}\big)$, 即每个区间 $\big[\lambda b^{-m},(\lambda+1)b^{-m}\big)(0\leqslant\lambda<b^m)$ 中恰有一个 x_k. 于是引理得证. □

引理 3.5.2 任何以 b 为底的 (t,m,s) 网也是以 b 为底的 (u,m,s) 网, 其中 $t\leqslant u\leqslant m$; 任何以 b 为底的 (t,s) 点列也是以 b 为底的 (u,s) 点列, 其中 $u\geqslant t$.

证 设 $\mathcal{P}$ 是一个以 b 为底的 (t,m,s) 网. 由定义知 $A(E;\mathcal{P})=b^m|E|$, 其中 E 是任意体积为 $|E|=b^{t-m}$ 的以 b 为底的基本区间. 任一体积 $b^{u-m}\geqslant b^{t-m}$ 的以 b 为底的基本区间 E_1 总可以分解为若干个体积为 b^{t-m} 的互不相交的以 b 为底的基本区间 $E^{(i)}$ 之并, 即 $E_1=\bigcup\limits_i E^{(i)}$, 从而

$$A(E_1;\mathcal{P})=\sum_i b^m|E^{(i)}|=b^m\sum_i|E^{(i)}|=b^m|E_1|,$$

于是 $\mathcal{P}$ 是一个以 b 为底的 (u,m,s) 网, 且由此可推出引理的另一结论. □

注 3.5.4 这个引理表明, 较小的 t 蕴含点列具有较好的分布均匀性. 事实上, 由后面的推论 3.5.1 和推论 3.5.2 我们将会看到, t 越小, (t,m,s) 网及 (t,s) 点列的偏差上界估计就越小. 因此, t 称作网 (点列) 的品质参数. 注意: t 不可能为 0.

引理 3.5.3 设 $1 \leqslant r \leqslant s$, $\{i_1,\cdots,i_r\}$ 是集合 $\{1,2,\cdots,s\}$ 的 r 个不同的元素, 用 $T: G_s \to G_r$ 表示由下式定义的映射:

$$T(x_1,\cdots,x_s) = (x_{i_1},\cdots,x_{i_r}), \quad (x_1,\cdots,x_s) \in G_s.$$

那么每个以 b 为底的 (t,m,s) 网被 T 变换成一个以 b 为底的 (t,m,r) 网, 每个以 b 为底的 (t,s) 点列被 T 变换成一个以 b 为底的 (t,r) 点列.

证 可以直接按定义验证. □

引理 3.5.4 设 $\mathcal{P}$ 是以 b 为底的 (t,m,s) 网, E 是以 b 为底的基本区间, 且 $|E| = b^{-u}$, 其中 $0 \leqslant u \leqslant m-t$. 还设 T 是由 E 到 $G_s = [0,1)^s$ 的仿射变换. 那么 $\mathcal{P} \cap E$ 中的点被 T 映成一个以 b 为底的 $(t,m-u,s)$ 网.

证 E 可以表示成互不相交的 b^{m-t-u} 个体积为 b^{t-m} 的以 b 为底的基本区间的并集, 因此

$$A(E;\mathcal{P}) = b^{m-t-u} \cdot (b^{t-m} b^m) = b^{m-u}.$$

记集合 $\mathcal{P}' = T(\mathcal{P} \cap E)$, 则 $\mathcal{P}' \subset G_s$, 且含有 b^{m-u} 个点. 为证明 $\mathcal{P}'$ 是一个以 b 为底的 $(t,m-u,s)$ 网, 我们取一个体积为 b^{t-m+u} 的基本区间 E', 并且注意对于 $\boldsymbol{x} \in E$, $T(\boldsymbol{x}) \in E'$ 当且仅当 $\boldsymbol{x} \in T^{-1}(E')$. 因为变换 T 的系数行列式等于 $|E|^{-1} = b^u$, 所以 $T^{-1}(E')$ 是一个体积为 $|E'| \cdot b^{-u} = b^{t-m}$、以 b 为底的基本区间, 因此 $A(T^{-1}(E');\mathcal{P}) = b^t$, 从而 $A(E';\mathcal{P}') = b^t$, 于是引理得证. □

引理 3.5.5 设 $0 \leqslant t \leqslant m$, $\lambda \geqslant 1$ 是一个整数, 那么每个以 b 为底的 $(\lambda t, \lambda m, s)$ 网是一个以 b^λ 为底的 (t,m,s) 网.

证 一个以 b 为底的 $(\lambda t, \lambda m, s)$ 网恰好含有 $b^{\lambda m}$ 个点, 这也正是一个以 b^λ 为底的 (t,m,s) 网所应含有的点的个数. 而一个体积为 $b^{\lambda(t-m)}$ 的以 b^λ 为底的基本区间也是一个以 b 为底的基本区间, 因而它恰好含有以 b 为底的 $(\lambda t, \lambda m, s)$ 网中的 $b^{\lambda t}$ 个点. 由此可推知引理的结论成立. □

现在给出 (t,m,s) 网及 (t,s) 点列的 (星) 偏差的上界估计[174].

定理 3.5.1 设 $\mathcal{P}$ 是以 $b\geqslant 3$ 为底的 (t,m,s) 网, $n=b^m$, 则

$$nD_n^*(\mathcal{P})\leqslant b^t\sum_{i=0}^{s-1}\binom{s-1}{i}\binom{m-t}{i}\left[\frac{b}{2}\right]^i. \tag{3.5.1}$$

证 设

$$J=\prod_{j=1}^{s}[0,\alpha_j)\subseteq G_s,$$

记

$$D(J;\mathcal{P})=A(J;\mathcal{P})-n|J|,$$

其中 $A(J;\mathcal{P})$ 表示 J 所含有的集合 $\mathcal{P}$ 中的点的个数. 还用 $\varDelta_b(t,m,s)$ 表示式 (3.5.1) 的右边. 固定 $t\geqslant 0$, 对 $s\geqslant 1$ 及 $m\geqslant t$ 用双重归纳法.

设 $s=1$, 并考虑任意的整数 $m\geqslant t$. 如果给定区间 $J=[0,\alpha)$ $(0<\alpha\leqslant 1)$, 那么可将它分割为下列互不相交的区间:

$$\begin{aligned}&J_\lambda=[\lambda b^{t-m},(\lambda+1)b^{t-m})\quad(\lambda=0,1,\cdots,k-1),\\&J_k=[kb^{t-m},\alpha),\end{aligned}$$

其中 $k=[\alpha b^{m-t}]$. 对于以 b 为底的 $(t,m,1)$ 网, 当 $0\leqslant\lambda<k$ 时 $D(J_\lambda;\mathcal{P})=0$, 故 $D(J;\mathcal{P})=D(J_k;\mathcal{P})$. 由于

$$0\leqslant A(J_k;\mathcal{P})\leqslant b^t,\quad 0\leqslant b^m|J_k|\leqslant b^t,$$

所以 $|D(J;\mathcal{P})|\leqslant b^t$. 由此推出

$$nD_n^*(\mathcal{P})\leqslant b^t=\varDelta_b(t,m,1),$$

即式 (3.5.1) 当 $s=1$ 时成立.

现在设 $s\geqslant 2$, 并且当维数为 $s-1$ 时, 式 (3.5.1) 对所有 $m\geqslant t$ 都成立. 我们在维数为 s 的情形下对 $m\geqslant t$ 用数学归纳法证明式 (3.5.1). 当 $m=t$ 时, 显然有

$$nD_n^*(\mathcal{P})\leqslant n=b^t=\varDelta_b(t,t,s),$$

即此时式 (3.5.1) 成立. 设式 (3.5.1) 对某个 $m\geqslant t$ 已得证, 我们来考虑以 b 为底的 $(t,m+1,s)$ 网 $\mathcal{P}$, 要证明对每个

$$J=\prod_{j=1}^{s}[0,\alpha_j)\subseteq G_s,$$

有

$$|D(J;\mathcal{P})| \leqslant \varDelta_b(t,m+1,s) \tag{3.5.2}$$

$(n=b^{m+1})$. 为此, 依 α_s 的值区分不同的情况.

若 $\alpha_s=1$, 则对 $\mathcal{P}$ 应用投影变换 $T:G_s\to G_{s-1}$, 其定义为

$$T(x_1,\cdots,x_s)=(x_1,\cdots,x_{s-1}),\quad (x_1,\cdots,x_s)\in G_s. \tag{3.5.3}$$

由引理 3.5.3, $\mathcal{P}_1=T(\mathcal{P})$ 是一个以 b 为底的 $(t,m+1,s-1)$ 网, 并且 $D(J;\mathcal{P})=D\big(T(J);\mathcal{P}_1\big)$. 于是, 由归纳假设得

$$|D(J;\mathcal{P})| \leqslant \varDelta_b(t,m+1,s-1). \tag{3.5.4}$$

由此及显然的不等式 $\varDelta_b(t,m+1,s-1)\leqslant \varDelta_b(t,m+1,s)$, 可知式 (3.5.2) 成立.

若 $\alpha_s<1$, 则定义整数 $l=[\alpha_s b]$, 所以 $0\leqslant l\leqslant b-1$. 我们考虑两种情形:

先设 $0\leqslant l\leqslant [b/2]$. 将 J 分割为下列互不相交的 (s 维) 区间:

$$\begin{aligned}
J_\lambda &= \prod_{i=1}^{s-1}[0,\alpha_i)\times\left[\frac{\lambda}{b},\frac{\lambda+1}{b}\right)\quad (\lambda=0,1,\cdots,l-1),\\
J_l &= \prod_{i=1}^{s-1}[0,\alpha_i)\times\left[\frac{l}{b},\alpha_s\right).
\end{aligned}$$

那么

$$D(J;\mathcal{P})=\sum_{\lambda=0}^{l}D(J_\lambda;\mathcal{P}). \tag{3.5.5}$$

记

$$E_\lambda=[0,1)^{s-1}\times[\lambda/b,(\lambda+1)/b)\quad (\lambda=0,1,\cdots,l-1,l).$$

令 T_l 是由 E_l 到 G_s 的仿射变换. 因为 $|E_l|=b^{-1}$, 所以由引理 3.5.3 可知 $\mathcal{P}_2=T_l(D(J;\mathcal{P})\cap E_l)$ 是一个以 b 为底的 (t,m,s) 网, 并且 $D(J_l;\mathcal{P})=D(T_l(J_l);\mathcal{P}_2)$. 于是, 由归纳假设得

$$|D(J_l;\mathcal{P})| \leqslant \varDelta_b(t,m,s). \tag{3.5.6}$$

当 $0\leqslant\lambda<l$ 时, 设 T 是式 (3.5.3) 定义的投影变换, 则 $\mathcal{P}_3^{(\lambda)}=T(\mathcal{P}\cap E_\lambda)$ 是一个 $(t,m,s-1)$ 网, 并且 $D(J_\lambda;\mathcal{P})=D\big(T(J_\lambda);\mathcal{P}_3^{(\lambda)}\big)$. 于是, 由归纳假设得

$$|D(J_\lambda;\mathcal{P})| \leqslant \varDelta_b(t,m,s-1)\quad (0\leqslant\lambda<l). \tag{3.5.7}$$

由式 (3.5.5)∼ 式 (3.5.7) 得

$$|D(J;\mathcal{P})| \leqslant \Delta_b(t,m,s) + \left[\frac{b}{2}\right]\Delta_b(t,m,s-1). \tag{3.5.8}$$

于是, 由 $\Delta_b(\cdot)$ 的定义, 并注意

$$\binom{n}{m} = 0 \quad (m<0),$$

我们有

$$\begin{aligned}
|D(J;\mathcal{P})| &\leqslant b^t\sum_{i=0}^{s-1}\binom{s-1}{i}\binom{m-t}{i}\left[\frac{b}{2}\right]^i + \left[\frac{b}{2}\right]b^t\sum_{i=0}^{s-2}\binom{s-2}{i}\binom{m-t}{i}\left[\frac{b}{2}\right]^i\\
&= b^t\sum_{i=0}^{s-1}\binom{s-1}{i}\binom{m-t}{i}\left[\frac{b}{2}\right]^i + b^t\sum_{i=0}^{s-1}\binom{s-2}{i-1}\binom{m-t}{i-1}\left[\frac{b}{2}\right]^i\\
&\leqslant b^t\sum_{i=0}^{s-1}\binom{s-1}{i}\binom{m-t}{i}\left[\frac{b}{2}\right]^i + b^t\sum_{i=0}^{s-1}\binom{s-1}{i}\binom{m-t}{i-1}\left[\frac{b}{2}\right]^i.
\end{aligned}$$

因为

$$\binom{m-t}{i} + \binom{m-t}{i-1} = \binom{m-t+1}{i},$$

所以上式等于

$$b^t\sum_{i=0}^{s-1}\binom{s-1}{i}\binom{m+1-t}{i}\left[\frac{b}{2}\right]^i = \Delta_b(t,m+1,s),$$

从而得到

$$|D(J;\mathcal{P})| \leqslant \Delta_b(t,m+1,s),$$

因此, 式 (3.5.2) 在此情形下成立.

再设 $[b/2]+1 \leqslant l \leqslant b-1$. 将 J 看成集合

$$L = \prod_{i=1}^{s-1}[0,\alpha_i)\times[0,1) \quad 与 \quad M = \prod_{i=1}^{s-1}[0,\alpha_i)\times[\alpha_s,1)$$

的差集, 并将 M 分割为下列互不相交的 (s 维) 区间:

$$\begin{aligned}
M_l &= \prod_{i=1}^{s-1}[0,\alpha_i)\times\left[\alpha_s,\frac{l+1}{b}\right),\\
M_\lambda &= \prod_{i=1}^{s-1}[0,\alpha_i)\times\left[\frac{\lambda}{b},\frac{\lambda+1}{b}\right) \quad (\lambda = l+1,l+2,\cdots,b-1).
\end{aligned}$$

那么

$$D(J;\mathcal{P}) = D(L;\mathcal{P}) - \sum_{\lambda=1}^{b-1} D(M_\lambda;\mathcal{P}). \tag{3.5.9}$$

将式 (3.5.4) 应用于 L, 可得

$$|D(L;\mathcal{P})| \leqslant \varDelta_b(t,m+1,s-1);$$

对于 M_l, 可与式 (3.5.6) 中的 J_l 类似地处理, 因此

$$|D(M_l;\mathcal{P})| \leqslant \varDelta_b(t,m,s);$$

而对于 $l < \lambda \leqslant b-1$, 类似于式 (3.5.7), 我们有

$$|D(M_\lambda;\mathcal{P})| \leqslant \varDelta_b(t,m,s-1).$$

合起来, 从式 (3.5.9) 得到

$$|D(J;\mathcal{P})| \leqslant \varDelta_b(t,m+1,s-1) + \varDelta_b(t,m,s) + \left(b - \left[\frac{b}{2}\right] - 2\right)\varDelta_b(t,m,s-1). \quad (3.5.10)$$

注意 $b \geqslant 2$. 当 $b = 2\tau$ (偶数) 时, 整数 $\tau \geqslant 1$, $b-[b/2]-2 = \tau-2$; 当 $b = 2\tau+1$ (奇数) 时, $b-[b/2]-2 = \tau-1$. 因此 $b-[b/2]-2 \leqslant [b/2]-1$. 于是, 由上式得到

$$\begin{aligned}|D(J;\mathcal{P})| \leqslant{}& b^t\sum_{i=0}^{s-2}\binom{s-2}{i}\binom{m+1-t}{i}\left[\frac{b}{2}\right]^i + b^t\sum_{i=0}^{s-1}\binom{s-1}{i}\binom{m-t}{i}\left[\frac{b}{2}\right]^i \\ &+ \left(\left[\frac{b}{2}\right]-1\right)b^t\sum_{i=0}^{s-2}\binom{s-2}{i}\binom{m-t}{i}\left[\frac{b}{2}\right]^i.\end{aligned}$$

将

$$\binom{m+1-t}{i} - \binom{m-t}{i} = \binom{m-t}{i-1}$$

应用于上式右边第 1 个和式, 可知上式右边等于

$$\begin{aligned}& b^t\sum_{i=0}^{s-2}\binom{s-2}{i}\binom{m-t}{i-1}\left[\frac{b}{2}\right]^i + b^t\sum_{i=0}^{s-1}\binom{s-1}{i}\binom{m-t}{i}\left[\frac{b}{2}\right]^i \\ &+ b^t\sum_{i=0}^{s-2}\binom{s-2}{i}\binom{m-t}{i}\left[\frac{b}{2}\right]^{i+1}.\end{aligned}$$

因为

$$\binom{n}{m} = 0 \quad (m > n \quad m < 0),$$

所以上式等于

$$b^t\sum_{i=0}^{s-1}\binom{s-2}{i}\binom{m-t}{i-1}\left[\frac{b}{2}\right]^i + b^t\sum_{i=0}^{s-1}\binom{s-1}{i}\binom{m-t}{i}\left[\frac{b}{2}\right]^i$$

$$+b^t\sum_{i=0}^{s-1}\binom{s-2}{i-1}\binom{m-t}{i-1}\left[\frac{b}{2}\right]^i.$$

注意

$$\binom{s-2}{i}+\binom{s-2}{i-1}=\binom{s-1}{i},\quad \binom{m-t}{i}+\binom{m-t}{i-1}=\binom{m+1-t}{i},$$

最终得知上式等于

$$\begin{aligned}&b^t\sum_{i=0}^{s-1}\binom{s-1}{i}\binom{m-t}{i-1}\left[\frac{b}{2}\right]^i+b^t\sum_{i=0}^{s-1}\binom{s-1}{i}\binom{m-t}{i}\left[\frac{b}{2}\right]^i\\&=b^t\sum_{i=0}^{s-1}\binom{s-1}{i}\binom{m+1-t}{i}\left[\frac{b}{2}\right]^i=\Delta_b(t,m+1,s).\end{aligned}$$

因此, 式 (3.5.2) 在此情形下仍然成立. 于是定理得证. □

定理 3.5.2 设 b 是偶数, $\mathcal{P}$ 是以 b 为底的 (t,m,s) 网, $n=b^m$, 则

$$nD_n^*(\mathcal{P})\leqslant b^t\sum_{i=0}^{s-1}\binom{m-t}{i}\left(\frac{b}{2}\right)^i+\left(\frac{b}{2}-1\right)b^t\sum_{i=0}^{s-2}\binom{m-t+i+1}{i}. \tag{3.5.11}$$

证 与上面的证明类似. 在此我们仍然用 $\Delta_b(t,m,s)$ 表示式 (3.5.11) 的右边, 并记 $E(m,s)=b^{-t}\Delta_b(t,m,s)$ (实际上, $E(m,s)$ 也与 b,t 有关, 但记号中未予明示). 数学归纳法的开始步骤是显然的, 因此, 下面只需验证式 (3.5.2). 由式 (3.5.8) 和式 (3.5.10), 这就是要证明: 当 $s\geqslant 2,m\geqslant t$ 时

$$E(m,s)+\frac{b}{2}E(m,s-1)\leqslant E(m+1,s), \tag{3.5.12}$$

$$E(m+1,s-1)+E(m,s)+\left(\frac{b}{2}-2\right)E(m,s-1)\leqslant E(m+1,s). \tag{3.5.13}$$

首先, 由组合数的性质, 我们有

$$\begin{aligned}&E(m,s)+\frac{b}{2}E(m,s-1)\\&=\sum_{i=0}^{s-1}\binom{m-t}{i}\left(\frac{b}{2}\right)^i+\left(\frac{b}{2}-1\right)\sum_{i=0}^{s-2}\binom{m-t+i+1}{i}\left(\frac{b}{2}\right)^i\\&\quad+\sum_{i=0}^{s-1}\binom{m-t}{i-1}\left(\frac{b}{2}\right)^i+\left(\frac{b}{2}-1\right)\sum_{i=0}^{s-2}\binom{m-t+i}{i-1}\left(\frac{b}{2}\right)^i\\&\leqslant\sum_{i=0}^{s-1}\binom{m-t}{i}\left(\frac{b}{2}\right)^i+\sum_{i=0}^{s-1}\binom{m-t}{i-1}\left(\frac{b}{2}\right)^i\\&\quad+\left(\frac{b}{2}-1\right)\sum_{i=0}^{s-2}\binom{m-t+i+1}{i}\left(\frac{b}{2}\right)^i\end{aligned}$$

$$\begin{aligned}&+\left(\frac{b}{2}-1\right)\sum_{i=0}^{s-2}\binom{m-t+i+1}{i-1}\left(\frac{b}{2}\right)^i\\ =&\sum_{i=0}^{s-1}\binom{m+1-t}{i}\left(\frac{b}{2}\right)^i+\left(\frac{b}{2}-1\right)\sum_{i=0}^{s-2}\binom{m-t+i+2}{i}\left(\frac{b}{2}\right)^i\\ =&E(m+1,s),\end{aligned}$$

由此即知式 (3.5.12) 得证.

其次, 为证明式 (3.5.13), 注意在定理 3.5.1 的证明中与式 (3.5.13) 相对应的情形, 即 $[b/2]+1\leqslant l\leqslant b-1$ 的情形, $b=2$ 的情形不可能出现. 因此, 我们可以认为偶数 $b\geqslant 4$. 记

$$F(m,s)=\sum_{i=0}^{s-1}\binom{m-t}{i}\left(\frac{b}{2}\right)^i,$$

$$G(m,s)=\sum_{i=0}^{s-2}\binom{m-t+i+1}{i}\left(\frac{b}{2}\right)^i,$$

那么

$$E(m,s)=F(m,s)+\left(\frac{b}{2}-1\right)G(m,s). \tag{3.5.14}$$

简记

$$\varphi=F(m+1,s-1)+F(m,s)+(b/2-2)F(m,s-1),$$

$$\gamma=G(m+1,s-1)+G(m,s)+(b/2-2)G(m,s-1).$$

按定义, 我们有

$$\begin{aligned}\varphi=&\sum_{i=0}^{s-2}\binom{m+1-t}{i}\left(\frac{b}{2}\right)^i+\sum_{i=0}^{s-1}\binom{m-t}{i}\left(\frac{b}{2}\right)^i\\ &+\left(\frac{b}{2}-2\right)\sum_{i=0}^{s-2}\binom{m-t}{i}\left(\frac{b}{2}\right)^i\\ =&\sum_{i=0}^{s-2}\left(\binom{m+1-t}{i}-2\binom{m-t}{i}\right)\left(\frac{b}{2}\right)^i\\ &+\sum_{i=0}^{s-1}\binom{m-t}{i}\left(\frac{b}{2}\right)^i+\sum_{i=0}^{s-2}\binom{m-t}{i}\left(\frac{b}{2}\right)^{i+1}.\end{aligned}$$

因为

$$\binom{m+1-t}{i}-2\binom{m-t}{i}=\binom{m-t}{i}+\binom{m-t}{i-1}-2\binom{m-t}{i}$$

$$=\binom{m-t}{i-1}-\binom{m-t}{i},$$

以及

$$\sum_{i=0}^{s-2}\binom{m-t}{i}\left(\frac{b}{2}\right)^{i+1}=\sum_{i=0}^{s-1}\binom{m-t}{i-1}\left(\frac{b}{2}\right)^{i},$$

所以由上式得到

$$\begin{aligned}
\varphi=&\sum_{i=0}^{s-2}\left(\binom{m-t}{i-1}-\binom{m-t}{i}\right)\left(\frac{b}{2}\right)^{i}\\
&+\sum_{i=0}^{s-1}\left(\binom{m-t}{i}+\binom{m-t}{i-1}\right)\left(\frac{b}{2}\right)^{i}\\
=&\sum_{i=0}^{s-2}\left(\binom{m-t}{i-1}-\binom{m-t}{i}\right)\left(\frac{b}{2}\right)^{i}+\sum_{i=0}^{s-1}\binom{m+1-t}{i}\left(\frac{b}{2}\right)^{i}\\
=&\sum_{i=0}^{s-2}\left(\binom{m-t}{i-1}-\binom{m-t}{i}\right)\left(\frac{b}{2}\right)^{i}+F(m+1,s).
\end{aligned}$$

类似地, 我们有

$$\begin{aligned}
\gamma=&\sum_{i=0}^{s-3}\binom{m-t+i+2}{i}\left(\frac{b}{2}\right)^{i}+\sum_{i=0}^{s-2}\binom{m-t+i+1}{i}\left(\frac{b}{2}\right)^{i}\\
&+\sum_{i=0}^{s-2}\binom{m-t+i}{i-1}\left(\frac{b}{2}\right)^{i}-2\sum_{i=0}^{s-3}\binom{m-t+i+1}{i}\left(\frac{b}{2}\right)^{i}.
\end{aligned}$$

因为

$$\sum_{i=0}^{s-3}\binom{m-t+i+2}{i}\left(\frac{b}{2}\right)^{i}=G(m+1,s)-\binom{m-t+s}{s-2}\left(\frac{b}{2}\right)^{s-2},$$

$$\begin{aligned}
&\sum_{i=0}^{s-2}\binom{m-t+i+1}{i}\left(\frac{b}{2}\right)^{i}-2\sum_{i=0}^{s-3}\binom{m-t+i+1}{i}\left(\frac{b}{2}\right)^{i}\\
&\quad=\binom{m-t+s-1}{s-2}\left(\frac{b}{2}\right)^{s-2}-\sum_{i=0}^{s-3}\binom{m-t+i+1}{i}\left(\frac{b}{2}\right)^{i},
\end{aligned}$$

所以

$$\begin{aligned}
\gamma=&G(m+1,s)-\binom{m-t+s}{s-2}\left(\frac{b}{2}\right)^{s-2}+\binom{m-t+s-1}{s-2}\left(\frac{b}{2}\right)^{s-2}\\
&+\sum_{i=0}^{s-2}\binom{m-t+i}{i-1}\left(\frac{b}{2}\right)^{i}-\sum_{i=0}^{s-3}\binom{m-t+i+1}{i}\left(\frac{b}{2}\right)^{i}\\
=&G(m+1,s)-\left(\binom{m-t+s}{s-2}-\binom{m-t+s-1}{s-2}\right)\left(\frac{b}{2}\right)^{s-2}
\end{aligned}$$

$$
\begin{aligned}
&+\binom{m-t+s-2}{s-3}\left(\frac{b}{2}\right)^{s-2}+\sum_{i=0}^{s-3}\binom{m-t+i}{i-1}\left(\frac{b}{2}\right)^{i}\\
&-\sum_{i=0}^{s-3}\binom{m-t+i+1}{i}\left(\frac{b}{2}\right)^{i}\\
=&G(m+1,s)-\binom{m-t+s-1}{s-3}\left(\frac{b}{2}\right)^{s-2}\\
&+\binom{m-t+s-2}{s-3}\left(\frac{b}{2}\right)^{s-2}-\sum_{i=0}^{s-3}\binom{m-t+i}{i}\left(\frac{b}{2}\right)^{i}\\
=&G(m+1,s)-\binom{m-t+s-2}{s-4}\left(\frac{b}{2}\right)^{s-2}-\sum_{i=0}^{s-3}\binom{m-t+i}{i}\left(\frac{b}{2}\right)^{i}.
\end{aligned}
$$

由 φ 和 γ 的上述表达式及式 (3.5.14), 我们得到

$$
\begin{aligned}
&E(m+1,s-1)+E(m,s)+\left(\frac{b}{2}-2\right)E(m,s-1)\\
&=\varphi+\left(\frac{b}{2}-1\right)\gamma\\
&=E(m+1,s)+\sum_{i=0}^{s-2}\left(\binom{m-t}{i-1}-\binom{m-t}{i}\right)\left(\frac{b}{2}\right)^{i}\\
&\quad-\binom{m-t+s-2}{s-4}\left(\frac{b}{2}-1\right)\left(\frac{b}{2}\right)^{s-2}\\
&\quad-\left(\frac{b}{2}-1\right)\sum_{i=0}^{s-3}\binom{m-t+i}{i}\left(\frac{b}{2}\right)^{i}.
\end{aligned}
$$

由此可知, 为证明式 (3.5.13), 只需证明

$$
\begin{aligned}
&\sum_{i=0}^{s-2}\left(\binom{m-t}{i-1}-\binom{m-t}{i}\right)\left(\frac{b}{2}\right)^{i}\\
&\quad\leqslant\binom{m-t+s-2}{s-4}\left(\frac{b}{2}-1\right)\left(\frac{b}{2}\right)^{s-2}+\left(\frac{b}{2}-1\right)\sum_{i=0}^{s-3}\binom{m-t+i}{i}\left(\frac{b}{2}\right)^{i}.
\end{aligned}\tag{3.5.15}
$$

当 $s=2$ 及 $s=3$ 时, 上式易直接验证. 当 $s\geqslant 4$ 时, 我们来比较其两边 $(b/2)^i$ $(0\leqslant i\leqslant s-2)$ 的系数. 对于 $i=0$, 显然左边的系数不超过右边相应的系数. 当 $1\leqslant i\leqslant s-3$ 时

$$
\begin{aligned}
\binom{m-t}{i-1}-\binom{m-t}{i}\leqslant\binom{m-t}{i-1}&\leqslant\binom{m-t+i-1}{i-1}\\
&\leqslant\binom{m-t+i}{i}\leqslant\left(\frac{b}{2}-1\right)\binom{m-t+i}{i}.
\end{aligned}
$$

当 $i=s-2$ 时, 我们应当证明

$$
\binom{m-t}{s-3}-\binom{m-t}{s-2}\leqslant\left(\frac{b}{2}-1\right)\binom{m-t+s-2}{s-4}.
$$

若 $m=t$, 则它显然成立; 若 $m\geqslant t+1$, 则有

$$\begin{aligned}\binom{m-t}{s-3}-\binom{m-t}{s-2}&=\binom{m-t-1}{s-3}+\binom{m-t-1}{s-4}-\binom{m-t-1}{s-2}-\binom{m-t-1}{s-3}\\&\leqslant\binom{m-t-1}{s-4}\leqslant\left(\frac{b}{2}-1\right)\binom{m-t+s-2}{s-4}.\end{aligned}$$

因此, 式 (3.5.15) 确实成立, 从而式 (3.5.13) 得证. 于是完成了式 (3.5.13) 的归纳证明.□

推论 3.5.1 设 $m>0$, $\mathcal{P}$ 是以 b 为底的 (t,m,s) 网, 记 $n=b^m$, 那么 $\mathcal{P}$ 的星偏差

$$D_n^*(\mathcal{P})\leqslant\frac{b^t}{(s-1)!}\left(\frac{[2^{-1}b]}{\log b}\right)^{s-1}n^{-1}(\log n)^{s-1}+O\big(b^tn^{-1}(\log n)^{s-2}\big),$$

其中 “O” 中的常数仅与 b,s 有关.

证 不妨认为 $m>t$. 因为组合数 $\binom{q}{k}\leqslant q^k/k!$, 所以由式 (3.5.1) 得

$$\begin{aligned}nD_n^*(\mathcal{P})&\leqslant b^t\binom{m-t}{s-1}\left[\frac{b}{2}\right]^{s-1}+b^t\sum_{i=0}^{s-2}\binom{s-1}{i}\binom{m-t}{i}\left[\frac{b}{2}\right]^i\\&\leqslant\frac{b^t}{(s-1)!}\left[\frac{b}{2}\right]^{s-1}(m-t)^{s-1}+b^t\sum_{i=0}^{s-2}\frac{(s-1)^i}{i!}\frac{(m-t)^i}{i!}\left[\frac{b}{2}\right]^i\\&\leqslant\frac{b^t}{(s-1)!}\left[\frac{b}{2}\right]^{s-1}(m-t)^{s-1}+b^t(m-t)^{s-2}\left[\frac{b}{2}\right]^{s-2}\sum_{i=0}^{\infty}\frac{(s-1)^i}{i!}\\&\leqslant\frac{b^t}{(s-1)!}\left[\frac{b}{2}\right]^{s-1}(m-t)^{s-1}+e^{s-1}\left[\frac{b}{2}\right]^{s-2}b^t(m-t)^{s-2}\\&=\frac{b^t}{(s-1)!}\left[\frac{b}{2}\right]^{s-1}(m-t)^{s-1}+O(b^t(m-t)^{s-2}).\end{aligned}$$

对于式 (3.5.11) 也可得到同样的结果. 由 $n=b^m$ 知 $m-t<\log n/\log b$, 从而得到所要的不等式. □

注 3.5.5 H. Niederreiter[174] 还用与上面不同的方法对 $s=2,3,4$ 的情形改进了式 (3.5.1) 和式 (3.5.11) 中的上界, 从而得到

$$D_n^*(\mathcal{P})\leqslant C(s,b)b^tn^{-1}(\log n)^{s-1}+O\big(b^tn^{-1}(\log n)^{s-2}\big),$$

其中 “O” 中的常数仅与 b,s 有关, 并且

$$C(s,b)=\begin{cases}\left(\dfrac{b-1}{2\log b}\right)^{s-1}, & s=2,\text{或者 } b=2,s=3,4,\\[2ex]\dfrac{1}{(s-1)!}\left(\dfrac{[2^{-1}b]}{\log b}\right)^{s-1}, & \text{其他}.\end{cases}$$

定理 3.5.3 设 $\mathcal{S}$ 是一个以 b 为底的 (t,s) 点列, 整数 $n \geqslant b^t$, $\mathcal{S}^{(n)}$ 是 $\mathcal{S}$ 的最初 n 项组成的点列, 用 $D_n^*(\mathcal{S}^{(n)})$ 表示它的星偏差. 还设 k 是由 $b^k \leqslant n < b^{k+1}$ 确定的一个整数. 那么当底 $b \geqslant 3$ 时

$$nD_n^*(\mathcal{S}^{(n)}) \leqslant \frac{b-1}{2} b^t \sum_{i=1}^{s} \binom{s-1}{i-1} \binom{k+1-t}{i} \left[\frac{b}{2}\right]^{i-1} + \frac{1}{2} b^t \sum_{i=0}^{s-1} \binom{s-1}{i} \left(\binom{k+1-t}{i} + \binom{k-t}{i} \right) \left[\frac{b}{2}\right]^{i}; \tag{3.5.16}$$

而当底 $b \geqslant 2$ 是偶数时

$$\begin{aligned} nD_n^*(\mathcal{S}^{(n)}) \leqslant{} & (b-1) b^{t-1} \sum_{i=1}^{s} \binom{k+1-t}{i} \left(\frac{b}{2}\right)^{i} \\ & + \frac{(b-1)(b-2)}{2} b^{t-1} \sum_{i=1}^{s-1} \binom{k+i+1-t}{i} \left(\frac{b}{2}\right)^{i} \\ & + \frac{1}{2} b^t \sum_{i=0}^{s-1} \left(\binom{k+1-t}{i} + \binom{k-t}{i} \right) \left(\frac{b}{2}\right)^{i} \\ & + \frac{b-2}{4} b^t \sum_{i=0}^{s-2} \left(\binom{k+i+2-t}{i} + \binom{k+i+1-t}{i} \right) \left(\frac{b}{2}\right)^{i}. \end{aligned} \tag{3.5.17}$$

这个定理的证明基于

引理 3.5.6 设 $\mathcal{P}$ 是任意一个以 b 为底的 (t,m,s) 网, 其星偏差 $D_n^*(\mathcal{P})$ 满足

$$nD_n^*(\mathcal{P}) \leqslant \varDelta_b(t,m,s).$$

还设整数 $n \geqslant b^t$, $\mathcal{S}^{(n)}$ 是一个以 b 为底的 (t,s) 点列 $\mathcal{S}$ 的最初 n 项组成的点列, 那么它的星偏差 $D_n^*(\mathcal{S}^{(n)})$ 满足

$$nD_n^*(\mathcal{S}^{(n)}) \leqslant \frac{b-1}{2} \sum_{m=t}^{k} \varDelta_b(t,m,s) + \frac{1}{2} \varDelta_b(t,k+1,s) + \frac{1}{2} \max\left\{b^t, \varDelta_b(t,r,s)\right\},$$

其中整数 k 由 $b^k \leqslant n < b^{k+1}$ 确定, b^r 是能整除 n 的 b 的最大的方幂; 还约定: 当 $r < t$ 时 $\varDelta_b(t,r,s) = 0$.

证 设 $\{\boldsymbol{x}_0, \boldsymbol{x}_1, \cdots\}$ 是一个以 b 为底的 (t,s) 点列. 对于 $n \geqslant b^t$, 设

$$n = \sum_{m=0}^{k} a_m b^m$$

是 n 的 b 进表示. 于是, 所有 $a_m \in \{0,1,\cdots,b-1\}$, $a_k \neq 0$, 并且 $k \geqslant t$. 我们将点集 $\{\boldsymbol{x}_0,\boldsymbol{x}_1,\cdots,\boldsymbol{x}_{n-1}\}$ 分拆为点集 P_m $(0 \leqslant m \leqslant k)$, 其中

$$\begin{aligned} &P_k = \{\boldsymbol{x}_i\ (0 \leqslant i < a_k b^k)\}, \\ &P_m = \left\{\boldsymbol{x}_i \left(\sum_{l=m+1}^{k} a_l b^l \leqslant i < \sum_{l=m}^{k} a_l b^l\right)\right\} \quad (0 \leqslant m \leqslant k-1). \end{aligned}$$

对于使 $a_m \neq 0$ 的 m, 集合 P_m 非空, 并且由以 b 为底的 (t,s) 点列的定义可知: 若 $m \geqslant t$, 则它们可分拆为 a_m 个以 b 为底的 (t,m,s) 网. 因此

$$nD_n^*(\mathcal{S}^{(n)}) \leqslant \sum_{m=t}^{k} a_m \varDelta_b(t,m,s) + \sum_{m=0}^{t-1} a_m b^m. \tag{3.5.18}$$

将同样的方法应用于点集 $\mathcal{S}' = \{\boldsymbol{x}_i\ (n \leqslant i < b^{k+1})\}$, 那么这个点集所含点的个数为

$$b^{k+1} - n = \sum_{m=0}^{k} c_m b^m,$$

其中右边是 b 进表示, 因而

$$nD_n^*(\mathcal{S}') \leqslant \sum_{m=t}^{k} c_m \varDelta_b(t,m,s) + \sum_{m=0}^{t-1} c_m b^m.$$

注意点集 $\{\boldsymbol{x}_i\ (0 \leqslant i < b^{k+1})\}$ 是一个以 b 为底的 $(t,k+1,s)$ 网, 而 $\mathcal{S}^{(n)} = \{\boldsymbol{x}_i\ (0 \leqslant i < b^{k+1})\} \setminus \mathcal{S}'$, 所以由偏差的定义容易推出

$$nD_n^*(\mathcal{S}^{(n)}) \leqslant \varDelta_b(t,k+1,s) + \sum_{m=t}^{k} c_m \varDelta_b(t,m,s) + \sum_{m=0}^{t-1} c_m b^m. \tag{3.5.19}$$

将式 (3.5.18) 和式 (3.5.19) 相加并除以 2, 可得

$$nD_n^*(\mathcal{S}^{(n)}) \leqslant \frac{1}{2}\sum_{m=t}^{k} (a_m + c_m) \varDelta_b(t,m,s) + \frac{1}{2}\varDelta_b(t,k+1,s) + \frac{1}{2}\sum_{m=0}^{t-1} (a_m + c_m) b^m. \tag{3.5.20}$$

由 r 的定义可知

$$a_m = c_m = 0 \quad (0 \leqslant m < r), \quad a_r + c_r = b, \quad a_m + c_m = b-1 \quad (r < m \leqslant k).$$

于是, 如果 $r \leqslant t-1$, 那么由式 (3.5.20) 得到

$$nD_n^*(\mathcal{S}^{(n)}) \leqslant \frac{b-1}{2}\sum_{m=t}^{k} \varDelta_b(t,m,s) + \frac{1}{2}\varDelta_b(t,k+1,s) + \frac{1}{2}\left(b^{r+1} + \sum_{m=r+1}^{t-1} (b-1) b^m\right)$$

$$= \frac{b-1}{2}\sum_{m=t}^{k}\varDelta_b(t,m,s) + \frac{1}{2}\varDelta_b(t,k+1,s) + \frac{1}{2}b^t;$$

如果 $r \geqslant t$, 那么仍由式 (3.5.20) 得到

$$\begin{aligned} nD_n^*(\mathcal{S}^{(n)}) &\leqslant \frac{b}{2}\varDelta_b(t,r,s) + \frac{b-1}{2}\sum_{m=r+1}^{k}\varDelta_b(t,m,s) + \frac{1}{2}\varDelta_b(t,k+1,s) \\ &\leqslant \frac{b-1}{2}\sum_{m=t}^{k}\varDelta_b(t,m,s) + \frac{1}{2}\varDelta_b(t,r,s) + \frac{1}{2}\varDelta_b(t,k+1,s). \end{aligned}$$

于是引理得证. □

定理 3.5.3 之证 由定理 3.5.1, 在引理 3.5.6 中取

$$\varDelta_b(t,m,s) = b^t\sum_{i=0}^{s-1}\binom{s-1}{i}\binom{m-t}{i}\left[\frac{b}{2}\right]^i.$$

当 $n \geqslant b^t$ 时 $k \geqslant t$, 并且显然引理 3.5.6 中定义的整数 $r \leqslant k$. 于是, 我们得到

$$\begin{aligned} nD_n^*(\mathcal{S}^{(n)}) &\leqslant \frac{b-1}{2}b^t\sum_{i=0}^{s-1}\binom{s-1}{i}\left[\frac{b}{2}\right]^i\sum_{m=0}^{k-t}\binom{m}{i} + \frac{1}{2}\varDelta_b(t,k+1,s) + \frac{1}{2}\varDelta_b(t,k,s) \\ &= \frac{b-1}{2}b^t\sum_{i=1}^{s}\binom{s-1}{i-1}\left[\frac{b}{2}\right]^{i-1}\sum_{m=0}^{k-t}\binom{m}{i-1} \\ &\quad + \frac{1}{2}\varDelta_b(t,k+1,s) + \frac{1}{2}\varDelta_b(t,k,s). \end{aligned}$$

对 M 用数学归纳法, 易证组合恒等式

$$\sum_{m=0}^{M}\binom{m}{i} = \binom{M+1}{i+1} \quad (M \geqslant 0, i \geqslant 0).$$

由此可知

$$\sum_{m=0}^{k-t}\binom{m}{i-1} = \binom{k+1-t}{i},$$

于是, 我们得到式 (3.5.16).

类似地, 由定理 3.5.2, 在引理 3.5.6 中取

$$\varDelta_b(t,m,s) = b^t\sum_{i=0}^{s-1}\binom{m-t}{i}\left(\frac{b}{2}\right)^i + \left(\frac{b}{2}-1\right)b^t\sum_{i=0}^{s-2}\binom{m-t+i+1}{i}\left(\frac{b}{2}\right)^i,$$

可知当 $n \geqslant b^t$ 时

$$nD_n^*(\mathcal{S}^{(n)}) \leqslant \frac{b-1}{2}b^t\sum_{i=0}^{s-1}\left(\frac{b}{2}\right)^i\sum_{m=0}^{k-t}\binom{m}{i} + \frac{1}{2}\binom{b-1}{2}b^t\sum_{i=0}^{s-2}\left(\frac{b}{2}\right)^i\sum_{m=0}^{k-t}\binom{m+i+1}{i}$$

$$+\frac{1}{2}\Delta_b(t,k+1,s)+\frac{1}{2}\Delta_b(t,k,s).$$

注意

$$\sum_{m=0}^{k-t}\binom{m}{i}=\binom{k+1-t}{i+1},$$

以及

$$\sum_{m=0}^{k-t}\binom{m+i-1}{i}=\sum_{m=i+1}^{k+i+1-t}\binom{m}{i}<\sum_{m=0}^{k+i+1-t}\binom{m}{i}=\binom{k+i+2-t}{i+1},$$

即可得到式 (3.5.17). 于是完成定理的证明. □

推论 3.5.2 设 $\mathcal{S}$ 是一个以 b 为底的 (t,s) 点列, $\mathcal{S}^{(n)}$ 是其最初 n 项组成的点列, 那么当 $n\geqslant 2$ 时, $\mathcal{S}^{(n)}$ 的星偏差

$$D_n^*(\mathcal{S}^{(n)})\leqslant\frac{b^t}{s!}\frac{b-1}{2[2^{-1}b]}\left(\frac{[2^{-1}b]}{\log b}\right)^s n^{-1}(\log n)^s+O(b^tn^{-1}(\log n)^{s-1}),$$

其中“O”中的常数仅与 b,s 有关.

证 不妨认为 $k>t$, 与推论 3.5.1 的证明类似, 由式 (3.5.16) 和式 (3.5.17) 可推出

$$nD_n^*(\mathcal{S}^{(n)})\leqslant\frac{b^t}{s!}\frac{b-1}{2}\left[\frac{b}{2}\right]^{s-1}(k-t)^s+O(b^t(k-t)^{s-1}),$$

其中“O”中的常数仅与 b,s 有关. 由整数 k 的定义可知 $k\leqslant\log n/\log b$, 于是得到所要的结论. □

注 3.5.6 如注 3.5.5 中所说, H. Niederreiter[174] 对 $s=2,3,4$ 的情形改进了式 (3.5.1) 和式 (3.5.11) 中的上界, 因而由引理 3.5.6, 也可相应地对这些情形改进 $nD_n^*(\mathcal{S}^{(n)})$ 的上界估计, 因而我们有

$$D_n^*(\mathcal{S}^{(n)})\leqslant C_1(s,b)b^tn^{-1}(\log n)^s+O(b^tn^{-1}(\log n)^{s-1}),$$

其中“O”中的常数仅与 b,s 有关, 并且

$$C_1(s,b)=\begin{cases}\dfrac{1}{s}\left(\dfrac{b-1}{2\log b}\right)^s, & s=2, \text{或者}\, b=2,s=3,4,\\[2ex] \dfrac{1}{s!}\dfrac{b-1}{2[2^{-1}b]}\left(\dfrac{[2^{-1}b]}{\log b}\right)^s, & \text{其他}.\end{cases}$$

注 3.5.7 由定理 1.4.4 可知, s 维 Halton 点列的偏差上界估计可以表示为

$$C_0(p_1,\cdots,p_s)n^{-1}(\log n)^s+O\big(n^{-1}(\log n)^{s-1}\big).$$

应用素数定理不难推出: 主阶的系数 $C_0(p_1,\cdots,p_s)$ 满足关系式 $\log C_0/(s\log s)\to 1\ (s\to\infty)$. 因此, 在拟 Monte Carlo 方法 (例如高维数值积分) 中, 当维数 s 大时, 为了得到较小的误差, 点数 n 必须足够大. 对于其他一些常用点列, 也有类似的情况 (这种现象称为 "维数" 效应, 可见 [2]). 但对于 (t,m,s) 网和 (t,s) 点列, 偏差上界估计中的系数 $C(b,s)$ 和 $C_1(b,s)$(见注 3.5.5 和注 3.5.6) 关于维数 s 的阶要比 C_0 低得多, 这是 (t,m,s) 网和 (t,s) 点列在应用中的优势所在.

3.6 补充与评注

1° 引理 3.1.3 中的三角多项式 $\psi*j_M(x)$ 还有下面的性质:

$$\operatorname{sgn}\big(\psi*j_M(x)\big)=\operatorname{sgn}\big(\psi(x)\big). \tag{3.6.1}$$

证 我们首先用数学归纳法证明

$$S(h,x)=\sum_{k=1}^{h}\frac{\sin 2\pi kx}{kx}>0\quad\left(0<x<\frac{1}{2}\right). \tag{3.6.2}$$

当 $h=1$ 时, 结论显然正确. 设 $h>1$, 且当 $0<x<1/2$ 时 $S(h-1,x)>0$. 因为

$$\mathrm{d}S(h,x)/\mathrm{d}x=\big(2\cos(h+1)\pi x\sin h\pi x\big)/\sin\pi x,$$

所以 $S(h,x)$ 当 $x=k/h\ (0<2k<h)$ 时取得极小值. 由归纳假设可知这个极小值 $S(h,k/h)=S(h-1,k/h)+(\sin 2k\pi)/(h\pi)=S(h-1,k/h)>0$, 因而 $S(h,x)>0\ (0<x<1/2)$, 于是式 (3.6.2) 得证.

现在来证明 $\psi*j_M(x)<0\ (0<x<1/2)$. 因为

$$\frac{\sin 2\pi mx}{\pi m}=S(m,x)-S(m-1,x)\quad(m\geqslant 1),$$

并注意到 $S(0,x)=0,\widehat{J_{M+1}}(M+1)=0$, 所以由式 (3.1.10) 得

$$\psi*j_M(x)=-\sum_{m=1}^{M}\widehat{J_{M+1}}(m)\big(S(m,x)-S(m-1,x)\big)$$

$$
\begin{aligned}
&= -\sum_{m=1}^{M} \widehat{J_{M+1}}(m)S(m,x) + \sum_{m=1}^{M} \widehat{J_{M+1}}(m)S(m-1,x) \\
&= -\sum_{m=1}^{M} \widehat{J_{M+1}}(m)S(m,x) + \sum_{m=0}^{M-1} \widehat{J_{M+1}}(m+1)S(m,x) \\
&= -\sum_{m=1}^{M} \widehat{J_{M+1}}(m)S(m,x) + \sum_{m=1}^{M} \widehat{J_{M+1}}(m+1)S(m,x) \\
&= -\sum_{m=1}^{M} \big(\widehat{J_{M+1}}(m) - \widehat{J_{M+1}}(m+1)\big)S(m,x).
\end{aligned}
$$

由引理 3.1.2, 当 $0<x<1/2$ 时 $\widehat{J_{M+1}}(m)-\widehat{J_{M+1}}(m+1)>0$. 因此, 由上式及式 (3.6.2) 即得到所要的结论. 将此事实同 $\psi(x)$ 的定义相比较, 即得式 (3.6.1).

基于式 (3.6.1), 可以证明 $|\psi * j_M(x)| \leqslant |\psi(x)|$, 还可证明极值定理: 若 $p_M(x)$ 是任意阶数至多为 M 的三角多项式, 并且当所有 $x\in\mathbb{R}$ 时 $p_M(x)\geqslant\psi(x)$, 则

$$
\int_{-1/2}^{1/2} \big(p_M(x)-\psi(x)\big)\mathrm{d}x \geqslant \frac{1}{2M+2},
$$

并且等号当且仅当

$$
p_M(x) = \psi * j_M(x) + \frac{1}{2M+2}k_M(x)
$$

时成立[284].

2° 关于点列 $(\{k\boldsymbol{\theta}\})$ 的偏差的新旧结果的较全面的论述可见 [55,125], 还可参见 [163,177] 等.

与定理 3.2.1 类似的结果还可见 [7] 的定理 3.9.1, 但 [7] 中的结果较弱, 并且我们此处所用的方法也更直接些. 关于 $D_n(\{k\boldsymbol{\theta}\})$ 的其他一些结果可见 [55,154-155] 等.

文献 [55] 还包含关于点列 $(\{f(k)\theta\})$ 的偏差的研究, 此处 f 是某些定义在 $\mathbb{N}$ 上的取正整数值的具有所谓 "q 可加性" 的函数. 对于点列 $(\{\boldsymbol{f}(k)\boldsymbol{\theta}\})\big(\boldsymbol{f}=(f_1,\cdots,f_d)\big)$看来可以进行类似的讨论. 论文 [104] 借助整数的 Cantor 表示, 讨论了这样的一类特殊点列$\big($其中 $\boldsymbol{\theta}=(1,\cdots,1)\big)$, 给出了它们一致分布的充要条件及偏差和一致偏差的上界估计.

3° 与定理 3.3.2 类似的工作还可见 [293] 的定理 1, 但那里的结果较弱, 而且所使用的方法较定理 3.3.2 的证法要复杂. 我们所使用的方法比较直接. 这两种方法的一个关键性工具是 "覆盖引理" (即本书的引理 3.3.1 和 [293] 的引理 2). N. S. Bakhvalov[24] 首先将这种技巧用于偏差估计 (或近似分析). [293] 的引理 2 的表述和归纳证明均有疏漏, 本书的引理 3.3.1 对此作了弥补, 给出了合适的表述和证明. 另外, 在估计和

$\sum\limits_{\boldsymbol{m}\in T_r}\prod\limits_{i=1}^{t}\|\boldsymbol{m}\boldsymbol{\alpha}_i\|^{-1}$ 时, [293] 估计的实际是在某个区域中点 $(\boldsymbol{m}\boldsymbol{\alpha}_1,\cdots,\boldsymbol{m}\boldsymbol{\alpha}_d)$ 的个数, 我们直接给出了点 $(\|\boldsymbol{m}\boldsymbol{\alpha}_1\|,\cdots,\|\boldsymbol{m}\boldsymbol{\alpha}_d\|)$ 的个数的上界.

4° 同 Kronecker 点列相近的一类点列是

$$\mathcal{S}_n=\left\{\left(\frac{k}{n},\{k\theta_1\},\cdots,\{k\theta_{d-1}\}\right)(k=1,\cdots,n)\right\}.$$

它与 Kronecker 点列的差别仅在于一个坐标 (犹如 Hammersley 点列与 Halton 点列之间的差别). 由 Weyl 准则, 点集序列 $\{\mathcal{S}_n\ (n=1,2,\cdots)\}$ 是一致分布的. 我们甚至还知道, 对于几乎所有 (Lebesgue 测度的意义) 的点 $(\theta_1,\cdots,\theta_{d-1})\in[0,1)^{d-1}$, $D_n(\mathcal{S}_n)$ 大约是 $O\big(n^{-1}(\log n)^{d-1}(\log\log n)\big)$(参见例 1.2.2 和例 1.2.3), 但至今已经给出的具有这种性质的点 $(\theta_1,\cdots,\theta_d)$ 的明显构造相当少, 仅对 $d=1$ (即二维点列), 文献 [150](第 73 页) 有过简短的讨论, 文献 [45] 给出了 L_2 偏差的上界估计.

5° 关于 Korobov 点列及其应用可见他的书 [119]. 1982 年, N. M. Korobov[120] 研究了模 2^n 最优系数 (与此有关的工作还可见文献 [31]). 1994 年, 在 [122] 中他构造了组合网格多维求积公式. 所谓组合网格由点

$$\left(\left\{\frac{k_1}{n}+\frac{a_1k}{p}\right\},\cdots,\left\{\frac{k_d}{n}+\frac{a_dk}{p}\right\}\right)\quad\big(k=1,\cdots,p;k_j=1,\cdots,n;\ 1\leqslant j\leqslant d\big)$$

组成, 其中 $p\geqslant 2$ 是素数, $n\geqslant 2$ 与 p 互素, $(a_1,\cdots,a_d)$ 是最优系数. 他证明了: 对于某些函数类, 组合网格多维求积公式的误差的阶为 $O\big(N^{-\alpha}(\log N)^{\alpha(d-1)}\big)$, 其中 $N=n^dp$, $\alpha>1$ 是常数 (与函数类有关). 关于组合网格, 还可见 [52,54] 等 (当然, 也可以考虑与组合网格相应的偏差估计). 我们还要提及可延伸 Korobov 格法则 (见 [71,89] 等, 还可见本书第 5 章). 另外, 文献 [53] 应用连分数方法给出二维 Korobov 点列 $\{(k/n,\{ak/n\})\}$ 的偏差的精确计算公式 (目前文献中还没有更高维 Korobov 点列偏差的精确计算公式).

6° 关于 Sobol' 的 P_t 网和 LP_t 点列的构造方法可见 [251-252]. 与 Niederreiter 的 (t,m,s) 网和 (t,s) 点列的构造方法有关的论述可见 [174] 及 [177](第四章) 等 (这些工作同有限域理论密切相关, 关于有限域的知识可见 [142,151] 等). I. M. Sobol' 给出的算法基于有限域 $\mathbb{Z}_2$ 的性质. H. Niederreiter 给出了一般性计算原则. 对于底 $b=2$ 的情形, H. Niederreiter[175] 给出一种构造 (t,s) 点列的算法, 和 Sobol' 的 LP_t 点列算法相比, 当 $1\leqslant s\leqslant 7$ (s 为维数) 时, 两者等效; 当 $s\geqslant 8$ 时, Niederreiter 算法产生的点列的偏差要比 Sobol' 的小. 一个比较完整的关于 (t,m,s) 网和 (t,s) 点列的最优参数数值表可见 [156].

(t,m,s) 网和 (t,s) 点列的概念对于构造低偏差点列具有重要意义. 目前已出现多种构造 (t,m,s) 网和 (t,s) 点列的方法 (它们统称为数字方法, 见 [184]), 并产生了"数字点集"(由数字方法产生的点集) 的概念, 对此可见 [135], 还可参考 [50,123,136-137,144,188,209,220] 等.

H. Niederreiter 与 C. Xing(邢朝平) 合作, 应用代数几何方法发展了他的 (t,m,s) 网和 (t,s) 点列的构造. 1995 年以来, 他们基于有限域上的代数函数域的理论, 给出一种新的一般性的低偏差点列构造, 特别地, 可以得到小的品质参数 t (见 [195-202] 等).

7° H. Niederreiter[165] 讨论了应用齐次和非齐次线性同余方法产生的伪随机数列的偏差估计问题, 这也是一种构造低偏差点列的重要方法. 关于伪随机数的意义、性质及各种生成方法的简明介绍, 可见 [55] (3.4 节), 还可参见 [59,70,166,177,181,191] 等. 伪随机数列的偏差估计是点集偏差研究领域的一个活跃课题, 同有限域上指数和估计密切相关, [30,44,60,162,170,180,182-183, 190,193-194,296] 等文献包含的有关方法和技巧值得参考.

8° 这里简要介绍一下 Skriganov 点列. 1991 年, 俄罗斯数学家 M. M. Skriganov[231-232] (还可参见 [229-230,233]) 基于数的几何构造了一类新的形式的低偏差点列 (关于数的几何, 可见 [38]).

设 Γ 是 $\mathbb{R}^d$ 中的一个格, 即集合

$$\Gamma = \Lambda(\boldsymbol{b}_1,\cdots,\boldsymbol{b}_d) = \left\{ \sum_{j=1}^{d} a_j \boldsymbol{b}_j \,\middle|\, a_j \in \mathbb{Z}\,(j=1,\cdots,d) \right\},$$

其中 $\boldsymbol{b}_1,\cdots,\boldsymbol{b}_d \in \mathbb{R}^d$ 是给定的线性无关的矢量, 称作 Γ 的基底. 如果 $\boldsymbol{B}$ 是以 $\boldsymbol{b}_1,\cdots,\boldsymbol{b}_d \in \mathbb{R}^d$ 为列矢的 d 阶矩阵, 那么 $\Gamma = \boldsymbol{B}\mathbb{Z}^d$, 并且 $|\det(\boldsymbol{B})|\big(\det(\boldsymbol{B})$ 表示 $\boldsymbol{B}$ 的行列式$\big)$就是 $\boldsymbol{b}_1,\cdots,\boldsymbol{b}_d$ 所张成的 d 维平行体的体积. 我们将 $|\det(\boldsymbol{B})|$ 称作格 Γ 的行列式, 并记作 $d(\Gamma)$. 可以证明 $d(\Gamma)$ 不依赖于基底的选取. 我们还令

$$\mu(\Gamma) = \inf_{\boldsymbol{x}\in\Gamma\setminus\{\boldsymbol{0}\}} |x_1\cdots x_d| \quad \big(\boldsymbol{x}=(x_1,\cdots,x_d)\big).$$

设 $A\subset\mathbb{R}^d$ 是任意一个集合. 对于实数 ρ 及点 $\boldsymbol{a}\in\mathbb{R}^d$, 分别定义集合 $\rho A = \{\rho\boldsymbol{x}|\boldsymbol{x}\in A\}$ 和 $A+\boldsymbol{a} = \{\boldsymbol{x}+\boldsymbol{a}|\boldsymbol{x}\in A\}$. 可以证明: 当 $t>0$ 时, 对于任何 $\boldsymbol{a}\in\mathbb{R}^d$, 格 Γ 落在集合 $t[0,1)^d+\boldsymbol{a}$ 中的点的个数

$$N\big(t[0,1)^d+\boldsymbol{a},\Gamma\big) = \frac{t^d}{d(\Gamma)} + O\big((\log t)^{d-1}\big) \quad (t\to\infty),$$

其中“O”中的常数与 t 无关. 设 $\Gamma \subset \mathbb{R}^d$ 是一个格, 满足条件 $\mu(\Gamma) > 0, \det(\Gamma) = 1$. 对于任何 $t > 0$, M. M. Skriganov 定义点集

$$\mathcal{S}_t = [0,1)^d \cap t^{-1}\Gamma,$$

并证明了:

定理 3.6.1 用 $n = n(t)$ 记 $\mathcal{S}_t$ 所含的点的个数, 那么当 $t \to \infty$ 时

$$D_n(\mathcal{S}_t) \leqslant C(d,\Gamma) n^{-1} (\log n)^{d-1},$$

其中常数 $C(d,\Gamma)$ 仅与 d 和 $\mu(\Gamma)$ 有关, 并且 $C(d,\Gamma) \to \infty$ $(\mu(\Gamma) \to 0)$.

定理的证明可见 [232] (其中还包含 L_p 偏差的上界估计), 另一个证明可见 [233]. 因为这些证明涉及较多的数的几何或随机分析和 Fourier 分析的结果, 所以此处从略.

构造基底 $\boldsymbol{b}_j$ 以保证 $\mu(\Gamma) > 0$, 实际是一个计算代数数论问题. 例如, 对于 $d = 2$, 可取

$$\Gamma = \Gamma\big((1,1),(\sqrt{2},-\sqrt{2})\big),$$

此时

$$\mu(\Gamma) = \inf_{\substack{(i,j)\in\mathbb{Z}^2\\(i,j)\neq(0,0)}} |(i+j\sqrt{2})(i-j\sqrt{2})| = \inf_{\substack{(i,j)\in\mathbb{Z}^2\\(i,j)\neq(0,0)}} |i^2-2j^2|.$$

因为若 $i^2 - 2j^2 = 0$, 则 $i/j = \pm\sqrt{2}$, 这不可能, 所以 $i^2 - 2j^2$ 是非零整数, 于是得到 $\mu(\Gamma) = 1$. 对于一般情形, 要考虑 $\mathbb{Q}$ 上的 d 次全实代数数域, 即取一个首项系数为 1 的 d 次整系数不可约多项式, 并且有 d 个不同的实根 $\alpha_1, \cdots, \alpha_d$, 那么可以证明以

$$(1,1,\cdots,1), \quad (\alpha_1^j, \alpha_2^j, \cdots, \alpha_d^j) \quad (j = 1,2,\cdots,d-1)$$

为基底的格 Γ 必定满足 $\mu(\Gamma) > 0$.

9° 关于低 L_p 偏差点列的讨论, 可见 [124]. 文献 [35] 和 [271] 分别应用代数整数环及分圆域理论构造多维点列, 给出了这些点列的 L_p 偏差的估计.

第 4 章 点集的离差

点集的离差不仅作为关于点的分布的数论概念有其理论意义，而且在拟 Monte Carlo 最优化方法中也有重要应用价值. 对于无限点列，离差刻画了这些点在区域中的稠密性. 本章研究点集的离差，包括有关的基本概念、点列的离差的重要性质，以及某些特殊点列 (一维 Kronecker 点列和 van der Corput 点列) 的离差的精确计算公式等，最后讨论一些经典的低离差点列. 点集的离差的实际应用将在第 6 章中给出.

4.1 定义和基本性质

设 $d \geqslant 1$，在 $\mathbb{R}^d$ 中定义了距离 $\rho(\boldsymbol{x},\boldsymbol{y})\,(\boldsymbol{x},\boldsymbol{y}\in\mathbb{R}^d)$. 还设 $\mathcal{D}\subset\mathbb{R}^d$ 是一个有界集，$\mathcal{S}=\{\boldsymbol{x}_1,\cdots,\boldsymbol{x}_n\}$ 是 $\mathcal{D}$ 中的一个有限点列，我们将

$$d_n(\mathcal{S};\rho;\mathcal{D}) = \sup_{\boldsymbol{x}\in\mathcal{D}} \min_{1\leqslant j\leqslant n} \rho(\boldsymbol{x},\boldsymbol{x}_j)$$

称作点列 $\mathcal{S}$ 在 $\mathcal{D}$ 中 (关于距离 ρ) 的离差. 在不引起混淆的情形下, 略去记号中的 ρ 或 $\mathcal{D}$, 还常将它简记为 $d_n(\mathcal{S})$. 显然, $\mathcal{D}$ 的有界性假设保证了 $d_n(\mathcal{S})$ 的定义的有效性 (即它是有限的).

例 4.1.1　对于 $[0,1]$ 中由 n 个点 $1/(2n),3/(2n),\cdots,(2n-1)/(2n)$ 组成的点列 $\mathcal{S}_1$, 按通常的距离 $\rho(x,y)=|x-y|\,(x,y\in\mathbb{R})$, 有离差 $d_n(\mathcal{S}_1)=1/(2n)$.

一般地, 若 $[0,1]$ 中的点列 $\mathcal{S}_1=\{x_1,x_2,\cdots,x_n\}$ 满足 $0\leqslant x_1\leqslant x_2\leqslant\cdots\leqslant x_n\leqslant 1$, 则

$$d_n(\mathcal{S}_1)=\max\left\{x_1,\frac{1}{2}(x_2-x_1),\frac{1}{2}(x_3-x_2),\cdots,\frac{1}{2}(x_n-x_{n-1}),1-x_n\right\}.$$

例 4.1.2　设 $d\geqslant 1$, $\mathcal{S}_d$ 是 $\overline{G}_d=[0,1]^d$ 中由 $n=k^d$ 个点

$$\left(\frac{2t_1-1}{2k},\cdots,\frac{2t_d-1}{2k}\right)\quad (t_j=1,2,\cdots,k;\ j=1,\cdots,d)$$

组成的点列. 考虑通常的欧氏距离. $[0,1]^d$ 中的任何一点 $\boldsymbol{x}$ 与 $\mathcal{S}_d$ 中最靠近它的点间的距离不超过边长为 $(2k)^{-1}$ 的正方体的对角线的长, 即 $\sqrt{d(2k)^{-2}}=(\sqrt{d}/2)k^{-1}$, 因此点列 $\mathcal{S}_d$ 的离差 $d_n(\mathcal{S}_d)=(\sqrt{d}/2)n^{-1/d}$.

例 4.1.3　设 $d\geqslant 1$, E 是 $\mathbb{R}^d$ 中的有界集合, 不妨认为 $E\subset[0,1]^d$. 仍考虑欧氏距离. 对于正整数 k, 将 $[0,1]$ 分割为子区间 $I_h=[h/k,(h+1)/k]$ $(0\leqslant h\leqslant k-2)$, 以及 $I_{k-1}=[(k-1)/k,1]$. 于是我们得到小正方体

$$I_{h_1}\times\cdots\times I_{h_d}\quad (h_j=0,1,\cdots,k-1;\ j=1,\cdots,d).$$

用 C_j $(j=1,2,\cdots,n)$ 表示与 E 有非空交的小正方体, 在每个 C_j 中选取一个点 $\boldsymbol{x}_j\in C_j\cap E$, 那么得到 E 中一个有限点列 $\mathcal{S}_d=\{\boldsymbol{x}_1,\cdots,\boldsymbol{x}_n\}$. 若 $\boldsymbol{x}$ 是 E 中的任意一点, 则它必定落在某个 C_j 中, 而且也有 $\boldsymbol{x}_j\in C_j$. 易见 $\rho(\boldsymbol{x},\boldsymbol{x}_j)$ 不超过 C_j 的对角线的长, 因此 $\rho(\boldsymbol{x},\boldsymbol{x}_j)\leqslant\sqrt{d}/k$. 注意 $n\leqslant k^d$, 于是得到 $d_n(\mathcal{S}_d)\leqslant\sqrt{d}n^{-1/d}$.

注 4.1.1　类似还可证明: 若 E 是 $[0,1]^d$ 中的有界凸集, 其体积 $|E|>0$, 则可构造 E 中的有限点列 $\mathcal{S}_d=\{\boldsymbol{x}_1,\cdots,\boldsymbol{x}_n\}$, 满足 $d_n(\mathcal{S}_d)\leqslant\sqrt{d}(2|E|)^{1/d}n^{-1/d}$ (参见 [167]).

例 4.1.4　考虑欧氏距离. 我们来构造 $\overline{G}_d$ 中的无穷点列 $\mathcal{S}=\{\boldsymbol{x}_1,\boldsymbol{x}_2,\cdots\}$, 使得对于任何 $n\geqslant 1$, 有 $d_n(\mathcal{S}^{(n)})=O(n^{-1/d})$.

取第 1 组点 (顺序可任意排定, 下同)

$$(u_1,\cdots,u_d),\quad u_j=0\text{或}\frac{1}{2},$$

它们的总个数为 2^d, 以此作为 $\mathcal{S}$ 的最初 2^d 个点. 第 2 组点为

$$(u_1,\cdots,u_d),\quad u_j=0,\frac{1}{4},\frac{1}{2}\text{或}\frac{3}{4},$$

但不包含第 1 组中的那些点, 它们的总个数为 $2^{2d}-2^d$, 以此作为 $\mathcal{S}$ 的成员 $\boldsymbol{x}_j$ ($j=2^d+1,\cdots,2^{2d}$). 一般地, 如果前 $k-1$ ($k\geqslant 2$) 组的点已取定, 则第 k 组点为

$$(u_1,\cdots,u_d),\quad u_j=j2^{-k}\quad(0\leqslant j\leqslant 2^k-1),$$

但不包含前 $k-1$ 组中的那些点, 它们的总个数为 $2^{kd}-2^{(k-1)d}$, 以此作为 $\mathcal{S}$ 的成员 $\boldsymbol{x}_j$ ($j=2^{(k-1)d}+1,\cdots,2^{kd}$). 这样, 我们就得到任意长度的点列 $\mathcal{S}$. 对于给定的 n, 设 $2^{kd}\leqslant n<2^{(k+1)d}$, 那么 $\mathcal{S}$ 的前 n 个点中至少有 2^{kd} 个形如 $(u_1,\cdots,u_d)(u_j=j2^{-k},0\leqslant j\leqslant 2^k-1)$ 的点. 类似于前面的推理 (考虑某些小正方体), 可知对于任何给定的 $n\geqslant 1$, 有 $d_n(\mathcal{S}^{(n)})\leqslant\sqrt{d}2^{-k}$. 注意 $n<2^{(k+1)d},2^{-k}<2n^{-1/d}$, 我们得到

$$d_n(\mathcal{S}^{(n)})<2\sqrt{d}n^{-1/d}.$$

现在给出点列的离差的一些基本性质.

引理 4.1.1 设 ρ_1 和 ρ_2 是定义在 $\mathbb{R}^d$ 上的两个距离函数, $\mathcal{D}_1$ 和 $\mathcal{D}_2$ 是 $\mathbb{R}^d$ 的两个子集, $\mathcal{D}_1$ 关于 ρ_1 有界 (即 $\sup\limits_{\boldsymbol{x},\boldsymbol{y}\in\mathcal{D}_1}\rho_1(\boldsymbol{x},\boldsymbol{y})<\infty$). 还设 T 是 $\mathcal{D}_1$ 到 $\mathcal{D}_2$ 的一一映射, 满足条件

$$\rho_2\big(T(\boldsymbol{x}),T(\boldsymbol{y})\big)\leqslant L\rho_1(\boldsymbol{x},\boldsymbol{y})\quad(\text{对于所有 }\boldsymbol{x},\boldsymbol{y}\in\mathcal{D}_1),\tag{4.1.1}$$

其中 $L\geqslant 0$ 是一个常数. 如果 $\mathcal{S}=\{\boldsymbol{x}_1,\cdots,\boldsymbol{x}_n\}$ 是 $\mathcal{D}_1$ 中的一个有限点列, $T(\mathcal{S})=\{T(\boldsymbol{x}_1),\cdots,T(\boldsymbol{x}_n)\}$, 那么

$$d_n(T(\mathcal{S});\rho_2;\mathcal{D}_2)\leqslant Ld_n(\mathcal{S};\rho_1;\mathcal{D}_1),$$

并且当式 (4.1.1) 中等号成立时上式等号成立.

证 因为 T 是满射, 故由式 (4.1.1) 易见 $\mathcal{D}_2$ 关于 ρ_2 有界, 且对于每个 $\boldsymbol{y}\in\mathcal{D}_2$, 存在 $\boldsymbol{x}\in\mathcal{D}_1$ 使得 $T(\boldsymbol{x})=\boldsymbol{y}$. 因此, 依点列的离差的定义及式 (4.1.1), 我们有

$$\begin{aligned}d_n(T(\mathcal{S});\rho_2;\mathcal{D}_2)&=\sup_{\boldsymbol{y}\in\mathcal{D}_2}\min_{1\leqslant j\leqslant n}\rho_2(\boldsymbol{y},T(\boldsymbol{x}_j))=\sup_{\boldsymbol{x}\in\mathcal{D}_1}\min_{1\leqslant j\leqslant n}\rho_2(T(\boldsymbol{x}),T(\boldsymbol{x}_j))\\&\leqslant\sup_{\boldsymbol{x}\in\mathcal{D}_1}\min_{1\leqslant j\leqslant n}L\rho_1(\boldsymbol{x},\boldsymbol{x}_j)=Ld_n(\mathcal{S};\rho_1;\mathcal{D}_1),\end{aligned}$$

并且当式 (4.1.1) 中等号成立时上式等号成立. □

对于 $\mathbb{R}^d$, 除了通常的欧氏距离

$$\rho_1(\boldsymbol{x},\boldsymbol{y})=\left(\sum_{j=1}^{d}(x_j-y_j)^2\right)^{1/2} \tag{4.1.2}$$

$\big(\boldsymbol{x}=(x_1,\cdots,x_d),\boldsymbol{y}=(y_1,\cdots,y_d)\big)$ 外, 还常应用距离

$$\rho_2(\boldsymbol{x},\boldsymbol{y})=\max_{1\leqslant j\leqslant d}|x_j-y_j|. \tag{4.1.3}$$

因为

$$\rho_2(\boldsymbol{x},\boldsymbol{y})\leqslant\rho_1(\boldsymbol{x},\boldsymbol{y})\leqslant\sqrt{d}\rho_2(\boldsymbol{x},\boldsymbol{y}),$$

所以在引理 4.1.1 中取 T 为恒等映射即得

推论 4.1.1 设 $\mathcal{D}\subset\mathbb{R}^d$ 有界, $\mathcal{S}$ 是 $\mathcal{D}$ 中的任意有限点列, 那么

$$d_n(\mathcal{S};\rho_2;\mathcal{D})\leqslant d_n(\mathcal{S};\rho_1;\mathcal{D})\leqslant\sqrt{d}d_n(\mathcal{S};\rho_2;\mathcal{D}).$$

注 4.1.2 这表明关于 ρ_1 和 ρ_2, 点列的离差具有相同的阶.

从现在起 (除特别声明外), 我们总是取 $\overline{G}_d=[0,1]^d$ 作为有界集 $\mathcal{D}$, 距离 ρ_1 和 ρ_2 则由式 (4.1.2) 和式 (4.1.3) 定义, 还约定记号

$$d_n(\mathcal{S})=d_n(\mathcal{S};\rho_1;\overline{G}_d),\quad d'_n(\mathcal{S})=d_n(\mathcal{S};\rho_2;\overline{G}_d).$$

对于一维点列 $\mathcal{S}$, $d_n(\mathcal{S})=d'_n(\mathcal{S})$. 依推论 4.1.1, 在应用中 $d_n(\mathcal{S})$ 与 $d'_n(\mathcal{S})$ 是等价的, 因此在后文中, 我们将根据不同情况采用 $d_n(\mathcal{S})$ 或 $d'_n(\mathcal{S})$.

定理 4.1.1 设 $\mathcal{S}=\{\boldsymbol{x}_1,\cdots,\boldsymbol{x}_n\}$ 是 $\overline{G}_d$ 中的任意有限点列, 则

$$d_n(\mathcal{S})\geqslant c_1(d)n^{-1/d}, \tag{4.1.4}$$

其中 $c_1(d)=\pi^{-1/2}\big(\Gamma(d/2+1)\big)^{1/d}$ ($\Gamma(z)$ 表示伽马函数), 以及

$$d'_n(\mathcal{S})\geqslant\frac{1}{2[n^{1/d}]}\quad\left(\geqslant\frac{1}{2}n^{-1/d}\right), \tag{4.1.5}$$

并且存在 $\overline{G}_d$ 中的有限点列 $\mathcal{S}$ 使上式成为等式.

证 记 $r=d_n(\mathcal{S};\rho_1)$. 分别以 $\boldsymbol{x}_1,\cdots,\boldsymbol{x}_n$ 为中心, 作半径为 r 的 d 维球 $B_j=B(\boldsymbol{x}_j,r)\,(j=1,\cdots,n)$, 那么它们覆盖 $\overline{G}_d$. 注意 d 维单位球的体积为 $\pi^{d/2}/\Gamma(d/2+1)$, 因此

$$n\pi^{d/2}/(\Gamma(d/2+1)r^d)\geqslant 1,$$

从而得到式 (4.1.4).

为证定理的其余部分, 取整数 m 满足 $m^d \leqslant n < (m+1)^d$. 设 n 个球 B_j 如上. 考虑 $(m+1)^d$ 个点 $(k_1/m, \cdots, k_d/m)$, 其中 k_j $(j=1,\cdots,d)$ 互相独立地取值于 $\{0,1,\cdots,m\}$. 由抽屉原理, 某个 B_j 含有两个不同的上面形式的点, 记作 $\boldsymbol{p}_1$ 和 $\boldsymbol{p}_2$. 于是

$$\frac{1}{m} \leqslant \rho_2(\boldsymbol{p}_1, \boldsymbol{p}_2) \leqslant \rho_2(\boldsymbol{p}_1, \boldsymbol{x}_n) + \rho_2(\boldsymbol{p}_2, \boldsymbol{x}_n) \leqslant 2d'_n(\mathcal{S}),$$

由 $m = [n^{1/d}]$ 即得到式 (4.1.5).

特别地, 考虑 m^d 个点 $\big(k_1/(2m), \cdots, k_d/(2m)\big)$, 其中 $k_j\,(1 \leqslant j \leqslant d)$ 互相独立地取值于 $\{1,3,5,\cdots,2m-1\}$. 将其中任意 $n-m^d$ 个点各重复一次, 得到一个由 n 个点组成的点集 $\mathcal{S}^*$. 易见 $d'_n(\mathcal{S}^*) = 1/(2m) = 1/(2[n^{1/d}])$, 即式 (4.1.5) 成为等式. □

注 4.1.3 由例 4.1.1 和例 4.1.2 可知, 式 (4.1.4) 当 $d \geqslant 1$ 时是最优的 (即关于 n 的阶不可改进).

定理 4.1.2 对于任何 $d \geqslant 1$, 存在 $\overline{G}_d$ 中的无穷点列 $\mathcal{S} = \{\boldsymbol{x}_1, \boldsymbol{x}_2, \cdots\}$, 满足

$$\lim_{n\to\infty} n^{1/d} d'_n(\mathcal{S}^{(n)}) = \frac{1}{2\log 2} = 0.721\cdots,$$

其中 $\mathcal{S}^{(n)} = \{\boldsymbol{x}_1, \boldsymbol{x}_2, \cdots, \boldsymbol{x}_n\}$.

证 取一维点列 $\mathcal{U}$ 为

$$u_1 = 1, \quad u_k = \left\{\frac{\log(2k-3)}{\log 2}\right\} \quad (k = 2,3,\cdots).$$

经直接计算, 可知它的前 n 项组成的点列 $\mathcal{U}^{(n)}$ 的离差

$$d_n(\mathcal{U}^{(n)}; \overline{G}_1) = \frac{\log n - \log(n-1)}{2\log 2} \quad (n \geqslant 2),$$

因此

$$\lim_{n\to\infty} n d_n(\mathcal{U}^{(n)}; \overline{G}_1) = \frac{1}{2\log 2}. \tag{4.1.6}$$

我们应用点集 $\mathcal{U}$ 来构造所要的点列 $\mathcal{S}$. 对给定的 n, 由 $m^d \leqslant n < (m+1)^d$ 确定整数 m. 取 $\mathcal{S}$ 的最初 m^d 个点为 $(x_1, \cdots, x_d)$, 其中 x_j $(1 \leqslant j \leqslant d)$ 互相独立地取集合 $\{u_1, \cdots, u_m\}$ 中的值 (这些点的顺序并不重要, 可任意排定; 当 n 增大时, 保持这些点的顺序不变). 设 $\boldsymbol{y} = (y_1, \cdots, y_d)$ 是 $\overline{G}_d$ 中的任意一点, 那么对于每个 j $(1 \leqslant j \leqslant d)$, 存在一个整数 n_j 满足 $1 \leqslant n_j \leqslant m$, 而且

$$|y_j - u_{n_j}| \leqslant d_m(\mathcal{U}^{(m)}; \overline{G}_1).$$

因为 $(u_{n_1},\cdots,u_{n_d})$ 是 $\boldsymbol{x}_1,\boldsymbol{x}_2,\cdots,\boldsymbol{x}_n$ 中的一个, 所以

$$d_n'(\mathcal{S}^{(n)};\overline{G}_d)\leqslant d_m(\mathcal{U}^{(m)};\overline{G}_1). \tag{4.1.7}$$

又因为存在点 $t\in\overline{G}_1$ 满足

$$\min_{1\leqslant j\leqslant m+1}|t-u_j|=d_{m+1}(\mathcal{U}^{(m+1)};\overline{G}_1),$$

所以点 $\boldsymbol{t}=(t,t,\cdots,t)\in\overline{G}_d$ 与 $\{\boldsymbol{x}_1,\boldsymbol{x}_2,\cdots,\boldsymbol{x}_n\}$ 中的每个点的距离 (按 ρ_2) 均不小于 $d_{m+1}(\mathcal{U}^{(m+1)};\overline{G}_1)$, 因而

$$d_n'(\mathcal{S}^{(n)};\overline{G}_d)\geqslant d_{m+1}(\mathcal{U}^{(m+1)};\overline{G}_1). \tag{4.1.8}$$

由式 (4.1.7) 和式 (4.1.8), 并注意 m 的定义, 可得

$$md_{m+1}(\mathcal{U}^{(m+1)};\overline{G}_1)\leqslant n^{1/d}d_n'(\mathcal{S}^{(n)};\overline{G}_d)\leqslant(m+1)d_m(\mathcal{U}^{(m)};\overline{G}_1).$$

由此及式 (4.1.6) 即得所要的结果. □

由定理 4.1.1 和定理 4.1.2 得

推论 4.1.2 设 $d\geqslant 1$. 对于任何 $n\geqslant 1$, 存在 $\overline{G}_d$ 中的点列 $\mathcal{S}=\{\boldsymbol{x}_1,\boldsymbol{x}_2,\cdots,\boldsymbol{x}_n\}$, 满足 $d_n'(\mathcal{S})=O(n^{-1/d})$, 并且这个阶是最优的.

下面的定理给出了点集的离差与偏差间的关系.

定理 4.1.3 设 $\mathcal{S}=\{\boldsymbol{x}_1,\cdots,\boldsymbol{x}_n\}$ 是 $\overline{G}_d$ 中的任意有限点集, 则

$$d_n(\mathcal{S})\leqslant\frac{\sqrt{d}}{2}D_n(\mathcal{S})^{1/d},\quad d_n'(\mathcal{S})\leqslant\frac{1}{2}D_n(\mathcal{S})^{1/d}.$$

证 显然, 存在一个最大的 d 维闭区间 (正方体)

$$\overline{Q}=\prod_{i=1}^{d}[\alpha_i,\alpha_i+\tau]\subset\overline{G}_d\quad(\tau>0),$$

它的内部不含有 $\mathcal{S}$ 的任何点. 令

$$Q^*=\prod_{i=1}^{d}[\alpha_i+\delta,\alpha_i+\tau),$$

其中 $\delta>0$ 足够小. 由偏差的定义知

$$\left|\frac{A(Q^*;n,\mathcal{S})}{n}-|Q^*|\right|=|Q^*|\leqslant D_n(\mathcal{S}),$$

因此 Q^* 的边长 $\tau-\delta\leqslant D_n(\mathcal{S})^{1/d}$. 由于 $\delta>0$ 可以任意接近于 0, 所以

$$\tau\leqslant D_n(\mathcal{S})^{1/d}. \tag{4.1.9}$$

另外, 由离差的定义, 对于给定的 ε, 若 $0<\varepsilon<r=d_n(\mathcal{S})$, 则存在一个点 $\boldsymbol{x}=(x_1,\cdots,x_d)\in\overline{G}_d$ 使得 $\rho_2(\boldsymbol{x},\boldsymbol{x}_j)>r_1=r-\varepsilon$ $(j=1,\cdots,n)$. 因此, 按距离 ρ_2 的定义, d 维闭区间 (正方体) $\prod\limits_{i=1}^{d}[x_i-r_1,x_i+r_1]$ 的内部不含有 $\mathcal{S}$ 的任何点. 于是, 依 $\overline{Q}$ 的定义知 $2r_1=2(r-\varepsilon)\leqslant\tau$. 因为 ε 可以任意接近于 0, 所以得到

$$2r=2d_n(\mathcal{S})\leqslant\tau. \tag{4.1.10}$$

由式 (4.1.9) 和式 (4.1.10) 即得所要的第 2 个不等式; 由此及推论 4.1.1 得到第 1 个不等式. □

最后, 我们给出有界区域中无限点集的稠密性与点列的离差间的关系. 我们考虑区域 $\overline{G}_d$ (对于一般的有界区域, 证明是类似的).

定理 4.1.4 设 $d\geqslant 1$, $\mathcal{S}$ 是 $\overline{G}_d$ 中的无穷点列, $\mathcal{S}^{(n)}$ 是 $\mathcal{S}$ 的最初 n 个点组成的点列. 那么当且仅当

$$\lim_{n\to\infty}d_n(\mathcal{S}^{(n)})=0 \tag{4.1.11}$$

时, $\mathcal{S}$ 在 $\overline{G}_d$ 中稠密.

特别地, 若 $\mathcal{S}$ 是一致分布的, 则 $\mathcal{S}$ 在 $\overline{G}_d$ 中稠密.

证 设式 (4.1.11) 成立, 那么对于任何 (固定的) $\boldsymbol{x}\in\overline{G}_d$ (不妨认为 $\boldsymbol{x}\notin\mathcal{S}$) 和任给的 $\varepsilon>0$, 当 n 充分大时

$$\min_{1\leqslant j\leqslant n}\rho(\boldsymbol{x},\boldsymbol{x}_j)\leqslant d_n(\mathcal{S}^{(n)})<\varepsilon,$$

因此, 存在 $\boldsymbol{x}_j\in\mathcal{S}^{(n)}\subset\mathcal{S}$ 满足 $\rho(\boldsymbol{x},\boldsymbol{x}_j)<\varepsilon$. 于是 $\mathcal{S}$ 在 $\overline{G}_d$ 中稠密. 反之, 设 $\mathcal{S}$ 在 $\overline{G}_d$ 中稠密. 对于任意给定的 $\varepsilon>0$, 存在有限多个(设有 $s=s(\varepsilon)$ 个)半径 $r<\varepsilon$ 且中心为 $\boldsymbol{\eta}_\nu\in\overline{G}_d$ 的球 $B_\nu(\boldsymbol{\eta}_\nu;r)=\{\boldsymbol{x}\mid\rho(\boldsymbol{\eta}_\nu,\boldsymbol{x})\leqslant r\}$ $(\nu=1,\cdots,s)$ 覆盖 $\overline{G}_d$. 依稠密性假设, 每个球 $B_\nu(\boldsymbol{\eta}_\nu;r)$ 至少含有一个点 $\boldsymbol{x}_{n_\nu}\in\mathcal{S}$. 记

$$n_0=n_0(\varepsilon)=\max_{1\leqslant\nu\leqslant s}n_\nu.$$

若 $\boldsymbol{x}$ 是 $\overline{G}_d$ 中的任意一点, 则它必属于某个球 $B_\nu(\boldsymbol{\eta}_\nu;r)$, 从而 $\rho(\boldsymbol{x},\boldsymbol{x}_{n_\nu})\leqslant r<\varepsilon$, 于是

$$\min_{1\leqslant j\leqslant n_0}\rho(\boldsymbol{x},\boldsymbol{x}_j)\leqslant\rho(\boldsymbol{x},\boldsymbol{x}_{n_\nu})<\varepsilon.$$

这个不等式对于任何 $\boldsymbol{x}\in\overline{G}_d$ 成立, 所以 $d_{n_0}(\mathcal{S}^{(n_0)})<\varepsilon$. 因为 $d_n(\mathcal{S}^{(n)})\leqslant d_{n_0}(\mathcal{S}^{(n_0)})$ $(n\geqslant n_0)$, 所以对于任意给定的 $\varepsilon>0$, 存在正整数 $n_0=n_0(\varepsilon)$, 使当 $n\geqslant n_0(\varepsilon)$ 时 $d_n(\mathcal{S}^{(n)})<\varepsilon$. 这表明式 (4.1.11) 成立. 于是定理的第 1 部分得证.

若 $\mathcal{S}$ 是一致分布的, 则由定理 4.1.3 知式 (4.1.11) 成立, 因此 $\mathcal{S}$ 在 $\overline{G}_d$ 中稠密. □

4.2 一维 Kronecker 点列的离差的精确计算

作为一个典型例子, 本节研究特殊的一维点列 (即一维 Kronecker 点列)

$$\mathcal{S}=\{\{k\theta\}\,(k=1,2,\cdots)\}$$

的离差的精确计算公式, 其中 θ 是一个无理数. 由第 1 章, 我们知道 $\mathcal{S}$ 是一致分布的, 因而 (由定理 4.1.4) 它在 [0,1] 中稠密.

设无理数 θ 的连分数展开是

$$\theta=[a_0;a_1,a_2,\cdots]$$

(关于连分数的基本知识可参见 [13]), $p_m/q_m=[a_0;a_1,\cdots,a_m]\,(m\geqslant 0)$ 是它的第 m 个渐近分数, 并令

$$p_{-1}=1,\quad q_{-1}=0.$$

记

$$\eta_m=|q_m\theta-p_m|=(-1)^m(q_m\theta-p_m)\quad(m\geqslant -1).$$

注意, $0<\eta_m<1$. 由于数列 $\{q_m+q_{m-1}\}$ $(m=0,1,2,\cdots)$ 是递增的, 且 $q_0+q_{-1}=1$, 所以对于每个正整数 n, 存在唯一的整数 $m=m(n)\geqslant 0$, 使得

$$q_m+q_{m-1}\leqslant n<q_{m+1}+q_m.$$

由此可知存在唯一的整数 τ,σ, 使得

$$n-q_{m-1}=\tau q_m+\sigma\quad(0\leqslant\sigma<q_m),$$

其中 $\tau=[(n-q_{m-1})/q_m]$. 又因为

$$q_m\leqslant n-q_{m-1}<q_{m+1}+q_m-q_{m-1}=(a_{m+1}q_m+q_{m-1})+q_m-q_{m-1}=(a_{m+1}+1)q_m,$$

从而 $1\leqslant\tau\leqslant a_{m+1}$, 故 n 可以唯一地表示成

$$n=\tau q_m+q_{m-1}+\sigma\quad(0\leqslant\sigma<q_m,1\leqslant\tau\leqslant a_{m+1}).\tag{4.2.1}$$

定理 4.2.1 设 θ 是一个无理数, $n\geqslant 1$ 是给定的整数, 定义 η_m 如上, 并由式 (4.2.1) 确定下标 $m=m(n)$, 那么

$$d_n(\mathcal{S}^{(n)})=\begin{cases}\eta_{m-1}-\left[\dfrac{n-q_{m-1}}{q_m}\right]\eta_m, & q_m+q_{m-1}\leqslant n<q_{m+1},\\ \eta_m, & q_{m+1}\leqslant n<q_{m+1}+q_m,\end{cases}$$

其中 $\mathcal{S}^{(n)}$ 是 $\mathcal{S}$ 的前 n 项组成的点列.

为证明此定理, 我们需要一个辅助结果. 设 θ 是一个给定的实数, 那么点 $\{\theta\},\{2\theta\},\cdots,\{n\theta\}$ 以及点 0 和 1 (其中重复的点不加区分) 组成 [0,1] 中的一个点集, 我们将以其中任何相邻两点为端点的区间称为一个间隔.

引理 4.2.1 若 θ 是一个无理数, p_m/q_m 是它的第 m 个渐近分数, $n\geqslant 1$ 是给定的整数, $\eta_m,m=m(n),\tau,\sigma$ 定义如上, 则点 $\{\theta\},\{2\theta\},\cdots,\{n\theta\}$ 及点 0 和 1 在 [0,1] 中产生 $n+1$ 个间隔, 并且这些间隔只有三种长度:

$$\lambda_1=\eta_m,\quad \lambda_2=\eta_{m-1}-\tau\eta_m,\quad \lambda_3=\lambda_1+\lambda_2.$$

此外, 首末两个间隔的长度一个是 λ_1, 另一个是 λ_2; 而且仅当 $\sigma<q_m-1$ 时, 长度为 λ_3 的间隔才出现.

证 证明分三步.

1° 若存在两个不相等的整数 k,l, 使 $\{k\theta\}=\{l\theta\}$, 则 $(k-l)\theta=[k\theta]-[l\theta]\in\mathbb{Z}$, 从而 $\theta\in\mathbb{Q}$; 但因为 θ 是无理数, 这不可能. 因此, $\{\theta\},\{2\theta\},\cdots,\{n\theta\}$ 两两互异且非零, 所以我们在 $[0,1]$ 中得到 $n+1$ 个间隔. 还可类似地证明这些间隔的长度不可能全相等. 设

$$\{a\theta\}=\min\{\{\theta\},\{2\theta\},\cdots,\{n\theta\}\},\quad \{b\theta\}=\max\{\{\theta\},\{2\theta\},\cdots,\{n\theta\}\},$$

并记

$$t_1=\{a\theta\},\quad t_2=1-\{b\theta\}.\tag{4.2.2}$$

特别地, 由此可知, 首末两个间隔的长度分别是 t_1 和 t_2, 还有 $t_1+t_2\leqslant 1$ 或 $t_1\leqslant 1-t_2$, 并且当且仅当 $n=1$ 时等号成立. 注意, 对于任何实数 A 和 B, 有

$$\{A+B\}=\begin{cases}\{A\}+\{B\}, & \{A\}+\{B\}<1,\\ \{A\}+\{B\}-1, & \{A\}+\{B\}\geqslant 1.\end{cases}$$

由此, $\{(a+b)\theta\}$ 或者等于 $\{a\theta\}+\{b\theta\}$, 或者等于 $\{a\theta\}+\{b\theta\}-1$, 因而 $\{(a+b)\theta\}$ 或者大于 $\{b\theta\}$, 或者小于 $\{a\theta\}$. 于是 $a+b\notin\{1,2,\cdots,n\}$, 即

$$\max\{a,b\}\leqslant n\leqslant a+b-1. \tag{4.2.3}$$

2° 我们用 P_r 表示线段 $[0,1]$ 上的点 $\{r\theta\}$. 因为点 $\{k\theta\}(k=1,\cdots,n)$ 实际上是按照数 $\{k\theta\}$ 的大小顺序自左而右地排列在 $[0,1]$ 上的, 所以我们限于考虑 $[0,1]$ 中的正线段 P_rP_s, 它的长 $=\{s\theta\}-\{r\theta\}>0$ (即点 P_s 在点 P_r 的右侧). 我们来给出区间 P_rP_s 的长度计算公式. 当 $s>r$ 时, $P_rP_s=\{\big(r+(s-r)\big)\theta\}-\{r\theta\}$. 注意, 若 $\{\big(r+(s-r)\big)\theta\}=\{r\theta\}+\{(s-r)\theta\}-1$, 则有

$$P_rP_s=\{(s-r)\theta\}-1<0,$$

同正线段的约定相违. 因此, $\{\big(r+(s-r)\big)\theta\}=\{r\theta\}+\{(s-r)\theta\}$, 从而

$$P_rP_s=\{(s-r)\theta\}\quad (s>r). \tag{4.2.4}$$

类似可知

$$P_rP_s=1-\{(r-s)\theta\}\quad (s<r). \tag{4.2.5}$$

于是, 由 a 和 b 的定义及式 (4.2.2) 得到: 若 $r,s\in\{0,1,2,\cdots,n\}$, 则

$$P_rP_s\geqslant\begin{cases}t_1, & s>r, \text{且当 } s-r=a \text{ 时等号成立},\\ t_2, & s<r, \text{且当 } r-s=b \text{ 时等号成立}.\end{cases}$$

显然, 如果 $[0,1]$ 中的正线段 P_rP_s $(r,s\in\{0,1,2,\cdots,n\})$ 除其端点外不含有其他任何点 P_u, 那么 P_rP_s 就是一个间隔. 由上文所证可以推出: 若 P_rP_{r+a} 含有某个点 P_u, 则当 $u>r$ 时 $P_rP_u>t_1=P_rP_{r+a}$, 而当 $u<r$ 时 $P_uP_{r+a}>t_1=P_rP_{r+a}$, 我们都得到矛盾. 因此, P_rP_{r+a} 除端点外不可能含有任何点 P_u, 从而是一个间隔. 类似地, P_rP_{r-b} 也是一个间隔. 于是我们证明了:

(1) 若 $0\leqslant r\leqslant n-a$, 则 P_rP_{r+a} 是 $n+1-a$ 个长度为 t_1 的间隔;

(2) 若 $b \leqslant r \leqslant n$, 则 P_rP_{r-b} 是 $n+1-b$ 个长度为 t_2 的间隔.

我们还要证明:

(3) 若 $n-a \leqslant r < b$, 则 P_rP_{r+a-b} 是 $a+b-n-1$ 个长度为 t_1+t_2 的间隔, 并且仅当 $n < a+b-1$ 时出现这种间隔.

事实上, 当式 (4.2.3) 右半部分是严格不等式时, 满足 $n-a \leqslant r < b$ 的整数 r 存在. 首先考虑正线段 P_rP_s, 其中 $s > r$. 依式 (4.2.4), $P_rP_s = \{(s-r)\theta\}$. 因为 $s \leqslant n, r > n-a$, 所以 $0 < s-r < n-(n-a) = a$, 从而由 a 的定义知 $P_rP_s = \{(s-r)\theta\} > t_1$.

另外, 我们有

$$P_rP_s = \{(s-r)\theta\} = \{a\theta-(a-s+r)\theta\}.$$

易见, 对于任意实数 A 和 B, 有

$$\{A-B\} = \begin{cases} \{A\}-\{B\}, & \{A\} \geqslant \{B\}, \\ 1+\{A\}-\{B\}, & \{A\} < \{B\}. \end{cases}$$

据此, 若 $\{a\theta-(a-s+r)\theta\} = \{a\theta\}-\{(a-s+r)\theta\}$, 则

$$P_rP_s = t_1-\{(a-s+r)\theta\} \leqslant t_1,$$

与上文所证的 $P_rP_s > t_1$ 矛盾. 因此

$$P_rP_s = 1+\{a\theta\}-\{(a-s+r)\theta\} = t_1+(1-\{(a-s+r)\theta\}).$$

注意, $1-\{(a-s+r)\theta\} \geqslant 1-\{b\theta\} = t_2$, 由此得到

(3a) 当 $s > r$ 时, $P_rP_s \geqslant t_1+t_2$, 并且等号仅当 $s = r+a-b$ 时成立.

其次考虑正线段 P_rP_s, 其中 $s < r$. 依式 (4.2.5), $P_rP_s = 1-\{(r-s)\theta\}$. 因为 $0 < r-s < r < b$, 所以 $\{(r-s)\theta\} < \{b\theta\}$, 从而

$$P_rP_s > 1-\{b\theta\} = t_2.$$

另外, 我们有

$$P_rP_s = 1-\{b\theta-(b+s-r)\theta\}.$$

若 $\{b\theta-(b+s-r)\theta\} = 1+\{b\theta\}-\{(b+s-r)\theta\}$, 则

$$P_rP_s = -\{b\theta\}+\{(b+s-r)\theta\},$$

注意, 由 $b+s-r=b-(r-s)<b$ 可知 $\{(b+s-r)\theta\}<\{b\theta\}$, 因而 $P_rP_s<0$, 这不可能. 因此

$$\begin{aligned}P_rP_s&=1-(\{b\theta\}-\{(b+s-r)\theta\})\\&=(1-\{b\theta\})+\{(b+s-r)\theta\})\\&=t_2+\{(b+s-r)\theta\}.\end{aligned}$$

注意, $\{(b+s-r)\theta\}\geqslant\{a\theta\}=t_1$, 由此得到

(3b) 当 $s<r$ 时, $P_rP_s\geqslant t_1+t_2$, 并且等号仅当 $s=r+a-b$ 时成立.

当 $a>b$ 时应用 (3a), 当 $a<b$ 时应用 (3b), 类似于 (1) 和 (2), 可以证明 (3) 中的 P_rP_{r+a-b} 是长度为 t_1+t_2 的间隔. 于是 (3) 中的结论成立.

由于上述三种间隔的个数之和 $(n+1-a)+(n+1-b)+(a+b-n-1)$ 恰好等于 $n+1$, 所以我们确定了全部间隔只有三种长度, 并且

$$(n+1-a)t_1+(n+1-b)t_2+(a+b-n-1)(t_1+t_2)=1.$$

从而 a,b 满足关系式

$$b\{a\theta\}+a(1-\{b\theta\})=1,\quad a,b\in\{1,2,\cdots,n\} \tag{4.2.6}$$

(此式亦可通过间隔长度 t_1,t_2 写成 $bt_1+at_2=1$).

3° 因为

$$p_{m+1}=a_{m+1}p_m+p_{m-1},\quad q_{m+1}=a_{m+1}q_m+q_{m-1}\quad(m\geqslant 0),$$

所以

$$\eta_{m-1}=a_{m+1}\eta_m+\eta_{m+1}\quad(m\geqslant 0).$$

又因为

$$q_mp_{m-1}-p_mq_{m-1}=(-1)^m\quad(m\geqslant 0),$$

所以由上式得到

$$q_m\eta_{m-1}+q_{m-1}\eta_m=1\quad(m\geqslant 0). \tag{4.2.7}$$

另外, 若令

$$\theta_m=[a_m;a_{m+1},a_{m+2},\cdots]\quad(m\geqslant 0),$$

则由连分数的性质可知

$$\eta_m = \frac{1}{\theta_{m+1}q_m + q_{m-1}}, \tag{4.2.8}$$

因此

$$0 < \eta_m < \frac{1}{a_{m+1}q_m + q_{m-1}} < \frac{1}{q_{m+1}} \quad (m \geqslant 0). \tag{4.2.9}$$

因为在 n 给定后, $[0,1]$ 的分割就完全确定了, 所以满足关系式 (4.2.6) 的 a,b 是唯一确定的 (因而 t_1,t_2 也是唯一确定的). 现在, 当式 (4.2.1) 中的 m 是偶数时, 取

$$a = q_m, \quad b = \tau q_m + q_{m-1};$$

当 m 是奇数时, 取

$$a = \tau q_m + q_{m-1}, \quad b = q_m.$$

于是, 当 m 是偶数时

$$\begin{aligned} t_1 &= \{a\theta\} = \{q_m\theta\} = \{(-1)^m(q_m\theta - p_m)\} \\ &= (-1)^m(q_m\theta - p_m) = \eta_m, \end{aligned}$$

且有

$$\begin{aligned} \{b\theta\} &= \{(\tau q_m + q_{m-1})\theta\} \\ &= \{\tau(-1)^m(q_m\theta - p_m) - (-1)^{m-1}(q_{m-1}\theta - p_{m-1})\} \\ &= \{\tau\eta_m - \eta_{m-1}\}. \end{aligned} \tag{4.2.10}$$

注意, 由式 (4.2.1) 和式 (4.2.9) 知 $0 < \tau\eta_m < a_{m+1}/q_{m+1} < 1$, 故 $\{\tau\eta_m\} = \tau\eta_m$. 还要注意, 因为 m 为偶数且 $\tau \leqslant a_{m+1}$, 故由中间分数的性质知

$$(\tau p_m + p_{m-1})/(\tau q_m + q_{m-1}) \geqslant p_{m+1}/q_{m+1} > \theta,$$

从而

$$\begin{aligned} \tau\eta_m - \eta_{m-1} &= \tau(q_m\theta - p_m) + (q_{m-1}\theta - p_{m-1}) \\ &= (\tau q_m + q_{m-1})\theta - (\tau p_m + p_{m-1}) \\ &= (\tau q_m + q_{m-1})\left(\theta - \frac{\tau p_m + p_{m-1}}{\tau q_m + q_{m-1}}\right) < 0. \end{aligned}$$

于是, 由式 (4.2.10) 得到

$$\{b\theta\}=\{\tau\eta_m-\eta_{m-1}\}=1+\tau\eta_m-\eta_{m-1},$$

并且

$$t_2=1-\{b\theta\}=\eta_{m-1}-\tau\eta_m.$$

当 m 为奇数时, 中间分数

$$(\tau p_m+p_{m-1})/(\tau q_m+q_{m-1})\leqslant p_{m+1}/q_{m+1}<\theta,$$

从而

$$\begin{aligned}\eta_{m-1}-\tau\eta_m&=(\tau q_m+q_{m-1})\theta-(\tau p_m+p_{m-1})\\&=(\tau q_m+q_{m-1})\left(\theta-\frac{\tau p_m+p_{m-1}}{\tau q_m+q_{m-1}}\right)>0,\end{aligned}$$

于是

$$\begin{aligned}t_1&=\{a\theta\}=\{\tau q_m\theta+q_{m-1}\theta\}\\&=\{-\tau(-1)^m(q_m\theta-p_m)+(-1)^{m-1}(q_{m-1}\theta-p_{m-1})\}\\&=\{\eta_{m-1}-\tau\eta_m\}=\eta_{m-1}-\tau\eta_m,\end{aligned}$$

以及

$$\begin{aligned}t_2&=1-\{b\theta\}=1-\{q_m\theta\}=1-\{-(-1)^m(q_m\theta-p_m)\}\\&=1-\{-\eta_m\}=1-(1-\eta_m)=\eta_m.\end{aligned}$$

由式 (4.2.7) 及连分数的基本性质不难推出: 对于上述参数 a,b,t_1,t_2, 关系式 (4.2.6) 成立, 特别得到引理中所说的那些间隔长度. 注意, 长度为 t_1+t_2 的间隔的个数是

$$\begin{aligned}a+b-n-1&=q_m+\tau q_m+q_{m-1}-(\tau q_m+q_{m-1}+\sigma+1)\\&=q_m-(\sigma+1).\end{aligned}$$

因此, 仅当 $\sigma<q_m-1$ 时, 长度为 t_1+t_2 的间隔才出现.

最后, 因为当 m 分别为偶数和奇数时, 相应的 t_1 和 t_2 的值互换, 而 t_1+t_2 的值不变, 所以引进记号 λ_i, 即可得到引理所说的结论. □

定理 4.2.1 之证 由引理 4.2.1 立即可以推出: 或者

$$d_n(\mathcal{S}^{(n)}) = \max\{\lambda_1, \lambda_2\},$$

或者

$$d_n(\mathcal{S}^{(n)}) = \max\left\{\lambda_1, \lambda_2, \frac{\lambda_1+\lambda_2}{2}\right\} = \max\{\lambda_1, \lambda_2\},$$

因此, 总有

$$d_n(\mathcal{S}^{(n)}) = \max\{\eta_m, \eta_{m-1} - \tau\eta_m\}. \tag{4.2.11}$$

为了给出更为明显的表达式, 注意由

$$\theta_m = \frac{a_m + 1}{[a_{m+1}; a_{m+2}, \cdots]} = a_m + \theta_{m+1}^{-1}, \tag{4.2.12}$$

以及式 (4.2.8) 可得: 当 $m \geqslant 1$ 时

$$\begin{aligned}\eta_{m-1} &= \frac{1}{\theta_m q_{m-1} + q_{m-2}} = \frac{1}{(a_m + \theta_{m+1}^{-1})q_{m-1} + q_{m-2}} \\ &= \frac{1}{q_m + \theta_{m+1}^{-1} q_{m-1}} = \theta_{m+1}\eta_m,\end{aligned}$$

而且可以直接验证此式当 $m = 0$ 时也成立, 因此

$$\eta_{m-1} = \theta_{m+1}\eta_m \quad (m \geqslant 0). \tag{4.2.13}$$

现在由式 (4.2.12) 和式 (4.2.13), 可知 $\eta_m \geqslant \eta_{m-1} - \tau\eta_m$ 当且仅当

$$(\tau+1)\eta_m \geqslant \eta_{m-1} = \theta_{m+1}\eta_m = a_{m+1}\eta_m + \theta_{m+2}^{-1}\eta_m;$$

并且进而由 $(\tau+1)\eta_m \geqslant \theta_{m+1}\eta_m$ 及 θ_{m+1} 的定义, 可知 $\eta_m > \eta_{m-1} - \tau\eta_m$ 当且仅当 $\tau = a_{m+1}$. 而由式 (4.2.1), 易见 $\tau = a_{m+1}$ 等价于 $n \geqslant a_{m+1}q_m + q_{m-1} = q_{m+1}$. 最后, 注意 $\tau = [(n - q_{m-1})/q_m]$, 于是由式 (4.2.11) 就可以推出所要的结果. □

4.3 van der Corput 点列的离差的精确计算

设整数 $n \geqslant 1$, 记 $t = 2^n$. 我们考虑 van der Corput 点列 (二维 Hammersley 点列)

$$\mathcal{V}_2 = \mathcal{V}_{2,2} = \left\{\left(\frac{k}{2^n}, \varphi_2(k)\right) (k = 0, 1, \cdots, t-1)\right\}$$

的离差的精确计算问题.

在此采用通常的欧氏距离. P. Peart[207] 应用凸规划方法建立了

定理 4.3.1 设整数 n,t 及点集 $\mathcal{V}_2$ 如上, 则其离差

$$d_t(\mathcal{V}_2)=\begin{cases}t^{-1}\sqrt{2t-2\sqrt{t}+1}, & n \text{ 为偶数},\\ t^{-1}\sqrt{(5/2)t-2\sqrt{2t}+1}, & n \text{ 为奇数}.\end{cases}$$

为证明这个定理, 首先给出一些辅助结果. 记

$$\widetilde{G}_2=\widetilde{G}_2(n)=\{(x,y)\mid 0\leqslant x\leqslant 2^n, 0\leqslant y\leqslant 2^n\}\subset\mathbb{R}^2,$$

定义点集

$$\mathcal{S}^{(t)}=\mathcal{S}_2^{(t)}=2^n\mathcal{V}_2=\{\big(k,2^n\varphi_2(k)\big)\,(k=0,1,\cdots,2^n-1)\},$$

并将 $\mathcal{S}^{(t)}$ 中的点 $\big(k,2^n\varphi_2(k)\big)$ $(k=0,1,\cdots,2^n-1)$ 改记成 (ξ_i,η_i) $(i=1,\cdots,2^n)$. 我们用 $\widetilde{d}_t(\mathcal{S}^{(t)})$ 简记点集 $\mathcal{S}^{(t)}$ 在 $\widetilde{G}_2$ 中 (关于通常的欧氏距离) 的离差, 那么

$$d_t(\mathcal{V}_2)=2^{-n}\widetilde{d}_t(\mathcal{S}^{(t)}).$$

因此, 我们只需计算

$$\widetilde{d}_t(\mathcal{S}^{(t)})=\sqrt{\max_{(x,y)\in\widetilde{G}_2}f_n(x,y)}, \tag{4.3.1}$$

其中函数

$$f_n(x,y)=\min_{1\leqslant i\leqslant 2^n}\Big((x-\xi_i)^2+(y-\eta_i)^2\Big)\quad \big((x,y)\in\widetilde{G}_2\big). \tag{4.3.2}$$

对于每个点 $(\xi_l,\eta_l)\in\mathcal{S}^{(t)}$, 定义一个点集

$$\begin{aligned}P(\xi_l,\eta_l)=&\{(x,y)\mid (x,y)\in\widetilde{G}_2,(x-\xi_l)^2+(y-\eta_l)^2\\ &\leqslant(x-\xi_i)^2+(y-\eta_i)^2\ (i=1,2,\cdots,2^n)\},\end{aligned}$$

也就是说, 它是由 $\widetilde{G}_2$ 中所有与点 (ξ_l,η_l) 的距离不超过与 $\mathcal{S}^{(t)}$ 中的其他点 (ξ_j,η_j) $(j\neq l)$ 的距离的那些点组成的. 它也可以表示成

$$\begin{aligned}P(\xi_l,\eta_l)=&\{(x,y)\mid (x,y)\in\widetilde{G}_2,2(\xi_i-\xi_l)x+2(\eta_i-\eta_l)y\\ &\leqslant\xi_i^2-\xi_l^2+\eta_i^2-\eta_l^2\ (i=1,2,\cdots,2^n)\},\end{aligned} \tag{4.3.3}$$

因此, $P(\xi_l,\eta_l)$ 是 $\widetilde{G}_2$ 中的闭凸多边形. 由式 (4.3.2) 可知

$$P(\xi_l,\eta_l)=\{(x,y)\mid (x,y)\in\widetilde{G}_2,f_n(x,y)=(x-\xi_l)^2+(y-\eta_l)^2\},$$

以及

$$\bigcup_{l=1}^{2^n} P(\xi_l,\eta_l)=\widetilde{G}_2.$$

特别地, 由此可知, 若 $(x,y)\in P(\xi_l,\eta_l)$, 则

$$f_n(x,y)=(x-\xi_l)^2+(y-\eta_l)^2.$$

此时 $f_n(x,y)$ 在 $P(\xi_l,\eta_l)$ 上的极大值 f_l 在 $P(\xi_l,\eta_l)$ 的某个顶点上达到. 于是

$$\max_{(x,y)\in\widetilde{G}_2} f_n(x,y)\leqslant \max_{1\leqslant l\leqslant 2^n} f_l. \tag{4.3.4}$$

注 4.3.1 显然, 上式的左边不小于右边, 所以式 (4.3.4) 实际是一个等式, 从而 $f_n(x,y)$ 在 $\widetilde{G}_2$ 上的极大值将在 2^n 个多边形 $P(\xi_l,\eta_l)\,(1\leqslant l\leqslant 2^n)$ 之一的某个顶点上达到 (见后文定理 4.3.1 之证).

在下文中, 我们用 $e_i\in\{0,1\}$ 表示二进数. 还记

$$\varPhi_n(k)=2^n\varphi_2(k)\quad (k=0,1,\cdots,2^n-1),$$

于是 $\mathcal{S}^{(t)}$ 的点 (ξ_i,η_i) 可以表示成 $\big(i-1,\varPhi_n(i-1)\big)\,(i=0,1,\cdots,2^n)$. 最后, 令

$$p=\left[\frac{n+1}{2}\right],\quad \alpha_m=m2^{n-p},\quad \beta_m=\varPhi_n(\alpha_m)\quad (m=0,1,\cdots,2^p-1).$$

引理 4.3.1 设 $(\xi_i,\eta_i)\,(i=1,\cdots,2^n)$ 如上 (即组成 $\mathcal{S}^{(t)}$ 的点), 则组成 $\mathcal{S}^{(4t)}$ 的点是

$$\begin{aligned}
&(2\xi_i,2\eta_i),\quad (2\xi_i+2^{n+1},2\eta_i+1),\quad (2\xi_i+2^{n+1}+1,2\eta_i+2^{n+1}+1),\\
&(2\xi_i+1,2\eta_i+2^{n+1})\quad (i=1,\cdots,2^n).
\end{aligned}$$

证 注意, $4t=4\cdot 2^n=2^{n+2}$. 整数 $2\xi_i,2\xi_i+1,2\xi_i+2^{n+1},2\xi_i+2^{n+1}+1\,(i=1,\cdots,2^n)$ 两两互异, 并且恰好形成 0 与 $2^{n+2}-1$ 间的整数的集合. 因此, 我们只需证明, 对于 $i=1,\cdots,2^n$, 下列等式成立:

$$\begin{aligned}
&\varPhi_{n+2}(2\xi_i)=2\eta_i,\quad \varPhi_{n+2}(2\xi_i+1)=2\eta_i+2^{n+1},\\
&\varPhi_{n+2}(2\xi_i+2^{n+1})=2\eta_i+1,\quad \varPhi_{n+2}(2\xi_i+2^{n+1}+1)=2\eta_i+2^{n+1}+1.
\end{aligned}$$

实际上, 设

$$\xi_i=\sum_{j=0}^{n-1}e_j2^j,\quad \eta_i=\sum_{j=1}^{n}e_{n-j}2^{j-1},$$

那么容易算出

$$\begin{aligned}
\varPhi_{n+2}(2\xi_i) &= \varPhi_{n+2}\left(\sum_{j=0}^{n-1} e_j 2^{j+1}\right) = \sum_{j=1}^{n} e_{n-j}2^j = 2\eta_i,\\
\varPhi_{n+2}(2\xi_i+1) &= \varPhi_{n+2}\left(2^0+\sum_{j=0}^{n-1} e_j 2^{j+1}\right)\\
&= \sum_{j=1}^{n} e_{n-j}2^j + 2^{n+1} = 2\eta_i + 2^{n+1},\\
\varPhi_{n+2}(2\xi_i+2^{n+1}) &= \varPhi_{n+2}\left(\sum_{j=0}^{n-1} e_j 2^{j+1} + 2^{n+1}\right)\\
&= 2^0 + \sum_{j=1}^{n} e_{n-j}2^j = 2\eta_i + 1,\\
\varPhi_{n+2}(2\xi_i+2^{n+1}+1) &= \varPhi_{n+2}\left(2^0+\sum_{j=0}^{n-1} e_j 2^{j+1} + 2^{n+1}\right)\\
&= 2^0 + \sum_{j=1}^{n} e_{n-j}2^j + 2^{n+1} = 2\eta_i + 2^{n+1} + 1.
\end{aligned}$$

从而结论成立. □

引理 4.3.2 记

$$\Delta\beta_m = \beta_{m+1} - \beta_m \quad (0 \leqslant m \leqslant 2^p - 2).$$

那么

(i) 若 m 是偶数, $0 \leqslant m \leqslant 2^p-2$, 则 $\Delta\beta_m = 2^{p-1}$, 而且 $0 \leqslant \beta_m \leqslant 2^{p-1}-1$;

(ii) 若 m 是奇数, $1 \leqslant m \leqslant 2^p-1$, 则 $2^{p-1} \leqslant \beta_m \leqslant 2^p-1$.

证 (i) 令 $m=2\tau$, 其中 $\tau\in\mathbb{Z}, 0\leqslant\tau\leqslant 2^{p-1}-1$, 于是可将 τ 表示为 $\tau=\sum\limits_{j=0}^{p-2} e_j 2^j$, 从而

$$\begin{aligned}
\alpha_m &= 2^{n-p}\sum_{j=0}^{p-2} e_j 2^{j+1} = \sum_{j=0}^{p-2} e_j 2^{n-p+j+1},\\
\beta_m &= \sum_{j=0}^{p-2} e_{p-2-j}2^j \leqslant \sum_{j=0}^{p-2} 2^j = 2^{p-1}-1.
\end{aligned}$$

另外, 由

$$\alpha_{m+1} = \alpha_m + 2^{n-p} = 2^{n-p} + \sum_{j=o}^{p-2} e_j 2^{n-p+j+1}$$

可知

$$\beta_{m+1}=\sum_{j=0}^{p-2}e_{p-2-j}2^j+2^{p-1}=\beta_m+2^{p-1},$$

即得 $\Delta\beta_m=2^{p-1}$.

(ii) 记 $m=2\tau+1$, 其中 $\tau\in\mathbb{Z},0\leqslant\tau\leqslant 2^{p-1}-1$, 于是

$$\alpha_m=(2\tau+1)2^{n-p}=2^{n-p}+2\sum_{j=0}^{p-2}e_j2^j\cdot 2^{n-p}$$
$$=2^{n-p}+\sum_{j=0}^{p-2}e_j2^{n-p+j+1},$$
$$\beta_m=\sum_{j=0}^{p-2}e_{p-2-j}2^j+2^{p-1}\leqslant\sum_{j=0}^{p-1}2^j=2^p-1.$$

于是引理得证. □

引理 4.3.3 若 $0\leqslant m\leqslant 2^p-1,\alpha_m<\xi_l<\alpha_{m+1}$, 则或者 $\eta_l=\beta_m+2^p$ 且 $\xi_l=\alpha_m+2^{n-p-1}$, 或者 $\eta_l\geqslant\beta_m+2^{p+1}$ (我们在此约定: 当 $m=2^p-1$ 时 $\alpha_{m+1}=2^n$).

证 由 $\alpha_m<\xi_l<\alpha_{m+1}$ 得 $0<\xi_l-\alpha_m<2^{n-p}$, 因而

$$\xi_l=\alpha_m+\sum_{j=0}^{n-p-1}e_j2^j,$$

而且至少有一个数字 $e_j=1$. 因为 $0\leqslant m\leqslant 2^p-1$, 所以我们可记

$$m=\sum_{j=0}^{p-1}e_{n-p+j}2^j,$$

从而

$$\alpha_m=m2^{n-p}=\sum_{j=0}^{p-1}e_{n-p+j}2^j\cdot 2^{n-p}=\sum_{j=0}^{p-1}e_{n-p+j}2^{n-p+j},$$
$$\beta_m=\varPhi_n(\alpha_m)=\sum_{j=0}^{p-1}e_{n+1-j}2^j.$$

于是 ξ_l 有二进表示

$$\xi_l=\sum_{j=0}^{n-p-1}e_j2^j+\sum_{j=0}^{p-1}e_{n-p+j}2^{n-p+j}=\sum_{j=0}^{n-1}e_j2^j.$$

因此

$$\eta_l=\sum_{j=0}^{n-1}e_{n-1-j}2^j=\beta_m+\sum_{j=p}^{n-1}e_{n-1-j}2^j.$$

因为至少有一个 e_j $(0\leqslant j\leqslant n-p-1)$ 等于 1, 所以 $\eta_l\geqslant\beta_m+2^p$, 并且等号仅当 $e_0=e_1=\cdots=e_{n-p-2}=0, e_{n-p-1}=1$, 即 $\xi_l=\alpha_m+2^{n-p+1}$ 时成立; 而若 $\xi_l\neq\alpha_m+2^{n-p+1}$, 则 $\eta_l\geqslant\beta_m+2^{p+1}$. 所以引理得证. □

引理 4.3.4 设多边形 $P(\xi_l,\eta_l)(1\leqslant l\leqslant 2^n)$ 如式 (4.3.3) 所定义, 那么仅当 $\xi_l=\alpha_m=m2^{n-p}$ (m 是 $[0,2^p-1]$ 中的某个整数) 时, $P(\xi_l,\eta_l)$ (即 $P(\alpha_m,\beta_m)$)含有一个形如 $(x,1/2)$ $(x\in[0,2^n])$ 的点.

证 我们考虑点 $(x,1/2)(0\leqslant x\leqslant 2^n)$ 与 $\mathcal{S}^{(t)}$ 中的点间的距离, 令

$$h(x;l)=(x-\xi_l)^2+\left(\frac{1}{2}-\eta_l\right)^2\quad(0\leqslant x\leqslant 2^n,1\leqslant l\leqslant t).$$

1° 首先证明: 对于任何 x $(0\leqslant x\leqslant 2^n-2^{n-p})$ 及任何 ξ_l $(\xi_l\neq\alpha_j,0\leqslant j\leqslant 2^p-1)$, 存在一个整数 m, 满足 $0\leqslant m\leqslant 2^p-2$, 使得

$$h(x;l)>\min\left\{(x-\alpha_m)^2+\left(\frac{1}{2}-\beta_m\right)^2,(x-\alpha_{m+1})^2+\left(\frac{1}{2}-\beta_{m+1}\right)^2\right\}.\tag{4.3.5}$$

为证明这个结论, 我们对 x 的不同的取值情形进行讨论.

情形 1: 设 $\alpha_m\leqslant x\leqslant\alpha_{m+1}$ 且 m 是偶数(此时 $0\leqslant m\leqslant 2^p-2,0\leqslant x\leqslant\alpha_{m+1}=(m+1)2^{n-p}\leqslant(2^p-1)2^{n-p}=2^n-2^{n-p}$).

(1) 若 $x\in[\alpha_m,\alpha_m+2^{n-p-1}]$, 则由引理 4.3.2 知

$$0\leqslant\beta_m\leqslant 2^{p-1}-1,\quad \beta_{m+1}=\Delta\beta_m+\beta_m\leqslant 2^{p-1}+2^{p-1}-1=2^p-1,$$

还要注意 $n\leqslant 2p$. 因此, 对于 $x\in[\alpha_m,\alpha_m+2^{n-p-1}]$, 有

$$(x-\alpha_m)^2+\left(\frac{1}{2}-\beta_m\right)^2\leqslant\frac{1}{4}\cdot 2^{2(n-p)}+\beta_m^2-\beta_m+\frac{1}{4}.\tag{4.3.6}$$

并且由此进一步推出: 对于 $x\in[\alpha_m,\alpha_m+2^{n-p-1}]$, 还有

$$\begin{aligned}(x-\alpha_m)^2+\left(\frac{1}{2}-\beta_m\right)^2&\leqslant\frac{1}{4}\cdot 2^{2(n-p)}+\left(2^{p-1}-\frac{3}{2}\right)^2\\&=\frac{1}{4}\cdot 2^{2(n-p)}+\frac{1}{4}\cdot 2^{2p}-\frac{3}{2}\cdot 2^p+\frac{9}{4}\\&=\begin{cases}\dfrac{1}{2}\cdot 2^{2p}-\dfrac{3}{2}\cdot 2^p+\dfrac{9}{4}, & n\text{ 是偶数},\\ \dfrac{5}{16}\cdot 2^{2p}-\dfrac{3}{2}\cdot 2^p+\dfrac{9}{4}, & n\text{ 是奇数}.\end{cases}\end{aligned}\tag{4.3.7}$$

(2) 若 $x\in[\alpha_m+2^{n-p-1},\alpha_{m+1}]$, 则

$$0\leqslant\alpha_{m+1}-x\leqslant(\alpha_m+2^{n-p})-(\alpha_m+2^{n-p-1})=2^{n-p-1},$$

并且由引理 4.3.2 知 $\beta_{m+1}=\beta_m+2^{p-1}$. 故对于 $x\in[\alpha_m+2^{n-p-1},\alpha_{m+1}]$, 有

$$\begin{aligned}(x-\alpha_{m+1})^2+\left(\frac{1}{2}-\beta_{m+1}\right)^2&=(x-\alpha_{m+1})^2+\left(\beta_m+2^{p-1}-\frac{1}{2}\right)^2\\&\leqslant(2^{n-p-1})^2+\beta_m^2+2^p\beta_m+2^{2p-2}-\beta_m-2^{p-1}+\frac{1}{4}\\&=\frac{1}{4}\cdot 2^{2(n-p)}+2^{2p-2}-2^{p-1}+\frac{1}{4}+\beta_m^2+2^p\beta_m-\beta_m.\end{aligned}\tag{4.3.8}$$

还要注意 $\beta_m\leqslant 2^{p-1}-1$, 所以

$$\begin{aligned}\beta_m^2+2^p\beta_m-\beta_m&=\beta_m(\beta_m-1)+2^p\beta_m\\&\leqslant(2^{p-1}-1)(2^{p-1}-2)+2^p(2^{p-1}-1)\\&\leqslant\frac{1}{2}\cdot 2^p\cdot\frac{1}{2}\cdot 2^p+\frac{1}{2}\cdot 2^{2p}-2^p\\&=\frac{3}{4}\cdot 2^{2p}-2\cdot 2^{p-1},\end{aligned}$$

从而

$$\begin{aligned}&\frac{1}{4}\cdot 2^{2(n-p)}+2^{2p-2}-2^{p-1}+\frac{1}{4}+\beta_m^2+2^p\beta_m-\beta_m\\&\leqslant\frac{1}{4}\cdot 2^{2(n-p)}+\frac{1}{4}\cdot 2^{2p}-2^{p-1}+\frac{1}{4}+\frac{3}{4}\cdot 2^{2p}-2\cdot 2^{p-1}\\&=\frac{1}{4}\cdot 2^{2(n-p)}+2^{2p}-3\cdot 2^{p-1}+\frac{1}{4}\leqslant\frac{1}{4}\cdot 2^{2(n-p)}+\left(2^p-\frac{3}{2}\right)^2.\end{aligned}$$

由此进一步推出: 对于 $x\in[\alpha_m+2^{n-p-1},\alpha_{m+1}]$, 还有

$$(x-\alpha_{m+1})^2+\left(\frac{1}{2}-\beta_{m+1}\right)^2\leqslant\begin{cases}\dfrac{5}{4}\cdot 2^{2p}-3\cdot 2^p+\dfrac{9}{4}, & n\text{ 是偶数},\\[2mm]\dfrac{17}{16}\cdot 2^{2p}-3\cdot 2^p+\dfrac{9}{4}, & n\text{ 是奇数}.\end{cases}\tag{4.3.9}$$

(3) 我们现在来 (在 $\alpha_m\leqslant x\leqslant\alpha_{m+1}$ 且 m 是偶数的情形下) 区分 ξ_l 的下列不同位置, 估计 $h(x;l)$ 的下界.

(3a) 设 $\alpha_m<\xi_l<\alpha_{m+1}$. 由引理 4.3.3 可知, 或者 $\eta_l=\beta_m+2^p$ 且 $\xi_l=\alpha_m+2^{n-p-1}$, 或者 $\eta_l\geqslant\beta_m+2^{p+1}$. 因此

$$\begin{aligned}h(x;l)\geqslant\left(\frac{1}{2}-\eta_l\right)^2&=\left(\beta_m+2^p-\frac{1}{2}\right)^2\\&=\beta_m^2+2^{p+1}\beta_m+2^{2p}-\beta_m-2^p+\frac{1}{4},\end{aligned}$$

但因为

$$2^{2p}-2^p=\frac{3}{4}\cdot 2^{2p}+\frac{1}{4}\cdot 2^{2p}-2^p=\frac{3}{4}\cdot 2^{2p}+2^{2p-2}-2^p,$$

$$\frac{3}{4}\cdot 2^{2p}-2^p\geqslant \frac{1}{4}\cdot 2^{2p}\geqslant \frac{1}{4}\cdot 2^{2(n-p)},$$

所以

$$h(x;l)\geqslant \frac{1}{4}\cdot 2^{2(n-p)}+2^{2p-2}+\beta_m^2-\beta_m+2^{p+1}\beta_m+\frac{1}{4}.$$

(3b) 设 $\alpha_{m+1}<\xi_l<\alpha_{m+2}$. 依引理 4.3.2 和引理 4.3.3,

$$\eta_l\geqslant \beta_{m+1}+2^p=\beta_m+2^{p-1}+2^p,$$

于是

$$\begin{aligned}h(x;l)&\geqslant\left(\frac{1}{2}-\eta_l\right)^2\geqslant\left(\beta_m+2^p+2^{p-1}-\frac{1}{2}\right)^2\\&\geqslant\left(2^p+2^{p-1}-\frac{1}{2}\right)^2=\frac{9}{4}\cdot 2^{2p}-\frac{3}{2}\cdot 2^p+\frac{1}{4}.\end{aligned}$$

(3c) 设 $\alpha_{m+2}<\xi_l$. 那么

$$\xi_l-x>\alpha_{m+2}-\alpha_{m+1}=(\alpha_{m+1}+2^{n-p})-\alpha_{m+1}=2^{n-p},\quad \eta_l\geqslant 2^p,$$

于是

$$\begin{aligned}h(x;l)&>(2^{n-p})^2+\left(2^p-\frac{1}{2}\right)^2=(2^{n-p})^2+2^{2p}-2^p+\frac{1}{4}\\&=\begin{cases}2\cdot 2^{2p}-2^p+\dfrac{1}{4}, & n\text{ 是偶数},\\ \dfrac{5}{4}\cdot 2^{2p}-2^p+\dfrac{1}{4}, & n\text{ 是奇数}.\end{cases}\end{aligned}$$

(3d) 设 $\alpha_{m-1}<\xi_l<\alpha_m$. 由引理 4.3.2 和引理 4.3.3 知

$$\eta_l\geqslant \beta_{m-1}+2^p\geqslant 2^{p-1}+2^p,$$

于是

$$h(x;l)\geqslant\left(\frac{1}{2}-\eta_l\right)^2\geqslant \frac{9}{4}\cdot 2^{2p}-\frac{3}{2}\cdot 2^p+\frac{1}{4}.$$

(3e) 设 $\xi_l<\alpha_{m-1}$. 那么

$$x-\xi_l>\alpha_m-\alpha_{m-1}=\alpha_m-(\alpha_m-2^{n-p})=2^{n-p},\quad \eta_l=\Phi_n(\xi_l)\geqslant 2^p,$$

于是得到与情形 (3c) 相同的 $h(x;l)$ 的下界.

注意, 我们已将 x 的取值范围 $[\alpha_m,\alpha_{m+1}]$ 分解为 $[\alpha_m,\alpha_m+2^{n-p-1}]$ 和 $[\alpha_m+2^{n-p-1},\alpha_{m+1}]$. 于是对于情形 (3a) 应用式 (4.3.6) 和式 (4.3.8), 对于情形 (3b)~(3e) 应

用式 (4.3.7) 和式 (4.3.9), 即可推出: 对于所给的 ξ_l, 存在 (偶数) m $(0\leqslant m\leqslant 2^p-2)$, 使得

$$h(x;l)\geqslant \min\left\{(x-\alpha_m)^2+\left(\frac{1}{2}-\beta_m\right)^2,(x-\alpha_{m+1})^2+\left(\frac{1}{2}-\beta_{m+1}\right)^2\right\}. \tag{4.3.10}$$

情形 2: 设 $\alpha_m\leqslant x\leqslant \alpha_{m+1}$, m 是奇数, 且 $1\leqslant m\leqslant 2^p-3$(此时 $0\leqslant x\leqslant \alpha_{m+1}=(2^p-2)2^{n-p}<2^n-2^{n-p}$).

因为 m 和 $m+1$ 分别是奇数和偶数, 由引理 4.3.2 得

$$\beta_m\leqslant 2^p-1,\quad \beta_{m+1}\leqslant 2^{p-1}-1,$$

因而可以推出:

(1) 对于 $x\in[\alpha_m,\alpha_m+2^{n-p-1}]$, 有

$$(x-\alpha_m)^2+\left(\frac{1}{2}-\beta_m\right)^2\leqslant \frac{1}{4}\cdot 2^{2n-2p}+2^{2p}-3\cdot 2^p+\frac{9}{4}.$$

(2) 对于 $x\in[\alpha_m+2^{n-p-1},\alpha_{m+1}]$, 有

$$(x-\alpha_{m+1})^2+\left(\frac{1}{2}-\beta_{m+1}\right)^2\leqslant \frac{1}{4}\cdot 2^{2n-2p}+\frac{1}{4}\cdot 2^{2p}-\frac{3}{2}\cdot 2^p+\frac{9}{4}.$$

(3) 类似于情形 1 (3), 可以给出 $h(x;l)$ 的下界估计, 进而证明不等式 (4.3.10)(其中 m 是满足 $1\leqslant m\leqslant 2^p-3$ 的奇数) 在此情形下也成立.

综合情形 1 和情形 2, 即得式 (4.3.5).

2° 现在证明: 对于任何 x $(2^n-2^{n-p}\leqslant x\leqslant 2^n)$ (即当 $\alpha_m\leqslant x\leqslant 2^n$, 其中 $m=2^p-1$ 时) 以及任何 ξ_l $(\xi_l\neq\alpha_j,0\leqslant j\leqslant 2^p-1)$, 有

$$h(x;l)>(x-\alpha_m)^2+\left(\frac{1}{2}-\beta_m\right)^2\quad (m=2^p-1). \tag{4.3.11}$$

与 1° 中的情形 1 类似, 我们下面对 ξ_l 的不同位置来讨论 (但记住始终固定下标 $m=2^p-1$).

(1) 设 $\alpha_m<\xi_l<2^n$. 那么因为

$$0\leqslant x-\alpha_m\leqslant 2^n-\alpha_m=2^n-(2^p-1)2^{n-p}=2^{n-p},$$

而且 $\beta_m\leqslant 2^p-1$ (依引理 4.3.2), 以及 $2p\geqslant n$, 所以

$$(x-\alpha_m)^2+\left(\frac{1}{2}-\beta_m\right)^2\leqslant (2^{n-p})^2+\left(2^p-1-\frac{1}{2}\right)^2$$

$$= 2\cdot 2^{2p} - 3\cdot 2^{p} + \frac{9}{4}.$$

另外, 由引理 4.3.3 知

$$\eta_l \geqslant \beta_m + 2^p = 2^{p+1} - 1,$$

从而

$$h(x;l) \geqslant \left(\frac{1}{2} - \eta_l\right)^2 = \left(2^{p+1} - \frac{3}{2}\right)^2 = 4\cdot 2^{2p} - 6\cdot 2^p + \frac{9}{4}.$$

由上述两个估值可知式 (4.3.11) 在此情形下成立.

(2) 设 $\alpha_{m-1} < \xi_l < \alpha_m$.

若 $x \in [\alpha_m, \alpha_m + 2^{n-p-1}]$, 则 $0 \leqslant x - \alpha_m \leqslant 2^{n-p-1}$, 且由引理 4.3.2 知 $\beta_m \leqslant 2^p - 1$. 因此, 我们有

$$\begin{aligned}(x-\alpha_m)^2 + \left(\frac{1}{2} - \beta_m\right)^2 &\leqslant \frac{1}{4}\cdot 2^{2n-2p} + \left(2^p - 1 - \frac{1}{2}\right)^2 \\ &= \begin{cases} \dfrac{5}{4}\cdot 2^{2p} - 3\cdot 2^p + \dfrac{9}{4}, & n \text{ 是偶数}, \\ \dfrac{17}{16}\cdot 2^{2p} - 3\cdot 2^p + \dfrac{9}{4}, & n \text{ 是奇数}. \end{cases}\end{aligned}$$

另外, 应用引理 4.3.3 (其中用 $m-1$ 代 m), 可知: 或者 $\xi_l = \alpha_{m-1} + 2^{n-p-1}, \eta_l = \beta_{m-1} + 2^p$; 或者 $\eta_l \geqslant \beta_{m-1} + 2^{p+1}$. 对于前一情形, 注意 $m = 2^p - 1$ 时, 我们有

$$\begin{aligned}\alpha_{m-1} &= (2^p - 2)2^{n-p} = (2^{p-1} - 1)2^{n-p+1} = (2^{p-2} + 2^{p-3} + \cdots + 1)2^{n-p+1} \\ &= 2^{p-1} + 2^{p-2} + \cdots + 1,\end{aligned}$$

从而 $\beta_{m-1} = 2^{p-2} + 2^{p-3} + \cdots + 1 = 2^{p-1} - 1$. 又由

$$\xi_l = (2^p - 2)2^{n-p} + 2^{n-p-1} = 2^n - 2^{n-p+1} + 2^{n-p-1}$$

可知 $x - \xi_l \geqslant \alpha_m - \xi_l = 2^{n-p-1}$. 于是, 我们有

$$\begin{aligned}h(x;l) &\geqslant (2^{n-p-1})^2 + \left(\frac{1}{2} - \beta_{m-1} - 2^p\right)^2 \\ &= \frac{1}{4}\cdot 2^{2n-2p} + \left(\frac{1}{2} - (2^{p-1} - 1) - 2^p\right)^2 \\ &= \begin{cases} \dfrac{5}{2}\cdot 2^{2p} - \dfrac{9}{2}\cdot 2^p + \dfrac{9}{4}, & n \text{ 是偶数}, \\ \dfrac{37}{16}\cdot 2^{2p} - \dfrac{9}{2}\cdot 2^p + \dfrac{9}{4}, & n \text{ 是奇数}. \end{cases}\end{aligned}$$

对于后一情形, 因为 $\eta_l > 2^{p+1}$, 所以有

$$h(x;l) > \left(2^{p+1} - \frac{1}{2}\right)^2 = 4\cdot 2^{2p} - 2\cdot 2^p + \frac{1}{4}.$$

总之, 我们都能得到式 (4.3.11).

若 $x \in [\alpha_m + 2^{n-p-1}, 2^n]$, 则

$$0 < x - \alpha_m \leqslant 2^n - \alpha_m = 2^n - (2^n - 2^{n-p}) = 2^{n-p},$$

以及 (依引理 4.3.2) $\beta_m \leqslant 2^p - 1$, 所以

$$\begin{aligned}(x-\alpha_m)^2 + \left(\frac{1}{2} - \beta_m\right)^2 &\leqslant (2^{n-p})^2 + \left(2^p - 1 - \frac{1}{2}\right)^2 \\ &= 2^{2n-2p} + 2^{2p} - 3\cdot 2^p + \frac{9}{4} \\ &\leqslant 2\cdot 2^{2p} - 3\cdot 2^p + \frac{9}{4}.\end{aligned}$$

另外, 当引理 4.3.3 所说的第 1 种情形成立时, 即 $\xi_l = \alpha_{m-1} + 2^{n-p-1}, \eta_l = \beta_{m-1} + 2^p$ 时, 我们有

$$\begin{aligned}x - \xi_l &\geqslant \alpha_m + 2^{n-p-1} - \xi_l = \alpha_m + 2^{n-p-1} - (\alpha_{m-1} + 2^{n-p-1}) \\ &= (2^p - 1)2^{n-p} + 2^{n-p-1} - (2^p - 2)2^{n-p} - 2^{n-p-1} = 2^{n-p},\end{aligned}$$

因此得到

$$\begin{aligned}h(x;l) &\geqslant (2^{n-p})^2 + \left(\frac{1}{2} - \beta_{m-1} - 2^p\right)^2 \\ &= 2^{2n-2p} + \frac{9}{4}\cdot 2^{2p} - \frac{9}{2}\cdot 2^p + \frac{9}{4} \\ &\geqslant \frac{5}{2}\cdot 2^{2p} - \frac{9}{2}\cdot 2^p + \frac{9}{4};\end{aligned}$$

当引理 4.3.2 所说的第 2 种情形成立时, 我们有

$$x - \xi_l > (\alpha_m + 2^{n-p-1}) - \alpha_m = 2^{n-p-1}, \quad \eta_l = \beta_{m-1} + 2^{p+1} > 2^{p+1},$$

因此得到

$$\begin{aligned}h(x;l) &> (2^{n-p-1})^2 + \left(2^{p+1} - \frac{1}{2}\right)^2 \\ &\geqslant (2^{p-2})^2 + 4\cdot 2^{2p} - 2\cdot 2^p + \frac{1}{4}\end{aligned}$$

$$= \frac{65}{16} \cdot 2^{2p} - 2 \cdot 2^p + \frac{1}{4}.$$

于是, 我们也总能得到式 (4.3.11).

(3) 设 $\xi_l < \alpha_{m-1}$, 那么有

$$\begin{aligned}(x-\alpha_m)^2 + \left(\frac{1}{2} - \beta_m\right)^2 &\leqslant (2^{n-p})^2 + \left(2^p - 1 - \frac{1}{2}\right)^2 \\ &= (2^{n-p})^2 + \left(2^p - \frac{3}{2}\right)^2;\end{aligned}$$

同时, 还有

$$h(x;l) > (2^{n-p})^2 + \left(2^p - \frac{1}{2}\right).$$

因此, 在此情形下可推出式 (4.3.11).

3° 由式 (4.3.5) 和式 (4.3.11) 可知, 对于任何给定的点 $(x,1/2)$ $(0 \leqslant x \leqslant 2^n)$, 它与 $\mathcal{S}^{(t)}$ 的诸点间的距离的最小值不可能在任何 $(\xi_l,\eta_l) \in \mathcal{S}^{(t)}$ $\big(\xi_l \neq \alpha_j\ (1 \leqslant j \leqslant 2^p - 1)\big)$上达到, 所以 $(x,1/2) \notin P(\xi_l,\eta_l)$. 另外, 若下标 m $(1 \leqslant m \leqslant 2^p - 1)$ 满足

$$(x-\alpha_m)^2 + \left(\frac{1}{2} - \beta_m\right)^2 = \min_{1 \leqslant j \leqslant 2^p - 1} \left((x-\alpha_j)^2 + \left(\frac{1}{2} - \beta_j\right)^2\right),$$

则由式 (4.3.5) 和式 (4.3.11) 可知

$$(x-\alpha_m)^2 + \left(\frac{1}{2} - \beta_m\right)^2 = \min_{(\xi_l,\eta_l) \in \mathcal{S}^{(t)}} \left((x-\xi_l)^2 + \left(\frac{1}{2} - \eta_l\right)^2\right),$$

因而 $(x,1/2) \in P(\alpha_m,\beta_m)$. □

注 4.3.2 引理 4.3.4 表明, 多边形 $P(\xi_l,\eta_l)$ $\big((\xi_l,\eta_l) \in \mathcal{S}^{(t)}\big)$ 中, 只有多边形 $P(\alpha_m,\beta_m)$ $(0 \leqslant m \leqslant 2^p - 1)$ 才可能与线段 $\{(x,1/2) \mid 0 \leqslant x \leqslant 2^n\}$ 有公共点.

引理 4.3.5 对 $i = 1,\cdots,2^n$, 有

$$\begin{aligned}&(2^n - \xi_i)^2 + \eta_i^2 \geqslant 2^{2n-2p} + 2^{2p} - 2^{p+1} + 1, \\ &(2^n - \xi_i)^2 + \left(\eta_i + \frac{1}{2}\right)^2 \geqslant 2^{2n-2p} + 2^{2p} - 2^p + \frac{1}{4},\end{aligned}$$

并且等号仅当 $\xi_i = 2^{n-p}(2^p - 1)$ 时成立.

证 1° 若 $\xi_i = 2^{n-p}(2^p - 1)$, 则它可表示为

$$\xi_i = 2^{n-p}(2^{p-1} + 2^{p-2} + \cdots + 1) = 2^{n-1} + 2^{n-2} + \cdots + 2^{n-p},$$

从而 $\eta_i = \varPhi_n(\xi_i) = 2^{p-1} + 2^{p-2} + \cdots + 1 = 2^p - 1$, 于是可直接验证等式成立.

2° 我们分不同情形证明不等式

$$(2^n-\xi_i)^2+\eta_i^2>2^{2n-2p}+2^{2p}-2^p+\frac{1}{4}.$$

(1) 如果 $2^{n-p}(2^p-1)<\xi_i<2^n$, 那么由引理 4.3.3 知 $\eta_i\geqslant 2^{p+1}-1$, 于是

$$(2^n-\xi_i)^2+\eta_i^2>\eta_i^2>2^{2p+2}-2^{p+2}+1>2^{2n-2p}+2^{2p}-2^p+\frac{1}{4}.$$

(2) 如果 $2^{n-p}(2^p-2)<\xi_i<2^{n-p}(2^p-1)$, 那么 $\eta_i\geqslant 2^p, 2^n-\xi_i>2^n-2^{n-p}(2^p-1)=2^{n-p}$, 从而

$$(2^n-\xi_i)^2+\eta_i^2>\eta_i^2>2^{2n-2p}+2^{2p}>2^{2n-2p}+2^{2p}-2^p+\frac{1}{4}.$$

(3) 如果 $\xi_i=2^{n-p}(2^p-2)$, 那么 $\eta_i=2^{p-1}-1$, 于是

$$\begin{aligned}(2^n-\xi_i)^2+\eta_i^2&=(2\cdot 2^{n-p})^2+\left(\frac{1}{2}\cdot 2^p-1\right)^2\\&=4\cdot 2^{2n-2p}+\frac{1}{4}\cdot 2^{2p}-2^p+1\\&=\begin{cases}\dfrac{17}{4}\cdot 2^{2p}-2^p+1, & n\text{ 是偶数},\\ \dfrac{5}{4}\cdot 2^{2p}-2^p+1, & n\text{ 是奇数}.\end{cases}\end{aligned}$$

但容易验证

$$2^{2n-2p}+2^{2p}-2^p+\frac{1}{4}=\begin{cases}2\cdot 2^{2p}-2^p+\dfrac{1}{4}, & n\text{ 是偶数},\\ \dfrac{5}{4}\cdot 2^{2p}-2^p+\dfrac{1}{4}, & n\text{ 是奇数},\end{cases}$$

从而推出

$$(2^n-\xi_i)^2+\eta_i^2>2^{2n-2p}+2^{2p}-2^p+\frac{1}{4}.$$

(4) 如果 $2^{n-p}(2^p-3)<\xi_i<2^{n-p}(2^p-2)$, 那么由引理 4.3.3 可知 $\eta_i\geqslant 2^p$, 于是

$$(2^n-\xi_i)^2+\eta_i^2>4\cdot 2^{2n-2p}+2^{2p}>2^{2n-2p}+2^{2p}-2^p+\frac{1}{4}.$$

(5) 如果 $\xi_i\leqslant 2^{n-p}(2^p-3)$, 那么

$$\begin{aligned}(2^n-\xi_i)^2+\eta_i^2&\geqslant(2^n-\xi_i)^2>\big(2^n-2^{n-p}(2^p-3)\big)^2=9\cdot 2^{2n-2p}\\&\geqslant\frac{4}{9}\cdot 2^{2p}>2^{2n-2p}+2^{2p}-2^p+\frac{1}{4}.\end{aligned}$$

3° 最后, 还要注意

$$(2^n-\xi_i)^2+\left(\eta_i+\frac{1}{2}\right)^2>(2^n-\xi_i)^2+\eta_i^2,$$

并且, 由 $n<2p<n+1$ 可知

$$2^{2n-2p}+2^{2p}-2^p+\frac{1}{4}>2^{2n-2p}+2^{2p}-2^{p+1}+1. \tag{4.3.12}$$

因此, 由 2° 的结果可知, 在上述诸情形中, 所要的两个不等式均成立. □

现在定义 $\widetilde{G}_2$ 上的下列函数:

$$g_1(x,y)=\min_{1\leqslant i\leqslant 2^n}\left((x-\xi_i)^2+(y-\eta_i)^2\right),$$

$$g_2(x,y)=\min_{1\leqslant i\leqslant 2^n}\left((x-\xi_i)^2+\left(y-\eta_i-\frac{1}{2}\right)^2\right),$$

$$g_3(x,y)=\min_{1\leqslant i\leqslant 2^n}\left(\left(x-\xi_i-\frac{1}{2}\right)^2+\left(y-\eta_i-\frac{1}{2}\right)^2\right),$$

$$g_4(x,y)=\min_{1\leqslant i\leqslant 2^n}\left(\left(x-\xi_i-\frac{1}{2}\right)^2+(y-\eta_i)^2\right).$$

引理 4.3.6 如果对于所有的 $(x,y)\in\widetilde{G}_2$, 有

$$g_1(x,y)\leqslant g_1(2^n,0), \tag{4.3.13}$$

那么对于所有的 $(x,y)\in\widetilde{G}_2$, 有

$$g_i(x,y)\leqslant g_2(2^n,0)\quad(i=1,2,3,4). \tag{4.3.14}$$

证 1° 由引理 4.3.5 可知

$$g_1(2^n,0)=2^{2n-2p}+2^{2p}-2^{p+1}+1,\quad g_2(2^n,0)=2^{2n-2p}+2^{2p}-2^p+1/4.$$

于是由式 (4.3.12) 可知 $g_1(2^n,0)<g_2(2^n,0)$. 因此, 若式 (4.3.13) 成立, 则 $g_1(x,y)\leqslant g_2(2^n,0)$, 即当 $i=1$ 时式 (4.3.14) 成立.

2° 易见, 当 $0\leqslant x\leqslant 2^n, 1/2\leqslant y\leqslant 2^n$ 时 $g_1(x,y-1/2)=g_2(x,y)$. 因为 $(x,y-1/2)\in\widetilde{G}_2$, 所以由式 (4.3.13) 知 $g_1(x,y-1/2)\leqslant g_1(2^n,0)$, 从而依刚才所证得的结论可知

$$g_2(x,y)\leqslant g_2(2^n,0)\quad(0\leqslant x\leqslant 2^n, 1/2\leqslant y\leqslant 2^n).$$

另外, 由引理 4.3.4 及集合 $P(\xi_l,\eta_l)\,(1\leqslant l\leqslant 2^n)$ 的凸性可知: 若 $0\leqslant x\leqslant 2^n,0\leqslant y\leqslant 1/2$, 则存在某个 $m\,(0\leqslant m\leqslant 2^p-1)$ 使 $(x,y)\in P(\alpha_m,\beta_m)$, 于是 $g_1(x,y)=(x-\alpha_m)^2+(y-\beta_m)^2$, 从而当 $0\leqslant x\leqslant 2^n,0\leqslant y\leqslant 1/2$ 时

$$\begin{aligned}
g_2(x,y)&\leqslant(x-\alpha_m)^2+\left(y-\beta_m-\frac{1}{2}\right)^2\\
&=(x-\alpha_m)^2+(y-\beta_m)^2-y+\beta_m+\frac{1}{4}\\
&\leqslant(x-\alpha_m)^2+(y-\beta_m)^2+\beta_m+\frac{1}{4}\\
&\leqslant(x-\alpha_m)^2+(y-\beta_m)^2+2^p-1+\frac{1}{4}\quad(\text{依引理 4.3.2})\\
&=g_1(x,y)+2^p-\frac{3}{4}\leqslant g_1(2^n,0)+2^p-\frac{3}{4}\\
&=(2^{2n-2p}+2^{2p}-2^{p+1}+1)+2^p-\frac{3}{4}\quad(\text{依引理 4.3.5})\\
&=2^{2n-2p}+2^{2p}-2^p+\frac{1}{4}=g_2(2^n,0)\quad(\text{依引理 4.3.5}).
\end{aligned}$$

综合起来, 我们对 $i=2$ 证明了式 (4.3.14).

3° 考虑函数 g_3. 由于对任何 $p,q\in\{0,1,\cdots,2^n-1\}$, $\varPhi_n(p)=q$ 当且仅当 $\varPhi_n(q)=p$, 因此, 如果 $(\xi_i,\eta_i)\in\mathcal{S}^{(t)}$, 则有 $(\eta_i,\xi_i)\in\mathcal{S}^{(t)}$(称作 $\mathcal{S}^{(t)}$ 的对称性), 于是

$$\begin{aligned}
g_3(x,y)&=\min_{1\leqslant i\leqslant 2^n}\left(\left(x-\frac{1}{2}-\xi_i\right)^2+\left(y-\frac{1}{2}-\eta_i\right)^2\right)\\
&=\min_{1\leqslant i\leqslant 2^n}\left(\left(x-\frac{1}{2}-\eta_i\right)^2+\left(y-\frac{1}{2}-\xi_i\right)^2\right).
\end{aligned}$$

所以 $g_3(x,y)=g_3(y,x)$(对称性). 又易见, 当 $1/2\leqslant x\leqslant 2^n,0\leqslant y\leqslant 2^n$ 时

$$g_3(x,y)=g_2(x-1/2,y),$$

所以

$$g_3(x,y)\leqslant g_2(2^n,0)\quad(1/2\leqslant x\leqslant 2^n,0\leqslant y\leqslant 2^n);$$

而由 g_3 的对称性可知

$$g_3(x,y)\leqslant g_2(2^n,0)\quad(0\leqslant x\leqslant 2^n,1/2\leqslant y\leqslant 2^n).$$

另外, 当 $0\leqslant x\leqslant 1/2,0\leqslant y\leqslant 1/2$ 时

$$g_3(x,y)=\min_{1\leqslant i\leqslant 2^n}\left(\left(x-\xi_i-\frac{1}{2}\right)^2+\left(y-\eta_i-\frac{1}{2}\right)^2\right)$$

$$\leqslant \left(x-0-\frac{1}{2}\right)^2+\left(y-0-\frac{1}{2}\right)^2$$
$$\leqslant \frac{1}{2} < 2^{2n-2p}+2^{2p}-2^p+\frac{1}{4}=g_2(2^n,0) \quad (\text{依引理 4.3.5}).$$

合起来, 即知式 (4.3.14) 对于 $i=3$ 成立.

4° 最后, 由 $\mathcal{S}^{(t)}$ 的对称性可知

$$\begin{aligned} g_4(x,y) &= \min_{1\leqslant i\leqslant 2^n}\left(\left(x-\xi_i-\frac{1}{2}\right)^2+(y-\eta_i)^2\right) \\ &= \min_{1\leqslant i\leqslant 2^n}\left(\left(x-\eta_i-\frac{1}{2}\right)^2+(y-\xi_i)^2\right) \\ &= g_2(y,x), \end{aligned}$$

依上面所证的关于 g_2 的结论即得

$$g_4(x,y)\leqslant g_2(2^n,0) \quad ((x,y)\in \widetilde{G}_2).$$

于是引理的结论成立. □

引理 4.3.7 设函数 f_n 由式 (4.3.2) 定义, 那么当 $(x,y)\in \widetilde{G}_2(n)$ 时

$$f_n(x,y)\leqslant f_n(2^n,0)=2^{2n-2p}+2^{2p}-2^{p+1}+1. \tag{4.3.15}$$

证 对于给定的 n, 可由式 (4.3.3) 确定多边形 $P(\xi_l,\eta_l)$ 的顶点; 然后分别确定 $f_n(x,y)$ 在多边形 $P(\xi_l,\eta_l)$ 上的表达式, 计算出它在多边形的顶点上的值, 即可由式 (4.3.4) 推出所要的结论.

我们对 n 用数学归纳法. 当 $n=1$ 时, 多边形 $P(0,0)$ 的顶点是 $(0,0),(0,1)$ 和 $(1,0)$, 当 $(x,y)\in P(0,0)$ 时

$$f_1(x,y)=x^2+y^2,$$

它在顶点上的值是 $0,1,1$. 多边形 $P(1,1)$ 的顶点是 $(0,1),(1,0),(2,0),(2,2)$ 和 $(0,2)$, 当 $(x,y)\in P(1,1)$ 时

$$f_1(x,y)=(x-1)^2+(y-1)^2,$$

它在顶点上的值是 $1,1,2,2,2$. 于是我们得到

$$f_1(x,y)\leqslant 2=(2-1)^2+(0-1)^2=f_1(2,0),$$

而此时 $p=1,2^{2n-2p}+2^{2p}-2^{p+1}+1=2$, 因此, 当 $n=1$ 时式 (4.3.15) 成立.

当 $n=2$ 时, 应考虑多边形 $P(0,0),P(1,2),P(2,1)$ 和 $P(3,3)$. 我们分别算出它们的顶点

$$\begin{aligned}
&P(0,0):(0,0),\left(\frac{5}{4},0\right),\left(\frac{5}{6},\frac{5}{6}\right),\left(0,\frac{5}{4}\right);\\
&P(1,2):\left(\frac{5}{4},4\right),\left(\frac{13}{6},\frac{13}{6}\right),\left(\frac{5}{6},\frac{5}{6}\right),(0,4),\left(0,\frac{5}{4}\right);\\
&P(2,1):\left(\frac{5}{4},0\right),(4,0),\left(\frac{13}{6},\frac{13}{6}\right),\left(\frac{5}{6},\frac{5}{6}\right),\left(4,\frac{5}{4}\right);\\
&P(3,3):\left(\frac{13}{6},\frac{13}{6}\right),\left(\frac{5}{4},4\right),(4,4),\left(4,\frac{5}{4}\right).
\end{aligned}$$

由此可以得到

$$f_2(x,y)\leqslant f_2(4,0)=(4-2)^2+(0-1)^2=5,$$

而 $p=[(2+1)/2]=1$, 所以式 (4.3.15) 成立.

对于某个 $n\geqslant 1$, 现在设不等式

$$f_n(x,y)\leqslant f_n(2^n,0)\quad \big((x,y)\in \widetilde{G}_2(n)\big) \tag{4.3.16}$$

成立. 记

$$\widetilde{G}_2(n+2)=\{(z,w)\mid 0\leqslant z\leqslant 2^{n+2},0\leqslant w\leqslant 2^{n+2}\}\subset\mathbb{R}^2,$$

那么

$$f_{n+2}(z,w)=\min_{1\leqslant i\leqslant 2^{n+2}}\Big((z-\xi_i)^2+(w-\eta_i)^2\Big),$$

其中 $(\xi_i,\eta_i)(1\leqslant i\leqslant 2^{n+2})$ 表示 $\mathcal{S}^{(t')}$ $(t'=2^{n+2})$ 中的点. 我们要证明

$$f_{n+2}(z,w)\leqslant f_{n+2}(2^{n+2},0)\quad \big((z,w)\in \widetilde{G}_2(n+2)\big). \tag{4.3.17}$$

用直线 $z=2^{n+1}$ 及 $w=2^{n+1}$ 将 $\widetilde{G}_2(n+2)$ 分割为四个小正方体, 我们分别考虑下列情形:

(1) 若 $(z,w)\in\widetilde{G}_2(n+1)$, 则 $(z/2,w/2)\in\widetilde{G}_2(n)$; 另外, 注意到 $4t=2^{n+2}$, 由引理 4.3.1 可知点集 $\{(2\xi_i,2\eta_i)\mid(\xi_i,\eta_i)\in\mathcal{S}^{(t)}\}$ 是 $\mathcal{S}^{(4t)}$ 的真子集. 于是

$$\begin{aligned}
f_{n+2}(z,w)&\leqslant \min_{1\leqslant i\leqslant 2^n}\Big((z-2\xi_i)^2+(w-2\eta_i)^2\Big)\\
&=4\min_{1\leqslant i\leqslant 2^n}\left(\left(\frac{z}{2}-\xi_i\right)^2+\left(\frac{w}{2}-\eta_i\right)^2\right)\\
&=4f_n\left(\frac{z}{2},\frac{w}{2}\right).
\end{aligned}$$

依归纳假设式 (4.3.16), 由上式得到

$$f_{n+2}(z,w) \leqslant 4(2^{2n-2p}+2^{2p}-2^{p+1}+1).$$

我们容易验证 (分别考虑 n 为偶数和奇数两种情形), 若 $p=[(n+1)/2]$, 则 $p'=[\big((n+2)+1\big)/2]=p+1$. 由此并应用不等式 (4.3.12), 我们有

$$\begin{aligned}4(2^{2n-2p}+2^{2p}-2^{p+1}+1) &< 4\left(2^{2n-2p}+2^{2p}-2^{p}+\frac{1}{4}\right)\\ &= 2^{2(n+2)-2p'}+2^{2p'}-2^{p'+1}+1\\ &= f_{n+2}(2^{n+2},0),\end{aligned}$$

因此, 我们得到

$$f_{n+2}(z,w) \leqslant f_{n+2}(2^{n+2},0).$$

(2) 若 $2^{n+1}\leqslant z\leqslant 2^{n+2}, 0\leqslant w\leqslant 2^{n+1}$, 则与情形 (1) 类似, 由引理 4.3.1 推出

$$\begin{aligned}f_{n+2}(z,w) &\leqslant \min_{1\leqslant i\leqslant 2^n}\left(\big(z-(2\xi_i+2^{n+1})\big)^2+\big(w-(2\eta_i+1)\big)^2\right)\\ &= 4\min_{1\leqslant i\leqslant 2^n}\left(\left(\frac{z}{2}-2^n-\xi_i\right)^2+\left(\frac{w}{2}-\frac{1}{2}-\eta_i\right)^2\right)\\ &= 4\min_{1\leqslant i\leqslant 2^n}\left((x-\xi_i)^2+\left(y-\frac{1}{2}-\eta_i\right)^2\right),\end{aligned}$$

其中已记 $x=z/2-2^n, y=w/2$, 于是 $(x,y)\in\widetilde{G}_2(n)$. 我们来应用引理 4.3.6, 为此将引理中的函数 g_1 取作 f_n, 函数 g_2 取作上式中的函数 $\min\limits_{1\leqslant i\leqslant 2^n}\big((x-\xi_i)^2+(y-1/2-\eta_i)^2\big)$. 由归纳假设式 (4.3.16) 知引理中的假设条件在此成立, 因此

$$g_2(x,y)\leqslant g_2(2^n,0)=\min_{1\leqslant i\leqslant 2^n}\big((2^n-\xi_i)^2+(1/2+\eta_i)^2\big);$$

而由引理 4.3.5 可知这个极小值为 $2^{2n-2p}+2^{2p}-2^p+1/4$. 于是我们得到

$$\begin{aligned}f_{n+2}(z,w) &\leqslant 4\left(2^{2n-2p}+2^{2p}-2^{p}+\frac{1}{4}\right)\\ &= 2^{2(n+2)-2p'}+2^{2p'}-2^{p'+1}+1\\ &= f_{n+2}(2^{n+2},0) \quad (p'=p+1).\end{aligned}$$

(3) 若 $2^{n+1}\leqslant z\leqslant 2^{n+2}, 2^{n+1}\leqslant w\leqslant 2^{n+2}$, 则由引理 4.3.1 推出

$$f_{n+2}(z,w)\leqslant \min_{1\leqslant i\leqslant 2^n}\left(\big(z-(2\xi_i+2^{n+1}+1)\big)^2+\big(w-(2\eta_i+2^{n+1}+1)\big)^2\right)$$

$$= 4 \min_{1 \leqslant i \leqslant 2^n} \left(\left(\frac{z}{2} - 2^n - \frac{1}{2} - \xi_i \right)^2 + \left(\frac{w}{2} - 2^n - \frac{1}{2} - \eta_i \right)^2 \right).$$

(4) 若 $0 \leqslant z \leqslant 2^{n+1}, 2^{n+1} \leqslant w \leqslant 2^{n+2}$, 则

$$\begin{aligned} f_{n+2}(z,w) &\leqslant \min_{1 \leqslant i \leqslant 2^n} \left(\left(z - (2\xi_i + 1) \right)^2 + \left(w - (2\eta_i + 2^{n+1}) \right)^2 \right) \\ &= 4 \min_{1 \leqslant i \leqslant 2^n} \left(\left(\frac{z}{2} - \frac{1}{2} - \xi_i \right)^2 + \left(\frac{w}{2} - 2^n - \eta_i \right)^2 \right). \end{aligned}$$

对于情形 (3) 和 (4), 类似于情形 (2), 容易应用归纳假设式 (4.3.16)、引理 4.3.5 及引理 4.3.6 推出不等式 (4.3.17). 于是归纳证明完成. □

定理 4.3.1 之证 由引理 4.3.7 可知

$$\max_{(x,y) \in \widetilde{G}_2} f_n(x,y) \leqslant f_n(2^n, 0),$$

相反的不等式显然成立. 因此, 上式是一个等式, 于是由式 (4.3.1) 得

$$d_t(\mathcal{V}_2) = 2^{-n} \widetilde{d}_t(\mathcal{S}) = 2^{-n} \sqrt{2^{2n-2p} + 2^{2p} - 2^{p+1} + 1}.$$

容易算出 $p = [(n+1)/2] = n/2$ (n 为偶数) 或 $(n+1)/2$ (n 为奇数). 令 $t = 2^n$, 即可推出所要的结果. 定理至此证完. □

4.4 低离差点集

依 4.1 节中的结果, 如果 $\mathcal{S}_d$ 是一个由 n 个点组成的 d 维点集, 其离差 $d_n(\mathcal{S})$ (或 $d'_n(\mathcal{S})) = O(n^{-1/d})$, 那么将 $\mathcal{S}_d$ 称为低离差点集. 我们在此讨论下列低离差点集: Kronecker 点列、Halton 点列、Hammersley 点列, 以及 (t,m,s) 网和 (t,s) 点列.

定理 4.4.1 设 $d \geqslant 1, \boldsymbol{\theta} = (\theta_1, \cdots, \theta_d) \in \mathbb{R}^d, \mathcal{S} = \{\{k\boldsymbol{\theta}\} (k = 1, 2, \cdots, n)\}$ 是 d 维 Kronecker 点列. 如果对任何非零的 $\boldsymbol{m} = (m_1, \cdots, m_s) \in \mathbb{Z}^s$, 有

$$\|\boldsymbol{m}\boldsymbol{\theta}\| > \gamma |\boldsymbol{m}|_\infty^{-d}, \tag{4.4.1}$$

其中 $\gamma > 0$ 是常数, 那么 $\mathcal{S}$ 是低离差点集, 即其离差

$$d'_n(\mathcal{S}) \leqslant c_1 n^{-1/d}, \tag{4.4.2}$$

这里 c_1 (及后文中的 $c_j > 0$) 是 (与 n 无关的) 常数.

证 由式 (4.4.1) 可以推出: 对于任何给定的 $M \geqslant 1$, 不存在非零的 $\boldsymbol{m} = (m_1, \cdots, m_s) \in \mathbb{Z}^d$ 满足 $\|\boldsymbol{m}\boldsymbol{\theta}\| \leqslant \gamma M^{-d}$, $|m_j| \leqslant M$ $(1 \leqslant j \leqslant d)$. 依据丢番图逼近论中的一个结果(参见 [18](第 127 页) 的定理 4 中命题 (I) 和命题 (IV) 的等价性), 这等价于存在一个常数 $c_2 > 0$, 使得对于任何给定的 $H \geqslant 1$ 及任何 $\boldsymbol{y} = (y_1, \cdots, y_d) \in \mathbb{R}^s$, 总存在一个整数 h 满足

$$\|h\theta_j - y_j\| \leqslant c_2 H^{-1/d} \quad (1 \leqslant j \leqslant d), \quad |h| \leqslant H. \tag{4.4.3}$$

现在 (不妨) 设 $n \geqslant 3$, 并设 $\boldsymbol{u} = (u_1, \cdots, u_d)$ 是 $\overline{G}_d$ 中的任意点. 在式 (4.4.3) 中取

$$H = [(n-1)/2], \quad \boldsymbol{y} = \big(u_1 - [(n+1)/2]\theta_1, \cdots, u_d - [(n+1)/2]\theta_d\big),$$

即知整数 h 满足 $|h| \leqslant [(n-1)/2]$, 而且

$$\left\| h\theta_j + \left[\frac{n+1}{2}\right]\theta_j - u_j \right\| \leqslant c_2 \left[\frac{n-1}{2}\right]^{-1/d} \quad (1 \leqslant j \leqslant d).$$

记 $k = h + [(n+1)/2]$, 那么 k 是介于 1 和 n 的一个整数, 并且满足

$$\|k\theta_j - u_j\| \leqslant c_3 n^{-1/d} \quad (1 \leqslant j \leqslant d), \tag{4.4.4}$$

其中常数 c_3 与 $n, \boldsymbol{u}$ 无关. 如果 $\boldsymbol{u} \in \overline{G}_d$ 满足

$$c_3 n^{-1/d} \leqslant u_j \leqslant 1 - c_3 n^{-1/d} \quad (1 \leqslant j \leqslant d), \tag{4.4.5}$$

那么由式 (4.4.4) 得到

$$|\{k\theta_j\} - u_j| = \|k\theta_j - u_j\| \leqslant c_3 n^{-1/d} \quad (1 \leqslant j \leqslant d).$$

若记 $\boldsymbol{x}_k = (\{k\theta_1\}, \cdots, \{k\theta_d\})$, 则得 $\rho_2(\boldsymbol{x}_k, \boldsymbol{u}) \leqslant c_3 n^{-1/d}$, 从而

$$\min_{1 \leqslant j \leqslant n} \rho_2(\boldsymbol{x}_j, \boldsymbol{u}) \leqslant c_3 n^{-1/d}. \tag{4.4.6}$$

如果 $\boldsymbol{u}$ 不满足式 (4.4.5), 如对于分量 u_1, 有 $0 \leqslant u_1 < c_3 n^{-1/d}$, 或者有 $1 - c_3 n^{-1/d} < u_1 \leqslant 1$, 那么可在区间 $[c_3 n^{-1/d}, 1 - c_3 n^{-1/d}]$ 中取某个 u'_1, 使得 $|u'_1 - u_1| \leqslant c_3 n^{-1/d}$; 并保留满足式 (4.4.5) 的分量 u_j, 即取 $u'_j = u_j$. 于是点 $\boldsymbol{u}' = (u'_1, \cdots, u'_d) \in \overline{G}_d$ 满足

$$\rho_2(\boldsymbol{u}', \boldsymbol{u}) \leqslant c_3 n^{-1/d},$$

并且式 (4.4.5)(u_j 换为 u_j') 成立. 由此可知 $\rho_2(\boldsymbol{x}_k,\boldsymbol{u}')\leqslant c_3n^{-1/d}$, 而且

$$\rho_2(\boldsymbol{x}_k,\boldsymbol{u})\leqslant\rho_2(\boldsymbol{x}_k,\boldsymbol{u}')+\rho_2(\boldsymbol{u}',\boldsymbol{u})\leqslant 2c_3n^{-1/d},$$

从而

$$\min_{1\leqslant j\leqslant n}\rho_2(\boldsymbol{x}_j,\boldsymbol{u})\leqslant 2c_3n^{-1/d}. \tag{4.4.7}$$

由 $\boldsymbol{u}\in\overline{G}_d$ 的任意性, 再由式 (4.4.6) 和式 (4.4.7) 即得式 (4.4.2). □

注 4.4.1 如果 $1,\theta_1,\cdots,\theta_d$ 形成一个 $\mathbb{Q}$ 上的 $d+1$ 次实代数数域的基底, 那么定理 4.4.1 中的条件式 (4.4.1) 成立 (参见 [37] 第五章定理 III).

定理 4.4.2 设 $d\geqslant 1$, $p_1,p_2,\cdots,p_d$ 是 d 个不同的素数 (或两两互素的整数),

$$\mathcal{H}_d'=\{(\varphi_{p_1}(k),\varphi_{p_2}(k),\cdots,\varphi_{p_d}(k))\ (k=0,1,\cdots,n-1)\}$$

是 d 维 Halton 点列, 那么其离差

$$d_n'(\mathcal{H}_d')<(\max_{1\leqslant j\leqslant d}p_j)n^{-1/d}.$$

证 对于每个 j $(1\leqslant j\leqslant d)$, 设 f_j 是满足 $p_j^{f_j}\leqslant n^{1/d}$ 的最大整数, 令

$$m=\prod_{j=1}^{d}p_j^{f_j}.$$

将 $\overline{G}_d$ 分割为 m 个下列形式的 (d 维) 区间 (长方体):

$$J=\prod_{j=1}^{d-1}\left[c_jp_j^{-f_j},(c_j+1)p_j^{-f_j}\right), \tag{4.4.8}$$

其中 $0\leqslant c_j<p_j^{f_j}$ $(1\leqslant j\leqslant d)$. 任何给定的 $\boldsymbol{x}\in\overline{G}_d$ 必属于唯一一个上面形式的区间 J. 易见 $\mathcal{S}$ 中的点 $\boldsymbol{x}_k$ 属于某个区间 J, 当且仅当

$$k\equiv p_j^{f_j}\varphi_{p_j}(c_j)(\bmod p_j^{f_j})\quad(j=1,\cdots,d)$$

(参见定理 1.4.2 和定理 1.4.3 的证明). 依孙子剩余定理, 这个同余组有唯一解 $(\bmod m)$. 注意, 对于任何整数 l, $\{l,l+1,\cdots,l+m\}$ 构成 $\bmod m$ 的一个完全剩余系, 所以 $\mathcal{S}$ 的任何连续 $m+1$ 个点 $\{\boldsymbol{x}_l,\boldsymbol{x}_{l+1},\cdots,\boldsymbol{x}_{l+m}\}$ 中恰好有一个落在区间 J 中. 由于 $n\geqslant m$, 所以每个形如式 (4.4.8) 的区间 J 中至少含有 $\mathcal{S}$ 的一个点. 显然, 若给定的 $\boldsymbol{x}\in\overline{G}_d$ 与某个 $\boldsymbol{x}_l\in\mathcal{S}$ 同属于区间 J, 则 $\rho_2(\boldsymbol{x},\boldsymbol{x}_l)\leqslant\max\limits_{1\leqslant j\leqslant d}p_j^{-f_j}$, 于是我们得到

$$\min_{0\leqslant k\leqslant n-1}\rho_2(\boldsymbol{x},\boldsymbol{x}_k)\leqslant\rho_2(\boldsymbol{x},\boldsymbol{x}_l)\leqslant\max_{1\leqslant j\leqslant d}p_j^{-f_j}.$$

因为 $\boldsymbol{x}\in\overline{G}_d$ 是任意的, 所以

$$d_n'(\mathcal{H}_d')\leqslant\max_{1\leqslant j\leqslant d}p_j^{-f_j}.$$

最后, 注意 f_j 的定义, 我们有 $p_j^{f_j+1}>n^{1/d}$, 从而 $p_j^{-f_j}<p_jn^{-1/d}$. 于是, 由上式推出所要的不等式. □

定理 4.4.3 设 $d\geqslant 2$, $p_1,p_2,\cdots,p_{d-1}$ 是 $d-1$ 个不同的素数 (或两两互素的整数), 以及

$$\mathcal{H}_d=\{\big(k/n,\varphi_{p_1}(k),\varphi_{p_2}(k),\cdots,\varphi_{p_{d-1}}(k)\big)\quad(k=0,1,\cdots,n-1)\}$$

是 d 维 Hammersley 点列, 那么其离差

$$d_n'(\mathcal{H}_d)<(1+\max_{1\leqslant j\leqslant d-1}p_j)n^{-1/d}.$$

证 对于每个 j $(1\leqslant j\leqslant d-1)$, 设 f_j 是满足 $p_j^{f_j}\leqslant n^{1/d}$ 的最大整数, 并令

$$m'=\prod_{j=1}^{d-1}p_j^{f_j}.$$

易见, 对于给定的 $\boldsymbol{x}\in\overline{G}_d$, 存在一个形如

$$J=\left[\frac{cm'}{n},\frac{(c+1)m'}{n}\right)\times\prod_{j=1}^{d-1}\left[c_jp_j^{-f_j},(c_j+1)p_j^{-f_j}\right)$$

的 (d 维) 区间 (长方体), 其中 $0\leqslant c<[n/m'],0\leqslant c_j<p_j^{f_j}$ $(1\leqslant j\leqslant d-1)$, 使得 $\boldsymbol{x}$ 与 J 中的任何一点的距离小于或等于 m'/n. 而 $\mathcal{S}$ 中的点 $\boldsymbol{x}_k=\big(k/n,\varphi_{p_1}(k),\cdots,\varphi_{p_{d-1}}(k)\big)\in J$, 当且仅当同时满足

$$cm'\leqslant k<(c+1)m',\tag{4.4.9}$$

以及 ($d-1$ 维) 点

$$\big(\varphi_{p_1}(k),\varphi_{p_2}(k),\cdots,\varphi_{p_{d-1}}(k)\big)\in J'=\prod_{j=1}^{d-1}\left[c_jp_j^{-f_j},(c_j+1)p_j^{-f_j}\right).$$

后一条件相当于 k 同时满足 $d-1$ 个同余式, 依孙子剩余定理, 这个同余组有唯一一个解 $(\bmod\, m')$. 整数集 $\{0,1,\cdots,n-1\}$ 包含 $[n/m']$ 个 $\bmod\, m'$ 的完全剩余系, 所以可以唯一地选取同余组的一个解满足式 (4.4.9) . 这就是说, 恰好存在一个下标 (记为 l) 使得 $\boldsymbol{x}_l\in J$, 于是

$$\rho_2(\boldsymbol{x},\boldsymbol{x}_l)\leqslant\max_{\boldsymbol{x}'\in J}\rho_2(\boldsymbol{x},\boldsymbol{x}')+\max_{\boldsymbol{x}'\in J}\rho_2(\boldsymbol{x}_l,\boldsymbol{x}')$$

$$\leqslant \frac{m'}{n} + \max\left\{\frac{m'}{n}, \max_{1\leqslant j\leqslant d-1} p_j^{-f_j}\right\}.$$

因为

$$\min_{0\leqslant k\leqslant n-1} \rho_2(\boldsymbol{x},\boldsymbol{x}_k) \leqslant \rho_2(\boldsymbol{x},\boldsymbol{x}_l),$$

且 $\boldsymbol{x}\in\overline{G}_d$ 是任意的, 所以

$$d_n'(\mathcal{S}) \leqslant \frac{m'}{n} + \max\left\{\frac{m'}{n}, \max_{1\leqslant j\leqslant d-1} p_j^{-f_j}\right\}.$$

注意到

$$\frac{m'}{n} < \frac{n^{(d-1)/d}}{n} = n^{-1/d}, \quad p_j^{-f_j} < p_j n^{-1/d} \text{ (依 } f_j \text{ 的定义)},$$

由上式可得所要的结果. □

定理 4.4.4 设 $\mathcal{P}$ 是一个以 b 为底的 (t,m,s) 网, 记 $n=b^m$, 那么其离差

$$d_n'(\mathcal{P}) < b^{-[(m-t)/s]} \leqslant b^{(s-1+t)/s} n^{-1/s}.$$

证 令 $f=[(m-t)/s]$, 那么 $m-t=fs+h$, 其中 h 是一个整数, 满足 $0\leqslant h\leqslant s-1$. 将 G_s 分割为如下形式的基本区间:

$$J=\prod_{j=1}^{h}\left[c_j b^{-f-1},(c_j+1)b^{-f-1}\right) \times \prod_{j=h+1}^{s}\left[c_j b^{-f},(c_j+1)b^{-f}\right),$$

其中 c_j 是整数, 且满足 $0\leqslant c_j < b^{f+1}\,(1\leqslant j\leqslant h)$ 以及 $0\leqslant c_j < b^f\,(h+1\leqslant j\leqslant s)$. 设 $\boldsymbol{x}\in G_s$ 是任意一点, 那么它落在唯一一个上面形式的区间 J 中. 因为 J 的体积

$$|J| = (b^{-f-1})^h (b^{-f})^{s-h} = b^{-ks-h} = b^{t-m},$$

所以依 (t,m,s) 网的定义, J 中至少含有 $\mathcal{S}$ 的一个点 $\boldsymbol{x}_l$, 于是 $\rho_2(\boldsymbol{x},\boldsymbol{x}_l) < b^{-f}$, 从而

$$\min_{k\in\mathcal{S}} \rho_2(\boldsymbol{x},\boldsymbol{x}_k) \leqslant \rho_2(\boldsymbol{x},\boldsymbol{x}_l) < b^{-f}. \tag{4.4.10}$$

由于 $\boldsymbol{x}\in G_s$ 是任意的, 且易见当 $\boldsymbol{x}$ 落在 G_s 的边界上时式 (4.4.10) 也成立, 因此有

$$d_n'(\mathcal{S}) \leqslant b^{-f}.$$

注意到

$$f=(m-t-h)/s \geqslant \big(m-t-(s-1)\big)/s = -(s-1+t)/s + m/s,$$

可知

$$b^{-f} \leqslant b^{(s-1+t)/s} b^{-m/s} = b^{(s-1+t)/s} n^{-1/s},$$

于是得到所要的结果. □

定理 4.4.5 设 $\mathcal{S}$ 是一个以 b 为底的 (t,s) 点列, $\mathcal{S}^{(n)}$ 是其前 n 项组成的点列, 那么对于任何 $n \geqslant 1$, 离差

$$d'_n(\mathcal{S}^{(n)}) < b^{(s+t)/s} n^{-1/s}. \tag{4.4.11}$$

证 若 $n < b^{s+t}$, 则 $b^{(s+t)/s}n^{-1/s} > 1$, 而由离差的定义知 $d'_n(\mathcal{S}^{(n)}) \leqslant 1$, 所以式 (4.4.11) 成立. 现在设 $n \geqslant b^{s+t}$. 令 m 是满足 $b^m \leqslant n$ 的最大整数, 那么由刚才的假设 $n \geqslant b^{s+t}$, 可知 $m > t$. 于是, 依 (t,s) 点列的定义, $\mathcal{S}$ 的前 b^m 项组成一个以 b 为底的 (t,m,s) 网. 注意离差关于点的个数 n 是减函数, 所以由定理 4.4.4 推出

$$d'_n(\mathcal{S}^{(n)}) \leqslant d'_{b^m}(\mathcal{S}^{(b^m)}) \leqslant b^{(s-1+t)/s} b^{-m/s} = b^{(s+t)/s} b^{-(m+1)/s}.$$

最后, 由 m 的定义可知 $n < b^{m+1}$, 于是得到式 (4.4.11). □

4.5 补充与评注

1° “点集的离差”这个术语是 H. Niederreiter 于 1977 年首先提出来的[167,186]. 引进它的目的是在研究求函数极值的伪随机搜索方法时用来作为点列的稠密性的恰当的度量, 从而可以给出这种方法的收敛速度的估计 (见本书第 6 章). 在 [168-169] 中, 他深入地研究了点集的离差的一些基本性质 (见本章 4.1 节).

在讨论点集的离差时, 常常考虑距离 ρ_1 和 ρ_2(即式 (4.1.2) 和式 (4.1.3)). I. M. Sobol'[255-256] 考虑了带权的 l^1 度量. 另外, 他还研究了 d 维点集在 $\overline{G}_d$ 的所有低维面上的投影的离差[254].

2° 由 4.1 节可知, 对于任何维数, 点集的离差的上界估计和下界估计具有相同的阶, 这与偏差估计的现有状况是不一样的. 关于上界估计中的最优常数的讨论可见 [177](第 155~156 页).

3° 定理 4.2.1 最早见于文献 [168]. 引理 4.2.1 是参照 [76,235,261] 等文献改写的, 它曾称作“三长度猜想”. 它的多维推广可见 [76,234]. 引理 4.2.1 的证明中使用的连分数方法, 还可见文献 [56].

4° 关于点集的离差的精确计算方法, 现有文献只涉及一维和二维特殊点集, 除正文 4.2 节和 4.3 节介绍的两个例子外, G. Larcher[134] 考虑了二维 Krobov 点列 $\mathcal{S}=\{(k/n,\{ka/n\})(k=1,2,\cdots,n)\}$ 的离差, 证明了

$$\lim_{n\to\infty}\min_{a\in\mathbb{N}} n^{1/2}d_n(\mathcal{S})=\frac{1}{\sqrt{2}}.$$

特别地, 对于点集 $\mathcal{S}=\{(k/F_n,\{kF_{n-1}/F_n\})\}(k=1,2,\cdots,F_n;F_n$ 是第 n 个 Fibonacci 数), 他给出了它的离差精确计算公式

$$d'_{F_n}(\mathcal{S})=\frac{F_{[n/2]+1}}{F_n},$$

从而

$$\lim_{n\to\infty}F_n^{1/2}d'_{F_n}(\mathcal{S})=\begin{cases}\dfrac{\omega}{5^{1/4}}=1.082\cdots, & n\ \text{为偶数},\\ \dfrac{\omega^{1/2}}{5^{1/4}}=0.851\cdots, & n\ \text{为奇数},\end{cases}$$

其中 $\omega=(\sqrt{5}+1)/2$. 该文所使用的主要数学工具是数的几何中的相继极小概念[18]. 文献 [129] 给出了由特殊的二进小数构造的一类二维点列的离差的精确结果. 这些结果到三维或更高维情形的扩充将是比较复杂的. 将定理 4.3.1 扩充到任意底 $r\geqslant 2$ 的情形看来也有一定难度. 通过点的坐标给出点集的离差的一般性精确计算公式 (或算法), 即使在低维情形下就已不是一个容易的问题.

5° 4.4 节的素材主要采自文献 [152,169,175] 等, 其中定理 4.4.4 和定理 4.4.5 改进了 [254] 的一个早期结果. 在这些研究中, 应用距离 ρ_2 显然要比 ρ_1 方便些. 可以考虑将定理 4.4.1 扩充到广义 Kronecker 点列.

6° 文献 [173] 应用指数和方法估计好格点的离差, 并给出好格点的一种有效构造方法及其对整体最优化的应用 (整体最优化将在第 6 章中讨论).

第 5 章 具有数论网点的多维求积公式

本章给出点集偏差理论在多维数值积分的拟 Monte Carlo 方法中的应用. 我们首先讨论拟 Monte Carlo 数值积分的误差与网点点集偏差间的关系 (即 Koksma-Hlawka 不等式), 然后给出几种典型的构造多维求积公式的数论方法, 包括若干经典的和新近的结果, 特别是具有重要实用价值的多维积分的格法则. 我们估计积分误差时, 主要考虑函数类 $E_d^\alpha(C)$ $(\alpha > 1)$. 最后一节对其他一些函数类上的求积公式以及某些较专门的数论方法 (如应用分圆域等代数数论结果构造多维求积公式) 作了补充介绍.

5.1 Koksma-Hlawka 不等式

我们来考虑数值积分问题. 采用经典方法 (见 [2,14,265] 等). 在维数 $d = 1$ 的情形下, 应用梯形法则

$$\int_0^1 f(x)\mathrm{d}x = \sum_{k=0}^{n} \rho_k f\left(\frac{k}{n}\right) + R_1,$$

其中 $n\in\mathbb{N}$, 权 $\rho_0=\rho_n=1/(2n), \rho_k=1/n\ (1\leqslant k\leqslant n-1)$. 若 f 在 $[0,1]$ 上有二阶连续导数, 则误差项 $R_1=O(n^{-2})$. 对维数 $d>1$ 的情形, 应用上述梯形法则的 d 重笛卡儿积

$$\int_{\overline{G}} f(\boldsymbol{x})\mathrm{d}\boldsymbol{x} = \sum_{k_1=0}^{n}\cdots\sum_{k_d=0}^{n} \rho_{k_1\cdots k_d} f\left(\frac{k_1}{n},\cdots,\frac{k_d}{n}\right) + R_d,$$

其中 $\overline{G}=[0,1]^d, \boldsymbol{x}=(x_1,\cdots,x_d)$, 权 $\rho_{k_1\cdots k_d}=\rho_{k_1}\cdots\rho_{k_d}$. 若 $\partial^2 f/\partial x_k^2\,(1\leqslant k\leqslant d)$ 在 $\overline{G}$ 上连续, 则误差项 $R_d=O(n^{-2/d})$. 例如, 为使 $|R_d|\leqslant 10^{-2}$, 我们大约要取 10^d 个网点. 因此, 当维数 d 增大时, 这个法则的有效性将急剧下降 (计算成本增长).

20 世纪 40 年代发展了一类基于随机抽样的数值方法, 称为 Monte Carlo 方法, 广泛应用在各种数值和模拟问题中 (见 [15,79,253] 等). 应用这个方法, 对于上述 $d\ (>1)$ 维积分, 我们采用近似公式

$$\int_{\overline{G}} f(\boldsymbol{x})\mathrm{d}\boldsymbol{x} \approx \frac{1}{n}\sum_{k=1}^{n} f(\boldsymbol{x}_k),$$

其中网点 $\boldsymbol{x}_1,\cdots,\boldsymbol{x}_n$ 随机选取, 且在 $\overline{G}$ 上是一致分布 (均匀分布) 的. 可以证明期望积分误差 (概率误差) 为 $O(n^{-1/2})$. 但此处积分误差是概率意义的, 而非真实误差.

20 世纪 50 年代末 60 年代初, N. M. Korobov[117] 和 E. Hlawka[94] 互相独立地建立了一类多维数值积分的近似计算公式, 其网点 $\boldsymbol{x}_1,\cdots,\boldsymbol{x}_n$ 并非随机选取, 而是应用数论方法确定的, 对于某些函数类, 其积分误差的阶是 $O(n^{-1+\varepsilon})$ ($\varepsilon>0$ 任意给定), 优于 Monte Carlo 方法. 其后, 一些数论研究者投身于这个具有实用价值而又有数论意义的课题, 至今积累了大量成果. 这类积分近似计算公式称作具有数论网点的多维求积公式 (对此可见 [7,101,119,163,252] 等), 所使用的方法统称为 (高维) 数值积分的拟 Monte Carlo 方法 (参见 [166,177] 等).

我们首先研究高维数值积分的拟 Monte Carlo 方法中关于积分误差的上界估计的一般性结果. 对 $d=1$ 的情形, 有下面的 Koksma 不等式[114]:

定理 5.1.1 如果 f 是 $[0,1]$ 上的有界变差函数, 其全变差为 $V_f=V_f([0,1])$, 那么对于 $[0,1)$ 中的任何点列 $\mathcal{S}=\{x_1,\cdots,x_n\}$, 有

$$\left|\frac{1}{n}\sum_{k=1}^{n} f(x_k) - \int_0^1 f(x)\mathrm{d}x\right| \leqslant V_f D_n^*(\mathcal{S}).$$

为证明这个定理, 我们回顾所谓“分部求和公式”(也称 Abel 变换[80])：若 $l<n$, A_k,b_k 是任意复数, 则

$$\sum_{k=l}^{n}(A_k-A_{k-1})b_k=A_nb_n-A_{l-1}b_l+\sum_{k=l}^{n-1}A_k(b_k-b_{k+1}). \tag{5.1.1}$$

定理 5.1.1 之证一 不妨设 $x_1<x_2<\cdots<x_n$, 并令 $x_0=0,x_{n+1}=1$. 在分部求和公式中取

$$A_k=k,\quad b_k=f(x_k)\quad (k=0,1,\cdots,n),\quad l=1,$$

可得

$$\begin{aligned}\sum_{k=1}^{n}f(x_k)&=\sum_{k=1}^{n}\big(k-(k-1)\big)f(x_k)=nf(x_n)+\sum_{k=1}^{n-1}k\big(f(x_k)-f(x_{k+1})\big)\\&=-\sum_{k=0}^{n}k\big(f(x_{k+1})-f(x_k)\big)+nf(1).\end{aligned}$$

又由分部积分得到

$$\int_0^1 f(x)\mathrm{d}x=f(1)-\int_0^1 x\mathrm{d}f(x),$$

因此

$$\begin{aligned}\frac{1}{n}\sum_{k=1}^{n}f(x_k)-\int_0^1 f(x)\mathrm{d}x&=-\sum_{k=0}^{n}\frac{k}{n}\big(f(x_{k+1})-f(x_k)\big)+\int_0^1 x\mathrm{d}f(x)\\&=\sum_{k=0}^{n}\int_{x_k}^{x_{k+1}}\left(x-\frac{k}{n}\right)\mathrm{d}f(x).\end{aligned}$$

由定理 2.1.1 可知, 对于每个 k $(0\leqslant k\leqslant n)$, 当 $x_k\leqslant x\leqslant x_{k+1}$ 时

$$|x-k/n|\leqslant D_n^*(\mathcal{S}),$$

于是

$$\left|\frac{1}{n}\sum_{k=1}^{n}f(x_k)-\int_0^1 f(x)\mathrm{d}x\right|\leqslant D_n^*(\mathcal{S})\sum_{k=0}^{n}\int_{x_k}^{x_{k+1}}|\mathrm{d}f(x)|=D_n^*(\mathcal{S})\int_0^1|\mathrm{d}f(x)|,$$

由此即可推出所要的不等式. □

定理 5.1.1 之证二 定义函数

$$\chi(x;a)=\begin{cases}1, & a<x,\\ 0, & a\geqslant x\end{cases}$$

(见定理 2.5.1 的证明), 并令

$$R_n(x)=\frac{A\big([0,x);n;\mathcal{S}\big)}{n}-x=\frac{1}{n}\sum_{k=1}^{n}\chi(x;x_k)-x\quad(0\leqslant x\leqslant 1).$$

我们有

$$\int_0^1 R_n(x)\mathrm{d}f(x)=\frac{1}{n}\sum_{k=1}^{n}\int_0^1\chi(x;x_k)\mathrm{d}f(x)-\int_0^1 x\mathrm{d}f(x).$$

由分部积分得到

$$\begin{aligned}\int_0^1 R_n(x)\mathrm{d}f(x)&=\frac{1}{n}\sum_{k=1}^{n}\big(f(1)-f(x_k)\big)-f(1)+\int_0^1 f(x)\mathrm{d}x\\&=-\frac{1}{n}\sum_{k=1}^{n}f(x_k)+\int_0^1 f(x)\mathrm{d}x.\end{aligned}$$

由此及函数变差和点列偏差的定义推出

$$\left|\frac{1}{n}\sum_{k=1}^{n}f(x_k)-\int_0^1 f(x)\mathrm{d}x\right|\leqslant\int_0^1|R_n(x)||\mathrm{d}f(x)|\leqslant V_f D_n^*(\mathcal{S}).\qquad\square$$

1961 年, E. Hlawka[93] 将定理 5.1.1 扩充到多维情形, 其结果称为 Koksma-Hlawka 不等式 (即下文的定理 5.1.2 及推论 5.1.1).

为了给出这个结果, 我们需要用适当的方式将有界变差函数的概念扩充到多变量情形. 设 $d\geqslant 2$, $\sigma_k=\{\sigma_{k,0},\sigma_{k,1},\cdots,\sigma_{k,m_k}\}\,(k=1,\cdots,d)$ 是 d 个有限数列, 满足条件 $0=\sigma_{k,0}<\sigma_{k,1}<\cdots<\sigma_{k,m_k}=1$ $(k=1,\cdots,d)$, 那么对于每个固定的 k $(1\leqslant k\leqslant d)$, σ_k 将第 k 个坐标轴上的区间 $[0,1]$ 分割为 m_k 个间隔, 我们称

$$\mathfrak{S}=\{[\sigma_{1,i_1},\sigma_{1,i_1+1}]\times\cdots\times[\sigma_{d,i_d},\sigma_{d,i_d+1}]\,(0\leqslant i_k<m_k;k=1,\cdots,d)\}$$

是 $\overline{G}_d$ 的一个分割. 设函数 $f(\boldsymbol{x})=f(x_1,\cdots,x_d)$ 定义在 $\overline{G}_d$ 上. 对每个

$$J=[\sigma_{1,i_1},\sigma_{1,i_1+1}]\times\cdots\times[\sigma_{d,i_d},\sigma_{d,i_d+1}]\in\mathfrak{S},$$

记

$$\varDelta(f,J)=\sum_{\varepsilon_1\in\{i_1,i_1+1\}}\cdots\sum_{\varepsilon_d\in\{i_d,i_d+1\}}(-1)^{\varepsilon_1+\cdots+\varepsilon_d}f(\sigma_{1,\varepsilon_1},\cdots,\sigma_{d,\varepsilon_d}).$$

我们将

$$v_f^{(d)}=v_f^{(d)}(\overline{G}_d)=\sup_{\mathfrak{S}}\sum_{J\in\mathfrak{S}}|\varDelta(f,J)|$$

(sup 取自 $\overline{G}_d$ 的所有分割 $\mathfrak{S}$) 称为 f 在 $\overline{G}_d$ 上 Vitali 意义的变差. 于是, 当 $\partial^d f/\partial x_1\cdots\partial x_d$ 在 $\overline{G}_d$ 上连续时, 有

$$v_f^{(d)}(\overline{G}_d)=\int_0^1\cdots\int_0^1\left|\frac{\partial^d f}{\partial x_1\cdots\partial x_d}\right|\mathrm{d}x_1\cdots\mathrm{d}x_d.$$

最后, 对于每个 k $(1\leqslant k\leqslant d)$ 及下标组 $(i_1,i_2,\cdots,i_k)(1\leqslant i_1\leqslant i_2\leqslant\cdots\leqslant i_k\leqslant d)$, 用 $\widetilde{f}_{i_1,\cdots,i_k}=\widetilde{f}_{i_1,\cdots,i_k}(x_{i_1},\cdots,x_{i_k})$ 表示 f 在 k 维面

$$F_k(i_1,\cdots,i_k)=\{(x_1,\cdots,x_d)\in\overline{G}_d\mid x_j=1\ (j\neq i_1,\cdots,i_k)\}$$

上的限制, 即

$$\widetilde{f}_{i_1,\cdots,i_k}(x_{i_1},\cdots,x_{i_k})=f(1,\cdots,1,x_{i_1},1,\cdots,1,x_{i_2},\cdots);$$

并且令 $v_f^{(k)}(\overline{G}_d;i_1,\cdots,i_k)$ 是 $\widetilde{f}_{i_1,\cdots,i_k}$ 在 $F_k(i_1,\cdots,i_k)$ 上 Vitali 意义的变差. 我们称

$$\mathscr{V}_f=\mathscr{V}_f(\overline{G}_d)=\sum_{k=1}^{d}\sum_{1\leqslant i_1\leqslant\cdots\leqslant i_k\leqslant d}v_f^{(k)}(\overline{G}_d;i_1,\cdots,i_k)$$

为 f 在 $\overline{G}_d$ 上的 Hardy-Krause 意义的变差. 若 $\mathscr{V}_d(f)$ 有限, 则称 f 是 $\overline{G}_d$ 上的 Hardy-Krause 意义的有界变差函数, $\mathscr{V}_f$ 称作 f 的 Hardy-Krause 意义的全变差.

定理 5.1.2 如果 f 是 $\overline{G}_d$ 上的 Hardy-Krause 意义的有界变差函数, 其全变差为 $\mathscr{V}_f=\mathscr{V}_f(\overline{G}_d)$, 那么对于任何 $\mathcal{S}=\{\boldsymbol{x}_1,\cdots,\boldsymbol{x}_n\}\subset G_d$, 有

$$\left|\frac{1}{n}\sum_{k=1}^{n}f(\boldsymbol{x}_k)-\int_{\overline{G}_d}f(\boldsymbol{x})\mathrm{d}\boldsymbol{x}\right|\leqslant\sum_{k=1}^{d}\sum_{1\leqslant i_1\leqslant\cdots\leqslant i_k\leqslant d}v_f^{(k)}(\overline{G}_d;i_1,\cdots,i_k)D_n^*(\mathcal{S}_{i_1,\cdots,i_k}),$$

其中点列 $\mathcal{S}_{i_1,\cdots,i_k}$ 是 $\mathcal{S}$ 在 k 维面 $F_k(i_1,\cdots,i_k)$ 上的投影(即它由 $\boldsymbol{x}_j$ $(j=1,2,\cdots,n)$ 的第 $i_1,\cdots,i_k$ 个坐标所形成的 k 维点组成).

因为 $D_n^*(\mathcal{S}_{i_1,\cdots,i_k})\leqslant D_n^*(\mathcal{S})$ (见例 1.2.2), 所以得到

推论 5.1.1 在定理 5.1.2 的假设下, 有

$$\left|\frac{1}{n}\sum_{k=1}^{n}f(\boldsymbol{x}_k)-\int_{\overline{G}_d}f(\boldsymbol{x})\mathrm{d}\boldsymbol{x}\right|\leqslant\mathscr{V}_f D_n^*(\mathcal{S}).$$

现有文献中, 定理 5.1.2 有两个不同的证明, 分别见 E. Hlawka 的原文 [93] (或 [100]) 以及文献 [125], 此处从略 ([7] 中给出 $d=2$ 时的证明).

注 5.1.1 关于 Hardy-Krause 意义的有界变差函数的定义的表述, 还可参见 [125,166,177].

注 5.1.2 H. Niederreiter[169,177] 还证明了: 对于 G_d 中的任何有限点列 $\mathcal{S}=\{\boldsymbol{x}_1,\cdots,\boldsymbol{x}_n\}$ 及任何 $\varepsilon>0$, 存在 $\overline{G}_d$ 上的无穷次可微函数 f, 其全变差 $V_f=1$, 使得

$$\left|\frac{1}{n}\sum_{k=1}^{n}f(\boldsymbol{x}_k)-\int_{\overline{G}_d}f(\boldsymbol{x})\mathrm{d}\boldsymbol{x}\right|>D_n^*(\mathcal{S})-\epsilon.$$

注 5.1.3 上述两个定理通过网点点集的偏差给出积分误差的上界估计. 我们还有下列类似的结果[249,300]:

(a) 若函数 $f(x)$ 在 $[0,1]$ 上有连续导数, 则对于 $[0,1)$ 中的任何有限点列 $\mathcal{S}=\{x_1,\cdots,x_n\}$, 有

$$\left|\frac{1}{n}\sum_{k=1}^{n}f(x_k)-\int_0^1 f(x)\mathrm{d}x\right|\leqslant\|f'\|_2D_n^{(2)}(\mathcal{S}),$$

其中 $\|\cdot\|_2$ 表示函数的 L_2 模.

(b) 设函数 $f(\boldsymbol{x})=f(x_1,\cdots,x_d)$ 定义在 $\overline{G}_d$ 上, 且 $\phi(\boldsymbol{x})=\partial^d f/\partial x_1\cdots\partial x_d$ 在 $\overline{G}_d$ 上连续, 那么对于 G_d 中的任何有限点列 $\mathcal{S}=\{\boldsymbol{x}_1,\cdots,\boldsymbol{x}_n\}$, 有

$$\left|\frac{1}{n}\sum_{k=1}^{n}f(\boldsymbol{x}_k)-\int_{\overline{G}_d}f(\boldsymbol{x})\mathrm{d}\boldsymbol{x}\right|\leqslant\sum_{k=1}^{d}\sum_{1\leqslant i_1\leqslant\cdots\leqslant i_k\leqslant d}\|\widetilde{\phi}_{i_1,\cdots,i_k}\|_2D_n^{(2)}(\mathcal{S}_{i_1,\cdots,i_k}),$$

其中点列 $\mathcal{S}_{i_1,\cdots,i_k}$ 同定理 5.1.2 中的, $\widetilde{\phi}_{i_1,\cdots,i_k}$ 是函数 $\phi(\boldsymbol{x})$ 在 k 维面 $F_k(i_1,\cdots,i_k)$ 上的限制.

显然 (b) 是 (a) 的多维推广. 多元函数的分部积分公式在证明中起了重要作用.

注 5.1.4 I. M. Sobol'[249] 还证明了: 设函数 $f(\boldsymbol{x})=f(x_1,\cdots,x_d)$ 定义在 $\overline{G}_d$ 上, 且所有偏导数

$$\frac{\partial^{\tau_1+\cdots+\tau_d}f}{\partial x_1^{\tau_1}\cdots\partial x_d^{\tau_d}}\quad(0\leqslant\tau_1+\cdots+\tau_d\leqslant d;0\leqslant\tau_1,\cdots,\tau_d\leqslant d)$$

在 $\overline{G}_d$ 上连续, 它们的绝对值小于或等于 C, 那么对于 G_d 中的任何有限点列 $\mathcal{S}=\{\boldsymbol{x}_1,\cdots,\boldsymbol{x}_n\}$, 有

$$\left|\frac{1}{n}\sum_{k=1}^{n}f(\boldsymbol{x}_k)-\int_{\overline{G}_d}f(\boldsymbol{x})\mathrm{d}\boldsymbol{x}\right|\leqslant 2^dCD_n^*(\mathcal{S}).$$

注 5.1.5 对于 $\overline{G}_d$ $(d\geqslant 1)$ 上的连续函数 f, 我们还有

$$\left|\frac{1}{n}\sum_{k=1}^{n}f(\boldsymbol{x}_k)-\int_{\overline{G}_d}f(\boldsymbol{x})\mathrm{d}\boldsymbol{x}\right|\leqslant c_d\omega(f;D_n^{*\,1/d}),$$

其中 $\omega(f;t)$ 是 f 的连续性模, $c_d=1$ $(d=1)$ 或 4 $(d>1)$. 对此可见例 2.1.1 及第 2 章 2.6 节 2°.

注 5.1.6 N. M. Korobov[121] 还证明了: 若函数 $f(\boldsymbol{x})=f(x_1,\cdots,x_d)$ 定义在 $\overline{G}_d$ 上, 其 Fourier 级数绝对收敛, 令

$$R_n(f)=\left|\frac{1}{n}\sum_{k=1}^{n}f(\boldsymbol{x}_k)-\int_{\overline{G}_d}f(\boldsymbol{x})\mathrm{d}\boldsymbol{x}\right|,$$

那么 $\lim\limits_{n\to\infty}R_n(f)=0$, 当且仅当网点点集 $\{\boldsymbol{x}_k\ (k=1,2,\cdots)\}$ 在 G_d 上是一致分布的.

5.2 最优系数法

本节研究一种重要的构造多维求积公式的数论方法, 这些求积公式的网点是借助于一种特殊的整点, 即模 n (网点总数) 的最优系数确定的, 因而这个方法称作最优系数法, 有时也称作好格点法. 我们将给出最优系数的概念、重要性质以及这类求积公式在某些函数类上的误差上界估计.

5.2.1 函数类 $E_d^\alpha(C)$ 及 $E_d^{\boldsymbol{\alpha}}(C)$

设 $d\geqslant 1$, 函数 $f(\boldsymbol{x})=f(x_1,\cdots,x_d)$ 在 $\overline{G}_d=[0,1]^d$ 上连续, 且关于每个变量 x_j 均以 1 为周期, 即

$$f(x_1,\cdots,x_j+1,\cdots,x_d)=f(x_1,\cdots,x_j,\cdots,x_d)\quad(1\leqslant j\leqslant d).$$

用

$$C(\boldsymbol{m})=C(m_1,\cdots,m_d)\quad(\boldsymbol{m}\in\mathbb{Z}^d)$$

表示其 Fourier 系数

$$C(\boldsymbol{m})=\int_{\overline{G}_d}f(\boldsymbol{x})e(-\boldsymbol{m}\boldsymbol{x})\mathrm{d}\boldsymbol{x}.$$

若存在常数 $C>0$ 及 $\alpha>0$, 使得

$$|C(\boldsymbol{m})|\leqslant\frac{C}{|\boldsymbol{m}|_0^\alpha}\quad(\text{对于所有 }\boldsymbol{m}\in\mathbb{Z}^d),$$

则称 f 属于函数类 $E_d^\alpha(C)$. 此处使用的各种专门符号同第 2 章 2.1 节, 例如, $|\boldsymbol{m}|_0 = \overline{m}_1 \cdots \overline{m}_d$, 以及 $\overline{a} = \max\{|a|, 1\}$, 等等. 有时, 我们还使用简记符号 $f \in E_d^\alpha$ 表示存在某个常数 $C > 0$, 使得 $f \in E_d^\alpha(C)$.

S. K. Zaremba[300] 证明了: 若 $\mathbb{R}^d$ 上的函数 $f(\boldsymbol{x})$ 对于每个变量以 1 为周期, 并且存在整数 $\alpha > 1$, 使得所有偏导数

$$\frac{\partial^{m_1+\cdots+m_d} f}{\partial x_1^{m_1} \cdots \partial x_d^{m_d}} \quad (0 \leqslant m_1, \cdots, m_d \leqslant \alpha - 1)$$

存在, 而且在 $\overline{G}_d$ 上是有界变差的 (在 Hardy-Krause 意义下), 则 $f \in E_d^\alpha(C)$, 此处常数 $C > 0$ 是明显给出的. 我们还容易证明: 如果 $\mathbb{R}^d$ 上的函数 $f(\boldsymbol{x})$ 对于每个变量以 1 为周期, 并且存在整数 $\alpha > 1$, 使得所有偏导数

$$\frac{\partial^{m_1+\cdots+m_d} f}{\partial x_1^{m_1} \cdots \partial x_d^{m_d}} \quad (0 \leqslant m_1, \cdots, m_d \leqslant \alpha)$$

存在, 而且在 $\overline{G}_d$ 上连续, 那么 $f \in E_d^\alpha(C)$(对于某个常数 $C > 0$).

更一般些, 若存在常数 $C > 0$ 及实矢 $\boldsymbol{\alpha} = (\alpha_1, \cdots, \alpha_d)$, 满足条件

$$0 < \alpha_1 = \cdots = \alpha_\mu < \alpha_{\mu+1} \leqslant \cdots \leqslant \alpha_d,$$

使得

$$|C(\boldsymbol{m})| \leqslant \frac{C}{|\boldsymbol{m}|_0^{\boldsymbol{\alpha}}} \quad (\text{对于所有 } \boldsymbol{m} \in \mathbb{Z}^d),$$

此处 $|\boldsymbol{m}|_0^{\boldsymbol{\alpha}} = \overline{m}_1^{\alpha_1} \cdots \overline{m}_d^{\alpha_d}$(若 $\boldsymbol{\alpha} = (\alpha, \cdots, \alpha)$, 则 $|\boldsymbol{m}|_0^{\boldsymbol{\alpha}} = |\boldsymbol{m}|_0^\alpha$), 则称 f 属于函数类 $E_d^{\boldsymbol{\alpha}}(C)$ (或简记为 $E_d^{\boldsymbol{\alpha}}$). 显然有

$$E_d^{\alpha_d}(C) \subseteq E_d^{\boldsymbol{\alpha}}(C) \subseteq E_d^{\alpha_1}(C),$$

并且当 $\mu = d$ 时, 函数类 $E_d^{\boldsymbol{\alpha}}(C)$ 就是 $E_d^{\alpha_1}(C)$.

5.2.2 最优系数的定义

1959 年, N. M. Korobov[117] 建立了下面形式的求积公式:

$$\int_{\overline{G}_d} f(\boldsymbol{x}) \mathrm{d}\boldsymbol{x} = \frac{1}{n} \sum_{k=1}^{n} f\left(\left\{\frac{k}{n}\boldsymbol{a}\right\}\right) + R_1(f), \tag{5.2.1}$$

其中 $\{(k/n)\boldsymbol{a}\} = (\{(k/n)a_1\}, \cdots, \{(k/n)a_d\})$, $R_1(f)$ 表示数值积分的误差项. 他首先证明了

(1) 若 $n=p$ 为素数, 且 $\alpha>1$, 则存在整矢 $\boldsymbol{a}=\boldsymbol{a}(p)=(a_1,\cdots,a_d)$ (即 $a_j=a_j(p),1\leqslant j\leqslant d$), 使对于函数类 $E_d^\alpha(C)$ 有误差上界估计

$$\sup_{f\in E_d^\alpha(C)}|R_1(f)|=O(p^{-\alpha}(\log p)^{\alpha d}),\tag{5.2.2}$$

此处 "O" 中常数仅与 α,d,C 有关.

(2) 若 $n>2^d$, $a_1,\cdots,a_d$ 是任意整数, 则对于任何给定的 $\alpha>1$ 及 $C>1$, 存在函数 $f\in E_d^\alpha(C)$, 使得求积公式 (5.2.1) 满足

$$|R_1(f)|\geqslant c_1C\frac{(\log n)^{d-1}}{n^\alpha},\tag{5.2.3}$$

其中常数 c_1 (以及后文的 c_2 等) 与 n 无关, 且至多与 α,d,C 等参数有关. 因此, 式 (5.2.2) 本质上是最优的 (即主阶 $n^{-\alpha}$ 不可改进). 我们将会看到 (参见命题 5.2.1 的证明), 当 $f\in E_d^\alpha(C)$ 时

$$|R_1(f)|\leqslant\left(\sum_{\boldsymbol{m}(n)}{}'\frac{\delta_n(\boldsymbol{am})}{|\boldsymbol{m}|_0}\right)^\alpha+c_2n^{-\alpha},\tag{5.2.4}$$

此处 $\sum\limits_{\boldsymbol{m}(n)}$ 表示对满足条件 $|m_j|<n$ $(1\leqslant j\leqslant d)$ 的 $\boldsymbol{m}\in\mathbb{Z}^d$ 求和, 而 $\sum\limits_{\boldsymbol{m}(n)}{}'$ 表示求和时排除 $\boldsymbol{m}=\boldsymbol{0}$, 函数 $\delta_n(a)(n\in\mathbb{N},a\in\mathbb{Z})$ 由下式定义:

$$\delta_n(a)=\begin{cases}1, & n|a,\\0, & n\nmid a.\end{cases}$$

基于式 (5.2.3) 和式 (5.2.4), 依照 Korobov[119], 如果存在常数 $C_0=C_0(d),\beta=\beta(d)$ 及一个无穷正整数列 $\mathcal{N}$, 使得对于每个 $n\in\mathcal{N}$, 都有整矢 $\boldsymbol{a}=\boldsymbol{a}(n)=(a_1,\cdots,a_d)$, 其中每个整数 $a_j=a_j(n)$ 均与 n 互素, 并且满足不等式

$$\sum_{\boldsymbol{m}(n)}{}'\frac{\delta_n(\boldsymbol{am})}{|\boldsymbol{m}|_0}\leqslant C_0\frac{(\log n)^\beta}{n},\tag{5.2.5}$$

那么称 $\boldsymbol{a}=\boldsymbol{a}(n)$ 为模 n 的最优系数, 数 β 称为最优系数的指标.

注 5.2.1 容易验证

$$\frac{1}{n}\sum_{k=1}^n e\left(\frac{ka}{n}\right)=\delta_n(a),$$

并且若整数 u 与 n 互素, 则对任何整数 v 和 t, 有

$$\sum_{k=t+1}^{t+n}\delta_n(uk+v)=1.$$

5.2.3 最优系数的一些重要性质

1. 最优系数与求积公式 (5.2.1) 间的关系

命题 5.2.1 设 $n>2$, $\boldsymbol{a}=\boldsymbol{a}(n)=(a_1,\cdots,a_d)$ 是指标为 β 的模 n 的最优系数, 还设 $\alpha>1$, 那么对于求积公式 (5.2.1), 有

$$\sup_{f\in E_d^\alpha(C)}|R_1(f)|\leqslant c_3C\frac{(\log n)^{\alpha\beta}}{n^\alpha}.$$

证 设 $f\in E_d^\alpha(C)$. 我们有

$$f(\boldsymbol{x})=\sum_{\boldsymbol{m}}C(\boldsymbol{m})e(\boldsymbol{m}\boldsymbol{x}),\quad C(\mathbf{0})=\int_{\overline{G}_d}f(\boldsymbol{x})\mathrm{d}\boldsymbol{x},$$

$$\begin{aligned}\frac{1}{n}\sum_{k=1}^{n}f\left(\left\{\frac{k\boldsymbol{a}}{n}\right\}\right)&=\sum_{\boldsymbol{m}}C(\boldsymbol{m})\frac{1}{n}\sum_{k=1}^{n}e\left(k\frac{\boldsymbol{m}\boldsymbol{a}}{n}\right)\\&=\sum_{\boldsymbol{m}}{}'C(\boldsymbol{m})\frac{1}{n}\sum_{k=1}^{n}e\left(k\frac{\boldsymbol{m}\boldsymbol{a}}{n}\right)+C(\mathbf{0}),\end{aligned}$$

其中 $\sum\limits_{\boldsymbol{m}}$ 表示对所有 $\boldsymbol{m}\in\mathbb{Z}^d$ 求和, 而 $\sum\limits_{\boldsymbol{m}}{}'$ 表示对 $\mathbf{0}$ 以外的所有 $\boldsymbol{m}\in\mathbb{Z}^d$ 求和, 所以当 $f\in E_d^\alpha(C)$ 时

$$\begin{aligned}|R_1(f)|&=\left|\sum_{\boldsymbol{m}}{}'C(\boldsymbol{m})\frac{1}{n}\sum_{k=1}^{n}e\left(k\frac{\boldsymbol{m}\boldsymbol{a}}{n}\right)\right|\\&\leqslant C\sum_{\boldsymbol{m}}{}'|\boldsymbol{m}|_0^{-\alpha}\left|\frac{1}{n}\sum_{k=1}^{n}e\left(k\frac{\boldsymbol{m}\boldsymbol{a}}{n}\right)\right|.\end{aligned}$$

由此并注意注 5.2.1, 即得

$$|R_1(f)|\leqslant C\sum_{\boldsymbol{m}}{}'\frac{\delta_n(\boldsymbol{a}\boldsymbol{m})}{|\boldsymbol{m}|_0^\alpha}=C\sum_{\boldsymbol{m}(n)}{}'\frac{\delta_n(\boldsymbol{a}\boldsymbol{m})}{|\boldsymbol{m}|_0^\alpha}+R^*,\tag{5.2.6}$$

其中 R^* 表示对 $\boldsymbol{m}$ 求和时, 至少有一个 m_j 满足 $|m_j|\geqslant n$. 于是

$$R^*\leqslant C\sum_{j=1}^{d}\sum_{\substack{m_1,\cdots,m_{j-1},m_{j+1},\\\cdots,m_d=-\infty}}^{\infty}\sum_{|m_j|\geqslant n}\frac{\delta_n(a_1m_1+\cdots+a_dm_d)}{(\overline{m}_1\cdots\overline{m}_d)^\alpha}.\tag{5.2.7}$$

注意, 若整数 u 与 n 互素, v 是任意整数, 则由注 5.2.1 推出

$$\begin{aligned}\sum_{m>n}\frac{\delta_n(um+v)}{m^\alpha}&=\sum_{k=1}^{\infty}\sum_{m=kn}^{(k+1)n-1}\frac{\delta_n(um+v)}{m^\alpha}\\&\leqslant\sum_{k=1}^{\infty}\frac{1}{(kn)^\alpha}\sum_{m=kn}^{(k+1)n-1}\delta_n(um+v)=\frac{1}{n^\alpha}\sum_{k=1}^{\infty}\frac{1}{k^\alpha}.\end{aligned}$$

于是

$$\sum_{|m|>n}\frac{\delta_n(um+v)}{|m|^\alpha}=\sum_{m\geqslant n}\frac{\delta_n(um+v)+\delta_n(-um+v)}{m^\alpha}$$
$$\leqslant\frac{2}{n^\alpha}\sum_{k=1}^{\infty}\frac{1}{k^\alpha}<\frac{1}{n^\alpha}\sum_{m=-\infty}^{\infty}\frac{1}{\overline{m}^\alpha}.$$

由此及式 (5.2.7) 可得

$$R^*\leqslant\frac{1}{n^\alpha}\sum_{j=1}^{d}\sum_{\boldsymbol{m}}\frac{1}{|\boldsymbol{m}|_0^\alpha}=\frac{d}{n^\alpha}\left(\sum_{m=-\infty}^{\infty}\frac{1}{\overline{m}^\alpha}\right)^d.$$

应用估计

$$\sum_{m=-\infty}^{\infty}\frac{1}{\overline{m}^\alpha}=1+2\sum_{m=1}^{\infty}\frac{1}{m^\alpha}\leqslant 1+2\left(1+\int_1^\infty\frac{\mathrm{d}x}{x^\alpha}\right)=3+\frac{2}{\alpha-1},$$

即得

$$R^*\leqslant d\left(3+\frac{2}{\alpha-1}\right)^d n^{-\alpha}. \tag{5.2.8}$$

最后, 由不等式

$$\sum u_\nu^\alpha\leqslant\left(\sum u_\nu\right)^\alpha\quad(u_\nu\geqslant 0,\alpha>1)$$

及式 (5.2.5) 可得

$$\sum_{\boldsymbol{m}(n)}{}'\frac{\delta_n(\boldsymbol{am})}{|\boldsymbol{m}|_0^\alpha}\leqslant\left(\sum_{\boldsymbol{m}(n)}{}'\frac{\delta_n(\boldsymbol{am})}{|\boldsymbol{m}|_0}\right)^\alpha\leqslant C_0^\alpha\frac{(\log n)^{\alpha\beta}}{n^\alpha}.$$

于是, 由式 (5.2.6)、式 (5.2.8) 及上式即可得到所要的结论. □

2. 最优系数的判定

N. M. Korobov[119] 给出了整点 $\boldsymbol{a}$ 是模 n 的最优系数的一些充分必要条件和充分条件, 下面是其中的几个.

命题 5.2.2 若存在常数 $c_4=c_4(d)$, $\beta_1=\beta_1(d)$ 及一个无穷正整数列 $\mathcal{N}$, 使得对于每个 $n\in\mathcal{N}$, 都有整矢 $\boldsymbol{a}=\boldsymbol{a}(n)=(a_1,\cdots,a_d)$, 其中每个整数 $a_j=a_j(n)$ 均与 n 互素, 并且满足不等式

$$\sum_{k=1}^{n-1}\prod_{\nu=1}^{d}\left(1-2\log\left(2\sin\pi\left\{\frac{ka_\nu}{n}\right\}\right)\right)\leqslant n+c_4(\log n)^{\beta_1}, \tag{5.2.9}$$

则 $\boldsymbol{a}=(a_1,\cdots,a_d)$ 是模 n 的最优系数, 且其指标为 $\beta=\max\{\beta_1,d\}$. 反之, 若 $\boldsymbol{a}=\boldsymbol{a}(n)=(a_1,\cdots,a_d)$ 是模 n 的最优系数, 其指标为 β, 则对每个 $n\in\mathcal{N}$, 不等式 (5.2.9)(其中 $\beta_1=\max\{\beta,d\}$)成立.

为证明这个结果, 我们首先给出下列两个辅助引理.

引理 5.2.1 对于任何 $x \in (0,1)$ 及整数 $n>1$, 有

$$1-2\log(2\sin\pi x)=\sum_{m=-(n-1)}^{n-1}\frac{e(mx)}{\overline{m}}+\frac{\vartheta}{n\|x\|},$$

此处 $\|x\|$ 表示 x 与它最近的整数间的距离, ϑ 是某个实数, 满足 $|\vartheta|\leqslant 1$.

证 将函数 $1-2\log(2\sin\pi x)$ 在 $(0,1)$ 上展开为余弦级数, 可得

$$\begin{aligned}1-2\log(2\sin\pi x)&=1+\sum_{m=1}^{\infty}\frac{\cos 2\pi mx}{m}=\sum_{m=-\infty}^{\infty}\frac{e(mx)}{\overline{m}}\\&=\sum_{m=-(n-1)}^{n-1}\frac{e(mx)}{\overline{m}}+\sum_{m=n}^{\infty}\frac{e(mx)}{m}+\sum_{m=n}^{\infty}\frac{e(-mx)}{m}.\end{aligned}$$

将上式右边后两项分别记为 U_1 和 U_2. 应用恒等式

$$\frac{e(mx)}{m}=\frac{1}{e(mx)-1}\left(\frac{e((m+1)x)}{m+1}-\frac{e(mx)}{m}+\frac{e((m+1)x)}{m(m+1)}\right),$$

我们有

$$\begin{aligned}|U_1|&=\frac{1}{|e(mx)-1|}\left|\sum_{m=n}^{\infty}\left(\frac{e((m+1)x)}{m+1}-\frac{e(mx)}{m}\right)+\sum_{m=n}^{\infty}\frac{e((m+1)x)}{m(m+1)}\right|\\&\leqslant\frac{1}{2\sin\pi x}\left|\frac{1}{n}+\sum_{m=n}^{\infty}\frac{1}{m(m+1)}\right|=\frac{1}{n\sin\pi x}.\end{aligned}$$

因为 $x\in(0,1)$, 所以 $\sin\pi x\geqslant 2\|x\|$ (参见引理 3.2.2 的证明), 于是

$$|U_1|\leqslant\frac{1}{2n\|x\|}.$$

上面的推理对于 U_2 也适用, 从而 $|U|\leqslant 1/(n\|x\|)$. 记

$$U=\frac{\vartheta}{n\|x\|},\quad |\vartheta|\leqslant 1,$$

即得所要的结论. □

引理 5.2.2 设整数 a,n 互素, 则

$$\sum_{k=1}^{n-1}\left\|\frac{ak}{n}\right\|^{-1}\leqslant 2n(1+\log n).$$

证 首先注意, 集合 $\{\{ak/n\}\ (k=1,\cdots,n-1)\}$ 与 $\{k/n\ (k=1,\cdots,n-1)\}$ 相同. 事实上, 若 r_k 是 ak 除以 n 所得的余数, 则

$$\{ak/n\}=r_k/n\quad(k=1,\cdots,n-1).$$

如果当 $k_1 \neq k_2$ $(1 \leqslant k_1, k_2 \leqslant n-1)$ 时 $r_{k_1} = r_{k_2}$(将此记作 $-b$), 那么同余式 $ax+b \equiv 0 \pmod n$ 将有两个不同的解: $x = k_1$ 及 $x = k_2$ (它们同属于集合 $\{1, \cdots, n-1\}$). 这不可能. 因此, 上述论断成立. 于是由

$$\|ak/n\| = \|\{ak/n\}\|,$$

我们得到

$$\sum_{k=1}^{n-1}\left\|\frac{ak}{n}\right\|^{-1} = \sum_{k=1}^{n-1}\left\|\frac{k}{n}\right\|^{-1} \leqslant 2\sum_{1 \leqslant k \leqslant n/2}\left\|\frac{k}{n}\right\|^{-1} = 2n\sum_{1 \leqslant k \leqslant n/2}\frac{1}{k}.$$

最后, 由

$$\sum_{1 \leqslant k \leqslant n/2}\frac{1}{k} \leqslant 1 + \int_1^{n/2}\frac{\mathrm{d}x}{x} \leqslant 1 + \log n,$$

即得到所要的不等式. □

命题 5.2.2 之证 我们首先建立不等式 (5.2.9) 左边的表达式与不等式 (5.2.5) 左边的表达式间的一个关系式.

设实数 u, u_ν, v_ν, r_ν 满足

$$u_\nu = v_\nu + r_\nu, \quad |u_\nu| \leqslant u, \quad |r_\nu| \leqslant 1 \quad (\nu = 1, \cdots, d), \tag{5.2.10}$$

那么用数学归纳法可以证明: 对于任何 t $(1 \leqslant t \leqslant d)$, 有

$$u_1 \cdots u_t = v_1 \cdots v_t + \tau(u+1)^{t-1}(|r_1| + \cdots + |r_t|), \tag{5.2.11}$$

其中 τ 是某个实数, 且 $|\tau| \leqslant 1$. 事实上, 当 $t = 1$ 时式 (5.2.11) 显然成立. 设此式当 $t = l$ $(1 \leqslant l < d)$ 时成立, 则由

$$|v_{l+1}| = |u_{l+1} - r_{l+1}| \leqslant u + 1,$$

我们有

$$\begin{aligned}|u_1 \cdots u_{l+1} - v_1 \cdots v_{l+1}| &= |(u_1 \cdots u_l - v_1 \cdots v_l)v_{l+1} + u_1 \cdots u_l r_{l+1}| \\ &\leqslant (u+1)^{l-1}(|r_1| + \cdots + |r_l|)|v_{l+1}| + u^l|r_{l+1}| \\ &\leqslant (u+1)^l(|r_1| + \cdots + |r_{l+1}|).\end{aligned}$$

由此可推出式 (5.2.11) 当 $t = l+1$ 时也成立. 于是, 式 (5.2.11) 得证.

现在特别取

$$u_\nu = 1 - 2\log\left(2\sin\pi\left\{\frac{ka_\nu}{n}\right\}\right),$$

$$v_\nu = \sum_{m_\nu=-(n-1)}^{n-1} \frac{e\left(m_\nu \dfrac{a_\nu k}{n}\right)}{\overline{m}_\nu},$$

$$r_\nu = \frac{\vartheta_\nu}{n\left\|\dfrac{a_\nu k}{n}\right\|} \quad (|\vartheta_\nu| \leqslant 1; \nu = 1, \cdots, d), \quad u = 1 + 2\log n.$$

此时对任何 k $(1 \leqslant k \leqslant n-1)$, 有

$$|u_\nu| \leqslant 1 + 2\left|\log\left(2\sin\frac{\pi}{n}\right)\right| \leqslant 1 + 2\log n = u,$$

以及 $|r_\nu| \leqslant (n\|1/n\|)^{-1} = 1$, 还要注意引理 5.2.1, 即可得知条件式 (5.2.10) 在此全部成立. 于是应用不等式 (5.2.11)(取 $t = d$), 得到

$$\prod_{\nu=1}^{d}\left(1 - 2\log\left(2\sin\pi\left\{\frac{ka_\nu}{n}\right\}\right)\right)$$
$$= \sum_{\boldsymbol{m}(n)} e\left(k\frac{\boldsymbol{am}}{n}\right)\|\boldsymbol{m}\|_0^{-1} + \tau(2 + 2\log n)^{d-1} n^{-1} \sum_{\nu=1}^{d} |\vartheta_\nu| \left\|\frac{a_\nu k}{n}\right\|^{-1}. \tag{5.2.12}$$

由注 5.2.1 可知

$$\sum_{k=1}^{n-1} e\left(\frac{km}{n}\right) = -1 + \sum_{k=1}^{n} e\left(\frac{km}{n}\right) = n\delta_n(m) - 1,$$

所以由式 (5.2.12) 推出

$$\sum_{k=1}^{n-1}\prod_{\nu=1}^{d}\left(1 - 2\log\left(2\sin\pi\left\{\frac{ka_\nu}{n}\right\}\right)\right)$$
$$= \sum_{\boldsymbol{m}(n)} (n\delta_n(\boldsymbol{am}) - 1)\|\boldsymbol{m}\|_0^{-1} + \tau(2 + 2\log n)^{d-1} n^{-1} \sum_{\nu=1}^{d} |\vartheta_\nu| \left\|\frac{a_\nu k}{n}\right\|^{-1}. \tag{5.2.13}$$

因为

$$\sum_{\boldsymbol{m}(n)} \|\boldsymbol{m}\|_0^{-1} = \left(1 + 2\sum_{m=1}^{n-1} m^{-1}\right)^d < \left(1 + 2 + 2\int_1^n \frac{\mathrm{d}x}{x}\right)^d \leqslant (3 + 2\log n)^d,$$

以及 (依引理 5.2.2)

$$\tau(2 + 2\log n)^{d-1} n^{-1} \sum_{\nu=1}^{d} |\vartheta_\nu| \left\|\frac{a_\nu k}{n}\right\|^{-1} < c_5(\log n)^d,$$

还要注意 $\boldsymbol{m}=\boldsymbol{0}$ 时 $n\delta_n(\boldsymbol{am})=n$, 所以由式 (5.2.13) 得到关系式

$$n\sum_{\boldsymbol{m}(n)}{}'\frac{\delta_n(\boldsymbol{am})}{|\boldsymbol{m}|_0}=\sum_{k=1}^{n-1}\prod_{\nu=1}^{d}\left(1-2\log\left(2\sin\pi\left\{\frac{ka_\nu}{n}\right\}\right)\right)-n+O\big((\log n)^d\big).$$

如果 $\boldsymbol{a}(n)$ 满足不等式 (5.2.9), 那么由上式可知

$$\sum_{\boldsymbol{m}(n)}{}'\frac{\delta_n(\boldsymbol{am})}{|\boldsymbol{m}|_0}=O\left(\frac{(\log n)^{\max\{\beta_1,d\}}}{n}\right).$$

因此, $\boldsymbol{a}$ 是模 n 的指标为 $\max\{\beta_1,d\}$ 的最优系数. 反过来, 如果 $\boldsymbol{a}(n)$ 是模 n 的指标为 β 的最优系数, 即式 (5.2.5) 成立, 那么由上述关系式 (即前式) 立即推出不等式 (5.2.9)$\big($其中 $\beta_1=\max\{\beta,d\}\big)$. □

基于命题 5.2.2 可以给出下面模素数 p 的最优系数的计算方法.

命题 5.2.3 设 $n=p$ 是任意素数, $t\geqslant 1$. 定义 $(z_1,\cdots,z_t)$ 的函数

$$T_p(z_1,\cdots,z_t)=\sum_{k=1}^{p-1}\prod_{\nu=1}^{t}\left(1-2\log\left(2\sin\pi\left\{\frac{kz_\nu}{p}\right\}\right)\right).$$

令 $a_1=1$ (或任意与 p 互素且小于 p 的正整数), 用下式定义整数 a_2,

$$T_p(a_1,a_2)=\min_{z=1,\cdots,p-1}T_p(a_1,z);$$

一般地, 若整数 $a_1,\cdots,a_\mu$ $(\mu\geqslant 1)$ 已定义, 则用下式定义整数 $a_{\mu+1}$:

$$T_p(a_1,a_2,\cdots,a_\mu,a_{\mu+1})=\min_{z=1,\cdots,p-1}T_p(a_1,a_2,\cdots,a_\mu,z).$$

那么 $\boldsymbol{a}=(a_1,a_2,\cdots,a_d)$ 是模 p 的指标为 $\beta=d$ 的最优系数.

证 首先证明即将用到的一个等式: 对任何整数 $n>1$, 有

$$\prod_{k=1}^{n-1}\left(2\sin\frac{\pi k}{n}\right)=n. \tag{5.2.14}$$

事实上, 因为 $z_k=e(k/n)\,(k=1,2,\cdots,n-1)$ 是方程 $z^n-1=0$ 的全部不等于 1 的根, 所以

$$1+z+\cdots+z^{n-1}=(z-z_1)\cdots(z-z_{n-1}).$$

令 $z=1$, 并注意由 Euler 公式,

$$1-e(k/n)=2\sin(\pi k/n)\cdot(-\mathrm{i}\exp(\pi\mathrm{i}k/n)),$$

可得

$$\begin{aligned}
n&=\prod_{k=1}^{n-1}(1-z_k)=\prod_{k=1}^{n-1}\left(1-e\left(\frac{k}{n}\right)\right)\\
&=\prod_{k=1}^{n-1}\left(2\sin\frac{\pi k}{n}\right)\cdot(-\mathrm{i})^{n-1}\cdot\prod_{k=1}^{n-1}\exp\left(\frac{\pi\mathrm{i}k}{n}\right)\\
&=\prod_{k=1}^{n-1}\left(2\sin\frac{\pi k}{n}\right)\cdot\exp\left(-\frac{\pi\mathrm{i}}{2}(n-1)+\frac{\pi\mathrm{i}}{n}\frac{n(n-1)}{2}\right)\\
&=\prod_{k=1}^{n-1}\left(2\sin\frac{\pi k}{n}\right)\cdot\mathrm{e}^0=\prod_{k=1}^{n-1}\left(2\sin\frac{\pi k}{n}\right),
\end{aligned}$$

故得式 (5.2.14).

其次我们证明: 对于任何 $t\geqslant 1$, 有

$$T_p(a_1,\cdots,a_t)<p. \tag{5.2.15}$$

对 t 应用数学归纳法. 因为当整数 a 与 p 互素时集合 $\{\{ak/n\}\ (k=1,\cdots,n-1)\}$ 与 $\{k/n\ (k=1,\cdots,n-1)\}$ 相同 (见引理 5.2.2 的证明), 所以由式 (5.2.14) 可知: 对于任何与 p 互素的整数 a, 有

$$\begin{aligned}
T_p(a)&=\sum_{k=1}^{p-1}\left(1-2\log\left(2\sin\pi\left\{\frac{ak}{p}\right\}\right)\right)\\
&=p-1-2\sum_{k=1}^{p-1}\log\left(2\sin\frac{\pi k}{p}\right)\\
&=p-1-2\log p\quad(<p).
\end{aligned}\tag{5.2.16}$$

特别取 $a=a_1$, 可知当 $t=1$ 时式 (5.2.15) 成立. 现在设当 $t=l\ (l\geqslant 1)$ 时式 (5.2.15) 成立. 我们有

$$\begin{aligned}
&T_p(a_1,\cdots,a_{l+1})\\
&\quad=\min_{z=1,\cdots,p-1}T_p(a_1,\cdots,a_l,z)\\
&\quad\leqslant\frac{1}{p-1}\sum_{z=1}^{p-1}T_p(a_1,\cdots,a_l,z)\\
&\quad=\frac{1}{p-1}\sum_{z=1}^{p-1}\sum_{k=1}^{p-1}\prod_{\nu=1}^{l}\left(1-2\log\left(2\sin\pi\left\{\frac{ka_\nu}{p}\right\}\right)\right)\left(1-2\log\left(2\sin\pi\left\{\frac{kz}{p}\right\}\right)\right)\\
&\quad=\frac{1}{p-1}\sum_{k=1}^{p-1}\prod_{\nu=1}^{l}\left(1-2\log\left(2\sin\pi\left\{\frac{ka_\nu}{p}\right\}\right)\right)\sum_{z=1}^{p-1}\left(1-2\log\left(2\sin\pi\left\{\frac{kz}{p}\right\}\right)\right)
\end{aligned}$$

$$=\frac{1}{p-1}\sum_{k=1}^{p-1}\prod_{\nu=1}^{l}\left(1-2\log\left(2\sin\pi\left\{\frac{ka_\nu}{p}\right\}\right)\right)T_p(k).$$

注意 $k\ (1\leqslant k\leqslant p-1)$ 与 p 互素, 由式 (5.2.16)、归纳假设及上式推出

$$\begin{aligned}T_p(a_1,\cdots,a_{l+1})&\leqslant\frac{p-1-2\log p}{p-1}\sum_{k=1}^{p-1}\prod_{\nu=1}^{l}\left(1-2\log\left(2\sin\pi\left\{\frac{ka_\nu}{p}\right\}\right)\right)\\&=\frac{p-1-2\log p}{p-1}T_p(a_1,\cdots,a_l)\\&<\frac{p-1-2\log p}{p-1}\cdot p<p,\end{aligned}$$

即式 (5.2.15) 当 $t=l+1$ 时也成立. 于是式 (5.2.15) 得证.

最后, 在式 (5.2.15) 中取 $t=d$, 得到

$$\sum_{k=1}^{p-1}\prod_{\nu=1}^{d}\left(1-2\log\left(2\sin\pi\left\{\frac{ka_\nu}{p}\right\}\right)\right)<p,$$

依命题 5.2.2, 可知 $\boldsymbol{a}=(a_1,\cdots,a_d)$ 是模 p 的指标为 $\max\{0,d\}=d$ 的最优系数. □

注 5.2.2 N. M. Korobov[119] 还证明了: 设 $p>d$ 是一个素数, 定义整变量 z 的函数

$$H(z)=\frac{3^d}{p}\left(1+2\sum_{k=1}^{(p-1)/2}\prod_{j=0}^{d-1}\left(1-2\left\{\frac{kz^j}{p}\right\}\right)^2\right),$$

若整数 a 满足

$$H(a)=\min_{z=1,\cdots,(p-1)/2}H(z),$$

则 $\boldsymbol{a}=(1,a,a^2,\cdots,a^{d-1})$ 是模 p 的最优系数. 为确定 a, 只需 $O(p^2)$ 次算术运算, 优于命题 5.2.3.

命题 5.2.4 若存在常数 $c_6=c_6(d)$, $\gamma=\gamma(d)$ 及一个无穷正整数列 $\mathcal{N}$, 具有下列性质: 对于每个 $n\in\mathcal{N}\ (n>2)$, 都有整矢 $\boldsymbol{a}=\boldsymbol{a}(n)=(a_1,\cdots,a_d)$, 其中每个整数 $a_j=a_j(n)$ 均与 n 互素, 使得同余式

$$\boldsymbol{a}\boldsymbol{m}\equiv 0\ (\operatorname{mod} n)\tag{5.2.17}$$

的所有非零解 $\boldsymbol{m}=(m_1\cdots,,m_d)\in\mathbb{Z}^d$ 满足不等式

$$|\boldsymbol{m}|_0>c_6\frac{n}{(\log n)^\gamma},\tag{5.2.18}$$

那么 $\boldsymbol{a}=\boldsymbol{a}(n)=(a_1,\cdots,a_d)$ 是模 n 的最优系数, 其指标 $\beta=2\gamma+2d-1$.

我们首先给出一个辅助结果.

引理 5.2.3 若 $\psi(\boldsymbol{m})$ 是 $\boldsymbol{m}=(m_1,\cdots,m_d)\in\mathbb{Z}^d$ 的非负函数, 对于任何给定的 $\delta>0$ 及 $\boldsymbol{h}=(h_1,\cdots,h_d)\in\mathbb{N}^d$, 有

$$\sum_{\boldsymbol{m}[\boldsymbol{h}]}\psi(\boldsymbol{m})=O(|\boldsymbol{h}|_0^{1+\delta}), \tag{5.2.19}$$

此处 $\sum\limits_{\boldsymbol{m}[\boldsymbol{h}]}$ 表示对于满足 $|m_j|\leqslant h_j\,(1\leqslant j\leqslant d)$ 的 $\boldsymbol{m}$ 求和, 那么对于任何 $\alpha>1$, 有

$$\sum_{\boldsymbol{m}}\frac{\psi(\boldsymbol{m})}{|\boldsymbol{m}|_0^\alpha}\leqslant\alpha^d\sum_{\boldsymbol{m}\in\mathbb{N}^d}\frac{1}{|\boldsymbol{m}|_0^{\alpha+1}}\sum_{\boldsymbol{k}[\boldsymbol{m}]}\psi(\boldsymbol{k}). \tag{5.2.20}$$

证 当 $d=1$ 时, 在分部求和公式(见式 (5.1.1), 即 Abel 变换)

$$\sum_{m=1}^{h}(A_m-A_{m-1})b_m=A_hb_h-A_0b_1+\sum_{m=1}^{h-1}A_m(b_m-b_{m+1})$$

中, 取

$$A_0=0,\quad A_m=\sum_{k=1}^{m}\big(\psi(k)+\psi(-k)\big)\,(m\geqslant1),\quad b_m=\frac{1}{m^\alpha}\quad(m\geqslant1),$$

可得

$$\sum_{m=1}^{h}\frac{\psi(m)+\psi(-m)}{m^\alpha}=\frac{\sum\limits_{k=1}^{h}\big(\psi(k)+\psi(-k)\big)}{h^\alpha}+\sum_{m=1}^{h-1}\sum_{k=1}^{m}\big(\psi(k)+\psi(-k)\big)\left(\frac{1}{m^\alpha}-\frac{1}{(m+1)^\alpha}\right).$$

注意式 (5.2.19) 以及 $\alpha>1$, 令 $h\to\infty$, 可得

$$\sum_{m=1}^{\infty}\frac{\psi(m)+\psi(-m)}{m^\alpha}=\sum_{m=1}^{\infty}\left(\frac{1}{m^\alpha}-\frac{1}{(m+1)^\alpha}\right)\sum_{k=1}^{m}\big(\psi(k)+\psi(-k)\big).$$

因此, 我们有

$$\begin{aligned}\sum_{m=-\infty}^{\infty}\frac{\psi(m)}{\overline{m}^\alpha}&=\psi(0)+\sum_{m=1}^{\infty}\frac{\psi(m)+\psi(-m)}{m^\alpha}\\&=\psi(0)+\sum_{m=1}^{\infty}\left(\frac{1}{m^\alpha}-\frac{1}{(m+1)^\alpha}\right)\sum_{k=1}^{m}\big(\psi(k)+\psi(-k)\big)\\&=\psi(0)+\sum_{m=1}^{\infty}\left(\frac{1}{m^\alpha}-\frac{1}{(m+1)^\alpha}\right)\left(-\psi(0)+\sum_{|k|\leqslant m}\psi(k)\right).\end{aligned}$$

因为

$$\sum_{m=1}^{\infty}\big(1/m^\alpha-1/(m+1)^\alpha\big)=1,$$

所以

$$\sum_{m=-\infty}^{\infty}\frac{\psi(m)}{\overline{m}^{\alpha}}=\psi(0)+\sum_{m=1}^{\infty}\left(\frac{1}{m^{\alpha}}-\frac{1}{(m+1)^{\alpha}}\right)\sum_{|k|\leqslant m}\psi(k).$$

当 $d\geqslant 1$ 时, 逐次对变量 $m_d,m_{d-1},\cdots,m_1$ 应用上式, 可得

$$\sum_{\boldsymbol{m}}\frac{\psi(\boldsymbol{m})}{|\boldsymbol{m}|_0^{\alpha}}=\sum_{m_1,\cdots,m_d=1}^{\infty}\prod_{j=1}^{d}\left(\frac{1}{m_j^{\alpha}}-\frac{1}{(m_j+1)^{\alpha}}\right)\sum_{\boldsymbol{k}[\boldsymbol{m}]}\psi(\boldsymbol{k}). \tag{5.2.21}$$

因为当 $m>0$ 时

$$\frac{1}{m^{\alpha}}-\frac{1}{(m+1)^{\alpha}}=\alpha\int_m^{m+1}\frac{\mathrm{d}x}{x^{\alpha+1}}<\alpha\int_m^{m+1}\frac{\mathrm{d}x}{m^{\alpha+1}}=\frac{\alpha}{m^{\alpha+1}},$$

所以由式 (5.2.21) 推出式 (5.2.20). □

引理 5.2.4 设 $\tau_1,\cdots,\tau_d,\tau$ 是任意整数, $\boldsymbol{h}=(h_1,\cdots,h_d)\in\mathbb{N}^d$. 如果同余式 (5.2.17) 的所有非零解 $\boldsymbol{m}=(m_1,\cdots,m_d)\in\mathbb{Z}^d$ 满足不等式 $|\boldsymbol{m}|_0\geqslant q$, 那么

$$\sum_{k_1=\tau_1+1}^{\tau_1+h_1}\cdots\sum_{k_d=\tau_d+1}^{\tau_d+h_d}\delta_n(a_1k_1+\cdots+a_dk_d+\tau)\leqslant\begin{cases}1, & |\boldsymbol{h}|_0\leqslant q,\\ 4|\boldsymbol{h}|_0q^{-1}, & |\boldsymbol{h}|_0>q.\end{cases}$$

证 若 $|\boldsymbol{h}|_0=1$, 则结论显然成立. 现在设 $|\boldsymbol{h}|_0>1$. 记 $\lambda=a_1\tau_1+\cdots+a_d\tau_d+\tau$, 则所考虑的式子可写成

$$S=\sum_{k_1=1}^{h_1}\cdots\sum_{k_d=1}^{h_d}\delta_n(a_1k_1+\cdots+a_dk_d+\lambda). \tag{5.2.22}$$

首先, 设 $|\boldsymbol{h}|_0\leqslant q$. 如果式 (5.2.22) 中有两个不同的加项都等于 1, 记为

$$\delta_n(a_1k_1+\cdots+a_dk_d+\lambda)=\delta_n(a_1k_1'+\cdots+a_dk_d'+\lambda)=1,$$

其中 $(k_1,\cdots,k_d)\neq(k_1',\cdots,k_d')$, 那么依函数 δ_n 的定义, $a_1k_1+\cdots+a_dk_d+\lambda$ 和 $a_1k_1'+\cdots+a_dk_d'+\lambda$ 都能被 n 整除, 于是

$$a_1(k_1-k_1')+\cdots+a_d(k_d-k_d')\equiv 0\,(\mathrm{mod}\,n),$$

即 $(k_1-k_1',\cdots,k_d-k_d')$ 是同余式 (5.2.17) 的非零解. 依引理假设, 有 $\overline{k_1-k_1'}\cdots\overline{k_d-k_d'}\geqslant q$. 但因为 $k_j,k_j'\in\{1,\cdots,h_j\}\,(1\leqslant j\leqslant d)$, 所以

$$\overline{k_1-k_1'}\cdots\overline{k_d-k_d'}<h_1\cdots h_d\leqslant q.$$

因而得到矛盾. 于是在此情形下 $S=1$.

其次, 设 $|\boldsymbol{h}|_0>q$. 用下列诸式分别定义下标 r、实数 ρ 及正整数 h:

$$\begin{aligned}&h_{r+1}\cdots h_d<q\leqslant h_r\cdots h_d,\\&\rho=q(h_{r+1}\cdots h_d)^{-1},\\&h[\rho]\leqslant h_r<(h+1)[\rho].\end{aligned}$$

显然 $1\leqslant r\leqslant d,1<\rho\leqslant h_r,h\geqslant 1$, 并且 $h+1\leqslant 2h,[\rho]+1\leqslant 2[\rho]$, 所以

$$h+1<\frac{(h+1)([\rho]+1)}{\rho}\leqslant 4\frac{h[\rho]h_{r+1}\cdots h_d}{\rho h_{r+1}\cdots h_d}\leqslant 4\frac{h_r\cdots h_d}{q}. \tag{5.2.23}$$

由 h_r 的定义, 将式 (5.2.22) 中第 r 个求和范围 $\{1,\cdots,h_r\}$ 扩大为 $\{1,\cdots,(h+1)[\rho]\}$, 然后将它分割为 $h+1$ 个等长的小区间, 则可得

$$S\leqslant\sum_{k_1=1}^{h_1}\cdots\sum_{k_{r-1}=1}^{h_{r-1}}\sum_{\nu=0}^{h}\left(\sum_{k_r=\nu[\rho]+1}^{(\nu+1)[\rho]}\sum_{k_{r+1}=1}^{h_{r+1}}\cdots\sum_{k_d=1}^{h_d}\delta_n(a_1k_1+\cdots+a_dk_d+\lambda)\right).$$

由于 $[\rho]\cdot h_{r+1}\cdots h_d\leqslant q$, 所以可将刚才所证得的第 1 种情形应用于上式右边括号中的和 (将 $a_1k_1+\cdots+a_{r-1}k_{r-1}+\lambda$ 视作 τ), 因而(注意式 (5.2.23))

$$S\leqslant\sum_{k_1=1}^{h_1}\cdots\sum_{k_{r-1}=1}^{h_{r-1}}\sum_{\nu=0}^{h}1=h_1\cdots h_{r-1}(h+1)<4\frac{h_r\cdots h_d}{q}.$$

于是引理得证. □

引理 5.2.5 对任何实数 $\alpha>1$ 及 $q\geqslant 1$, 有

$$\sum_{\substack{\boldsymbol{m}\in\mathbb{N}^d\\|\boldsymbol{m}|_0\geqslant q}}\frac{1}{|\boldsymbol{m}|_0^\alpha}\leqslant\alpha\left(\frac{\alpha}{\alpha-1}\right)^d\frac{(1+\log q)^{d-1}}{q^{\alpha-1}}. \tag{5.2.24}$$

证 对 d 应用数学归纳法. 当 $d=1$ 时, 取整数 n, 满足 $n<q\leqslant n+1$, 则有

$$\begin{aligned}\sum_{m_1\geqslant q}\frac{1}{m_1^\alpha}=\sum_{m_1=n+1}^{\infty}\frac{1}{m_1^\alpha}&\leqslant\frac{1}{(n+1)^\alpha}+\int_{n+1}^{\infty}\frac{\mathrm{d}x}{x^\alpha}\\&=\frac{1}{(n+1)^\alpha}+\frac{1}{(\alpha-1)(n+1)^{\alpha-1}}\\&\leqslant\frac{\alpha}{(\alpha-1)(n+1)^{\alpha-1}}\leqslant\frac{\alpha}{\alpha-1}\frac{1}{q^{\alpha-1}}.\end{aligned}$$

因此, 式 (5.2.24) 成立. 设式 (5.2.24) 当 $d=t-1\ (t>1)$ 时成立, 那么

$$\sum_{m_1\cdots m_t\geqslant q}\frac{1}{(m_1\cdots m_t)^\alpha}=\sum_{m_t<q}\frac{1}{m_t^\alpha}\sum_{m_1\cdots m_{t-1}\geqslant q/m_t}\frac{1}{(m_1\cdots m_{t-1})^\alpha}$$

$$
\begin{aligned}
&+\sum_{m_t\geqslant q}\frac{1}{m_t^\alpha}\sum_{m_1\cdots m_{t-1}=1}^{\infty}\frac{1}{(m_1\cdots m_{t-1})^\alpha}\\
&=S_1+S_2.
\end{aligned}\tag{5.2.25}
$$

由归纳假设可得

$$
\begin{aligned}
S_1&\leqslant\alpha\left(\frac{\alpha}{\alpha-1}\right)^{t-1}\sum_{m_t<q}\frac{\left(1+\log\dfrac{q}{m_t}\right)^{t-2}}{m_t^\alpha\left(\dfrac{q}{m_t}\right)^{\alpha-1}}\\
&\leqslant\alpha\left(\frac{\alpha}{\alpha-1}\right)^{t-1}\frac{(1+\log q)^{t-2}}{q^{\alpha-1}}\sum_{m_t<q}\frac{1}{m_t}\\
&\leqslant\alpha\left(\frac{\alpha}{\alpha-1}\right)^{t-1}\frac{(1+\log q)^{t-2}}{q^{\alpha-1}}\left(1+\int_1^t\frac{\mathrm{d}x}{x}\right)\\
&\leqslant\alpha\left(\frac{\alpha}{\alpha-1}\right)^{t-1}\frac{(1+\log q)^{t-1}}{q^{\alpha-1}},
\end{aligned}
$$

以及

$$
S_2=\sum_{m_t\geqslant q}\frac{1}{m_t^\alpha}\left(\sum_{m=1}^{\infty}\frac{1}{m^\alpha}\right)^{t-1}\leqslant\left(\frac{\alpha}{\alpha-1}\right)^t\frac{1}{q^{\alpha-1}}.
$$

由上述两个估计式及式 (5.2.25), 即可推出式 (5.2.24) 在 $d=t$ 时也成立. 于是归纳证明完成. □

命题 5.2.4 之证 首先, 设 $q=\min|\boldsymbol{m}|_0$, 其中 min 取自同余式 (5.2.17) 的所有非零解. 依式 (5.2.18), 并且 $(n,0,\cdots,0)$ 是式 (5.2.17) 的非零解, 所以我们有 $c_6n/(\log n)^\gamma<q\leqslant n$. 还要注意, 最优系数的定义式 (5.2.5) 左边的和

$$
\sum_{\boldsymbol{m}(n)}{}'\frac{\delta_n(\boldsymbol{am})}{|\boldsymbol{m}|_0}=\sum_{\boldsymbol{m}(n)}{}'|\boldsymbol{m}|_0^{\alpha-1}\frac{\delta_n(\boldsymbol{am})}{|\boldsymbol{m}|_0^\alpha}.
$$

若取 $\alpha=1+(\log n)^{-1}$, 则对于上式求和范围内的 $\boldsymbol{m}$, 有

$$
|\boldsymbol{m}|_0^{\alpha-1}<(n^d)^{1/\log n}=\mathrm{e}^d;
$$

并且由 q 的定义, 当 $|\boldsymbol{m}|_0<q$ 时, 同余式 (5.2.17) 无非零解. 于是, 由上式推出

$$
\sum_{\boldsymbol{m}(n)}{}'\frac{\delta_p(\boldsymbol{am})}{|\boldsymbol{m}|_0}<\mathrm{e}^d\sum_{\boldsymbol{m}(n)}{}'\frac{\delta_p(\boldsymbol{am})}{|\boldsymbol{m}|_0^\alpha}\leqslant\mathrm{e}^d\sum_{\boldsymbol{m}}\frac{\delta_p(\boldsymbol{am})}{|\boldsymbol{m}|_0^\alpha}=\mathrm{e}^d\sum_{|\boldsymbol{m}|_0\geqslant q}\frac{\delta_p(\boldsymbol{am})}{|\boldsymbol{m}|_0^\alpha}.\tag{5.2.26}
$$

其次, 在引理 5.2.3 中取函数

$$
\psi(\boldsymbol{m})=\begin{cases}0, & |\boldsymbol{m}|_0<q,\\ \delta_n(\boldsymbol{am}), & |\boldsymbol{m}|_0\geqslant q,\end{cases}
$$

那么条件式 (5.2.19) 在此满足, 于是得到

$$\sum_{|\boldsymbol{m}|_0\geqslant q}\frac{\delta_p(\boldsymbol{am})}{|\boldsymbol{m}|_0^\alpha}=\sum_{\boldsymbol{m}}\frac{\psi(\boldsymbol{m})}{|\boldsymbol{m}|_0^\alpha}\leqslant\alpha^d\sum_{\boldsymbol{m}\in\mathbb{N}^d}\frac{1}{|\boldsymbol{m}|_0^{\alpha+1}}\sum_{\boldsymbol{k}[\boldsymbol{m}]}\psi(\boldsymbol{k})$$
$$\leqslant\alpha^d\sum_{\boldsymbol{m}\in\mathbb{N}^d,|\boldsymbol{m}|_0\geqslant q}\frac{1}{|\boldsymbol{m}|_0^{\alpha+1}}\sum_{\boldsymbol{k}[\boldsymbol{m}]}\delta_n(\boldsymbol{ak}). \tag{5.2.27}$$

在引理 5.2.4 中取

$$\tau_j=-(m_j+1),\quad h_j=2m_j+1\quad(j=1,\cdots,d),$$

以及 $\tau=0$, 那么对于 $\boldsymbol{m}\in\mathbb{N}^d$, 当 $|\boldsymbol{m}|_0\geqslant q$ 时 $|\boldsymbol{h}|_0\geqslant q$, 于是

$$\sum_{\boldsymbol{k}[\boldsymbol{m}]}\delta_n(\boldsymbol{ak})\leqslant 4(2m_1+1)\cdots(2m_d+1)q^{-1}$$
$$\leqslant 4\cdot 3^d|\boldsymbol{m}|_0q^{-1}\quad(\boldsymbol{m}\in\mathbb{N}^d).$$

由此及式 (5.2.27), 并应用引理 5.2.5, 我们得到

$$\sum_{|\boldsymbol{m}|_0\geqslant q}\frac{\delta_p(\boldsymbol{am})}{|\boldsymbol{m}|_0^\alpha}\leqslant 4\cdot(3\alpha)^dq^{-1}\sum_{\boldsymbol{m}\in\mathbb{N}^d,|\boldsymbol{m}|_0\geqslant q}\frac{1}{|\boldsymbol{m}|_0^\alpha}$$
$$\leqslant 4\alpha\left(\frac{3\alpha^2}{\alpha-1}\right)^d\frac{(1+\log q)^{d-1}}{q^\alpha}.$$

最后, 因为 $1<\alpha=1+(\log q)^{-1}<2$, 所以

$$q^\alpha>(c_6n)^\alpha/(\log n)^{\gamma\alpha}\geqslant c_6n/(\log n)^{2\gamma}.$$

还要注意 $q\leqslant n$, 从而由上式推出

$$\sum_{|\boldsymbol{m}|_0>q}\frac{\delta_p(\boldsymbol{am})}{|\boldsymbol{m}|_0^\alpha}\leqslant 8c_6^{-1}12^dn^{-1}(\log n)^{2\gamma+d}(1+\log n)^{d-1}$$
$$\leqslant 4c_6^{-1}\cdot 24^dn^{-1}(\log n)^{2\gamma+2d-1}.$$

此式与式 (5.2.26) 结合, 即可推出条件式 (5.2.5) 在此成立, 从而推出命题中的结论. □

3. 模 n 的最优系数 $\boldsymbol{a}$ 与点集 $\{(k/n)\boldsymbol{a}\}$ 的偏差间的关系

命题 5.2.5 若 $\boldsymbol{a}=\boldsymbol{a}(n)$ 是模 n 的最优系数, 且其指标为 β, 则点列 $\mathcal{S}=\{\{k\boldsymbol{a}/n\}(1\leqslant k\leqslant n)\}$ 的星偏差

$$D_n^*(\mathcal{S})\leqslant c_7n^{-1}(\log n)^{\beta_1}, \tag{5.2.28}$$

其中 $\beta_1=\beta$. 反之, 若点列 $\mathcal{S}=\{\{k\boldsymbol{a}/n\}(1\leqslant k\leqslant n)\}$ 的星偏差满足式 (5.2.28), 则 $\boldsymbol{a}=\boldsymbol{a}(n)$ 是模 n 的最优系数, 且其指标 $\beta=\beta_1+d$.

这个命题的证明见 [119](第 141 页定理 22), 此处从略. 特别地, 依此结果, 我们由命题 5.2.3 可再次得到定理 3.4.1 (不计常数的明显表达式).

5.2.4 数值积分的误差上界估计

由命题 5.2.1 和命题 5.2.3, 我们可以立即推出估值式 (5.2.2). 1994 年, N. M. Korobov[122] 证明了下面的定理, 将式 (5.2.2) 中对数因子 $\log p$ 的指数减小为 $\alpha(d-1)$(还可见定理 5.2.4 以及 [24], 或 [7](第 151 页)).

定理 5.2.1 若 $n=p>2$ 为素数, 且 $\alpha>1$, 则存在整矢 $\boldsymbol{a}=\boldsymbol{a}(p)=(a_1,\cdots,a_d)$, 使对于函数类 $E_d^\alpha(C)$, 有

$$\sup_{f\in E_d^\alpha}|R_1(f)|\leqslant c_8(\alpha,d,C)p^{-\alpha}(\log p)^{\alpha(d-1)}.$$

我们首先证明以下辅助结果.

引理 5.2.6 对于每个素数 $p>2$, 存在模 p 的最优系数 $\boldsymbol{a}=\boldsymbol{a}(p)=(a_1,\cdots,a_d)$, 使得对于任何 $\alpha>1$, 有

$$\sum_{\boldsymbol{m}}{}_r\frac{\delta_p(\boldsymbol{am})}{\|\boldsymbol{m}\|_0^\alpha}\leqslant c_9(\alpha,r)\frac{(\log p)^{\alpha(r-1)}}{p^\alpha}\quad(r=1,\cdots,d),\tag{5.2.29}$$

其中 $\sum_{\boldsymbol{m}}{}_r$ 表示对恰好有 r 个分量且 m_j 不为零的 $\boldsymbol{m}$ 求和.

证 记整矢

$$\boldsymbol{z}=(z,z^2,\cdots,z^d),\quad z\in\{1,2,\cdots,p\}.$$

令

$$t_r=\frac{p}{2d\cdot4^d(1+\log p)^{r-1}},\quad\sigma(z)=\sum_{r=1}^d\sum_{|\boldsymbol{m}|_0<t_r}{}_r\delta_p(\boldsymbol{mz}),$$

其中求和 $\sum_{|\boldsymbol{m}|_0<t_r}{}_r$ 展布在所有恰好有 r 个分量、m_j 不为零且满足条件 $|\boldsymbol{m}|_0<t_r$ 的那些 $\boldsymbol{m}\in\mathbb{Z}^d$ 上. 对于给定的 z, 我们定义

$$\rho_r=\rho_r(z)=\min|\boldsymbol{m}|_0,$$

其中 min 取自所有恰好有 r 个分量、m_j 不为零且使 $\delta_p(\boldsymbol{mz})=1$ (即 $\boldsymbol{m}$ 是同余式 $\boldsymbol{zm}\equiv0\pmod p$ 的非零解) 的 $\boldsymbol{m}\in\mathbb{Z}^d$.

设 $z_1,z_2,\cdots,z_p$ 是 $1,2,\cdots,p$ 的一个排列, 使得

$$\sigma(z_1)\leqslant\sigma(z_2)\leqslant\cdots\leqslant\sigma(z_p).$$

显然有

$$\begin{aligned}\sigma(z_{(p+1)/2})&\leqslant\frac{2}{p+1}\sum_{j=(p+1)/2}^{p}\sigma(z_j)\leqslant\frac{2}{p+1}\sum_{z=1}^{p}\sigma(z)\\&=\frac{2}{p+1}\sum_{r=1}^{d}\sum\nolimits_{|\boldsymbol{m}|_0<t_r}^{r}\sum_{z=1}^{p}\delta_p(\boldsymbol{mz}).\end{aligned}$$

因为 $|\boldsymbol{m}|_0<t_r$, 所以 $p\nmid\gcd(m_1,\cdots,m_d)$, 从而同余式 $\boldsymbol{mz}\equiv0\ (\operatorname{mod}p)$ 的解的个数小于或等于 d[5]. 于是, 由上式得到

$$\sigma(z_{(p+1)/2})\leqslant\frac{2d}{p+1}\sum_{r=1}^{d}\sum\nolimits_{|\boldsymbol{m}|_0<t_r}^{r}1.$$

注意有 $\binom{d}{r}$ 种可能从 $\boldsymbol{m}$ 的 d 个分量中选取 r 个分量, 而当 $m_j\neq0$ 时, $\overline{m}_j=a\geqslant1$ 蕴含 $m_j=\pm a$, 所以

$$\sum\nolimits_{|\boldsymbol{m}|_0<t_r}^{r}1=2^r\binom{d}{r}\sum\nolimits_{1\leqslant m_1\cdots m_r<t_r}^{r}1\leqslant2^r\binom{d}{r}t_r(1+\log t_r)^{r-1}$$

(可对 r 应用数学归纳法证明上面的不等式). 于是, 由 t_r 的定义, 并由此及前式, 我们推出

$$\begin{aligned}\sigma(z_{(p+1)/2})&\leqslant\frac{p}{4^d(p+1)}\sum_{r=1}^{d}\binom{p}{r}2^d\left(\frac{1+\log t_r}{1+\log p}\right)^{r-1}\\&<\frac{1}{4^d}\cdot2^d\sum_{r=1}^{d}\binom{d}{r}=\frac{1}{4^d}\cdot2^d\cdot2^d=1.\end{aligned}$$

这表明

$$\sigma(z_1)=\sigma(z_2)=\cdots=\sigma(z_{(p+1)/2})=0,$$

并且由 $\sigma(z)$ 的定义可知, 对于 $z=z_1,\cdots,z_{(p+1)/2}$,

$$\rho_r(z)\geqslant t_r\quad(r=1,\cdots,d).$$

显然, 这些 z 值中不可能含有 p, 所以至少存在 $(p+1)/2$ 个整数 $z\in[1,p)$, 使得

$$\rho_r(z)\geqslant c_{10}\frac{p}{(\log p)^{r-1}}\quad(r=1,2,\cdots,d).$$

特别可知, 对于 $z=z_1,\cdots,z_{(p+1)/2}$, 有

$$\overline{\rho}(z)=\min_{1\leqslant r\leqslant d}\rho_r(z)\geqslant c_{10}\frac{p}{(\log p)^{d-1}}. \tag{5.2.30}$$

依命题 5.2.4, $\boldsymbol{z}_j=(z_j,z_j^2,\cdots,z_j^d)$ $\big(j=1,\cdots,(p+1)/2\big)$ 都是模 p 的最优系数.

现在, 我们来证明在 $z_1,\cdots,z_{(p+1)/2}$ 中存在一个值 (记为 z_0), 使得

$$\sigma_0(z)=\sum_{r=1}^{d}\sum_{k=1}^{\infty}\frac{1}{2^k k^{r+1}}\sum_{|\boldsymbol{m}|_0<2^k t_r}{}_r\,\delta_p(\boldsymbol{mz})\leqslant c_{11}. \tag{5.2.31}$$

实际上, 若

$$\sigma_0(z_0)=\min_{1\leqslant j\leqslant(p+1)/2}\sigma_0(z_j),$$

则我们有

$$\begin{aligned}\sigma_0(z_0)&\leqslant\frac{2}{p+1}\sum_{j=1}^{(p+1)/2}\sigma_0(z_j)\leqslant\frac{2}{p+1}\sum_{z=1}^{p}\sigma_0(z)\\&=\frac{2}{p+1}\sum_{r=1}^{d}\sum_{k=1}^{\infty}\frac{1}{2^k k^{r+1}}\sum_{|\boldsymbol{m}|_0<2^k t_r}{}_r\sum_{z=1}^{p}\delta_p(\boldsymbol{mz}).\end{aligned}$$

当 p 整除所有 m_j (将这种整矢改记作 $p\boldsymbol{m}$) 时

$$\sum_{z=1}^{p}\delta_p(\boldsymbol{mz})=p,$$

不然则 $\sum\limits_{z=1}^{p}\delta_p(\boldsymbol{mz})\leqslant d$, 因此

$$\sum_{|\boldsymbol{m}|_0<2^k t_r}{}_r\sum_{z=1}^{p}\delta_p(\boldsymbol{mz})\leqslant\sum_{|p\boldsymbol{m}|_0<2^k t_r}{}_r\,p+d\sum_{|\boldsymbol{m}|_0<2^k t_r}{}_r\,1.$$

于是

$$\sigma_0(z_0)\leqslant c_{12}\sum_{r=1}^{d}\sum_{k=1}^{\infty}\frac{1}{2^k k^{r+1}}\left(\sum_{|p\boldsymbol{m}|_0<2^k t_r}{}_r\,1+\frac{1}{p}\sum_{|\boldsymbol{m}|_0<2^k t_r}{}_r\,1\right). \tag{5.2.32}$$

因为 $|p\boldsymbol{m}|_0=p^r|\boldsymbol{m}|_0$, 所以 $|p\boldsymbol{m}|_0<2^k t_r$ 蕴含 $|\boldsymbol{m}|_0<2^k t_r/p^r<2^k$, 于是

$$\sum_{|p\boldsymbol{m}|_0<2^k t_r}{}_r\,1\leqslant\sum_{|\boldsymbol{m}|_0<2^k}{}_r\,1\leqslant c_{13}2^k k^{r-1}$$

(这个不等式可对 r 应用数学归纳法证明), 且有

$$\frac{1}{p}\sum_{|\boldsymbol{m}|_0<2^k t_r}{}_r\,1\leqslant c_{14}\frac{2^k t_r}{p}\big(\log(2^k t_r)\big)^{r-1}\leqslant c_{15}2^k k^{r-1}.$$

应用上面两个估值, 由式 (5.2.32) 即可推出式 (5.2.31).

最后, 我们定义 $a_1\equiv z_0, a_2\equiv z_0^2,\cdots,a_d\equiv z_0^d \pmod p$, 那么依上面所证, $\boldsymbol{a}=(a_1,\cdots,a_d)$ 是模 p 的最优系数, 并且 $\delta_p(\boldsymbol{am})=\delta_p(\boldsymbol{z_0 m})$. 我们来证明对于这样确定的 $\boldsymbol{a}$, 式 (5.2.29) 成立. 我们将该式左边记作 $\sigma_r(\boldsymbol{a})$. 如上面所证, $\rho_r(z_0)\geqslant t_r$, 所以

$$\begin{aligned}\sigma_r(\boldsymbol{a})&=\sum_{k=1}^{\infty}\sum\nolimits_{2^{k-1}t_r\leqslant|\boldsymbol{m}|_0<2^k t_r}^{r}\frac{\delta_p(\boldsymbol{am})}{|\boldsymbol{m}|_0^{\alpha}}\\&\leqslant\frac{c_{16}}{t_r^{\alpha}}\sum_{k=1}^{\infty}\frac{1}{2^{(k-1)\alpha}}\sum\nolimits_{|\boldsymbol{m}|_0<2^k t_r}^{r}\delta_p(\boldsymbol{m z_0}).\end{aligned}$$

注意

$$2^{(k-1)\alpha}=2^{-\alpha}\cdot 2^k\cdot 2^{(\alpha-1)k}\geqslant c_{17}2^k k^{r+1},$$

由上式及式 (5.2.31) 推出

$$\sigma_r(\boldsymbol{a})\leqslant\frac{c_{18}}{t_r^{\alpha}}\sum_{k=1}^{\infty}\frac{1}{2^k k^{r+1}}\sum\nolimits_{|\boldsymbol{m}|_0<2^k t_r}^{r}\delta_p(\boldsymbol{m z_0})\leqslant\frac{c_{18}}{t_r^{\alpha}}\sigma_0(z_0)\leqslant\frac{c_{11}c_{18}}{t_r^{\alpha}},$$

代入 t_r 的表达式, 即得式 (5.2.29). □

推论 5.2.1 设 r $(1\leqslant r\leqslant d)$ 是给定的整数, $\boldsymbol{b}=(b_1,\cdots,b_r)$ 的分量 b_j $(j=1,\cdots,r)$ 是引理 5.2.6 对素数 p 所确定的整数 $a_1,\cdots,a_d$ 中的任意 r 个, 还设 $\alpha>1$. 那么对于函数类 $E_r^{\alpha}(C)$, 有求积公式

$$\int_{\overline{G}_r}f(\boldsymbol{x})\mathrm{d}\boldsymbol{x}=\frac{1}{p}\sum_{k=1}^{n}f\left(\left\{\frac{k}{p}b\right\}\right)+R(f),$$

且有误差上界估计

$$\sup_{f\in E_r^{\alpha}(C)}|R(f)|\leqslant c_{19}C\frac{(\log p)^{\alpha(r-1)}}{p^{\alpha}}.$$

证 由命题 5.2.1 的证明可知

$$|R(f)|\leqslant C\sum_{\boldsymbol{m}}{}'\frac{\delta_p(b\boldsymbol{m})}{|\boldsymbol{m}|_0^{\alpha}}\leqslant C\sum_{r=1}^{d}\sum\nolimits_{\boldsymbol{m}}^{r}\frac{\delta_p(\boldsymbol{am})}{|\boldsymbol{m}|_0^{\alpha}}.$$

由此及式 (5.2.29) 即得结论. □

定理 5.2.1 之证 这是推论 5.2.1 当 $r=d$ 时的特例. □

最后, 我们给出最优系数方法在函数类 $E_d^{\boldsymbol{\alpha}}(C)$ 上的应用[302].

定理 5.2.2 若函数类 $E_d^{\boldsymbol{\alpha}}(C)$ 满足

$$1<\alpha_1=\cdots=\alpha_{\mu}<\alpha_{\mu+1}\leqslant\cdots\leqslant\alpha_d, \tag{5.2.33}$$

$n=p$ 是素数，则存在仅与 p 有关的整点 $\boldsymbol{a}=\boldsymbol{a}(p)=(a_1,\cdots,a_d)$，使得

$$\sup_{f\in E_d^{\boldsymbol{\alpha}}(C)}|R_1(f)|\leqslant c_{20}(d,\boldsymbol{\alpha})C\frac{(\log p)^{\alpha_1(\mu-1)}}{p^{\alpha_1}}.$$

为证明该定理，我们需要下列引理，其中 $\boldsymbol{m}=(m_1,\cdots,m_d)\in\mathbb{Z}^d$.

引理 5.2.7 设实数 $N\geqslant 1$, $\boldsymbol{r}=(r_1,\cdots,r_d)\in\mathbb{R}^d$ 满足不等式

$$0<r_1<\cdots<r_d, \tag{5.2.34}$$

那么

$$\sum_{|\boldsymbol{m}|_0^{\boldsymbol{r}}\leqslant N}1\leqslant 3^d c_{21}(d)N^{1/r_1}, \tag{5.2.35}$$

其中

$$c_{21}(1)=1,\quad c_{21}(d)=\prod_{i=2}^{d}\frac{r_i}{r_i-r_{i-1}}\quad (d>1).$$

证 对 d 应用数学归纳法. 当 $d=1$ 时

$$\sum_{\overline{m}_1^{r_1}\leqslant N}1=1+2\sum_{1\leqslant m_1\leqslant N^{1/r_1}}1\leqslant 1+2N^{1/r_1}\leqslant 3N^{1/r_1},$$

故结论成立. 现设 $k\geqslant 1$, 且当 $d\leqslant k$ 时式 (5.2.35) 成立. 令

$$c_{21}'(k)=\prod_{i=3}^{k+1}\frac{r_i}{r_i-r_{i-1}}\quad (k>1),$$

以及 $c_{21}'(1)=1$. 依归纳假设，我们有

$$\begin{aligned}\sum_{\overline{m}_1^{r_1}\cdots\overline{m}_{k+1}^{r_{k+1}}\leqslant N}1&=\sum_{\overline{m}_1^{r_1}\leqslant N}\ \sum_{\overline{m}_2^{r_2}\cdots\overline{m}_{k+1}^{r_{k+1}}\leqslant N/\overline{m}_1^{r_1}}1\\&\leqslant 3^k c_1'(k)N^{1/r_2}\sum_{\overline{m}_1^{r_1}\leqslant N}\overline{m}_1^{-r_1/r_2}\\&\leqslant 3^k c_1'(k)N^{1/r_2}\left(1+2\sum_{1\leqslant m_1\leqslant N^{1/r_1}}m_1^{-r_1/r_2}\right).\end{aligned}$$

因为

$$\sum_{1\leqslant m_1\leqslant N}m_1^{-r_1/r_2}\leqslant 1+\int_1^{N^{1/r_1}}t^{-r_1/r_2}\mathrm{d}t<\frac{r_2}{r_2-r_1}N^{1/r_1-1/r_2},$$

所以

$$\sum_{\overline{m}_1^{r_1}\cdots\overline{m}_{k+1}^{r_{k+1}}\leqslant N}1\leqslant 3^k c_{21}'(k)\frac{3r_2}{r_2-r_1}N^{1/r_1}=3^{k+1}c_{21}(k+1)N^{1/r_1}.$$

即式 (5.2.35) 当 $d=k+1$ 时也成立. 于是式 (5.2.35) 得证. □

引理 5.2.8 若实数 $N\geqslant 1$, 则

$$\sum_{|\boldsymbol{m}|_0\leqslant N}1\leqslant 3^dN(1+\log N)^{d-1}.$$

引理 5.2.9 若实数 $N\geqslant 1$, 则

$$\sum_{|\boldsymbol{m}|_0\leqslant N}\frac{1}{|\boldsymbol{m}|_0}\leqslant 3^dN(1+\log N)^{d}.$$

引理 5.2.8 和引理 5.2.9 之证 对 d 应用数学归纳法即可得证. □

引理 5.2.10 若实数 $N\geqslant 1$, $\boldsymbol{r}=(r_1,\cdots,r_d)\in\mathbb{R}^d$ 满足不等式

$$0<r_1=\cdots=r_\mu<r_{\mu+1}<\cdots<r_d, \tag{5.2.36}$$

其中 $1\leqslant\mu\leqslant d$, 则

$$\sum_{|\boldsymbol{m}|_0^{\boldsymbol{r}}\leqslant N}1\leqslant 3^dc_{22}(\mu)\max\left\{1,\frac{1}{r_1}\right\}N^{1/r_1}(1+\log N)^{\mu-1}. \tag{5.2.37}$$

证 当 $d=1$ 时, 式 (5.2.37) 显然成立. 现设 $d>1$. 若 $\mu=d$ 或 1, 则可由引理 5.2.8 或引理 5.2.7 得到结论. 若 $1<\mu<d$, 则有

$$\sum_{|\boldsymbol{m}|_0^{\boldsymbol{r}}\leqslant N}1=\sum_{\overline{m}_1\cdots\overline{m}_{\mu-1}\leqslant N^{1/r_1}}\ \sum_{\overline{m}_\mu^{r_1}\overline{m}_{\mu+1}^{r_{\mu+1}}\cdots\overline{m}_d^{r_d}\leqslant N/(\overline{m}_1\cdots\overline{m}_{\mu-1})^{r_1}}1.$$

应用引理 5.2.7 及引理 5.2.9, 即可由此推出式 (5.2.37) 也成立. □

引理 5.2.11 设 $N,\boldsymbol{r}$ 同引理 5.2.7 中的, 还设 $\lambda>1/r_1$, 那么

$$\sum_{|\boldsymbol{m}|_0^{\boldsymbol{r}}\geqslant N}\frac{1}{|\boldsymbol{m}|_0^{\lambda\boldsymbol{r}}}\leqslant\frac{2^d\lambda r_d}{\lambda r_d-1}c_{23}(d)N^{-\lambda+1/r_1}, \tag{5.2.38}$$

其中

$$c_{23}(1)=1,\quad c_{23}(d)=\prod_{i=2}^{d}\left(\frac{\lambda r_{i-1}}{\lambda r_{i-1}-1}+\frac{r_i}{r_i-r_{i-1}}\right)\quad(d>1).$$

证 对 d 用数学归纳法. 当 $d=1$ 时, 我们有

$$\sum_{\overline{m}_1^{r_1}\geqslant N}\frac{1}{\overline{m}_1^{\lambda r_1}}=2\sum_{m_1\geqslant N^{1/r_1}}\frac{1}{m_1^{\lambda r_1}}\leqslant 2\left(n^{-\lambda}+\int_{N^{1/r_1}}^{\infty}t^{-\lambda r_1}\mathrm{d}t\right)<\frac{2\lambda r_1}{\lambda r_1-1}N^{-\lambda+1/r_1},$$

即式 (5.2.38) 成立. 现设 $k\geqslant 1$, 且当 $d\leqslant k$ 时式 (5.2.38) 成立, 那么

$$\sum_{\overline{m}_1^{r_1}\cdots\overline{m}_{k+1}^{r_{k+1}}\geqslant N}\frac{1}{\overline{m}_1^{\lambda r_1}\cdots\overline{m}_{k+1}^{\lambda r_{k+1}}}$$

$$\begin{aligned}&\leqslant \sum_{\overline{m}_1^{r_1}<N}\frac{1}{\overline{m}_1^{\lambda r_1}}\sum_{\overline{m}_2^{r_2}\cdots\overline{m}_{k+1}^{r_{k+1}}\geqslant N/\overline{m}_1^{r_1}}\frac{1}{\overline{m}_2^{\lambda r_2}\cdots\overline{m}_{k+1}^{\lambda r_{k+1}}}\\&\quad+\sum_{\overline{m}_1^{r_1}\geqslant N}\frac{1}{\overline{m}_1^{\lambda r_1}}\sum_{\overline{m}_2^{r_2}\cdots\overline{m}_{k+1}^{r_{k+1}}\geqslant N/\overline{m}_1^{r_1}}\frac{1}{\overline{m}_2^{\lambda r_2}\cdots\overline{m}_{k+1}^{\lambda r_{k+1}}}\\&=\Sigma_1+\Sigma_2.\end{aligned}$$

定义

$$c_{23}'(k)=\prod_{i=3}^{k+1}\left(\frac{\lambda r_{i-1}}{\lambda r_{i-1}-1}+\frac{r_i}{r_i-r_{i-1}}\right)\quad (k>1),$$

以及 $c_{23}'(1)=1$. 由归纳假设, 我们有

$$\begin{aligned}\Sigma_1&\leqslant \frac{2^k\lambda r_{k+1}}{\lambda r_{k+1}-1}c_{23}'(k)\sum_{\overline{m}_1^{r_1}<N}\left(\frac{N}{\overline{m}_1^{r_1}}\right)^{-\lambda+1/r_2}\frac{1}{\overline{m}_1^{\lambda r_1}}\\&\leqslant \frac{2^k\lambda r_{k+1}}{\lambda r_{k+1}-1}c_{23}'(k)N^{-\lambda+1/r_2}\left(3+2\int_1^{N^{1/r_1}}t^{-r_1/r_2}\mathrm{d}t\right)\\&\leqslant \frac{2^k\lambda r_{k+1}}{\lambda r_{k+1}-1}c_{23}'(k)\frac{2r_2}{r_2-r_1}N^{-\lambda+1/r_1},\end{aligned}$$

以及

$$\begin{aligned}\Sigma_2&=\sum_{\overline{m}_1^{r_1}\geqslant N}\frac{1}{\overline{m}_1^{\lambda r_1}}\sum_{\overline{m}_2^{r_2}\cdots\overline{m}_{k+1}^{r_{k+1}}\geqslant 1}\frac{1}{\overline{m}_2^{\lambda r_2}\cdots\overline{m}_{k+1}^{\lambda r_{k+1}}}\\&\leqslant \frac{2^k\lambda r_{k+1}}{\lambda r_{k+1}-1}c_{23}'(k)\sum_{\overline{m}_1^{r_1}\geqslant N}\frac{1}{\overline{m}_1^{\lambda r_1}}\\&\leqslant \frac{2^k\lambda r_{k+1}}{\lambda r_{k+1}-1}c_{23}'(k)\frac{2\lambda r_1}{\lambda r_1-1}N^{-\lambda+1/r_1}.\end{aligned}$$

由此容易推出, 当 $d=k+1$ 时式 (5.2.38) 也成立. 于是引理得证. □

引理 5.2.12 设实数 $N\geqslant 1$ 以及 $\lambda>1$, 那么

$$\sum_{|\boldsymbol{m}|_0\geqslant N}\frac{1}{|\boldsymbol{m}|_0^{\lambda}}\leqslant 2\cdot 5^{d-1}\left(\frac{\lambda}{\lambda-1}\right)^d N^{-\lambda+1}(1+\log N)^{d-1}.$$

证 与引理 5.2.11 (或引理 5.2.5) 的证明类似. □

引理 5.2.13 设实数 $N\geqslant 1$, $\boldsymbol{r}=(r_1,\cdots,r_d)\in\mathbb{R}^d$ 满足不等式 (5.2.36), 还设 $\lambda>1/r_1$, 那么

$$\sum_{|\boldsymbol{m}|_0^{\boldsymbol{r}}\geqslant N}\frac{1}{|\boldsymbol{m}|_0^{\lambda\boldsymbol{r}}}\leqslant \frac{2^{d-\mu+1}\lambda r_d}{\lambda r_d-1}\left(\frac{5\lambda r_1}{\lambda r_1-1}\right)^{\mu-1}c_{24}(\mu)N^{-\lambda+1/r_1}(1+\log N)^{\mu-1},\qquad(5.2.39)$$

其中 $c_{24}(d)=1$ 以及

$$c_{24}(\mu)=\prod_{i=\mu+1}^{d}\left(\frac{\lambda r_{i-1}}{\lambda r_{i-1}-1}+\frac{r_i}{r_i-r_{i-1}}\right)\quad(\mu<d).$$

证 当 $d=1$ 时, 由引理 5.2.12 可知式 (5.2.39) 成立. 现设 $d>1$. 若 $\mu=d$ 或 $\mu=1$, 则由引理 5.2.12 或引理 5.2.11 推出式 (5.2.39). 若 $1<\mu<d$, 则有

$$\begin{aligned}\sum_{|\boldsymbol{m}|_0^{\boldsymbol{r}}\geqslant N}\frac{1}{|\boldsymbol{m}|_0^{\lambda\boldsymbol{r}}}=&\sum_{\overline{m}_1\cdots\overline{m}_{\mu-1}<N^{1/r_1}}\frac{1}{(\overline{m}_1\cdots\overline{m}_{\mu-1})^{\lambda r_1}}\sum_{\overline{m}_\mu^{r_\mu}\cdots\overline{m}_d^{r_d}\geqslant N/(\overline{m}_1\cdots\overline{m}_{\mu-1})^{r_1}}\frac{1}{\overline{m}_\mu^{\lambda r_\mu}\cdots\overline{m}_d^{\lambda r_d}}\\&+\sum_{\overline{m}_1\cdots\overline{m}_{\mu-1}\geqslant N^{1/r_1}}\frac{1}{(\overline{m}_1\cdots\overline{m}_{\mu-1})^{\lambda r_1}}\sum_{\overline{m}_\mu^{r_\mu}\cdots\overline{m}_d^{r_d}\geqslant 1}\frac{1}{\overline{m}_\mu^{\lambda r_\mu}\cdots\overline{m}_d^{\lambda r_d}}\\=&\,S_1+S_2.\end{aligned}$$

由引理 5.2.9 和引理 5.2.11 可得

$$S_1\leqslant\frac{2^{d-\mu+1}\lambda r_d}{\lambda r_d-1}\prod_{i=\mu+1}^{d}\left(\frac{\lambda r_{i-1}}{\lambda r_{i-1}-1}+\frac{r_i}{r_i-r_{i-1}}\right)\cdot 3^{\mu-1}N^{-\lambda+1/r_\mu}(1+\log N)^{\mu-1};$$

由引理 5.2.11 和引理 5.2.12 可得

$$\begin{aligned}S_2\leqslant&\frac{2^{d-\mu+1}\lambda r_d}{\lambda r_d-1}\prod_{i=\mu+1}^{d}\left(\frac{\lambda r_{i-1}}{\lambda r_{i-1}-1}+\frac{r_i}{r_i-r_{i-1}}\right)\cdot 2\cdot 5^{\mu-2}\\&\cdot\left(\frac{\lambda r_1}{\lambda r_1-1}\right)^{\mu-1}N^{-\lambda+1/r_1}(1+\log N)^{\mu-2}.\end{aligned}$$

注意

$$3^{\mu-1}+2\cdot 5^{\mu-2}<5^{\mu-1},\quad r_1=r_\mu,$$

由上述诸式可知式 (5.2.39) 也成立. 于是引理得证. □

定理 5.2.2 之证一 当 $f\in E_d^{\boldsymbol{\alpha}}(c)$ 时

$$|R_1(f)|\leqslant C{\sum_{\boldsymbol{m}}}'\frac{\delta_p(\boldsymbol{am})}{|\boldsymbol{m}|_0^{\boldsymbol{\alpha}}}=C\Omega(\boldsymbol{a},\boldsymbol{\alpha}).\tag{5.2.40}$$

将式 (5.2.33) 改写为

$$\alpha_1=\cdots=\alpha_{\mu_1}<\alpha_{\mu_1+1}=\cdots=\alpha_{\mu_2}<\cdots<\alpha_{\mu_{t-1}+1}=\cdots=\alpha_{\mu_t},$$

其中 $1\leqslant\mu_j\leqslant d,\mu_1=\mu,\mu_t=d$. 若 $t>1$, 则令

$$\sigma_j=\frac{\alpha_{\mu_{j+1}}-\alpha_{\mu_j}}{\mu_{j+1}-\mu_j}\quad(j=1,\cdots,t-1),$$

$$\alpha^*_{\mu_j+k}=\alpha_{\mu_j}+k\sigma_j \quad (k=1,\cdots,\mu_{j+1}-\mu_j;1\leqslant j\leqslant t-1).$$

然后用下式定义 $\boldsymbol{r}=(r_1,\cdots,r_d)$:

$$\boldsymbol{r}=\begin{cases}(\alpha_1,\cdots,\alpha_\mu,\alpha^*_{\mu+1},\cdots,\alpha^*_d), & t>1,\\ \boldsymbol{\alpha}, & t=1.\end{cases}$$

于是

$$r_j\leqslant\alpha_j \quad (1\leqslant j\leqslant d),\quad 1<r_1=\cdots=r_\mu<r_{\mu+1}<\cdots<r_d. \tag{5.2.41}$$

令

$$\boldsymbol{a}=(1,a,a^2,\cdots,a^{d-1}),$$

我们要确定整数 $a\in[1,p]$ 满足定理的要求.

我们断言: 对于任何 ε $(0<\varepsilon<1)$, 至少存在 $p-[\varepsilon p]$ 个整数 $a\in[1,p]$, 使得以 $\boldsymbol{m}$ 为未知数的同余式

$$\boldsymbol{am}=m_1+m_2a+\cdots+m_da^{d-1}\equiv 0\ (\bmod p) \tag{5.2.42}$$

在范围

$$|\boldsymbol{m}|_0^{\boldsymbol{r}}\leqslant\tau \quad (\boldsymbol{m}\neq\boldsymbol{0}) \tag{5.2.43}$$

中无解(即 $\delta_p(\boldsymbol{am})=0$), 其中

$$\tau=\tau(\varepsilon)=\left(\varepsilon^{-1}(d-1)\cdot 3^dc_{22}(\mu)\right)^{-r_1}p^{r_1}(1+r_1\log p)^{-(\mu-1)r_1}.$$

事实上, 若 $\tau<1$, 则上述范围是空集, 结论显然成立. 若 $\tau\geqslant 1$, 那么同余式 (5.2.42) 在范围 (5.2.43) 中的解 $\boldsymbol{m}$ 的总数不超过

$$\sideset{}{'}\sum_{|\boldsymbol{m}|_0^{\boldsymbol{r}}\leqslant\tau}\sum_{1\leqslant a\leqslant p}\delta_p(\boldsymbol{am}).$$

对于在给定的在范围 (5.2.43) 中的 $\boldsymbol{m}\neq\boldsymbol{0}$, p 不可能整除它的所有分量, 所以以 a 为未知数的同余式 (5.2.41) 在区间 $[1,p]$ 中的解的个数小于或等于 $d-1$[5]. 因此, 由引理 5.2.10, 并注意 $\tau<p^{r_1}$, 可知上式不超过

$$\begin{aligned}(d-1)\sideset{}{'}\sum_{|\boldsymbol{m}|_0^{\boldsymbol{r}}\leqslant\tau}1&\leqslant(d-1)\cdot 3^dc_{22}(\mu)\tau^{1/r_1}(1+\log\tau)^{\mu-1}\\&<(d-1)\cdot 3^dc_{22}(\mu)\tau^{1/r_1}(1+r_1\log p)^{\mu-1}=\varepsilon p.\end{aligned}$$

另外, 若用 A 表示使同余式 (5.2.42) 在范围 (5.2.43) 中无解的整数 $a\in[1,p]$ 的集合, 并记 $\overline{A}=[1,p]\setminus A$, 那么所说的解 $\boldsymbol{m}$ 的总数也等于

$$\sum_{a\in\overline{A}}\sum_{|\boldsymbol{m}|_0^{\boldsymbol{r}}\leqslant\tau}{}' \delta_p(a\boldsymbol{m})\geqslant\sum_{a\in\overline{A}}1=|\overline{A}|=p-|A|.$$

所以 $p-|A|\leqslant[\varepsilon p]$, 即 $|A|\geqslant p-[\varepsilon p]$. 这表明上述结论也成立.

特别取 $\varepsilon=1/2$, 相应地记

$$T=\tau(1/2),\quad \Omega(a)=\Omega(\boldsymbol{a},\boldsymbol{r})\quad \big(\text{见式 (5.2.40)}\big).$$

区分 $p|\gcd(m_1,\cdots,m_d)$ 及 $p\nmid\gcd(m_1,\cdots,m_d)$ 两种情形(参考式 (5.2.32)), 我们有

$$\begin{aligned}\sum_{a\in A}\Omega(a)&=\sum_{a\in A}\sum_{\boldsymbol{m}}{}'\frac{\delta_p(a\boldsymbol{m})}{|\boldsymbol{m}|_0^{\boldsymbol{r}}}\leqslant\sum_{|\boldsymbol{m}|_0^{\boldsymbol{r}}\geqslant T}\sum_{a=1}^{p}\frac{\delta_p(a\boldsymbol{m})}{|\boldsymbol{m}|_0^{\boldsymbol{r}}}\\&\leqslant p\sum_{\boldsymbol{m}}{}'\frac{1}{|p\boldsymbol{m}|_0^{\boldsymbol{r}}}+(d-1)\sum_{|\boldsymbol{m}|_0^{\boldsymbol{r}}\geqslant T}\frac{1}{\boldsymbol{m}|_0^{\boldsymbol{r}}}=\sigma_1+\sigma_2.\end{aligned}$$

首先估计 σ_1. 因为

$$\sum_{\boldsymbol{m}}{}'\frac{1}{|p\boldsymbol{m}|_0^{\boldsymbol{r}}}=\sum_{j=1}^{d}\sum_{\substack{\boldsymbol{m}\\ m_j\neq0}}\frac{1}{|p\boldsymbol{m}|_0^{\boldsymbol{r}}},$$

并且当 $r>1$ 时

$$\sum_{m=1}^{\infty}\frac{1}{m^r}\leqslant\int_1^{\infty}\frac{\mathrm{d}x}{x^r}=\frac{r}{r-1},$$

还要注意式 (5.2.41), 所以我们得到

$$\sigma_1\leqslant pd\cdot p^{-r_1}\left(\frac{2r_1}{r_1-1}+1\right)^{\mu}\prod_{i=\mu+1}^{d}\left(\frac{2r_i}{r_i-1}+1\right).$$

σ_2 的估计可由引理 5.2.13 (取 $\lambda=1$) 直接得到:

$$\sigma_2\leqslant(d-1)c_{24}(\mu)\frac{2^{d-\mu+1}r_d}{r_d-1}\left(\frac{5r_1}{r_1-1}\right)^{\mu-1}T^{-1+1/r_1}(1+\log T)^{\mu-1}.$$

合起来, 我们有

$$\sum_{a\in A}\Omega(a)\leqslant c_{25}(d,\boldsymbol{\alpha})(1+\log p)^{\alpha_1(\mu-1)}p^{-\alpha_1+1}.\tag{5.2.44}$$

我们断言: 至多存在 $[p/3]$ 个整数 $a\in A$, 使得与它们对应的

$$\Omega(a)\geqslant3c_{25}(d,\boldsymbol{\alpha})(1+\log p)^{\alpha_1(\mu-1)}p^{-\alpha_1}.$$

不然我们将有

$$\sum_{a\in A}\Omega(a)\geqslant\left(\left[\frac{p}{3}\right]+1\right)3c_{25}(d,\boldsymbol{\alpha})(1+\log p)^{\alpha_1(\mu-1)}p^{-\alpha_1}$$
$$>c_{25}(d,\boldsymbol{\alpha})(1+\log p)^{\alpha_1(\mu-1)}p^{-\alpha_1+1}.$$

这与式 (5.2.44) 矛盾. 由于 $p-[p/2]-[p/3]\geqslant 1$, 所以确实存在一个 $a\in A$, 使得与它对应的

$$\Omega(a)<3c_{25}(d,\boldsymbol{\alpha})(1+\log p)^{\alpha_1(\mu-1)}p^{-\alpha_1}.$$

注意由 $|\boldsymbol{m}|_0^{\boldsymbol{\alpha}}\geqslant|\boldsymbol{m}|_0^{\boldsymbol{r}}$ 知 $\Omega(\boldsymbol{a},\boldsymbol{\alpha})\leqslant\Omega(a)$. 还要注意 $1+\log p<3\log p$. 由式 (5.2.40) 及上式可知这个 $a\in A$ 即为所求. □

上述证法源于 [24]. 下面是定理 5.2.2 的另一证明[310], 它基于下面的引理 (见 [305], 还可参见 [277]):

引理 5.2.14 设 p 是一个素数, $\boldsymbol{\delta}=(\delta_1,\cdots,\delta_d)\in\mathbb{R}^d$, 满足条件

$$0<\delta_1=\cdots=\delta_\mu<\delta_{\mu+1}<\cdots<\delta_d,\tag{5.2.45}$$

其中 $1\leqslant\mu\leqslant d$. 还设 $\sigma>0,\ 0<\varepsilon<1,\ M\geqslant 1$ 是给定的实数. 对正整数 a, 记

$$\boldsymbol{a}=(1,a,a^2,\cdots,a^{d-1}).$$

定义集合

$$\begin{aligned}&D(M,\boldsymbol{\delta})=\{\boldsymbol{m}\mid\boldsymbol{m}=(m_1,\cdots,m_d)\in\mathbb{Z}^d,|\boldsymbol{m}|_0^{\boldsymbol{\delta}}\leqslant M\},\\&F_k(M,\boldsymbol{\delta})=D(2^kM,\boldsymbol{\delta})\setminus D(2^{k-1}M,\boldsymbol{\delta}),\\&L_k(M,\boldsymbol{\delta},a)=\{\boldsymbol{m}\mid\boldsymbol{m}\in F_k(M,\boldsymbol{\delta}),p\nmid\gcd(m_1,\cdots,m_d),\\&\qquad\boldsymbol{a}\boldsymbol{m}\equiv 0\ (\operatorname{mod}p)\}\quad(k=1,2,\cdots).\end{aligned}$$

并令

$$\lambda_k=|F_k(M,\boldsymbol{\delta})|\frac{d2^{(k+1)\sigma}}{\varepsilon p(2^\sigma-1)}\quad(k=1,2,\cdots).$$

如果

$$|D(M,\boldsymbol{\delta})|<\varepsilon p\frac{2^\sigma-1}{d2^\sigma},\tag{5.2.46}$$

那么存在整数集合 $A\subset[1,p),|A|>p-\varepsilon p-1$, 使得对于任何 $a\in A$,

$$\boldsymbol{a}\boldsymbol{m}\not\equiv 0\ (\operatorname{mod}p)\quad(\boldsymbol{m}\in D(M,\boldsymbol{\delta}),\boldsymbol{m}\neq\boldsymbol{0}),$$

并且 $|L_k(M,\boldsymbol{\delta},a)| \leqslant \lambda_k$ $(k=1,2,\cdots)$.

证 对于给定的 $\boldsymbol{m}$, 用 $A_p(\boldsymbol{m})$ 表示使 $\delta_p(a\boldsymbol{m})=1$, 即 $a\boldsymbol{m}\equiv 0 \pmod p$ 的 $a\in[1,p)$ 的集合, 那么当 $p\nmid \gcd(m_1,\cdots,m_d)$ 时

$$|A_p(\boldsymbol{m})| < d. \tag{5.2.47}$$

令 G_1 是由所有使同余式 $a\boldsymbol{m}\equiv 0 \pmod p$ 在 $D(M,\boldsymbol{\delta})$ 中至少有一个解 $\boldsymbol{m}\neq\boldsymbol{0}$ 的整数 $a\in[1,p)$ 组成的集合, 那么

$$G_1 = \bigcup_{\boldsymbol{m}\in D(M,\boldsymbol{\delta})}{}' A_p(\boldsymbol{m}).$$

此处 $\cup'$ 表示对 $\boldsymbol{m}\neq\boldsymbol{0}$ 求并. 注意, 如果

$$\boldsymbol{m}=(m_1,m_2,\cdots,m_d)\in D(M,\boldsymbol{\delta}), \quad \boldsymbol{m}\neq\boldsymbol{0},$$

那么 $p\nmid\gcd(m_1,\cdots,m_d)$. 这是因为, 若 $p\mid\gcd(m_1,\cdots,m_d)$, 且不妨设 $m_1\neq 0$, 则 $|m_1|\geqslant p$. 记

$$\boldsymbol{m}_j=(j,m_2,\cdots,m_d) \quad (j=1,2,\cdots,p-1),$$

它们满足 $|\boldsymbol{m}_j|_0^{\boldsymbol{\delta}} < |\boldsymbol{m}|_0^{\boldsymbol{\delta}} \leqslant M$, 即 $\boldsymbol{m}_j\in D(M,\boldsymbol{\delta})$, 从而 $|D(M,\boldsymbol{\delta})|\geqslant p$. 这与式 (5.2.46) 矛盾. 因此, 上述论断成立. 于是, 由式 (5.2.47) 得

$$|G_1| \leqslant \sum_{\boldsymbol{m}\in D(M,\boldsymbol{\delta})}{}' |A_p(\boldsymbol{m})| < d|D(M,\boldsymbol{\delta})| < \frac{\varepsilon p(2^{\sigma}-1)}{2^{\sigma}}. \tag{5.2.48}$$

我们还用 G_k $(k=2,3,\cdots)$ 表示由所有使 $|L_k(M,\boldsymbol{\delta},a)|>\lambda_k$ 的整数 $a\in[1,p)$ 组成的集合. 依式 (5.2.47), 每个给定的 $\boldsymbol{m}\neq\boldsymbol{0}$ 至多属于 $d-1$ 个不同的集合 $L_k(M,\boldsymbol{\delta},a)$, 并且注意 $L_k(M,\boldsymbol{\delta},a)\subseteq F_k(M,\boldsymbol{\delta})$, 所以

$$\sum_{a\in G_k} |L_k(M,\boldsymbol{\delta},a)| < d|F_k(M,\boldsymbol{\delta})| \quad (k=2,3,\cdots);$$

另外, 易见

$$\sum_{a\in G_k} |L_k(M,\boldsymbol{\delta},a)| > \lambda_k|G_k| \quad (k=2,3,\cdots).$$

由上述两式及 λ_k 的定义可知

$$|G_k| < \frac{d|F_k(M,\boldsymbol{\delta})|}{\lambda_k} = \frac{\varepsilon p(2^{\sigma}-1)}{2^{k\sigma}} \quad (k=2,3,\cdots). \tag{5.2.49}$$

最后, 由式 (5.2.48) 和式 (5.2.49) 得

$$\sum_{k=1}^{\infty}|G_k|<\varepsilon p(2^\sigma-1)\sum_{k=1}^{\infty}\frac{1}{2^{k\sigma}}=\varepsilon p.$$

令

$$A=[1,p)\setminus\bigcup_{k=1}^{\infty}G_k,$$

那么

$$|A|=p-1-\sum_{k=1}^{\infty}|G_k|>p-1-\varepsilon p.$$

因为 $a\in A$ 意味着 $a\notin G_1$, 故得引理的第 1 个结论; $a\in A$ 也意味着 $a\notin G_k$ $(k=2,3,\cdots)$, 故得引理的第 2 个结论. □

定理 5.2.2 之证二 将 $\boldsymbol{\alpha}$ 改写成 $\alpha_1\cdot(1,\cdots,1,\alpha_{\mu+1}/\alpha_1,\cdots,\alpha_d/\alpha_1)$, 并令

$$\boldsymbol{\delta}=(1,\cdots,1,\delta_{\mu+1},\cdots,\delta_d),$$

其中 $1<\delta_j<\alpha_j/\alpha_1$ $(j=\mu+1,\cdots,d),\delta_{\mu+1}<\delta_{\mu+2}<\cdots<\delta_d$. 于是不等式 (5.2.45) 在此成立. 还在引理 5.2.14 中取

$$0<\sigma<\alpha_1-1,\quad \varepsilon=\frac{p-1}{p},\quad M=c_{26}(\boldsymbol{\alpha},d)p(\log p)^{-(\mu-1)},$$

其中

$$c_{26}(\boldsymbol{\alpha},d)=\left((d\cdot 3^{2d}c_{22}(\mu)\right)^{-1}\frac{2^\sigma-1}{2^\sigma}<1.$$

由引理 5.2.10 得

$$\begin{aligned}|D(M,\boldsymbol{\delta})|&\leqslant 3^d c_{22}(\mu)\cdot c_{26}(\boldsymbol{\alpha},d)p(\log p)^{-(\mu-1)}\cdot(1+\log p)^{\mu-1}\\&<3^d c_{22}(\mu)\left(d\cdot 3^{2d}c_{22}(\mu)\right)^{-1}p(\log p)^{-(\mu-1)}\cdot(3\log p)^{\mu-1}\frac{2^\sigma-1}{2^\sigma}.\end{aligned}$$

由 $\mu\leqslant d,p/3<p-1$ 得到

$$|D(M,\boldsymbol{\delta})|\leqslant\frac{(2^\sigma-1)p}{3d\cdot 2^\sigma}<(p-1)\frac{2^\sigma-1}{d2^\sigma},$$

即不等式 (5.2.46) 在此也成立. 此外, 引理中所说的集合 A 的元素个数 $|A|>p-(p-1)-1=0$. 于是, 存在整数 $a\in[1,p)$ 使引理中所说的两个结论成立. 应用引理 5.2.10 估计 $|D(2^kM,\boldsymbol{\delta})|$, 还可知参数

$$\lambda_k=|F_k(M,\boldsymbol{\delta})|\frac{d2^{(k+1)\sigma}}{(p-1)(2^\sigma-1)}\leqslant|D(2^kM,\boldsymbol{\delta})|\frac{d2^{(k+1)\sigma}}{(p-1)(2^\sigma-1)}$$

$$\leqslant 3^d c_{22}(\mu)(2^k M)(1+k\log 2+\log M)^{\mu-1}\frac{d2^{(k+1)\sigma}}{(p-1)(2^\sigma-1)}$$
$$\leqslant 3^d c_{22}(\mu)2^k\cdot\left(d\cdot 3^{2d}c_{22}(\mu)\right)^{-1}p(\log p)^{-(\mu-1)}\cdot(3k\log p)^{\mu-1}\frac{d2^{(k+1)\sigma}}{(p-1)(2^\sigma-1)}$$
$$< c_{27}(d,\boldsymbol{\alpha})2^{(\sigma+1)k}k^{\mu-1}\quad(k=1,2,\cdots).$$

由式 (5.2.40) 并注意 $\boldsymbol{\delta}$ 的定义, 我们有

$$\begin{aligned}|R_1(f)|&\leqslant C{\sum_{\boldsymbol{m}}}'\frac{\delta_p(\boldsymbol{am})}{|\boldsymbol{m}|_0^{\boldsymbol{\alpha}}}\leqslant C{\sum_{\boldsymbol{m}}}'\frac{\delta_p(\boldsymbol{am})}{|\boldsymbol{m}|_0^{\alpha_1\boldsymbol{\delta}}}\\&=C{\sum_{\boldsymbol{m}}}'\frac{1}{|\boldsymbol{pm}|_0^{\alpha_1\boldsymbol{\delta}}}+C\sum_{p\nmid\gcd(m_1,\cdots,m_d)}\frac{\delta_p(\boldsymbol{am})}{|\boldsymbol{m}|_0^{\alpha_1\boldsymbol{\delta}}}\\&=C(\sigma_1+\sigma_2).\end{aligned}$$

当 $\boldsymbol{m}\neq\boldsymbol{0}$ 时

$$|\boldsymbol{pm}|_0^{\alpha_1\boldsymbol{\delta}}\geqslant p^{\alpha_1}|\boldsymbol{m}|_0,$$

所以

$$\sigma_1\leqslant p^{-\alpha_1}\prod_{j=1}^d\left(\sum_m\frac{1}{\overline{m}_j^{\alpha_1\delta_j}}\right)\leqslant c_{28}(\boldsymbol{\alpha},d)p^{-\alpha_1}. \tag{5.2.50}$$

注意, 在引理 5.2.14 的证明中已知: 非零整矢 $\boldsymbol{m}=(m_1,m_2,\cdots,m_d)\in D(M,\boldsymbol{\delta})$ 蕴含 $p\nmid\gcd(m_1,\cdots,m_d)$, 且由 a 的定义知 $\delta_p(\boldsymbol{am})=0$, 所以

$$\begin{aligned}\sigma_2&={\sum_{\boldsymbol{m}\in D(M,\boldsymbol{\delta})}}'\frac{\delta_p(\boldsymbol{am})}{|\boldsymbol{m}|_0^{\alpha_1\boldsymbol{\delta}}}+\sum_{k=1}^\infty\sum_{\substack{\boldsymbol{m}\in F_k(M,\boldsymbol{\delta},a)\\p\nmid\gcd(m_1,\cdots,m_d)}}\frac{\delta_p(\boldsymbol{am})}{|\boldsymbol{m}|_0^{\alpha_1\boldsymbol{\delta}}}\\&=\sum_{k=1}^\infty\sum_{\substack{\boldsymbol{m}\in F_k(M,\boldsymbol{\delta},a)\\p\nmid\gcd(m_1,\cdots,m_d)}}\frac{\delta_p(\boldsymbol{am})}{|\boldsymbol{m}|_0^{\alpha_1\boldsymbol{\delta}}};\end{aligned}$$

当 $\boldsymbol{m}\in F_k(M,\boldsymbol{\delta},a)$ 时

$$|\boldsymbol{m}|_0^{\alpha_1\boldsymbol{\delta}}\leqslant(2^kM)^{\alpha_1},$$

所以

$$\begin{aligned}\sigma_2&\leqslant\sum_{k=1}^\infty\frac{|L_k(M,\boldsymbol{\delta},a)|}{(2^kM)^{\alpha_1}}\leqslant\frac{1}{M^{\alpha_1}}\sum_{k=1}^\infty\frac{\lambda_k}{2^{k\alpha_1}}\\&\leqslant\frac{c_{27}(\boldsymbol{\alpha},d)}{M^{\alpha_1}}\sum_{k=1}^\infty\frac{k^{\mu-1}}{2^{(\alpha_1-\sigma-1)k}}\\&\leqslant c_{29}(\boldsymbol{\alpha},d)p^{-\alpha_1}(\log p)^{(\mu-1)\alpha_1}.\end{aligned}$$

由此及式 (5.2.50) 即得所要的结果. □

5.2.5 具有组合网格的多维求积公式

1994 年, N. M. Korobov[122] 提出了下面形式的点列:

$$\left(\left\{\frac{k_1}{n}+\frac{k}{p}a_1\right\},\cdots,\left\{\frac{k_d}{n}+\frac{k}{p}a_d\right\}\right)\quad(k=1,\cdots,p;k_j=1,\cdots,n;\ 1\leqslant j\leqslant d),$$

其中 $p\geqslant 2$ 是素数, $n\geqslant 2$ 与 p 互素, $(a_1,\cdots,a_d)$ 是最优系数. 它称作组合网格, 并简记为 $\{\boldsymbol{k}/n+\boldsymbol{a}k/p\}$. N. M. Korobov 应用它构造了多维求积公式

$$\int_{\overline{G}_d} f(\boldsymbol{x})\mathrm{d}\boldsymbol{x}=\frac{1}{n^d p}\sum_{k=1}^{p}\sum_{\boldsymbol{k}\in\{1,\cdots,n\}^d} f\left(\left\{\frac{\boldsymbol{k}}{n}+\frac{k}{p}\boldsymbol{a}\right\}\right)+R_2(f),$$

并证明了

定理 5.2.3 设整数 $n\geqslant 2$, 素数 $p\geqslant \mathrm{e}^n$, 并且 $p\nmid n$, $\boldsymbol{a}=\boldsymbol{a}(p)$ 是由引理 5.2.6 确定的最优系数. 记 $N=n^d p$. 那么当 $\alpha>1$ 时

$$\sup_{f\in E_d^\alpha(C)}|R_2(f)|\leqslant Cc_{30}(\alpha,d)\frac{(\log N)^{(d-1)\alpha}}{N^\alpha}.$$

证 与命题 5.2.1 的证明类似, 当 $f\in E_d^\alpha(C)$ 时

$$|R_2(f)|\leqslant \frac{C}{N}\sum_{\boldsymbol{m}}{}'\frac{S(\boldsymbol{m})}{|\boldsymbol{m}|_0^\alpha},$$

其中

$$\begin{aligned}S(\boldsymbol{m})&=\sum_{k_1,\cdots,k_d=1}^{\infty}\sum_{k=1}^{p}e\left(\boldsymbol{m}\left(\frac{\boldsymbol{k}}{n}+\frac{\boldsymbol{a}k}{p}\right)\right)\\&=\prod_{j=1}^{d}\sum_{k_j=1}^{n}e\left(\frac{m_jk_j}{n}\right)\cdot\sum_{k=1}^{p}e\left(\frac{\boldsymbol{am}}{p}k\right)=N\prod_{j=1}^{d}\delta_n(m_j)\cdot\delta_p(\boldsymbol{am}).\end{aligned}$$

仅当 n 整除所有 m_j $(1\leqslant j\leqslant d)$ 时

$$\delta_n(m_1)\cdots\delta_n(m_d)=1,$$

否则其为 0, 还要注意 n 与 p 互素, 所以

$$\sum_{\boldsymbol{m}}{}'\frac{S(\boldsymbol{m})}{|\boldsymbol{m}|_0^\alpha}=N\sum_{\boldsymbol{m}}{}'\frac{\delta_p\big(\boldsymbol{a}(n\boldsymbol{m})\big)}{|n\boldsymbol{m}|_0^\alpha}=N\sum_{\boldsymbol{m}}{}'\frac{\delta_p(\boldsymbol{am})}{|n\boldsymbol{m}|_0^\alpha},$$

于是, 由引理 5.2.6 得到

$$|R_2(f)|\leqslant C\sum_{\boldsymbol{m}}{}'\frac{\delta_p(\boldsymbol{am})}{|n\boldsymbol{m}|_0^\alpha}=C\sum_{r=1}^{d}\frac{1}{n^{r\alpha}}\sum_{\boldsymbol{m}}{}_r\frac{\delta_p(\boldsymbol{am})}{\|\boldsymbol{m}\|_0^\alpha}$$

$$\leqslant Cc_9(\alpha,r)\sum_{r=1}^{d}\frac{1}{n^{r\alpha}}\cdot\frac{(\log p)^{\alpha(r-1)}}{p^{\alpha}},$$

因为 $n\leqslant\log p$, 所以

$$\begin{aligned}\frac{1}{n^{r\alpha}}\cdot\frac{(\log p)^{\alpha(r-1)}}{p^{\alpha}}&\leqslant\left(\frac{\log p}{n}\right)^{\alpha(d-r)}\cdot\frac{1}{n^{r\alpha}}\cdot\frac{(\log p)^{\alpha(r-1)}}{p^{\alpha}}\\&=\frac{(\log p)^{\alpha(d-1)}}{n^{d\alpha}p^{\alpha}}<\frac{(\log N)^{\alpha(d-1)}}{N^{\alpha}}.\end{aligned}$$

由此即得所要的 $R_2(f)$ 的上界估计. □

注 5.2.3 N. M. Korobov[119] 还提出了函数周期化方法, 使得求积公式 (5.2.1) 也可应用于某些非周期函数.

5.3 由 Kronecker 点列构造的求积公式

设 $d\geqslant 1$, $\{k\boldsymbol{\theta}\}$ 是 d 维 Kronecker 点列, 其中 $\boldsymbol{\theta}=(\theta_1,\cdots,\theta_d)\in\mathbb{R}^d$ 满足某种丢番图不等式. 我们来研究以它为网点构造的多维求积公式.

N. S. Bahvalov[24-25] 及 H. Niederreiter[163] 等人借助于恒等式

$$\left(\sum_{k=0}^{n-1}z^k\right)^l=\sum_{k=0}^{l(n-1)}\rho_{n,k}^{(l)}z^k\quad(l\in\mathbb{N})\tag{5.3.1}$$

定义权 $\rho_{n,k}^{(l)}/n^l$, 建立多维求积公式

$$\int_{\overline{G}_d}f(\boldsymbol{x})\mathrm{d}\boldsymbol{x}=\frac{1}{n^l}\sum_{k-0}^{l(n-1)}\rho_{n,k}^{(l)}f(k\boldsymbol{\theta})+R_3(f;l,\boldsymbol{\theta}).\tag{5.3.2}$$

N. S. Bahvalov[24] 证明了: 若 $\alpha>1$, 则对几乎所有 (Lebesgue 测度意义) 的 $\boldsymbol{\theta}\in\mathbb{R}^d$, 有

$$\sup_{f\in E_d^{\alpha}(C)}|R_3(f;\lceil\alpha\rceil,\boldsymbol{\theta})|=O\big(N^{-1}(\log N)^{(d+\varepsilon)(\alpha+1)}\big),$$

其中 $N=n^{\lceil\alpha\rceil}$, $\varepsilon>0$ 任意给定, “O” 中的常数与 n 无关, 符号 $\lceil x\rceil$ 表示不小于 x 的最小整数.

注 5.3.1 我们来给出式 (5.3.1) 中 $\rho_{n,k}^{(l)}$ 的一个表达式. 注意此式的左边是 z 的 $l(n-1)$ 次多项式, 我们有

$$\begin{aligned}\left(\sum_{k=0}^{n-1}z^k\right)^l&=\left(\frac{1-z^n}{1-z}\right)^l=(1-z^n)^l(1-z)^{-l}\\&=\left(\sum_{j=0}^{l}(-1)^j\binom{l}{j}z^{nj}\right)\left(\sum_{s=0}^{\infty}(-1)^s\binom{l+s-1}{s}z^s\right).\end{aligned}$$

记 $k=nj+s$, 则 $k\in[0,l(n-1)]$. 对于每个给定的 k, 有 $s=k-nj$; 由 $s\geqslant 0$ 得 $0\leqslant j\leqslant[k/n]$. 于是

$$\begin{aligned}\rho_{n,k}^{(l)}&=\sum_{j=0}^{[k/n]}(-1)^j\binom{l}{j}\binom{l+k-nj-1}{k-nj}\\&=\sum_{j=0}^{[k/n]}(-1)^j\binom{l}{j}\binom{l+k-nj-1}{l-1}.\end{aligned}$$

应用第 3 章 3.2 节中使用的方法, 对于函数类 $E_d^{\boldsymbol{\alpha}}(C)$, 我们可得到下列误差上界估计 (见 [310]; 还可参见 [302], 但方法与此处不同):

定理 5.3.1 设 $d\geqslant 1$, $\boldsymbol{\theta}=(\theta_1,\cdots,\theta_d)\in\mathbb{R}^d$ 满足不等式

$$\|\boldsymbol{m}\boldsymbol{\theta}\|\geqslant\gamma|\boldsymbol{m}|_0^{-a}\quad(\boldsymbol{m}=(m_1,\cdots,m_s)\in\mathbb{Z}^s\setminus\{\boldsymbol{0}\}),$$

其中常数 $\gamma>0,a\geqslant 1$. 还设 $\boldsymbol{\alpha}$ 满足

$$1<\alpha_1=\cdots=\alpha_\mu\leqslant\alpha_{\mu+1}\leqslant\cdots\leqslant\alpha_d,$$

其中 $1\leqslant\mu\leqslant d$. 对于任何固定的 α_h $(1\leqslant h\leqslant d)$, 记 $\tau_j=a\alpha_h-\alpha_j$ $(j=1,\cdots,d)$. 设 τ_j $(1\leqslant j\leqslant d)$ 中有 $u=u(\alpha_h)(\geqslant 0)$ 个大于 0 (即 $\tau_1\geqslant\cdots\geqslant\tau_u>0$), $v=v(\alpha_h)(\geqslant 0)$ 个等于 0 (即 $\tau_{u+1}=\cdots=\tau_{u+v}=0$), $d-u-v$ 个小于 0 (即 $0>\tau_{u+v+1}\geqslant\cdots\geqslant\tau_d$). 那么

$$\sup_{f\in E_d^{\boldsymbol{\alpha}}(C)}|R_3(f;\lceil\alpha_h\rceil,\boldsymbol{\theta})|\leqslant Cc_1(\boldsymbol{\alpha},d)N^{-1+\frac{\tau_1+\cdots+\tau_u}{\tau_1+\cdots+\tau_u+\alpha_1-1}}(\log N)^{\frac{(\alpha_1-1)v}{\tau_1+\cdots+\tau_u+\alpha_1-1}},$$

其中 $N=n^{\lceil\alpha_h\rceil}$, c_1 及后文中出现的 c_j 都是与 n 无关的常数.

我们首先证明一个辅助结果.

引理 5.3.1 设 $M\geqslant 1$, $\boldsymbol{\theta}=(\theta_1,\cdots,\theta_d)\in\mathbb{R}^d$ $(d\geqslant 1)$ 满足不等式

$$\|\boldsymbol{m}\boldsymbol{\theta}\|\geqslant\gamma|\boldsymbol{m}|_0^{-a}|\boldsymbol{m}|_\infty^{-b}\quad(\boldsymbol{m}=(m_1,\cdots,m_s)\in\mathbb{Z}^s\setminus\{\boldsymbol{0}\}),\tag{5.3.3}$$

其中常数 $\gamma>0,a,b\geqslant 0,a+b\geqslant 1$. 对于给定的实数 $\eta\geqslant\alpha_1$, 令

$$t_j=a\eta-\alpha_j\quad(1\leqslant j\leqslant d).$$

与定理 5.2.5 类似 (用 t_j 代替 τ_j), 定义记号

$$u=u(\eta),\quad v=v(\eta).$$

那么

$$\sum_{0<|\boldsymbol{m}|_\infty\leqslant M}\frac{1}{|\boldsymbol{m}|_0^{\boldsymbol{\alpha}}\|\boldsymbol{m}\boldsymbol{\theta}\|^\eta}\leqslant\begin{cases}c_2(\boldsymbol{\alpha},d)M^{t_1+\cdots+t_u+b\eta}(\log M)^v, & t_1>0,\\ c_2(\boldsymbol{\alpha},d)M^{b\eta}(\log M)^{\mu-1+\delta_{0b}}, & t_1=0,\\ c_2(\boldsymbol{\alpha},d)M^{b\eta}, & t_1<0,\end{cases}$$

其中 δ_{ij} 是 Kronecker 符号.

证 将引理中的和记作 S_0. 对于每个 $\boldsymbol{r}=(r_1,\cdots,r_d)\in\mathbb{N}^d$, 其中 $1\leqslant r_i\leqslant[\log_2 M]$ $(1\leqslant i\leqslant d)$, 用 $T_{\boldsymbol{r}}$ 表示所有满足条件 $0<\max|m_i|\leqslant M$, 且 $2^{r_i-1}\leqslant|m_i|<2^{r_i}$ $(r_i>1)$ 及 $m_i=0$ $(r_i=1)$ 的点 $\boldsymbol{m}=(m_1,\cdots,m_d)\in\mathbb{Z}^d$ 的集合. 于是, 我们有

$$\begin{aligned}S_0&\leqslant 2^{d+\alpha_1+\cdots+\alpha_d}\sum_{\boldsymbol{r}}2^{-(r_1\alpha_1+\cdots+r_d\alpha_d)}\sum_{\boldsymbol{m}\in T_{\boldsymbol{r}}}\|\boldsymbol{m}\boldsymbol{\theta}\|^{-\eta}\\&=S_{0,1}+\cdots+S_{0,d},\end{aligned}\tag{5.3.4}$$

其中 $S_{0,j}$ 表示对于满足 $|\boldsymbol{r}|_\infty=r_j$ 的 $\boldsymbol{r}$ 求和. 对于任何固定的 $T_{\boldsymbol{r}}$, 若 $r_1=\max\limits_{1\leqslant i\leqslant d}r_i$, 则由定理 3.2.1 的证明可知: 对于每个 $\boldsymbol{m}\in T_{\boldsymbol{r}}$, 有 $1/2\geqslant\|\boldsymbol{m}\boldsymbol{\theta}\|\geqslant\sigma^{-1}$, 其中 $\sigma=\sigma(\boldsymbol{r})=\gamma^{-1}2^{(r_1+\cdots+r_d)a+r_1b}$, 以及存在一个正整数 $l\leqslant[\sigma]$, 满足

$$l\sigma^{-1}\leqslant\|\boldsymbol{m}\boldsymbol{\theta}\|<(l+1)\sigma^{-1},\tag{5.3.5}$$

而且对于任何 $l\leqslant[\sigma]$, 至多存在两个不同的点 $\boldsymbol{m}$ 满足这个不等式. 于是, 由式 (5.3.5) 推出: 对于满足条件 $|\boldsymbol{r}|_\infty=r_1$ 的 $\boldsymbol{r}$, 有

$$\sum_{\boldsymbol{m}\in T_{\boldsymbol{r}}}\|\boldsymbol{m}\boldsymbol{\theta}\|^{-\eta}\leqslant 2\sigma^\eta\sum_{l=1}^{[\sigma]}l^{-\eta}\leqslant c_3(\boldsymbol{\alpha},d)2^{(r_1+\cdots+r_d)a\eta+r_1b\eta},$$

而且若 $|\boldsymbol{r}|_\infty=r_j$, 则上式也成立 (但指数中 $r_1b\eta$ 换为 $r_jb\eta$). 由此可知

$$S_{0,1}<c_4(\boldsymbol{\alpha},d)\sum_{\substack{\boldsymbol{r}\\|\boldsymbol{r}|_\infty=r_1}}2^{-(r_1\alpha_1+\cdots+r_d\alpha_d)}2^{(r_1+\cdots+r_d)a\eta+r_1b\eta}$$

$$\leqslant (d-1)!c_4(\boldsymbol{\alpha},d) \sum_{\substack{r_d \leqslant \cdots \leqslant r_2 \leqslant r_1 \\ r_1 \leqslant [\log_2 M]}} 2^{-(r_1\alpha_1+\cdots+r_d\alpha_d)} 2^{(r_1+\cdots+r_d)a\eta+r_1 b\eta}$$

$$= c_5(\boldsymbol{\alpha},d) \sum_{r_1 \leqslant [\log_2 M]} 2^{r_1(t_1+b\eta)} \sum_{r_d \leqslant \cdots \leqslant r_2 \leqslant r_1} 2^{t_2 r_2+\cdots+t_d r_d},$$

而且对于 $S_{0,j}$ 类似的估值也成立. 详而言之, 若 $|\boldsymbol{r}|_\infty = r_j$ $(j \neq 1)$, 则有

$$S_{0,j} \leqslant c_4(\boldsymbol{\alpha},d) \sum_{\substack{\boldsymbol{r} \\ |\boldsymbol{r}|_\infty = r_j}} 2^{-(r_1\alpha_1+\cdots+r_d\alpha_d)} 2^{(r_1+\cdots+r_d)a\eta+r_j b\eta}$$

$$\leqslant (d-1)!c_4(\boldsymbol{\alpha},d) \sum_{\substack{r_d \leqslant \cdots \leqslant r_{j+1} \leqslant r_{j-1} \leqslant \cdots \leqslant r_1 \leqslant r_j \\ r_j \leqslant [\log_2 M]}} 2^{r_1 t_1+r_2 t_2+\cdots+r_d t_d+r_j b\eta}$$

$$\leqslant (d-1)!c_4(\boldsymbol{\alpha},d) \sum_{\substack{r_d \leqslant \cdots \leqslant r_{j+1} \leqslant r_{j-1} \leqslant \cdots \leqslant r_1 \leqslant r_j \\ r_j \leqslant [\log_2 M]}} 2^{r_j t_1+r_2 t_2+\cdots+r_d t_d+r_j b\eta}$$

$$= c_5(\boldsymbol{\alpha},d) \sum_{r_j \leqslant [\log_2 M]} 2^{r_j(t_1+b\eta)} \sum_{r_d \leqslant \cdots \leqslant r_{j+1} \leqslant r_{j-1} \leqslant \cdots \leqslant r_1 \leqslant r_j} 2^{t_2 r_2+\cdots+t_d r_d}.$$

我们来估计 $S_{0,1}$. 注意

$$t_1 + b\eta \geqslant (a+b-1)\alpha_1 \geqslant 0.$$

于是, 由 $u = u(\eta)$ 和 $v = v(\eta)$ 的定义可以推出: 若 $t_1 > 0$, 则

$$S_{0,1} \leqslant c_6(\boldsymbol{\alpha},d) M^{t_1+b\eta} \cdot M^{t_2+\cdots+t_u} \cdot (\log M)^v$$
$$= c_6(\boldsymbol{\alpha},d) M^{t_1+\cdots+t_u+b\eta} (\log M)^v.$$

若 $t_1 = 0$, 则

$$t_2 = \cdots = t_\mu = 0, \quad t_d \leqslant \cdots \leqslant t_{\mu+1} < 0,$$

并且 $0 < a = \alpha_1/\eta \leqslant 1$. 于是, 当 $b \neq 0$ 时

$$S_{0,1} \leqslant c_7(\boldsymbol{\alpha},d) M^{b\eta} (\log M)^{\mu-1};$$

而当 $b = 0$(此时 $a = 1, t_1 = \cdots = t_\mu = 0, v(\eta) = \mu$)时

$$S_{0,1} \leqslant c_8(\boldsymbol{\alpha},d)(\log M) \cdot (\log M)^{\mu-1} = c_8(\boldsymbol{\alpha},d)(\log M)^\mu.$$

若 $t_1 < 0$, 则所有 $t_j < 0$, 且 $a = \alpha_1/\eta < 1$, 从而 $b > 0$, 于是

$$S_{0,1} \leqslant c_9(\boldsymbol{\alpha},d) M^{b\eta}.$$

易见上述 $S_{0,1}$ 的各种情形的估计对于 $S_{0,j}$ $(j\neq 1)$ 也成立, 所以由式 (5.3.4) 得到所要的结果. □

定理 5.3.1 之证 在式 (5.3.1) 两边令 $z=1$, 可知

$$\sum_{k=0}^{l(n-1)}\rho_{n,k}^{(l)}=n^l.$$

故当 $f\in E_d^{\boldsymbol{\alpha}}(C)$ 时

$$\begin{aligned}\frac{1}{n^l}\sum_{k=0}^{l(n-1)}\rho_{n,k}^{(l)}f(k\boldsymbol{\theta})&=\frac{1}{n^l}\sum_{k=0}^{l(n-1)}\rho_{n,k}^{(l)}C(\mathbf{0})+\frac{1}{n^l}\sum_{\boldsymbol{m}}{}'C(\boldsymbol{m})\sum_{k=0}^{l(n-1)}\rho_{n,k}^{(l)}e\big((\boldsymbol{m}\boldsymbol{\theta})k\big)\\&=C(\mathbf{0})+\frac{1}{n^l}\sum_{\boldsymbol{m}}{}'C(\boldsymbol{m})\left(\sum_{k=0}^{n-1}e\big((\boldsymbol{m}\boldsymbol{\theta})k\big)\right)^l,\end{aligned}$$

于是

$$|R_3(f;\lceil\alpha_h\rceil,\boldsymbol{\theta})|\leqslant Cn^{-\lceil\alpha_h\rceil}\sum_{\boldsymbol{m}}{}'\|\boldsymbol{m}\|_0^{-\boldsymbol{\alpha}}\left|\sum_{k=0}^{n-1}e\big((\boldsymbol{m}\boldsymbol{\theta})k\big)\right|^{\lceil\alpha_h\rceil}=C(S_1+S_2),$$

其中 S_1 对满足 $|\boldsymbol{m}|_\infty\leqslant M$ $(M\geqslant 1$ 为待定参数) 的 $\boldsymbol{m}$ 求和, S_2 对其余的 $\boldsymbol{m}$ 求和. 由引理 3.2.2 可得

$$S_1\leqslant c_{10}(\boldsymbol{\alpha})n^{-\lceil\alpha_h\rceil}\sum_{0<|\boldsymbol{m}|_\infty\leqslant M}\frac{1}{|\boldsymbol{m}|_0^{\boldsymbol{\alpha}}\|\boldsymbol{m}\boldsymbol{\theta}\|^{\alpha_h}}.$$

在引理 5.3.1 中取 $b=0$, 并且因为 $a\geqslant 1$, 所以 $\tau_1\geqslant 0$, 我们推出

$$S_1\leqslant c_{11}(\boldsymbol{\alpha},d)n^{-\lceil\alpha_h\rceil}M^{\tau_1+\cdots+\tau_u}(\log M)^v \tag{5.3.6}$$

(注意, 当 $u=0$ 时, $\tau_1+\cdots+\tau_u$ 理解为 0, 而 $v=\mu$). 因为

$$\left|\sum_{k=0}^{n-1}e\big((\boldsymbol{m}\boldsymbol{\theta})k\big)\right|\leqslant n,$$

所以由引理 5.2.12 (其中 $d=1$) 得到

$$S_2\leqslant\sum_{i=1}^{d}\sum_{|m_i|>M}|m_i|^{-\alpha_i}\sum_{\boldsymbol{m}}|\boldsymbol{m}|_0^{-\boldsymbol{\alpha}}<c_{12}(\boldsymbol{\alpha},d)M^{-(\alpha_1-1)}. \tag{5.3.7}$$

记

$$\lambda=\tau_1+\cdots+\tau_u+\alpha_1-1,$$

取

$$M=\left[n^{\lceil\alpha_h\rceil/\lambda}(\log n)^{-v/\lambda}\right]+1.$$

由式 (5.3.6) 和式 (5.3.7) 即得所要的估值. □

推论 5.3.1 记 $N=n^{\lceil\alpha_1\rceil}$. 在定理 5.3.1 的假设下, 有

$$\sup_{f\in E_d^{\boldsymbol{\alpha}}(C)}|R_3(f;\lceil\alpha_1\rceil,\boldsymbol{\theta})|\leqslant Cc_{13}(\boldsymbol{\alpha},d)N^{-1+\frac{s(a-1)\alpha_1}{\mu(a-1)\alpha_1+\alpha_1-1}}(\log N)^{\mu\delta_{1a}}. \tag{5.3.8}$$

特别地, 若 $a=1$, 则

$$\sup_{f\in E_d^{\boldsymbol{\alpha}}(C)}|R_3(f;\lceil\alpha_1\rceil,\boldsymbol{\theta})|\leqslant Cc_{14}(\boldsymbol{\alpha},d)N^{-1}(\log N)^{\mu};$$

若 $a=1+\varepsilon$ ($\varepsilon>0$ 任意给定), 则

$$\sup_{f\in E_d^{\boldsymbol{\alpha}}(C)}|R_3(f;\lceil\alpha_1\rceil,\boldsymbol{\theta})|\leqslant Cc_{14}(\boldsymbol{\alpha},d,\varepsilon)N^{-1+\varepsilon}.$$

证 推论的后半部分显然, 现证前半部分. 在定理 5.3.1 中取 $h=1$. 若 $a=1$, 则

$$u=0,\quad v=\mu,$$

由定理 5.3.1 即知结论成立. 若 $a>1$, 则

$$\mu\leqslant u\leqslant d,\quad v\leqslant d-u.$$

考虑两种情形:

(1) 如果 $u=d$, 那么 $v=0$, 并且

$$\frac{\tau_1+\cdots+\tau_u}{\tau_1+\cdots+\tau_u+\alpha_1-1}=\frac{\tau_1+\cdots+\tau_d}{\tau_1+\cdots+\tau_d+\alpha_1-1}\leqslant\frac{d\tau_1}{\mu\tau_1+\alpha_1-1},$$

故式 (5.3.8) 成立.

(2) 如果 $u<d$, 那么 $0\leqslant v\leqslant d-u\leqslant d-\mu$. 注意

$$0<\tau_j\leqslant\tau_1\quad(1\leqslant j\leqslant u),\quad u\geqslant\mu\geqslant 1,$$

我们得到

$$\frac{\tau_1+\cdots+\tau_u}{\tau_1+\cdots+\tau_u+\alpha_1-1}\leqslant\frac{(d-1)\tau_1}{\mu\tau_1+\alpha_1-1}=\frac{d\tau_1}{\mu\tau_1+\alpha_1-1}-\frac{\tau_1}{\mu\tau_1+\alpha_1-1}.$$

因为对足够大的 n, 有

$$N^{-\tau_1/(\mu\tau_1+\alpha_1-1)}(\log N)^{d-\mu}\leqslant 1,$$

故存在常数 $c_{15}(\boldsymbol{\alpha},d)$, 使得

$$N^{(\tau_1+\cdots+\tau_u)/(\tau_1+\cdots+\tau_u+\alpha_1-1)}\cdot(\log N)^{(\alpha_1-1)v/(\tau_1+\cdots+\tau_u+\alpha_1-1)}$$

$$\leqslant N^{(d\tau_1)/(\mu\tau_1+\alpha_1-1)} \cdot N^{-\tau_1/(\mu\tau_1+\alpha_1-1)} \cdot (\log N)^{d-\mu}$$

$$\leqslant c_{15}(\boldsymbol{\alpha},d)N^{(d\tau_1)/(\mu\tau_1+\alpha_1-1)}.$$

所以式 (5.3.8) 也成立. □

推论 5.3.2 若 $\theta_1,\cdots,\theta_d$ 是实代数数, $1,\theta_1,\cdots,\theta_d$ 在 $\mathbb{Q}$ 上线性无关, 则

$$\sup_{f\in E_d^{\alpha}(C)} |R_3(f;\lceil\alpha_1\rceil,\boldsymbol{\theta})| \leqslant Cc_{16}(\boldsymbol{\alpha},d,\epsilon)N^{-1+\varepsilon},$$

其中 $N=n^{\lceil\alpha_1\rceil}$, $\varepsilon>0$ 任意给定.

证 由例 3.2.1, 可取 $a=1+\varepsilon$, 再由推论 5.3.1 即可得到结论. □

注 5.3.2 其他满足 $a=1+\varepsilon$ 的 $\boldsymbol{\theta}$ 的例子可见例 3.2.3 及 [7](第 85 页) 等. 我们还可对满足不等式 (5.3.3) 的 $\boldsymbol{\theta}$ 建立与定理 5.2.2 类似的结果, 例 3.2.2、例 3.2.4 和例 3.2.5 提供了这种 $\boldsymbol{\theta}$ 的例子.

注 5.3.3 对于 $f\in E_d^{\alpha}(C)(\alpha>1)$ 的情形, 文献 [7](定理 7.3.1) 给出了一个较弱于推论 5.3.1 的结果.

注 5.3.4 H. Niederreiter[160] 证明了: 若 $\boldsymbol{\theta}$ 同推论 5.3.2 中的, 则对于 $f\in E_d^{1+\varepsilon}(C)$ ($\varepsilon>0$ 任意给定), 有

$$|R_3(f;1,\boldsymbol{\theta})| = \left|\frac{1}{n}\sum_{k=1}^{n} f(k\boldsymbol{\theta}) - \int_{\overline{G}_d} f(\boldsymbol{x})\mathrm{d}\boldsymbol{x}\right| = O(n^{-1}).$$

注 5.3.5 当 $l=2$ 时, 我们有

$$\rho_{n,k}^{(2)} = n-|(n-1)-k| \quad \big(k=0,1,\cdots,2(n-1)\big),$$

因而求积公式 (5.3.2) 有较为简单的形式:

$$\begin{aligned}\int_{\overline{G}_d} f(\boldsymbol{x})\mathrm{d}\boldsymbol{x} &= \frac{1}{n}\sum_{k=0}^{2(n-1)}\left(1-\frac{|(n-1)-k|}{n}\right)f(k\boldsymbol{\theta})+R_3(f;2,\boldsymbol{\theta})\\ &= \frac{1}{n}\sum_{k=-(n-1)}^{n-1}\left(1-\frac{|k|}{n}\right)f(k\boldsymbol{\theta})+R_3(f;2,\boldsymbol{\theta}).\end{aligned}$$

当 $\alpha_1=2$ 时宜用此公式.

注 5.3.6 为代替恒等式 (5.3.1), 我们也可以用恒等式

$$\left(\sum_{k=-n}^{n} z^k\right)^l = \sum_{k=-ln}^{ln} \widetilde{\rho}_{n,k}^{(l)} z^k \quad (l\in\mathbb{N})$$

定义权 $\widetilde{\rho}_{n,k}^{(l)}/(2n+1)^l$, 而多维求积公式 (5.3.2) 则代以下面的对称形式:

$$\int_{\overline{G}_d} f(\boldsymbol{x})\mathrm{d}\boldsymbol{x} = \frac{1}{(2n+1)^l}\sum_{k=-ln}^{ln}\widetilde{\rho}_{n,k}^{(l)}f(k\boldsymbol{\theta}) + \widetilde{R}_3(f;l,\boldsymbol{\theta})$$

(见 [24]). 这种对称形式与公式 (5.3.2) 实际上是等效的.

我们也可以应用广义 Kronecker 点列 $(\boldsymbol{kA})$ 为网点构造多维求积公式, 并且用同样的方法估计误差, 此处 $\boldsymbol{k} = (k_1,\cdots,k_t) \in \mathbb{N}^t$, $\boldsymbol{A} = (\theta_{ij})$ 是一个 $t\times d$ $(t,d \geqslant 1)$ 实矩阵. 若 $\boldsymbol{A}$ 的行矢记为 $\boldsymbol{\theta}_i = (\theta_{i1},\cdots,\theta_{id})$ $(i=1,\cdots,t)$, 列矢记为 $\boldsymbol{\gamma}_j = (\theta_{1j},\cdots,\theta_{tj})$ $(j=1,\cdots,d)$, 则 $(\boldsymbol{kA})$ 中的点就是

$$\boldsymbol{kA} = \left(\sum_{i=1}^{t}k_i\theta_{i1},\cdots,\sum_{i=1}^{t}k_i\theta_{id}\right) = (\boldsymbol{k\gamma}_1,\cdots,\boldsymbol{k\gamma}_d).$$

我们建立多维求积公式

$$\int_{\overline{G}_d} f(\boldsymbol{x})\mathrm{d}\boldsymbol{x} = \frac{1}{n^{tl}}\sum_{\boldsymbol{k}\in\mathscr{K}_{l(n-1)}^*}\rho_{n,\boldsymbol{k}}^{(l)}f(\boldsymbol{kA}) + R_4(f;l,\boldsymbol{\theta}), \tag{5.3.9}$$

其中

$$\mathscr{K}_n^* = \{\boldsymbol{k} = (k_1,\cdots,k_t) \mid k_i \in \mathbb{N}_0, 0 \leqslant k_i \leqslant n\ (1 \leqslant i \leqslant t)\}, \quad \rho_{n,\boldsymbol{k}}^{(l)} = \prod_{i=1}^{t}\rho_{n,k_i}^{(l)}.$$

定理 5.3.2 设 $d,t \geqslant 1$, $\boldsymbol{A} = (\theta_{ij})$ 是一个 $t\times d$ 实矩阵, 其行矢 $\boldsymbol{\theta}_i = (\theta_{i1},\cdots,\theta_{id}) \in \mathbb{R}^d$ 满足不等式

$$\prod_{i=1}^{t}\|\boldsymbol{m\theta}_i\| \geqslant \gamma_1|\boldsymbol{m}|_0^{-a} \quad (\boldsymbol{m} = (m_1,\cdots,m_s) \in \mathbb{Z}^s\setminus\{\boldsymbol{0}\}), \tag{5.3.10}$$

其中常数 $\gamma_1 > 0, a \geqslant 1$. 还设 $\boldsymbol{\alpha}$ 满足

$$1 < \alpha_1 = \cdots = \alpha_\mu \leqslant \alpha_{\mu+1} \leqslant \cdots \leqslant \alpha_d,$$

其中 $1 \leqslant \mu \leqslant d$. 那么对于任何固定的 α_h $(1 \leqslant h \leqslant d)$, 有

$$\sup_{f\in E_d^{\boldsymbol{\alpha}}(C)}|R_4(f;\lceil\alpha_h\rceil,\boldsymbol{\theta})| \leqslant Cc_{17}(\boldsymbol{\alpha},\boldsymbol{A})N^{-1+\frac{\tau_1+\cdots+\tau_u}{\tau_1+\cdots+\tau_u+\alpha_1-1}}(\log N)^{\frac{(\alpha_1-1)(v+t-1)}{\tau_1+\cdots+\tau_u+\alpha_1-1}},$$

其中 τ_j $(1 \leqslant j \leqslant d), u = u(\alpha_h), v = v(\alpha_h)$ 同定理 5.3.1 中的, $N = n^{t\lceil\alpha_h\rceil}$.

证 容易证明: 当 $f \in E_d^{\boldsymbol{\alpha}}(C)$ 时

$$|R_3(f;\lceil\alpha_h\rceil,\boldsymbol{\theta})| \leqslant Cn^{-t\lceil\alpha_h\rceil}{\sum_{\boldsymbol{m}}}'\|\boldsymbol{m}\|_0^{-\boldsymbol{\alpha}}\prod_{i=1}^{t}\left|\sum_{k_i=0}^{n-1}e\big((\boldsymbol{m\theta}_i)k_i\big)\right|^{\alpha_h} = C(\varSigma_1+\varSigma_2),$$

其中 Σ_1 对满足 $|\boldsymbol{m}|_\infty \leqslant M_1$ ($M_1 \geqslant 1$ 为待定参数) 的 $\boldsymbol{m}$ 求和, Σ_2 对其余的 $\boldsymbol{m}$ 求和. 由引理 3.2.2 及式 (5.3.10) 得

$$\Sigma_1 \leqslant c_{18}(\boldsymbol{\alpha})n^{-t\lceil\alpha_h\rceil} \sum_{0<|\boldsymbol{m}|_\infty \leqslant M} |\boldsymbol{m}|_0^{-\boldsymbol{\alpha}} \prod_{i=1}^{t} \|\boldsymbol{m}\boldsymbol{\theta}_i\|^{-\alpha_h}.$$

类似于定理 3.3.1 的证明中对 S_0 的估计, 保留原有记号, 但其中取

$$b=0 \quad 及 \quad \sigma = \gamma_1^{-1} 2^{(r_1+\cdots+r_d)a},$$

并用参数 M_1 代替 M 来定义集合 $T_{\boldsymbol{r}}$. 我们有

$$\Sigma_1 \leqslant c_{19}(\boldsymbol{\alpha},d)n^{-t\lceil\alpha_h\rceil} \sum_{\boldsymbol{r}} 2^{-(\alpha_1 r_1+\cdots+\alpha_d r_d)} \sum_{\boldsymbol{m}\in T_{\boldsymbol{r}}} \prod_{i=1}^{t} \|\boldsymbol{m}\boldsymbol{\theta}_i\|^{-\alpha_h}.$$

由定理 3.3.1 的证明知

$$\nu(l) \leqslant 4^t l(\log_2\sigma)^{t-1},$$

并注意 $\alpha_h > 1$, 我们有

$$\begin{aligned}
\sum_{\boldsymbol{m}\in T_{\boldsymbol{r}}} \prod_{i=1}^{t} \|\boldsymbol{m}\boldsymbol{\theta}_i\|^{-\alpha_h} &\leqslant \sum_{l=1}^{[\sigma]} \big(\nu(l+1)-\nu(l)\big)\left(\prod_{i=1}^{t}\|\boldsymbol{m}\boldsymbol{\theta}_i\|\right)^{-\alpha_h} \\
&\leqslant \sigma^{\alpha_h} \sum_{l=1}^{[\sigma]} \frac{\nu(l+1)-\nu(l)}{l^{\alpha_h}} \\
&= \sigma^{\alpha_h}\left(\sum_{l=1}^{[\sigma]-1} \nu(l+1)\Big(\frac{1}{l^{\alpha_h}} - \frac{1}{(l+1)^{\alpha_h}}\Big) + \frac{\nu([\sigma]+1)}{[\sigma]}\right) \\
&\leqslant 4^t(\log_2\sigma)^{t-1}\sigma^{\alpha_h}\left(\sum_{l=1}^{[\sigma]-1} l^{-\alpha_h} + 2\right) \\
&\leqslant c_{20}(\boldsymbol{A})(\log M_1)^{t-1} 2^{(r_1+\cdots+r_d)a\alpha_h}.
\end{aligned}$$

由此我们可推出

$$\Sigma_1 \leqslant c_{21}(\boldsymbol{\alpha},\boldsymbol{A})n^{-t\lceil\alpha_h\rceil}(\log M)^{t-1} \sum_{\substack{r_d\leqslant\cdots\leqslant r_1 \\ r_1\leqslant[\log_2 M_1]}} 2^{\tau_1 r_1+\cdots+\tau_d r_d}.$$

因为 $a \geqslant 1$, 所以 $\tau_1 \geqslant 0$, 我们得到

$$\Sigma_1 \leqslant c_{22}(\boldsymbol{\alpha},\boldsymbol{A})n^{-t\lceil\alpha_h\rceil} M_1^{\tau_1+\cdots+\tau_u}(\log M)^{v+t-1}.$$

与定理 5.3.1 的证明类似, 由引理 5.2.12 (其中 $d=1$), 我们有

$$\Sigma_2 \leqslant \sum_{i=1}^{d} \sum_{|m_i|>M_1} |m_i|^{-\alpha_i} \sum_{\boldsymbol{m}} |\boldsymbol{m}|_0^{-\boldsymbol{\alpha}} < c_{23}(\boldsymbol{\alpha},d) M_1^{-(\alpha_1-1)}.$$

取

$$M_1 = \left[n^{t\lceil\alpha_h\rceil/\lambda}(\log n)^{-(v+t-1)/\lambda}\right]+1$$

(其中 λ 同定理 5.3.1 的证明中所定义的), 即可得到所要的估值. □

注 5.3.7 定理 5.3.2 见 [310]. 当 $t=1$ 时, 由定理 5.3.2 即得定理 5.3.1. 另外, 若假定不等式 (3.3.13)(见定理 3.3.1) 成立, 则用上述方法即可改进 [294] 中的定理 1.

5.4 多维数值积分的格法则

多维数值积分的格法则可以看作经典的梯形法则的多维情形的类似, 也是好格点法的扩充; 它源于周期函数的数值积分, 但也可用于非周期函数. 多维数值积分的格法则的原始概念首见于 1977 年 K. K. Frolov 的论文 [68]. 他讨论了求积公式与某些整点形成的子格间的关系, 使有可能将数的几何 (数论的一个分支) 的某些结果应用于多维数值积分的拟 Monte Carlo 方法. 1985 年前后, 同样的思想被 I. H. Sloan 等 [236,241] 再次提出, 并被系统地发展为一种具有实用价值的多维数值积分方法 (见 [242], 以及 [243,247] 等). 本节是这个方法的简明引论.

5.4.1 格和格法则

设 $d\geqslant 1$. 如果 $\mathbb{R}^d$ 中的一个离散子集 Γ 关于平常的矢量加法和减法运算是封闭的 (即 Γ 中任两元素的和及差都仍然属于 Γ), 那么称它是 $\mathbb{R}^d$ 中的一个格. 格中的点称为格点. 如果 $\boldsymbol{g}_1,\cdots,\boldsymbol{g}_t\in\Gamma$ 在 $\mathbb{Q}$ 上线性无关, 并且 Γ 中任何一个点 (矢量) 都可表示为它们的整系数线性组合, 那么 $\{\boldsymbol{g}_1,\cdots,\boldsymbol{g}_t\}$ 称为 Γ 的一组基底, 或 Γ 的一组生成元. 可以证明: $\mathbb{R}^d$ 中的每个格都有基底, 而且基底所含元素的个数 $t\leqslant d$ (见 [38] 第 78 页定理

Ⅵ). 一个格的基底并不唯一. 例如, 设 $d \geqslant 2$, $\{\boldsymbol{g}_1,\cdots,\boldsymbol{g}_t\}$ 是 Γ 的一组基底, 那么将 $\boldsymbol{g}_1$ 换成 $\boldsymbol{g}_1'=\boldsymbol{g}_1+\boldsymbol{g}_2$ 后, $\{\boldsymbol{g}_1',\boldsymbol{g}_2,\cdots,\boldsymbol{g}_t\}$ 仍然是 Γ 的一组基底. 依线性无关性的定义, 容易证明一个格的不同基底所含元素的个数, 即 t 的值是不变的. t 的值称为 Γ 的维数. 下文中, 我们仅考虑 d 维格.

设 $\{\boldsymbol{g}_1,\cdots,\boldsymbol{g}_d\}$ 和 $\{\boldsymbol{g}_1',\cdots,\boldsymbol{g}_d'\}$ 是 $\mathbb{R}^d$ 中的格 Γ 的两组不同的基底, 那么

$$\boldsymbol{g}_j'=\sum_{k=1}^{d} v_{jk}\boldsymbol{g}_k \quad (j=1,\cdots,d), \tag{5.4.1}$$

$$\boldsymbol{g}_i=\sum_{l=1}^{d} w_{il}\boldsymbol{g}_l' \quad (i=1,\cdots,d), \tag{5.4.2}$$

其中 v_{jk},w_{il} 是整数. 将式 (5.4.1) 代入式 (5.4.2), 可得

$$\sum_{j=1}^{d} w_{ij}v_{jl}=\delta_{il}$$

(δ_{il} 是 Kronecker 符号), 因此 $\det(w_{il})\det(v_{jk})=1$, 注意这两个行列式的值都是整数, 从而 $|\det(w_{il})|=|\det(v_{jk})|=1$. 我们用 $(\boldsymbol{g}_1,\cdots,\boldsymbol{g}_d)$ 表示以 $\boldsymbol{g}_j$ 作为第 j $(j=1,\cdots,d)$ 行所形成的 d 阶矩阵 (它称作格 Γ 的生成元矩阵), 那么由式 (5.4.2) 推出

$$|\det(\boldsymbol{g}_1,\cdots,\boldsymbol{g}_d)|=|\det(w_{il})||\det(\boldsymbol{g}_1',\cdots,\boldsymbol{g}_d')|=|\det(\boldsymbol{g}_1',\cdots,\boldsymbol{g}_d')|.$$

这表明生成元矩阵的行列式的绝对值与生成元 (即基底) 的不同选取无关. 我们将这个值称为格行列式, 并记作 $\det(\Gamma)$. 注意它乃是矢量 $\boldsymbol{g}_1,\cdots,\boldsymbol{g}_d$ 所张成的基本平行体 $\{\lambda_1\boldsymbol{g}_1+\cdots+\lambda_d\boldsymbol{g}_d \mid 0\leqslant\lambda_j\leqslant 1\,(1\leqslant j\leqslant d)\}$ 的体积, 因此 $1/\det(\Gamma)$ 表示空间中单位体积所含 Γ 的格点的平均个数.

对于给定的格 $\Gamma\subset\mathbb{R}^d$, 集合

$$\{\boldsymbol{m}\in\mathbb{R}^d \mid \boldsymbol{m}\boldsymbol{x}\in\mathbb{Z}\,(\text{对所有 }\boldsymbol{x}\in\Gamma)\}$$

也是 $\mathbb{R}^d$ 中的一个格, 它称作 Γ 的对偶格, 并记作 $\Gamma^{\perp}$.

我们将 $\mathbb{R}^d$ 中任何一个含有 $\mathbb{Z}^d$ 的格 Γ 称作积分格. 因而 $\mathbb{Z}^d$ 本身就是最简单的积分格. 显然, 若 Γ 是一个积分格, $t\geqslant 1$ 是任意整数, 则 $\Gamma_t=t^{-1}\Gamma$ (即 Γ 的所有格点的 $1/t$ 组成的点集) 也是一个积分格. 但后者的行列式

$$\det(\Gamma_t)=t^{-d}\det(\Gamma),$$

于是空间中单位体积所含 Γ_t 的格点的平均个数将是 Γ 的相应个数的 t^d 倍.

设 $f(\boldsymbol{x})=f(x_1,\cdots,x_d)$ 是 $\overline{G}_d=[0,1]^d$ 上的连续函数 (或光滑函数), $\Gamma\cap G_d=\{\boldsymbol{x}_1,\cdots,\boldsymbol{x}_n\}$ 是积分格 $\Gamma\subset\mathbb{R}^d$ 的所有落在 G_d 中的点. 我们将近似公式

$$\int_{\overline{G}_d} f(\boldsymbol{x})\mathrm{d}\boldsymbol{x}\approx\frac{1}{n}\sum_{k=1}^{n}f(\boldsymbol{x}_k) \tag{5.4.3}$$

称作一个 d 维数值积分的格法则 (或简称为 d 维格法则), 而 $\{\boldsymbol{x}_1,\cdots,\boldsymbol{x}_n\}$ 称为格法则的网点集, 网点个数称为格法则的阶. 有时, 为了强调网点个数 (或阶), 也称这个格法则为 n 阶 (或 n 点) 格法则. 我们还将式 (5.4.3) 右边的和记作

$$Qf=\frac{1}{n}\sum_{k=1}^{n}f(\boldsymbol{x}_k),$$

并用 Qf 代指这个格法则, 并简称“给定格法则 Q”, 还用 $\mathcal{A}(Q)$ 表示它的网点集.

一个格法则由所选用的积分格 Γ 完全确定; 反之, 若给定格法则 (5.4.3), 则相应的积分格就是

$$\Gamma=\{\boldsymbol{x}_k+\boldsymbol{z}\mid k=1,\cdots,n;\boldsymbol{z}\in\mathbb{Z}^d\}.$$

I. H. Sloan 和 P. J. Kachoyan[242] 证明了:

定理 5.4.1 如果 Γ 是一个 n 阶格法则的积分格, 那么 $\det(\Gamma)=1/n$. 如果 $\boldsymbol{A}$ 是 Γ 的生成元矩阵, 那么 Γ 的对偶格 $\Gamma^{\perp}$ 有生成元矩阵 $(\boldsymbol{A}^{\mathrm{T}})^{-1}$ (此处 $\boldsymbol{A}^{\mathrm{T}}$ 表示 $\boldsymbol{A}$ 的转置矩阵), 并且 $\det(\Gamma^{\perp})=1/\det(\Gamma)=n$.

证 由格法则的定义可得 $|\Gamma\cap G_d|=n$. 因为 Γ 是 d 维格, 所以对于每个正整数 k, d 维方体 $[0,k)^d$ 恰好含有 k^dn 个 Γ 中的点. 另外, 由 $\det(\Gamma)$ 的几何意义, 可知当 $k\to\infty$ 时, 这个点数渐近地等于 $|[0,k)^d|\cdot\big[1/\det(\Gamma)\big]=k^d/\det(\Gamma)$, 即

$$k^dn\sim k^d/\det(\Gamma)\quad(k\to\infty),$$

于是 $\det(\Gamma)=1/n$.

如果 $\boldsymbol{g}_1,\cdots,\boldsymbol{g}_d$ 和 $\boldsymbol{h}_1,\cdots,\boldsymbol{h}_d$ 分别是矩阵 $\boldsymbol{A}$ 和 $(\boldsymbol{A}^{\mathrm{T}})^{-1}$ 的行矢, 那么 $\boldsymbol{h}_i\cdot\boldsymbol{g}_j=\delta_{ij}$ $(1\leqslant i,j\leqslant d)$. 所以 $\boldsymbol{h}_i\in\Gamma^{\perp}$ $(1\leqslant i\leqslant d)$. 对于 $\Gamma^{\perp}$ 中的任意一点 $\boldsymbol{a}$, 有

$$\boldsymbol{a}=\boldsymbol{a}\boldsymbol{A}^{\mathrm{T}}(\boldsymbol{A}^{\mathrm{T}})^{-1}=\sum_{i=1}^{d}(\boldsymbol{a}\cdot\boldsymbol{g}_i)\boldsymbol{h}_i.$$

注意 $\boldsymbol{a}\cdot\boldsymbol{g}_i\in\mathbb{Z}$ $(1\leqslant i\leqslant d)$, 可见 $\boldsymbol{a}$ 确实可以表示为 $\boldsymbol{h}_1,\cdots,\boldsymbol{h}_d$ 的整系数线性组合. 又因为 $\det(\boldsymbol{A}^{\mathrm{T}})^{-1}\neq0$ 蕴含 $\boldsymbol{h}_i$ $(1\leqslant i\leqslant d)$ 在 $\mathbb{Q}$ 上线性无关, 所以 $\boldsymbol{h}_i$ $(1\leqslant i\leqslant d)$ 是 $\Gamma^{\perp}$ 的

一组基底, 从而 $(\boldsymbol{A}^{\mathrm{T}})^{-1}$ 是 $\Gamma^{\perp}$ 的生成元矩阵. 最后, 易见

$$\det(\Gamma^{\perp}) = |\det((\boldsymbol{A}^{\mathrm{T}})^{-1})| = |\det(\boldsymbol{A})|^{-1} = \det(\Gamma)^{-1} = n.$$

于是定理得证. □

注 5.4.1 文献 [145] 给出了关于格的生成元矩阵的一些结果.

有时, 若借助于积分区域 $\overline{G}_d$ 的对称变换, 可以由一个格法则得到另一个格法则, 则本质上宜将它们看作同一个法则. 具体而言, 如果在一个给定的格法则中改变点的坐标的标号, 或者将坐标 x_i 的值 ξ_i 用 $1-\xi_i$ 代替 (但 $x_i=0$ 时除外), 或者联合使用这些变换, 由此得到一个新的格法则, 那么我们称它们是几何等价的. 例如, 下列两个格法则是几何等价的:

$$Q_1 f = \frac{1}{5}\left(f(0,0) + f\left(\frac{1}{5},\frac{3}{5}\right) + f\left(\frac{2}{5},\frac{1}{5}\right) + f\left(\frac{3}{5},\frac{4}{5}\right) + f\left(\frac{4}{5},\frac{2}{5}\right)\right),$$

$$Q_2 f = \frac{1}{5}\left(f(0,0) + f\left(\frac{1}{5},\frac{2}{5}\right) + f\left(\frac{2}{5},\frac{4}{5}\right) + f\left(\frac{3}{5},\frac{1}{5}\right) + f\left(\frac{4}{5},\frac{3}{5}\right)\right).$$

最后, 我们定义格法则式 (5.4.3) 的移位格法则: 对于给定的 $\boldsymbol{c}\in\mathbb{R}^d$, 用和

$$Q_{\boldsymbol{c}} f = \frac{1}{n}\sum_{k=1}^{n} f(\{\boldsymbol{x}_k + \boldsymbol{c}\})$$

代替式 (5.4.3) 中右边的和所得到的近似公式.

注 5.4.2 移位格法则将原格法则的网点作了适当移动, 可避免在积分区域的边界上出现网点, 也便于应用随机化技术进行积分误差估计 (可参见 [240] 第四章和第十章). 如果 f 是 (多变量) 周期函数, 且每个变量以 1 为周期, 那么 $f(\{\boldsymbol{x}_k+\boldsymbol{c}\}) = f(\boldsymbol{x}_k+\boldsymbol{c})$.

5.4.2 格法则的标准形和分类

一个给定的格法则可以用不同的形式表示出来. 例如, 二维格法则

$$Qf = \frac{1}{5}\sum_{k=1}^{5} f\left(\left\{\frac{k}{5}(1,2)\right\}\right),$$

它的五个网点是 $(0,0),(1/5,2/5),(2/5,4/5),(3/5,1/5),(4/5,3/5)$. 我们也可以将它表示为

$$Qf = \frac{1}{5}\sum_{k=1}^{5} f\left(\left\{\frac{k}{5}(\lambda,2\lambda)\right\}\right),$$

其中 λ 可以取 2,3,4 中的任一值. 一般地, 我们有下面的结果[243]:

定理 5.4.2 设 $n \geqslant 2$, Q 是一个 d 维 n 点格法则. 那么存在一个唯一确定的整数 r, 满足 $1 \leqslant r \leqslant d$, 以及一组唯一确定的整数组 $n_1, \cdots, n_r > 1$, 满足 $n_{j+1} | n_j$ $(1 \leqslant j \leqslant r-1)$, 使得 Qf 可以表示为

$$Qf = \frac{1}{n} \sum_{k_1=1}^{n_1} \cdots \sum_{k_r=1}^{n_r} f\left(\left\{\frac{k_1}{n_1}\boldsymbol{z}_1 + \cdots + \frac{k_r}{n_r}\boldsymbol{z}_r\right\}\right), \tag{5.4.4}$$

其中 $\boldsymbol{z}_1, \cdots, \boldsymbol{z}_r$ 是 $\mathbb{Q}$ 线性无关的整矢, 并且 n_j 及 $\boldsymbol{z}_j$ 的坐标的最大公约数等于 1; 而法则的阶

$$n = n_1 n_2 \cdots n_r. \tag{5.4.5}$$

定理的证明基于有限群论中的一个经典结果, 我们将它叙述为下面的引理. 与之有关的术语的定义及结论的证明可参见 [140], 此处一概省略.

引理 5.4.1 任何一个阶大于或等于 2 的有限 Abel 群 $\mathcal{G}$ 可以唯一地 (在同构的意义下) 表示为直和形式

$$\mathcal{G} = \mathcal{D}_1 \oplus \cdots \oplus \mathcal{D}_r,$$

其中 $\mathcal{D}_j$ $(1 \leqslant j \leqslant r)$ 是阶为 $n_j > 1$ 的循环群, 并且 $n_{j+1} | n_j$ $(1 \leqslant j \leqslant r-1)$. 整数 r 及整数组 $n_1, \cdots, n_r$ 是唯一确定的 (分别称为群 $\mathcal{G}$ 的秩及不变量).

定理 5.4.2 之证 设

$$\mathcal{A}(Q) = \{\boldsymbol{x}_1, \cdots, \boldsymbol{x}_n\} = \varGamma \cap G_d$$

是 n 点格法则 Q 的网点集, 在 $\mathcal{A}(Q)$ 上用下式定义运算“$\circ$”:

$$\boldsymbol{x}_j \circ \boldsymbol{x}_k = \{\boldsymbol{x}_j + \boldsymbol{x}_k\} \quad (1 \leqslant j, k \leqslant n).$$

那么依据定义, 容易知道 $\mathcal{A}(Q)$ 在此运算下形成一个 n 阶 Abel 群. 例如, 若 $\boldsymbol{x}_j, \boldsymbol{x}_k \in \mathcal{A}(Q) \subset \varGamma$, 则 $\boldsymbol{x}_j + \boldsymbol{x}_k \in \varGamma$, 点 $\{\boldsymbol{x}_j + \boldsymbol{x}_k\} \in G_d$. 注意 $\mathbb{Z}^d \subset \varGamma$, 而 $\{\boldsymbol{x}_j + \boldsymbol{x}_k\} = \boldsymbol{x}_j + \boldsymbol{x}_k + \boldsymbol{z}$, 其中 $\boldsymbol{z}$ 是某个整矢, 因而 $\{\boldsymbol{x}_j + \boldsymbol{x}_k\} \in \varGamma$. 合起来, 就有

$$\{\boldsymbol{x}_j + \boldsymbol{x}_k\} \in \varGamma \cap G_d = \mathcal{A}(Q).$$

这表明 $\mathcal{A}(Q)$ 对于运算“$\circ$”是封闭的 (其他有关条件的验证从略). 还要注意, 在此情形下, 若阶为 n_j 的循环群 $\mathcal{D}_j$ 的生成元为 $\boldsymbol{c}_j$, 则 $\{n_j\boldsymbol{c}_j\} = \boldsymbol{0}$, 从而 $n_j\boldsymbol{c}_j = \boldsymbol{z}_j$(某个整矢); 并且由循环群的阶的定义, 可知 n_j 与 $\boldsymbol{z}_j$ 的坐标的最大公约数等于 1. 于是 $\mathcal{D}_j$ 的生成

元可写为 $\boldsymbol{z}_j/n_j$, 而且依引理 5.4.1, $\mathcal{A}(Q)$ 的每个点可表示为 $d_1\circ\cdots\circ d_r$ 的形式, 其中 $d_j\in\mathcal{D}_j$. 因此, $\mathcal{A}(Q)$ 由下列点组成:

$$\left\{\frac{k_1}{n_1}\boldsymbol{z}_1+\cdots+\frac{k_r}{n_r}\boldsymbol{z}_r\right\}\quad(1\leqslant k_j\leqslant n_j,1\leqslant j\leqslant r).\tag{5.4.6}$$

从而式 (5.4.4) 得证, 并且 $n_{j+1}|n_j$ $(1\leqslant j\leqslant r-1)$. 比较 $\mathcal{A}(Q)$ 中的点数及式 (5.4.6) 中的点数, 即得式 (5.4.5).

现在证明 $\boldsymbol{z}_1,\cdots,\boldsymbol{z}_r$ 在 $\mathbb{Q}$ 上线性无关. 易见, 我们可以等价地证明 $\boldsymbol{z}_1/n_1,\cdots,\boldsymbol{z}_r/n_r$ 在 $\mathbb{Q}$ 上线性无关. 假设存在不全为零的有理数 $\sigma_1,\cdots,\sigma_r$, 使得

$$\frac{\sigma_1}{n_1}\boldsymbol{z}_1+\cdots+\frac{\sigma_r}{n_r}\boldsymbol{z}_r=\boldsymbol{0},$$

如有必要, 可以用一个适当的整数乘此式两边, 因此不失一般性, 可以认为 $\sigma_1,\cdots,\sigma_r$ 是互素的整数, 于是

$$\frac{\sigma_1}{n_1}\boldsymbol{z}_1+\cdots+\frac{\sigma_r}{n_r}\boldsymbol{z}_r=\boldsymbol{0}.$$

设 $\sigma_j\equiv\sigma_j'\ (\bmod n_j)$, $0<\sigma_j'\leqslant n_j$ $(j=1,\cdots,r)$, 那么由上式得

$$\frac{\sigma_1'}{n_1}\boldsymbol{z}_1+\cdots+\frac{\sigma_r'}{n_r}\boldsymbol{z}_r=\boldsymbol{0}.$$

由于式 (5.4.6) 中的点乃是 $\mathcal{A}(Q)$ 中的点的重新表达, 网点 $\boldsymbol{0}$ 在 Qf 的表达式 (5.4.3) 中只出现一次, 因而在它的表达式 (5.4.4) 中也只出现一次. 显然式 (5.4.4) 中当 $(k_1,\cdots,k_r)=(n_1,\cdots,n_r)$ 时产生网点 $\boldsymbol{0}$, 而上式表明当 $(k_1,\cdots,k_r)=(\sigma_1',\cdots,\sigma_r')$ 时也产生网点 $\boldsymbol{0}$. 因此, $(\sigma_1',\cdots,\sigma_r')=(n_1,\cdots,n_r)$, 即 $n_j|\sigma_j$ $(1\leqslant j\leqslant r)$. 注意 $n_{j+1}|n_j$ $(1\leqslant j\leqslant r-1)$, 从而得知 $\gcd(\sigma_1,\cdots,\sigma_r)\geqslant n_r>1$. 这与 σ_j 的选取矛盾. 所以 $\boldsymbol{z}_1,\cdots,\boldsymbol{z}_r$ 在 $\mathbb{Q}$ 上线性无关. 因为线性无关组所含矢量个数不超过空间维数, 所以 $r\leqslant d$. □

注 5.4.3 由上面的证明, 可知 $\boldsymbol{c}_j=\boldsymbol{z}_j/n_j$ $(j=1,\cdots,r)$ 是 $\mathcal{A}(Q)=\varGamma\cap G_d$ 中的 r 个在 $\mathbb{Q}$ 上线性无关的点.

与引理 5.4.1 保持一致, 我们将表达式 (5.4.4) 中的整数 r 及整数组 $n_1,\cdots,n_r$ 分别称为格法则 Qf 的秩及不变量, 并且按照秩 r 将 Qf 分类为: 秩 1 格法则、秩 2 格法则, 等等; 秩大于 1 的格法则统称为高秩格法则. 我们还约定 "秩 0 格法则" 是指 $Qf=f(\boldsymbol{0})$. 另外, 如果一个 d 维格法则的秩等于空间维数 d, 那么称它是 d 维极大秩法则.

因为不变量 n_j 满足关系式 $n_{j+1}|n_j$ $(1\leqslant j\leqslant r-1)$, 所以不变量 n_j 的排列顺序是递降的. 注意, 不变量的个数, 即秩 $r\leqslant d$. 有时, 我们补充定义 $n_{r+1}=\cdots=n_d=1$, 并将

$n_1,\cdots,n_r,n_{r+1},\cdots,n_d$ 称作格法则的“广义不变量”. 此时, 式 (5.4.4) 可以改写为

$$Qf=\frac{1}{n}\sum_{k_1=1}^{n_1}\cdots\sum_{k_r=1}^{n_r}\sum_{k_{r+1}=1}^{n_{r+1}}\cdots\sum_{k_d=1}^{n_d}f\left(\left\{\frac{k_1}{n_1}\boldsymbol{z}_1+\cdots+\frac{k_r}{n_r}\boldsymbol{z}_r+\frac{k_{r+1}}{n_{r+1}}\boldsymbol{z}_{r+1}+\cdots+\frac{k_d}{n_d}\boldsymbol{z}_d\right\}\right),$$

其中 $\boldsymbol{z}_{r+1},\cdots,\boldsymbol{z}_d$ 是任意整矢, 我们将它称为“广义标准形”. 而法则的秩可以表示为 $n=n_1\cdots n_d$.

下面是几个用标准形给出的格法则的例子.

例 5.4.1 设

$$Q_lf=\frac{1}{F_l}\sum_{k=1}^{F_l}f\left(\left\{\frac{k}{F_l}(1,F_{l-1})\right\}\right)\quad(l\geqslant 3),$$

其中 F_l $(l\geqslant 1)$ 是第 l 个 Fibonacci 数, 满足递推关系

$$F_1=F_2=1,\quad F_l=F_{l-1}+F_{l-2}\quad(l\geqslant 3).$$

这是一个 2 维秩 1 格法则, 称为 Fibonacci 格法则. 由注 5.4.3, 它的积分格是

$$\Gamma_l=\left\{k\left(\frac{1}{F_l},\frac{F_{l-1}}{F_l}\right)(k\in\mathbb{Z})\right\}\cup\mathbb{Z}^d\quad(l\geqslant 3).$$

因为

$$(1,0)=F_l(1/F_l,F_{l-1}/F_l)-F_{l-1}(0,1),$$

所以 Γ_l 由 $(1/F_l,F_{l-1}/F_l)$ 和 $(0,1)$ 生成. 依定理 5.4.1, $\Gamma_l^{\perp}$ 的生成元是 $(F_l,0)$ 和 $(-F_{l-1},1)$. 由此可知 $\Gamma_l^{\perp}$ 的任何一点可以表示为 $a(F_l,0)+b(-F_{l-1},1)=(aF_l-bF_{l-1},b)$ 的形式, 其中 a,b 是整数.

例 5.4.2 在 d 维秩 1 格法则

$$Qf=\frac{1}{n}\sum_{k=1}^{n}f\left(\left\{\frac{k}{n}\boldsymbol{z}\right\}\right)$$

中, 令 $n=p$ 是一个素数, 选取积分格

$$\Gamma=\left\{\frac{j}{p}\boldsymbol{a}\ (j\in\mathbb{Z})\right\}\cup\mathbb{Z}^d,$$

其中 $\boldsymbol{a}=(a_1,\cdots,a_d)\in\mathbb{Z}^d$ 是模 p 的最优系数. 这个格法则称为 Korobov 法则. 因为 $\boldsymbol{mx}\in\mathbb{Z}$ (对任何 $\boldsymbol{x}\in\Gamma$) 意味着 $\boldsymbol{am}\equiv 0\ (\mathrm{mod}\,p)$, 所以

$$\Gamma^{\perp}=\{\boldsymbol{m}\mid\boldsymbol{m}\in\mathbb{Z}^d,\boldsymbol{am}\equiv 0\ (\mathrm{mod}\,p)\}.$$

依据同余式的性质, 存在整数 $a_1' \in [1,p-1]$ 满足 $a_1a_1' \equiv 1 \pmod p$, 从而 $a_1'\boldsymbol{a} = (1,a_1'a_2,\cdots,a_1'a_d)$. 记

$$\boldsymbol{a}^* = a_1'\boldsymbol{a} \quad 及 \quad \Gamma^* = \{j\boldsymbol{a}^*/p \ (j \in \mathbb{Z})\} \cup \mathbb{Z}^d,$$

可知 $j\boldsymbol{a}^*/p = (ja_1')(\boldsymbol{a}/p) \in \Gamma$, 于是 $\Gamma^* \subseteq \Gamma$; 反过来, 因为 $j\boldsymbol{a}/p = (ja_1)(\boldsymbol{a}^*/p) \in \Gamma^*$, 所以也有 $\Gamma \subseteq \Gamma^*$. 因此 $\Gamma^* = \Gamma$. 设 $\boldsymbol{e}_j = (0,\cdots,0,1,0,\cdots,0)$ 是第 j 个单位矢 $(j=1,\cdots,d)$. 注意

$$\boldsymbol{e}_1 = p(\boldsymbol{a}^*/p) - a_1'a_2\boldsymbol{e}_2 - \cdots - a_1'a_d\boldsymbol{e}_d,$$

可知 Γ 的生成元是 $\boldsymbol{a}^*/p, \boldsymbol{e}_2,\cdots,\boldsymbol{e}_d$. 由定理 5.4.1 可算出 $\Gamma^\perp$ 的生成元是 $p\boldsymbol{e}_1,(-a_1'a_2,1,0,\cdots,0),(-a_1'a_3,0,1,0,\cdots,0),\cdots,(-a_1'a_d,0,\cdots,0,1)$.

由本例可知 (正如本节开头所说), 格法则是好格点法的扩充.

例 5.4.3 d 维等分网点求积公式

$$Qf = \frac{1}{n^d}\sum_{k_1=1}^{n}\cdots\sum_{k_d=1}^{n} f\left(\frac{k_1}{n},\cdots,\frac{k_d}{n}\right)$$

可写成标准形

$$Qf = \frac{1}{n^d}\sum_{k_1=1}^{n}\cdots\sum_{k_d=1}^{n} f\left(\left\{\frac{k_1}{n}\boldsymbol{e}_1 + \cdots + \frac{k_d}{n}\boldsymbol{e}_d\right\}\right).$$

因此, 它的秩为 d, 不变量为 $n,\cdots,n$ (重复 d 次). 其积分格 $\Gamma = n^{-1}\mathbb{Z}^d$ 的生成元是 $\boldsymbol{e}_i/n \ (i=1,\cdots,d)$. 由定理 5.4.1 可知, $\Gamma^\perp$ 的生成元是 $n\boldsymbol{e}_i \ (i=1,\cdots,d)$.

注 5.4.4 J. N. Lyness 和 Sørevik[148] 给出了具有给定阶数 n 的不同的格法则的个数的计算公式, 对此还可参见 [158,177] 及 [240](第 149 页) 等. S. Joe 和 D. G. Hunt[107] 给出了具有给定不变量的不同的格法则个数的计算公式, 还可参见 [146,240] 等.

5.4.3 格法则的直和、投影和复制

应用定理 5.4.2, 我们可以由给定的格法则产生一些新的格法则.

1. 格法则的直和

如果

$$Q_1 f = \frac{1}{n_1}\sum_{k=1}^{n_1} f(\boldsymbol{x}_k), \quad Q_2 f = \frac{1}{n_2}\sum_{j=1}^{n_2} f(\boldsymbol{x}_j)$$

是两个阶分别为 n_1 和 n_2 的 d 维格法则, 那么它们的直和定义为

$$(Q_1 \oplus Q_2)f = \frac{1}{n_1 n_2}\sum_{k=1}^{n_1}\sum_{j=1}^{n_2} f(\{\boldsymbol{x}_k + \boldsymbol{y}_j\}).$$

可以证明 (参见 [240] 第三章第三节):

(1) 如果 $Q_1 f$ 和 $Q_2 f$ 的网点集仅以 $\mathbf{0}$ 为公共点, 那么 $(Q_1 \oplus Q_2)f$ 是一个 $n_1 n_2$ 阶的 d 维格法则; 并且若 n_1 和 n_2 互素, 则 $Q_1 f$ 和 $Q_2 f$ 的网点集合仅以 $\mathbf{0}$ 为公共点.

(2) 设 $Q_1 f$ 和 $Q_2 f$ 的秩分别是 r_1 和 r_2, 不变量分别是 $n_1^{(1)},\cdots,n_{r_1}^{(1)}$ 和 $n_1^{(2)},\cdots,n_{r_2}^{(2)}$, 则当 n_1 和 n_2 互素时, $(Q_1 \oplus Q_2)f$ 的秩等于 $\max\{r_1,r_2\}$ (设为 r_1), 其不变量为 $n_1^{(1)}n_1^{(2)},n_2^{(1)}n_2^{(2)},\cdots,n_{r_2}^{(1)}n_{r_2}^{(2)},n_{r_2+1}^{(1)},\cdots,n_{r_1}^{(1)}$.

(3) 如果 Qf 是一个阶为 $n = n_1 n_2$ 的 d 维格法则, n_1 和 n_2 互素, 那么 Qf 可以唯一地表示为直和 $Qf = (Q_1 \oplus Q_2)f$, 其中 $Q_1 f$ 和 $Q_2 f$ 分别是阶为 n_1 和 n_2 的 d 维格法则.

例 5.4.4 设 m,n 互素, Qf 是不变量为 nm 和 n 的秩 2 格法则, 那么

$$Qf = \frac{1}{n^2 m}\sum_{j=1}^{m}\sum_{k_1=1}^{n}\sum_{k_2=1}^{n} f\left(\left\{\frac{j}{m}\boldsymbol{z} + \frac{k_1}{n}\boldsymbol{y}_1 + \frac{k_2}{n}\boldsymbol{y}_2\right\}\right),$$

其中 $\boldsymbol{z},\boldsymbol{y}_1,\boldsymbol{y}_2 \in \mathbb{Z}^d$.

证 因为 Qf 的阶为 $nm \cdot n = n^2 m$, 而 n^2 和 m 互素, 所以依上述结论 (3), Qf 可表示为直和 $(Q_1 \oplus Q_2)f$, 其中 $Q_1 f$ 和 $Q_2 f$ 的阶分别为 n^2 和 m. 由结论 (2), $Q_1 f$ 的秩为 2, 不变量为 n,n; $Q_2 f$ 的秩为 1, 不变量为 m. 因此

$$Q_1 f = \frac{1}{n^2}\sum_{k_1=1}^{n}\sum_{k_2=1}^{n} f\left(\left\{\frac{k_1}{n}\boldsymbol{y}_1 + \frac{k_2}{n}\boldsymbol{y}_2\right\}\right),$$

$$Q_2 f = \frac{1}{m}\sum_{j=1}^{m} f\left(\left\{\frac{j}{m}\boldsymbol{z}\right\}\right).$$

写出它们的直和, 即得所要的表达式. 注意, $\boldsymbol{y}_1,\boldsymbol{y}_2$ 线性无关, 但 $\boldsymbol{z},\boldsymbol{y}_1,\boldsymbol{y}_2$ 线性相关.

2. 格法则的投影

设 Qf 是一个给定的 d $(1 \leqslant s \leqslant d)$ 维格法则. 如果略去 Qf 的每个网点的指定的 $d-s$ 个坐标, 我们便得到一个定义在 s 维方体 $\overline{G}_s$ 上的 s 维格法则, 将它称为原法则的 s 维投影; 若略去的是每个网点的最后 $d-s$ 个坐标, 则将所得法则称为原法则的 s 维主投影, 记为 $\widehat{Q}^{(s)}f$.

注意, 原法则互异的网点在略去若干坐标后所得到的点可能不再互异, 因此, 在格法则的投影中互异网点的个数可能比原法则的要少.

例 5.4.5 对于用标准形给出的三维格法则

$$Qf=\frac{1}{12}\sum_{k_1=1}^{6}\sum_{k_2=1}^{2}f\left(\left\{\frac{k_1}{6}(3,1,1)+\frac{k_2}{2}(1,1,0)\right\}\right),$$

其网点不重复, 它的秩为 2, 不变量为 6 和 2. 其二维主投影是

$$\widehat{Q}^{(2)}f=\frac{1}{12}\sum_{k_1=1}^{6}\sum_{k_2=1}^{2}f\left(\left\{\frac{k_1}{6}(3,1)+\frac{k_2}{2}(1,1)\right\}\right),$$

它只有六个互异网点, 且每个网点都重复两次. 因此, 它可以改写为

$$\widehat{Q}^{(2)}f=\frac{1}{6}\sum_{k=1}^{6}f\left(\left\{\frac{k}{6}(3,1)\right\}\right).$$

这个法则的秩是 1, 不超过原法则的秩 2; 它有唯一的不变量 6, 是原法则的第 1 个不变量 6 的因子.

一般地, 我们可以证明: 如果 Qf 是一个 d 维格法则, 它的秩为 r, 不变量是 $n_1,\cdots,n_r$, 那么它的任何一个 s $(\leqslant d)$ 维投影有秩 $r'\leqslant r$, 以及不变量 $n_1',\cdots,n_{r'}'$, 其中 n_k' 是 n_k 的因子 $(1\leqslant k\leqslant r')$. 特别地, 由此可知: 如果 d 维格法则 Qf 的广义不变量为 $n_1,\cdots,n_d$, 那么它的 s $(\leqslant d)$ 维投影的阶是 $n_1\cdots n_s$ 的因子.

设 Qf 是一个给定的 d 维格法则, 其广义不变量是 $n_1,\cdots,n_d$. 如果对于任何 s $(1\leqslant s\leqslant d)$, 其主投影 $\widehat{Q}^{(s)}f$ 的阶为 $n_1n_2\cdots n_s$ (因而广义不变量是 $n_1,n_2,\cdots,n_s$), 那么称格法则 Qf 是投影正则的.

例 5.4.6 容易验证三维格法则

$$Qf=\frac{1}{12}\sum_{k_1=1}^{6}\sum_{k_2=1}^{2}f\left(\left\{\frac{k_1}{6}(1,2,,1)+\frac{k_2}{2}(1,1,1)\right\}\right)$$

是投影正则的.

投影正则格法则可以借助于行列式为 1 的上三角非负整数矩阵通过广义标准形表示. 与格法则投影有关的讨论及进一步的结果, 可见 [240](第三章) 及 [243-244] 等.

3. 格法则的复制

设整数 $m>1$, 给定 d 维 n 点格法则

$$Qf=\frac{1}{n}\sum_{k=1}^{n}f(\boldsymbol{x}_k),$$

它的 m^d 复制是指近似公式

$$\int_{\overline{G}_d}f(\boldsymbol{x})\mathrm{d}\boldsymbol{x}\approx\frac{1}{m^dn}\sum_{k_1=1}^{m}\cdots\sum_{k_d=1}^{m}\sum_{k=1}^{n}f\left(\frac{(k_1,k_2,\cdots,k_d)}{m}+\frac{\boldsymbol{x}_k}{m}\right),\tag{5.4.7}$$

并记作 $\overline{Q}^{(m)}f$. 这个近似公式是这样得到的: 将 $\overline{G}_d$ 等分为 m^d 个全等的边长为 $1/m$ 的小方体, 然后将原法则按适当比例缩小后应用于每个小方体. 详而言之, 对于每组整数 $(k_1,k_2,\cdots,k_d)\in\{1,\cdots,m\}^d$, 点集

$$\left\{\frac{(k_1,k_2,\cdots,k_d)}{m}+\frac{\boldsymbol{x}_k}{m}\ (k=1,\cdots,n)\right\}$$

位于一个唯一的上述小方体 $T_{(k_1,\cdots,k_d)}$ 中. 由格法则 $Q[f]$ 有近似公式

$$\int_{\overline{G}_d}f(\boldsymbol{x})\mathrm{d}\boldsymbol{x}\approx\frac{1}{n}\sum_{k=1}^{n}f(\boldsymbol{x}_k),$$

作变换 $\boldsymbol{x}'=\boldsymbol{x}/m$, $\overline{G}_d$ 被映为边长为 $1/m$ 的小方体 $m^{-1}\overline{G}_d=[0,1/m]^d$. 构造近似公式

$$\int_{m^{-1}\overline{G}_d}f(\boldsymbol{x})\mathrm{d}\boldsymbol{x}\approx\lambda\cdot\frac{1}{n}\sum_{k=1}^{n}f\left(\frac{\boldsymbol{x}_k}{m}\right)\quad(\lambda>0\ \text{是常数}).$$

令 $f\equiv1$, 得 $\lambda=1/m^d$. 于是

$$\int_{m^{-1}\overline{G}_d}f(\boldsymbol{x})\mathrm{d}\boldsymbol{x}\approx\frac{1}{m^d}\cdot\frac{1}{n}\sum_{k=1}^{n}f\left(\frac{\boldsymbol{x}_k}{m}\right),$$

并且

$$\int_{T_{(k_1,\cdots,k_d)}}f(\boldsymbol{x})\mathrm{d}\boldsymbol{x}\approx\frac{1}{m^d}\cdot\frac{1}{n}\sum_{k=1}^{n}f\left(\frac{(k_1,k_2,\cdots,k_d)}{m}+\frac{\boldsymbol{x}_k}{m}\right).$$

最后, 对 $T_{(k_1,\cdots,k_d)}$ 求和, 即得式 (5.4.7).

可以证明[243]: 格法则 (积分格为 Γ) 的 m^d 复制仍然是一个格法则, 它的积分格是 $m^{-1}\Gamma$, 不变量都是 m 的倍数.

例 5.4.7 d 维 1 点格法则 $Qf=f(\mathbf{0})$ 的积分格是 $\mathbb{Z}^d$, 它的 m^d 复制是等分网点求积公式 (见例 5.4.3)

$$\int_{\overline{G}_d}f(\boldsymbol{x})\mathrm{d}\boldsymbol{x}\approx\frac{1}{m^d}\sum_{k_1=1}^{m}\cdots\sum_{k_d=1}^{m}f\left(\frac{k_1}{m},\cdots,\frac{k_d}{m}\right).$$

例 5.4.8 二维秩 1 格法则

$$Qf=\frac{1}{5}\sum_{j=1}^{5}f\left(\left\{\frac{j}{5}(1,2)\right\}\right)$$

的 2^2 复制是

$$\overline{Q}^{(2)}f=\frac{1}{20}\sum_{k_1=1}^{2}\sum_{k_2=1}^{2}\sum_{j=1}^{5}f\left(\left\{\frac{(k_1,k_2)}{2}+\frac{j}{10}(1,2)\right\}\right).$$

因为阶 20 的唯一符合定理 5.4.2 要求的分解式是 $20=10\cdot 2$, 所以 2^2 复制的不变量是 $10,2$, 秩是 2. 我们得到二维极大秩法则.

格法则的 m^d 复制可以用来刻画 d 维极大秩法则. I. H. Sloan 和 J. N. Lyness[240,243] 证明了: 一个 d 维格法则是极大秩法则, 当且仅当它是一个较低秩 (即秩小于 d) 的 d 维格法则的 m^d 复制, 其中 $m>1$. 也就是说:

(1) 如果 Qf 是一个 d 维极大秩法则, 有不变量 $n_1,\cdots,n_d$, 而 $t\ (<d)$ 是满足 $n_t>n_d$ 的最大下标, 那么它是一个秩为 t 且不变量为 $n_1/n_d,\cdots,n_t/n_d$ 的 d 维格法则的 n_d^d 复制; 若这样的整数 t 不存在 (即 $n_1=\cdots=n_d$), 则它是秩 0 格法则的 n_d^d 复制.

(2) 如果 Qf 是一个 d 维格法则, 它的秩 $t<d$, 不变量为 $n_1,\cdots,n_t$, 那么它的 $m^d\ (m>1)$ 复制是 d 维极大秩法则, 以 $mn_1,\cdots,mn_t,m,\cdots,m$ (m 重复 $d-t$ 次) 为其不变量.

5.4.4 格法则误差估计

设 $d\geqslant 1$. 对于积分格 $\varGamma$ 及实数 $\alpha>1$, 我们定义

$$P_\alpha(\varGamma)=\sum_{\boldsymbol{m}\in\varGamma^\perp}{}' |\boldsymbol{m}|_0^{-\alpha},$$

其中

$$\boldsymbol{m}=(m_1,\cdots,m_d)\in\mathbb{Z}^d,\quad |\boldsymbol{m}|_0=\overline{m}_1\cdots\overline{m}_d,$$

$\sum'$ 表示求和时不计 $\boldsymbol{m}=\boldsymbol{0}$; 还令

$$\rho=\rho(\varGamma)=\min_{\substack{\boldsymbol{m}\in\varGamma^\perp\\ \boldsymbol{m}\neq\boldsymbol{0}}}|\boldsymbol{m}|_0.$$

这两个量对于格法则误差估计有重要意义. 它们有下列简单性质:

引理 5.4.2 若 $\varGamma_1$ 是积分格 $\varGamma$ 的子格, 并且也是积分格, 则

$$\rho(\varGamma)\geqslant\rho(\varGamma_1),\quad P_\alpha(\varGamma)\leqslant P_\alpha(\varGamma_1).$$

证 第 1 式显然成立, 现证第 2 式. 若 $\boldsymbol{m}\in\varGamma^\perp$, 则对所有 $\boldsymbol{x}\in\varGamma$, 有 $\boldsymbol{mx}\in\mathbb{Z}$. 因为 $\varGamma_1\subset\varGamma$, 所以对所有 $\boldsymbol{x}\in\varGamma_1$, 有

$$\boldsymbol{mx}\in\mathbb{Z},\quad 即\quad \boldsymbol{m}\in\varGamma_1^\perp,$$

从而 $\Gamma^\perp$ 是 $\Gamma_1^\perp$ 的子格. 依定义即得

$$P_\alpha(\Gamma)=\sum_{\boldsymbol{m}\in\Gamma^\perp}{}' |\boldsymbol{m}|_0^{-\alpha}\leqslant\sum_{\boldsymbol{m}\in\Gamma_1^\perp}{}' |\boldsymbol{m}|_0^{-\alpha}=P_\alpha(\Gamma_1).\qquad\square$$

引理 5.4.3 如果以 Γ 为积分格的法则 Q 的第 1 个 (即最大的) 不变量是 n_1, 那么 $\rho(\Gamma)\leqslant n_1$.

证 由定理 5.4.2, 并注意格法则 Q 的最大不变量 n_1 是其他所有不变量的整数倍, 所以 Q 的所有网点可表示为 $\boldsymbol{u}_j/n_1$ 的形式, 其中 $\boldsymbol{u}_j$ 是某些整点. 因为整点 $\boldsymbol{m}^*=(n_1,0,\cdots,0)\neq\boldsymbol{0}$ 且满足条件 $\boldsymbol{m}^*\boldsymbol{u}_j\in\mathbb{Z}$, 所以它是 $\Gamma^\perp$ 中的非零整点, 因而 $\rho(\Gamma)\leqslant|\boldsymbol{m}^*|_0=n_1$. $\square$

引理 5.4.4 若 n_1 是积分格为 Γ 的法则 Q 的第 1 个不变量, 则

$$P_\alpha(\Gamma)\geqslant(1+2\zeta(\alpha)n_1^{-\alpha})^d-1>2d\zeta(\alpha)n_1^{-\alpha},$$

其中 $\zeta(\alpha)=\sum\limits_{n=1}^{\infty}n^{-\alpha}$.

证 由引理 5.4.2 的证明可知, 集合 $E=(n_1\mathbb{Z})^d$ (即每个分量都是 n_1 的倍数的 d 维整矢的集合) 是 $\Gamma^\perp$ 的子集, 因此

$$\begin{aligned}P_\alpha(\Gamma)&\geqslant\sum_{\boldsymbol{m}\in E}|\boldsymbol{m}|_0^{-\alpha}-1=\left(\sum_{m\in\mathbb{Z}}|n_1m|_0^{-\alpha}\right)^d-1\\&=\left(1+2\sum_{m=1}^{\infty}(n_1m)^{-\alpha}\right)^d-1=\left(1+2\zeta(\alpha)n_1^{-\alpha}\right)^d-1>2d\zeta(\alpha)n_1^{-\alpha}.\qquad\square\end{aligned}$$

注 5.4.5 如果非零整矢 $\boldsymbol{m}=(m_1,m_2,\cdots,m_d)$ 满足 $|\boldsymbol{m}|_0=\rho(\Gamma)$, 那么它至少有一个坐标 (例如 m_1) 不为 0, 从而 $\boldsymbol{m}'=(-m_1,m_2,\cdots,m_d)$ 也满足同样的条件. 于是, 定义 $P_\alpha(\Gamma)$ 的级数中至少包含两个加项, 其分母为 $\rho(\Gamma)^\alpha$, 由此即可推出弱一些的下界估计: $P_\alpha(\Gamma)\geqslant2\rho(\Gamma)^{-\alpha}$.

I. H. Sloan 和 P. J. Kachoyan[242] 证明了下列两个关于格法则误差估计的基本结果 (即定理 5.4.3 和定理 5.4.4):

定理 5.4.3 设 Q 是任何一个格法则, 其积分格为 Γ. 如果 $\alpha>1$, 那么

$$\max_{f\in E_d^\alpha(C)}\left|Qf-\int_{\overline{G}_d}f(\boldsymbol{x})\mathrm{d}\boldsymbol{x}\right|=CP_\alpha(\Gamma).\tag{5.4.8}$$

证 简记

$$If=\int_{\overline{G}_d}f(\boldsymbol{x})\mathrm{d}\boldsymbol{x}.$$

我们有绝对收敛的 Fourier 级数

$$f(\boldsymbol{x})=\sum_{\boldsymbol{m}\in\mathbb{Z}^d}C(\boldsymbol{m})e(\boldsymbol{m}\boldsymbol{x}),$$

其中

$$C(\boldsymbol{m})=\int_{\overline{G}_d}e(-\boldsymbol{m}\boldsymbol{x})f(\boldsymbol{x})\mathrm{d}\boldsymbol{x}\quad(\boldsymbol{m}\in\mathbb{Z}^d)$$

满足不等式

$$|C(\boldsymbol{m})|\leqslant C|\boldsymbol{m}|_0^{-\alpha}.$$

由此得知

$$If=C(\mathbf{0})=QC(\mathbf{0}),$$

并且

$$Qf=\sum_{\boldsymbol{m}\in\mathbb{Z}^d}C(\boldsymbol{m})Qe(\boldsymbol{m}\boldsymbol{x})=C(\mathbf{0})+\sum_{\boldsymbol{m}\in\mathbb{Z}^d}{}'C(\boldsymbol{m})Qe(\boldsymbol{m}\boldsymbol{x}).$$

因为当 $\boldsymbol{m}\in\Gamma^{\perp}$ 时 $\boldsymbol{m}\boldsymbol{x}_k\in\mathbb{Z}$, 所以

$$Qe(\boldsymbol{m}\boldsymbol{x})=\frac{1}{n}\sum_{k=1}^{n}e(\boldsymbol{m}\boldsymbol{x}_k)=\frac{1}{n}\sum_{k=1}^{n}1=1,$$

在其他情形下上式等于 0. 从而得到: 当 $f\in E_d^{\alpha}(C)$ 时

$$|Qf-If|\leqslant CP_{\alpha}(\Gamma).$$

注意函数

$$f_0(\boldsymbol{x})=C\sum_{\boldsymbol{m}\in\mathbb{Z}^d}\frac{e(\boldsymbol{m}\boldsymbol{x})}{|\boldsymbol{m}|_0^{\alpha}}\in E_d^{\alpha}(C),$$

并且

$$|Qf_0-If_0|=CP_{\alpha}(\Gamma),$$

因此所要的结论成立. □

定理 5.4.4 设 Γ 是格法则 Qf 的积分格, $\alpha>1$, 那么

$$P_{\alpha}(\Gamma)\leqslant Cc_1(d,\alpha)\rho(\Gamma)^{-\alpha}\big(1+\log\rho(\Gamma)\big)^{d-1},$$

其中常数 c_1 仅与 d,α 有关.

这个定理的证明思路与定理 3.3.1 的证明类似. 如果

$$\min_{1\leqslant i\leqslant k}(b_i-a_i)\geqslant 1,\quad \prod_{i=1}^{d}(b_i-a_i)=T$$

则我们称 k 维区域 $a_i < x_i \leqslant b_i\ (1 \leqslant i \leqslant k)$ 为 $\overline{P}_{k,T}$ 型平行体. 还用 c_i 表示常数. 与引理 3.3.1 的证法类似 (还可参见 [7] 第 55 页引理 2), 我们可以证明

引理 5.4.5 设 $\lambda > 1$, $\tau(k,T)$ 是覆盖 k 维区域

$$\overline{m}_1 \cdots \overline{m}_d < \lambda$$

的 $\overline{P}_{k,T}$ 型平行体的个数, 则

$$\tau(k,T) \leqslant c_2(k)(\lambda T^{-1}+1)(1+\log\lambda)^{k-1}.$$

定理 5.4.4 之证 注意, 在每个 $\overline{P}_{d,\rho}$ 型平行体中, 至多有一个点属于 $\Gamma^{\perp}$. 这是因为, 若 $\boldsymbol{m}', \boldsymbol{m}'' \in \Gamma^{\perp}$ 互异, 则在同一个 $\overline{P}_{d,\rho}$ 中, $\boldsymbol{m} = \boldsymbol{m}' - \boldsymbol{m}'' \neq \boldsymbol{0}$, 而且对任何 $\boldsymbol{x} \in \Gamma$,

$$\boldsymbol{m}\boldsymbol{x} = \boldsymbol{m}'\boldsymbol{x} - \boldsymbol{m}''\boldsymbol{x} \in \mathbb{Z},$$

所以 $\boldsymbol{m}$ 是 $\Gamma^{\perp}$ 中的非零元. 但由 $\overline{P}_{d,\rho}$ 型平行体的定义, $|\boldsymbol{m}|_0 < \rho(\Gamma)$, 这与 $\rho(\Gamma)$ 的定义矛盾. 因此, 上述断言成立.

用 $\nu(l)$ 表示满足

$$\overline{m}_1 \cdots \overline{m}_d < l\rho(\Gamma)$$

的 $\boldsymbol{m} \in \Gamma^{\perp}$ 的个数, 那么由上述断言及引理 5.4.5 可知

$$\nu(1) = 0, \quad \nu(l) \leqslant c_3(d)l\big(1+\log l\rho\big)^{d-1} \quad (l = 2,3,\cdots). \tag{5.4.9}$$

用 U_l 表示满足 $l\rho \leqslant |\boldsymbol{m}|_0 < (l+1)\rho$ 的点 $\boldsymbol{m} \in \Gamma^{\perp}$ 的集合, 则有

$$\begin{aligned}
P_\alpha(\Gamma) &= \sum_{\substack{\boldsymbol{m}\in\Gamma^{\perp}\\ |\boldsymbol{m}|_0\geqslant\rho}} |\boldsymbol{m}|_0^{-\alpha} = \sum_{l=1}^{\infty}\sum_{\boldsymbol{m}\in U_l} |\boldsymbol{m}|_0^{-\alpha} \leqslant \sum_{l=1}^{\infty} \frac{\nu(l+1)-\nu(l)}{(l\rho)^\alpha} \\
&\leqslant \frac{1}{\rho^\alpha}\sum_{l=1}^{\infty}\nu(l+1)\left(\frac{1}{l^\alpha}-\frac{1}{(l+1)^\alpha}\right).
\end{aligned}$$

因为

$$\frac{1}{l^\alpha}-\frac{1}{(l+1)^\alpha} = \alpha\int_l^{l+1} x^{-\alpha-1}\mathrm{d}x \leqslant \frac{\alpha}{l^{\alpha+1}},$$

注意 $\alpha > 1$, 所以由式 (5.4.9) 推出

$$P_\alpha(\Gamma) \leqslant \frac{C\alpha}{\rho^\alpha}\sum_{l=1}^{\infty}\frac{\nu(l+1)}{l^{\alpha+1}}$$

$$\leqslant \frac{C\alpha c_3(d)}{\rho^\alpha}\sum \frac{(l+1)\big(1+\log((l+1)\rho)\big)^{d-1}}{l^{\alpha+1}}$$
$$\leqslant \frac{Cc_1(d,\alpha)}{\rho^\alpha}(1+\log\rho)^{d-1}. \qquad \square$$

注 5.4.6 定理 5.4.4 的另一个证明可见文献 [177](定理 5.34), 它所用方法源于 [301], 但较复杂.

由引理 5.4.3 和引理 5.4.4 以及上述定理得:

推论 5.4.1 设 Q 是以 $\varGamma$ 为积分格的法则, n_1 是其最大的不变量, 则

$$2d\zeta(\alpha)n_1^{-\alpha} \leqslant P_\alpha(\varGamma) \leqslant c_4(d,\alpha)\rho(\varGamma)^{-\alpha}(\log n_1)^{d-1}.$$

注 5.4.7 式 (5.4.8) 表明 $P_\alpha(\varGamma)$ 决定了积分误差. 由注 5.4.5 及推论 5.4.1 可得

$$2\rho(\varGamma)^{-\alpha} \leqslant P_\alpha(\varGamma) \leqslant c_4(d,\alpha)\rho(\varGamma)^{-\alpha}(\log n_1)^{d-1}.$$

因此, 有些文献将 $\rho(\varGamma)$ 称为积分格 $\varGamma$ 的“优标”(figure of merit). 这个量最初是 S. K. Zaremba[301] 对好格点法引进的 (有些文献将它称为 Babenko-Zaremba 指标), 后来 I. H. Sloan 和 P. J. Kachoyan[242] 将它扩充到一般的格法则. 按照某些文献, 如果 n 阶格法则 Qf 满足

$$P_\alpha(\varGamma) = O\big(\rho(\varGamma)^{-\alpha}(\log n_1)^\beta\big) \quad 或 \quad O\big(n^{-\alpha}(\log n)^\beta\big),$$

甚至 $O\big(n_1^{-\alpha}(\log n_1)^\beta\big)$, 其中 $\beta=\beta(d,\alpha)>0$ 是常数, n_1 是法则的最大不变量, 那么便称 Qf 是有效性的 (或好的). 由此可知, $\rho(\varGamma)$ 的下界估计具有关键性意义. 例如, 若积分格 $\varGamma$ 满足条件

$$\rho(\varGamma) \geqslant c_5\frac{n_1}{(\log n_1)^\gamma} \quad (\gamma=\gamma(d,\alpha)>0),$$

则有 $P_\alpha(\varGamma)=O\big(n_1^{-\alpha}(\log n_1)^{\beta\gamma}\big)$.

例 5.4.9 对于 Fibonacci 格法则

$$Q_l f = \frac{1}{F_l}\sum_{k=1}^{F_l} f\left(\left\{\frac{k}{F_l}(1,F_{l-1})\right\}\right) \quad (l\geqslant 3),$$

由例 5.4.1 知, $\varGamma_l^\perp$ 的任何一点 $\boldsymbol{m}$ 可以表示为 $a(F_l,0)+b(-F_{l-1},1)=(aF_l-bF_{l-1},b)$ 的形式, 其中 a,b 是整数. 我们来证明

$$\rho_l \geqslant c_6 F_l \quad (l\geqslant 3), \tag{5.4.10}$$

其中常数 c_6 可取作 (例如)$\sqrt{(\sqrt{5}-1)/8}$.

记

$$\omega=(\sqrt{5}+1)/2,\quad \overline{\omega}=(\sqrt{5}-1)/2.$$

我们首先证明

$$\left|\frac{a}{b}-\overline{\omega}\right|>\frac{\overline{\omega}}{2}\cdot\frac{1}{b^2}\quad (b\neq 0). \tag{5.4.11}$$

若 $|a-b\overline{\omega}|>|b|$, 则式 (5.4.11) 显然成立; 若 $|a-b\overline{\omega}|\leqslant|b|$, 则 $|a|\leqslant(\overline{\omega}+1)|b|$. 因为 $|a+b\omega|\neq 0$, 所以

$$|a-b\overline{\omega}|=\frac{|a-b\overline{\omega}||a+b\omega|}{|a+b\omega|}=\frac{|a^2+ab-b^2|}{|a+b\omega|}.$$

注意 $|a-b\overline{\omega}|\neq 0$, 上式表明 $|a^2+ab-b^2|$ 是非零整数, 从而大于或等于 1; 此外, 还有

$$|a+b\omega|\leqslant|a|+|b\omega|\leqslant(\overline{\omega}+1)|b|+|b\omega|=(\overline{\omega}+\omega+1)|b|.$$

于是, 由上式推出

$$|a-b\overline{\omega}|\geqslant\frac{1}{(\overline{\omega}+\omega+1)|b|}=\frac{\sqrt{5}-1}{4}\cdot\frac{1}{|b|}.$$

从而式 (5.4.11) 得证.

如果 $|b|\geqslant c_6F_l$, 那么对于 $\boldsymbol{m}\in\Gamma_l^{\perp}$, 有

$$|\boldsymbol{m}|_0=|aF_l-bF_{l-1}||b|\geqslant|b|\geqslant c_6F_l.$$

如果 $b=0,a\neq 0$, 那么 $\boldsymbol{m}=(aF_l,0)$, 因而上式也成立. 现设 $0<|b|<c_6F_l$, 那么因为 F_{l-1}/F_l 是 $\overline{\omega}$ 的渐近分数, 所以

$$|F_{l-1}/F_l-\overline{\omega}|\leqslant 1/F_l^2.$$

由此及式 (5.4.11) 推出

$$\left|\frac{a}{b}-\frac{F_{l-1}}{F_l}\right|\geqslant\left|\frac{a}{b}-\overline{\omega}\right|-\left|\frac{F_{l-1}}{F_l}-\overline{\omega}\right|\geqslant\frac{\overline{\omega}}{2}\cdot\frac{1}{b^2}-\frac{1}{F_l^2}\geqslant\frac{c_6}{b^2},$$

所以也有

$$|\boldsymbol{m}|_0=|aF_l-bF_{l-1}||b|\geqslant c_6F_l.$$

从而式 (5.4.10) 得证.

由式 (5.4.10) 及推论 5.4.1 得到

$$P_\alpha(\Gamma)\leqslant c_6F_l^{-\alpha}(\log F_l)^{d-1}.$$

所以 Fibonacci 格法则是有效性的.

注 5.4.8 因为 $(F_l - F_{l-1}, 1) = (F_{l-2}, 1) \in \Gamma_l^{\perp}$, 所以

$$\rho_l \leqslant |(F_{l-2}, 1)|_0 = F_{l-2}.$$

S. K. Zaremba[298] 证明了 $\rho_l = F_{l-2}$ $(l \geqslant 3)$. 注意

$$F_{l-2}/F_l \to \overline{\omega}^2 \quad (l \to \infty),$$

从而得到式 (5.4.10).

例 5.4.10 考虑秩 1 格法则

$$Qf = \frac{1}{n}\sum_{k=1}^{n} f\left(\left\{\frac{k}{n}\boldsymbol{a}\right\}\right), \tag{5.4.12}$$

其中 $n = p$ 是一个素数, $\boldsymbol{a} = (a_1, \cdots, a_d) \in \mathbb{Z}^d$ 是模 p 的最优系数 (即 Korobov 法则, 见例 5.4.2). 设 Γ 是其积分格. 依式 (5.2.30) 有

$$\rho(\Gamma) \geqslant c_7(d)\frac{p}{(\log p)^{d-1}}.$$

因此, 由推论 5.4.1 得到

$$P_\alpha(\Gamma) = O\big(p^{-\alpha}(\log p)^{(\alpha+1)(d-1)}\big).$$

另外, 由引理 5.2.6 还可得到略好一点的估计 (记号同引理 5.2.6 中的)

$$P_\alpha(\Gamma) = \sum_{\boldsymbol{m}}{}' \frac{\delta_p(\boldsymbol{am})}{|\boldsymbol{m}|_0^\alpha} \leqslant \sum_{r=1}^{d}\sum_{\boldsymbol{m}}{}_r \frac{\delta_p(\boldsymbol{am})}{|\boldsymbol{m}|_0^\alpha} = O\big(p^{-\alpha}(\log p)^{\alpha(d-1)}\big). \tag{5.4.13}$$

我们得到有效性秩 1 格法则.

格法则 (5.4.12) 的阶 n 可以不限定于素数. H. Niederreiter[177](定理 5.2.3) 证明了: 存在 $\widetilde{\boldsymbol{a}} = (\widetilde{a}_1, \cdots, \widetilde{a}_d) \in \mathbb{Z}^d$, 其中 $\widehat{a}_i$ $(1 \leqslant i \leqslant d)$ 与 n 互素, 使得格法则

$$\widetilde{Q}f = \frac{1}{n}\sum_{k=1}^{n} f\left(\left\{\frac{k}{n}\widetilde{\boldsymbol{a}}\right\}\right) \tag{5.4.14}$$

满足

$$P_\alpha(\widetilde{\Gamma}) = O\big(n^{-\alpha}(\log n)^{d\alpha}\big), \tag{5.4.15}$$

此处 $\widetilde{\Gamma}$ 是相应的积分格.

关于有效性秩 1 格法则的其他结果和 $P_\alpha(\Gamma)$ 的各种估计方法, 可见 [178], 还可参见 [177](5.2 节), [240](第四章) 等.

例 5.4.11 对于例 5.4.3 中讨论过的 d 维等分网点的求积公式

$$Qf=\frac{1}{n^d}\sum_{k_1=1}^{n}\cdots\sum_{k_d=1}^{n}f\left(\left\{\frac{k_1}{n}\boldsymbol{e}_1+\cdots+\frac{k_d}{n}\boldsymbol{e}_d\right\}\right),$$

显然有

$$\rho(\Gamma)=n=N^{1/d},$$

其中 $N=n^d$ 是法则的阶. 容易算出

$$\begin{aligned}P_2(\Gamma)&=\sum_{\boldsymbol{m}\in\Gamma^\perp}{}'|\boldsymbol{m}|_0^{-2}=\left(1+2n^{-2}\sum_{m=1}^{\infty}m^{-2}\right)^d-1\\&=\left(1+\frac{2}{n^2}\cdot\frac{\pi^2}{6}\right)^d-1=\frac{d\pi^2}{3n^2}+O(n^{-4})\\&=\frac{d\pi^2}{3N^{2/d}}+O(N^{-4/d}).\end{aligned}$$

类似地, 有

$$\begin{aligned}P_4(\Gamma)&=\frac{d\pi^4}{45n^4}+O(n^{-8})=\frac{d\pi^2}{3N^{4/d}}+O(N^{-8/d}),\\P_6(\Gamma)&=\frac{2d\pi^6}{945n^6}+O(n^{-12})=\frac{2d\pi^6}{945N^{6/d}}+O(N^{-12/d}).\end{aligned}$$

因此, 等分网点求积公式不是有效性的.

例 5.4.12 设 $l>1$ 是给定的整数. 作例 5.4.10 中的格法则 (5.4.12) 的 l^d 复制

$$\overline{Q}^{(l)}=\frac{1}{l^dn}\sum_{k_1=1}^{l}\cdots\sum_{k_d=1}^{l}\sum_{k=1}^{n}f\left(\left\{\frac{(k_1,k_2,\cdots,k_d)}{l}+\frac{k}{ln}\boldsymbol{a}\right\}\right).\tag{5.4.16}$$

设其积分格是 Γ_1, 并取 $n=p$ 为素数. 因为 $\boldsymbol{a}/(lp)\in\Gamma_1$, 所以

$$\boldsymbol{a}=lp\cdot\boldsymbol{a}/(lp)\in\Gamma_1,$$

因而原法则 (5.4.12) 的积分格 $\Gamma\subseteq\Gamma_1$. 依引理 5.4.2 及式 (5.4.13), 对于格法则 (5.4.16), 有

$$\begin{aligned}P_\alpha(\Gamma_1)&\leqslant P_\alpha(\Gamma)\leqslant c_8(d,\alpha)p^{-\alpha}(\log p)^{\alpha(d-1)}\\&\leqslant c_9(d,\alpha)N^{-\alpha}(\log N)^{\alpha(d-1)},\end{aligned}$$

其中 $N=l^dp$. 因此, 高秩格法则 (5.4.16) 是有效性的.

上例的方法可用来证明下面的定理, 它表明具有任意给定秩 $r\leqslant d$ 的有效性格法则的存在性.

定理 5.4.5 设 $d\geqslant 2, 1\leqslant r\leqslant d, n_1,\cdots,n_r\geqslant 2$ 是给定的整数, 并且 $n_{k+1}|n_k(1\leqslant k\leqslant r-1)$, 那么存在一个秩为 r 且不变量为 $n_1,n_2,\cdots,n_r$ 的格法则 Qf (其积分格记为 $\varGamma$), 使得

$$P_\alpha(\varGamma)\leqslant c_{10}(d,\alpha)n_1^{-\alpha}(\log n_1)^{d\alpha}.$$

证 设 $\boldsymbol{z}_1=\widetilde{\boldsymbol{a}}$ 由格法则 (5.4.14) (其中阶 n 取作 n_1) 定义. 令

$$\boldsymbol{z}_2=(0,z_2,0,\cdots,0),\ \boldsymbol{z}_3=(0,0,z_3,0,\cdots,0),\ \cdots,\ \boldsymbol{z}_r=(0,\cdots,0,z_r,0,\cdots,0),$$

其中 $z_j\in\mathbb{N}$ 与 $n_j\ (j=2,\cdots,r)$ 互素. 易见 $\boldsymbol{z}_1,\cdots,\boldsymbol{z}_r$ 在 $\mathbb{Q}$ 上线性无关. 于是, 由定理 5.4.2 可知

$$Qf=\frac{1}{n}\sum_{k_1=1}^{n_1}\cdots\sum_{k_r=1}^{n_r}f\left(\left\{\frac{k_1}{n_1}\boldsymbol{z}_1+\cdots+\frac{k_r}{n_r}\boldsymbol{z}_r\right\}\right)$$

是秩为 r 且不变量为 $n_1,\cdots,n_r$ 的格法则, 其阶 $n=n_1\cdots n_r$. 设其积分格是 $\widetilde{\varGamma}_1$, 那么法则 (5.4.14) 的积分格 $\widetilde{\varGamma}\subseteq\widetilde{\varGamma}_1$. 于是, 由引理 5.4.2 及式 (5.4.15) 即得所要的结论. □

关于有效性高秩格法则的更多结果, 可见 [147,178-179,240,248] 等. 特别地, 它们包含了秩 2 格法则的深入研究.

注 5.4.9 由秩 1 格法则的复制获得高秩格法则是常用的方法. 为了判断它们的有效性, 可将这些复制与网点数相近的非复制格法则进行比较. 例如, 设 p 是素数. 对于秩 1 格法则, 有

$$Qf=Q(\boldsymbol{z},p)f=\frac{1}{p}\sum_{k=1}^{p}f\left(\left\{\frac{k}{p}\boldsymbol{z}\right\}\right),$$

限定整点 $\boldsymbol{z}=(z_1,\cdots,z_d)$ 的每个坐标 z_j 与 p 互素, 且满足 $-p/2<z_j\leqslant p/2$, 那么总共有 $(p-1)^d$ 个这样的法则, 从而我们得到这些秩 1 格法则的总数为 $(p-1)^d$ 的 m^d 复制 (每个复制的网点数都是 m^dp). 还设 $P\approx m^dp$ 是一个素数, 则有 $(P-1)^d$ 个阶为 P 的秩 1 格法则. 于是, 我们得到两组网点个数接近相等的求积公式. 当 f 是 (多变量) 周期函数 (每个变量以 1 为周期) 时, I. H. Sloan 和 S. Joe 对这两组求积公式的误差进行了分析对比, 发现前者的平均误差比后者要小. 有关细节可见 [240](第六章和第七章), 还可参见 [51,237] 等. 注意, 当 f 是非周期函数时, 如 M. V. Reddy[217] 所指出的, 复制法则不再具有这种优点 (平均误差比非复制法则的大).

注 5.4.10 格法则也适用于非周期函数. [240](第八章) 讨论了非周期被积函数的格法则. 可以应用 Koksma-Hlawka 不等式通过网点点集的偏差估计给出非周期函数的积分误差估计. H. Niederreiter[189] 给出了多重积分的格法则的网点点集的偏差 (上界和下界) 估计. 还可以应用 (非周期) 被积函数周期化技术. 例如, 文献 [29] 研究了格法则中被积函数的变换和周期化方法, 对此还可见 [240](第二章).

注 5.4.11 $\mathbb{R}^d$ 上多重积分的格法则可见 [240,245] 等.

5.5 补充与评注

1° 文献 [87] 讨论了多维数值积分的拟 Monte Carlo 方法的精确性问题, 对较为广泛的函数类 (在具有再生核的 Hilbert 空间中) 建立了积分误差与积分网点点集的偏差间的关系, 实际上给出了一种广义形式的 Koksma-Hlawka 不等式.

2° N. M. Korobov 主要考虑函数类 $E_d^{\alpha}(C)$ 上的多维数值积分, 同时也吸收了 N. S. Bahvalov 所引入的一些技巧 (如同余式无解区域的估计). 关于 Korobov 求积公式, 除本章 5.2 节所介绍的结果外, 他的专著 [119] 还包含关于最优系数的一系列研究结果, 例如, 判断最优系数的充分必要条件或充分条件, 最优系数的计算, 特别是形如 $(1,a,a^2,\cdots,a^{d-1})$ 的最优系数的计算, 以及它们的实际应用, 非周期被积函数的周期化 (对此还可参见 [121]), 等等. 关于最优系数的计算, 还可见 [7,11] 等. 一些新进展, 可见第 3 章 3.6 节 5°. 另外, [36] 给出关于 Korobov 求积公式误差估计的一个新的结果.

[277, 302] 考虑了 Korobov 求积公式 (5.2.1) 对于函数类 $E_d^{\boldsymbol{\alpha}}(C)$ 的应用, 得到了存在性结果. 实际上, 可以相应讨论最优系数的计算. 我们还可以给出组合网格求积公式 (5.2.18) 在 $E_d^{\boldsymbol{\alpha}}(C)$ 上的误差上界估计及其推广形式.

关于函数类 $E_d^{\alpha}(C)$ 及 $E_d^{\boldsymbol{\alpha}}(C)$ 上的其他形式的求积公式及误差估计可分别见 [7,58,294] 及 [302] 等.

3° 1961 年, C. B. Haselgrove[82] 基于丢番图逼近论提出一种应用 Kronecker 点列构造的多维求积公式, 他的这个结果称为 Haselgrove 方法 (对此还可参见 [14]). 1973

年, H. Niederreiter[163] 应用求积公式 (5.3.2) 改进了他的方法. 1982 年, M. Sugihara 和 K. Murota[268] 指出上述方法的计算量较大, 例如, 公式 (5.3.2) 中的权 (不计分母) $\rho_{n,k}^{(l)}$ (其表达式见注 5.3.1) 在实际应用中并不方便. 他们提出求积公式

$$\int_{\overline{G}_d} f(\boldsymbol{x})\mathrm{d}\boldsymbol{x} = \frac{1}{n}\sum_{k=0}^{n-1}\omega_{n,k}^{(l)} f(k\boldsymbol{\theta}) + R(f;l,\boldsymbol{\theta}),$$

其中 $l \in \mathbb{N}$, 以及

$$\omega_{n,k}^{(l)} = W_l\left(\frac{k}{n}\right), \quad W_l(x) = \frac{(2l+1)!}{(l!)^2}x^l(1-x)^l$$

(上面第 2 式右边的系数是为了保证 $\int_0^1 W_l(x)\mathrm{d}x = 1$). 他们还证明了: 若 $\theta_1,\cdots,\theta_d$ 是实代数数, $1,\theta_1,\cdots,\theta_d$ 在 $\mathbb{Q}$ 上线性无关, 则当 $f \in E_d^{l+\varepsilon}(C)$ ($\varepsilon > 0$ 任意给定) 时

$$|R(f;l,\boldsymbol{\theta})| = O(n^{-l}).$$

显然, 这个结果可以应用 5.3 节中的方法加以扩充(即应用满足一般形式的丢番图逼近条件的 Kronecker 点列, 并用函数类 $E_d^{\boldsymbol{\alpha}}(C)$ 代替 $E_d^{\alpha}(C)$), 还可以考虑应用广义 Kronecker 点列作为网点 (如定理 5.3.2).

4° 求积公式 (5.3.9) 的网点是通过矩阵生成的. 这种产生网点的方法首见于 1977 年 K. K. Frolov 的论文 [68]. 他提出采用 $\boldsymbol{Pk}$ ($\boldsymbol{P}$ 是某种矩阵, 例如下三角整数矩阵, $\boldsymbol{k}$ 是整点 (看作列矢))形式的点作为网点构造多维求积公式的数论方法. 这种数论方法的其他例子还可见他的工作 [67,69]. 1987 年, M. Sugihara[267] 分析了 [68] 中的方法, 明确指出好格点法求积公式可以表示为 Frolov 求积公式的特殊形式. 在此基础上, M. Sugihara 提出多维数值积分的“好矩阵”法.

5° 在多维数值积分的数论方法的早期工作中, 函数类 $E_d^{\alpha}(C)(\alpha > 1)$ 备受关注, 它的推广形式 $E_d^{\boldsymbol{\alpha}}(C)$ 最早出现在 [277] 中. 显然, α 和 $\boldsymbol{\alpha}$ 反映 f 的光滑性 (或可微性). 对于 $\alpha < 1$ 的情形, [25] 着重考虑了 $E_d^{\alpha}(C)$ 的某些子类:

(1) 函数类 $H_{d,p}^{\boldsymbol{\alpha}}(C)$　设 $\boldsymbol{\alpha} = (\alpha_1,\cdots,\alpha_d)$ 是一个非负矢量 (未必是整矢). 若 $\alpha_k = 0$, 则令 $\rho_k = \beta_k = 0$; 若 $\alpha_k \neq 0$, 则令 $\alpha_k = \rho_k + \beta_k$, 其中 ρ_k 是非负整数, $0 < \beta_k \leqslant 1$. 定义算子

$$\begin{aligned}\delta_{h,k}f(\boldsymbol{x}) &= \delta_{h,k}f(x_1,\cdots,x_d)\\ &= \frac{1}{2\mathrm{i}}\big(f(\cdots,x_k+h,\cdots) - f(\cdots,x_k-h,\cdots)\big) \quad (k=1,\cdots,d),\end{aligned}$$

其中 $\mathrm{i}=\sqrt{-1}$. 还用 $\phi^{(r_1,\cdots,r_d)}$ $(r_i\in\mathbb{N}_0)$ 表示 $\phi(\boldsymbol{x})$(按 Sobolev 意义) 的广义导数 (若存在). 设对任何正数 $h_1,\cdots,h_d$, 存在广义导数

$$\mathrm{D}_{\boldsymbol{k}}^{\boldsymbol{\alpha}}f=\left(\Big(\prod_{\beta_k\neq 0}h_k^{-\beta_k}\delta_{h_k,k}\Big)f\right)^{(\rho_1,\cdots,\rho_d)},$$

则定义函数 f (关于 $\boldsymbol{\alpha}$) 的模为

$$\|f^{\boldsymbol{\alpha}}\|_p=\|f^{(\alpha_1,\cdots,\alpha_d)}\|_p=\sup_{0<h_1,\cdots,h_d\leqslant\infty}\|\boldsymbol{D}_{\boldsymbol{k}}^{\boldsymbol{\alpha}}f\|_p\quad(p\geqslant 1),$$

并令 $\|f^{\mathbf{0}}\|_p=\|f^{(0,\cdots,0)}\|_p=\|f\|_p$.

我们将所有 $\overline{G}_d$ 上对每个变量 x_k $(1\leqslant k\leqslant d)$ 都以 1 为周期且满足

$$\|f^{(\theta_1\alpha_1,\cdots,\theta_d\alpha_d)}\|_p\leqslant C\quad(\theta_1,\cdots,\theta_d=0,1)\tag{5.5.1}$$

的单值函数 $f(\boldsymbol{x})=f(x_1,\cdots,x_d)$ 组成的函数类记作 $H_{d,p}^{\boldsymbol{\alpha}}(C)$.

(2) *函数类* $Q_{d,p}^{\boldsymbol{\alpha}}(C)$ 设 $\boldsymbol{\alpha}$ 同上. 还设 $\mu(x)$ 是一个偶函数, 满足条件

$$\begin{cases}\mu(x)+\mu(1/2)=1, & 1\leqslant|x|\leqslant 2,\\ \mu(x)=0, & \text{其他},\end{cases}$$

以及

$$\int_{-\infty}^{\infty}(|\mu(x)|+2|\mu'(x)|)\mathrm{d}x+V_{\mu'}[(-\infty,+\infty)]<\infty,$$

其中 $V_{\mu'}[(-\infty,+\infty)]$ 是 $\mu'(x)$ 在 $(-\infty,+\infty)$ 上的全变差. 例如, 我们可取

$$\mu(x)=\cos^2\big((\pi/2)\log_2|x|\big)\quad(|\log_2|x||\leqslant 1),\quad \mu(x)=0\quad(\text{其他情形}).$$

由此定义

$$\mu_t(x)=\mu(2^{1-t}x)\quad(t\geqslant 1),\quad \mu_0(x)=1-\sum_{t=1}^{\infty}\mu(x).$$

特别地, 当 $|x|\geqslant 1$ 时

$$\mu_0(x)=0,\quad 即\quad \sum_{t=1}^{\infty}\mu(x)=1.$$

我们将所有满足下列两个条件的 $\overline{G}_d$ 上的单值函数 $f(\boldsymbol{x})=f(x_1,\cdots,x_d)$ 组成的函数类记作 $Q_{d,p}^{\boldsymbol{\alpha}}(C)$:

(a) 对每个变量 x_k $(1\leqslant k\leqslant d)$, $f(\boldsymbol{x})$ 都以 1 为周期, 且有 Fourier 展开

$$f(\boldsymbol{x})\sim\sum_{\boldsymbol{m}}C(\boldsymbol{m})e(\boldsymbol{m}\boldsymbol{x});$$

(b) 对于每个非负整矢 $\boldsymbol{t}=(t_1,\cdots,t_d)$, 级数 $\sum\limits_{\boldsymbol{m}} C_{\boldsymbol{t}}(\boldsymbol{m})e(\boldsymbol{mx})$ 几乎处处收敛, 式中

$$C_{\boldsymbol{t}}(\boldsymbol{m})=C(\boldsymbol{m})\mu_{t_1}(m_1)\cdots\mu_{t_d}(m_d),$$

并且这个级数的和 $\varphi_{\boldsymbol{t}}(\boldsymbol{x})$ 满足不等式

$$\|\varphi_{\boldsymbol{t}}\|_p\leqslant C2^{-\boldsymbol{\alpha t}}.$$

当 $\alpha_1=\cdots=\alpha_d=\alpha$ 时, $H^{\boldsymbol{\alpha}}_{d,p}(C)$ 和 $Q^{\boldsymbol{\alpha}}_{d,p}(C)$ 分别记作 $H^{\alpha}_{d,p}(C)$ 和 $Q^{\alpha}_{d,p}(C)$; 当 $p=\infty$ 时, 则分别记作 $H^{\alpha}_{d}(C)$ 和 $Q^{\alpha}_{d}(C)$. 可以证明[25]

$$H^{\boldsymbol{\alpha}}_{d,p}(C)\subset Q^{\boldsymbol{\alpha}}_{d,p}\big(c_1(\boldsymbol{\alpha})^dC\big),\quad Q^{\boldsymbol{\alpha}}_{d,p}(C)\subset E^{\boldsymbol{\alpha}}_{d}\big(c_2(\boldsymbol{\alpha})^dC\big).$$

除 $E^{\alpha}_{d}(C)$ 外, N. M. Korobov[119] 还考虑了它的子类 $\widetilde{H}^{\alpha}_{d}(C)$(注: 原文记号是 $H^{\alpha}_{d}(C)$), 其中 $\alpha>1$, 且 $d\alpha$ 是整数. 它由所有 $\overline{G}_d$ 上对每个变量 x_k $(1\leqslant k\leqslant d)$ 都以 1 为周期且所有偏导数 $\partial^{d\alpha}f/\partial x_1^{r_1}\cdots\partial x_d^{r_d}$ 都连续的函数 f 组成, 上式中 $r_1,\cdots,r_d$ 是任意非负整数, 满足

$$r_1\geqslant\cdots\geqslant r_d,\quad r_1+\cdots+r_d=d\alpha.$$

它的结构要比 $H^{\alpha}_{d}(C)$ 简单些.

文献 [7] 及 [303] 等分别对函数类 $H^{\alpha}_{d}(C)$ 及 $H^{\boldsymbol{\alpha}}_{d,p}(C)$ 的定义作了修改, 用平常的偏导数代替了式 (5.5.1) 中的广义导数. 对于 $H^{\boldsymbol{\alpha}}_{d,p}(C)$, 修改后的条件是[34,303]:

(a) 所有偏导数

$$\mathrm{D}_1^{\tau_1}\cdots\mathrm{D}_d^{\tau_d}f=\frac{\partial^{\tau_1+\cdots+\tau_d}f}{\partial x_1^{\tau_1}\cdots\partial x_d^{\tau_d}}\quad(0\leqslant\tau_1\leqslant\rho_1,\cdots,0\leqslant\tau_d\leqslant\rho_d)$$

存在, 而且对每个变量 x_k $(1\leqslant k\leqslant d)$, $f(\boldsymbol{x})$ 都以 1 为周期, 其中 $\rho_1,\cdots,\rho_k$ 的定义如前.

(b) 对于所有 $(\theta_1,\cdots,\theta_d)\in\{0,1\}^d$, f $\big($关于 $(\theta_1\alpha_1,\cdots,\theta_d\alpha_d)\big)$的模

$$\|f^{(\theta_1\alpha_1,\cdots,\theta_d\alpha_d)}\|_p\leqslant C,$$

其中 f $\big($关于 $\boldsymbol{\alpha}=(\alpha_1,\cdots,\alpha_d)\big)$的模定义为

$$\|f^{\boldsymbol{\alpha}}\|_p=\sup_{0<h_1,\cdots,h_d\leqslant 1}\left\|\mathrm{D}_1^{\rho_1}\cdots\mathrm{D}_d^{\rho_d}\left(\left(\prod_{\beta_k\neq 0}h_k^{-\beta}\delta_{h_k,k}\right)f\right)\right\|_p,$$

以及 $\|f^{\boldsymbol{0}}\|_p=\|f^{(0,\cdots,0)}\|_p=\|f\|_p$.

当 $\alpha_1=\cdots=\alpha_d=\alpha$ 且 $p=\infty$ 时, 就得到修改后的函数类 $H^{\alpha}_{d}(C)$.

文献 [25] 给出了 $H_{d,p}^{\boldsymbol{\alpha}}(C)$ 和 $Q_{d,p}^{\alpha}(C)$ 等函数类上的数值积分结果. 其他有关结果还可见 [7](函数类 $Q_d^{\alpha}(C)$ 上), [303](修改后的函数类 $H_d^{\boldsymbol{\alpha}}(C)$ 上), [305](函数类 $Q_{d,p}^{\boldsymbol{\alpha}}(C)$ 上), 等等.

6° V. N. Temlyakov 给出了某些类似的函数类 (具有有界混合差分或混合偏导数、积分表示、小光滑性等等) 上的数值积分的数论方法, 并使用了一些函数逼近论中的经典技巧, 可见 [274,277,279-283] 及 [275](第 267~268 页) 等, 一些与之有关的工作还可见 [12,57] 等.

7° Fibonacci 求积公式首见于 [24], 有关研究可见 [7,12,264,281-283] 等.

8° 闵嗣鹤[8] 构造了一类由二进小数组成的特殊点列, 用来作为网点并建立了一种求积公式, 研究了某些二重积分的近似计算. 他的构造被周蕴时[16] 扩充到任意进制 (基底大于或等于 2) 小数的情形并用于多重积分的近似计算. 他们的多维求积公式在某些函数类上的积分误差的阶为 $O(n^{-1})$(n 为网点总数)[14]. 实际上, 我们可以证明他们使用的网点点集的偏差的阶是 $O(n^{-1})$(参见 [43] 定理 2), 因此, 也可以由 Sobol' 的一个定理 (见注 5.1.4) 直接推出他们的结果.

9° 应用伪随机数 (例如线性同余随机数) 构造网点集合的多维数值积分的拟 Monte Carlo 方法, 可见 [172,176] 等.

10° 文献 [143] 将一些具有数论网点的多维求积公式应用到某些定义在紧 Abel 度量群上的函数类. 文献 [257] 建立了满足广义 Lipschtz 条件的函数类上的求积公式, 并应用 P_t (即 Π_τ) 网进行了数值试验.

11° 关于多维数值积分的结果, 有些具有 “存在性” 的特征, 例如定理 5.2.1 和定理 5.2.2 就属于这种类型 (上面 2° 中已提及此点). N. M. Korobov 给出最优系数的计算方法, 使得他的求积公式成为有效性的 (例如定理 5.2.3). 1990 年, N. Temirgaliev[273] (还可参见 [270,272]) 应用分圆域理论建立了如式 (5.2.1) 形式的多维求积公式, 它对于某些函数类具有最优收敛速度, 即积分误差的主阶 (非对数因子) 是不可改进的; 并且给出了公式中整点 $\boldsymbol{a}$ 的有效性算法. 这项工作的简介如下:

设 $l \geqslant 3$ 是一个素数, $\theta = \cos(2\pi/l) + \mathrm{i}\ \sin(2\pi/l)$, $\mathbb{Q}(\theta)$ 是 $l-1$ 次分圆域 (由 l 等分单位圆周产生). 令 $d = l-1$, 那么复数 $\omega_1 = 1, \omega_2 = \theta, \cdots, \omega_d = \theta^{d-1}$ 形成 $\mathbb{Q}(\theta)$ 的基本基底 (见 [32] 第 393 页). 用 A_d 表示域 $\mathbb{Q}(\theta)$ 的代数整数环, 它由所有形如 $m = m_1\omega_1 + \cdots + m_d\omega_d$ (系数 $m_j \in \mathbb{Z}$) 的复数 m 组成. 设 $\mathfrak{a} \subset A_d$ 是一个理想, $\gamma_1, \cdots, \gamma_d$

是 $\mathfrak{a}$ 的基底, 其中

$$\gamma_k = \sum_{j=1}^{d} c_{kj}\omega_j \quad (k=1,\cdots,d), \tag{5.5.2}$$

那么理想 $\mathfrak{a}$ 的模 $N(\mathfrak{a}) = |\det(c_{kj})|$ 是一个非零整数. 令

$$\gamma_j' = \sum_{k=1}^{d} c_{kj}\omega_k \quad (j=1,\cdots,d) \tag{5.5.3}$$

(注意式 (5.5.2) 和式 (5.5.3) 的系数矩阵互为转置), 用 $\mathfrak{a}'$ 记以 $\gamma_1',\cdots,\gamma_d'$ 为基底的格. 定义 G_d 中的点列

$$\boldsymbol{\xi}(\nu,\mathfrak{a}) = \big(\{\xi_1(\nu,\mathfrak{a})\},\cdots,\{\xi_d(\nu,\mathfrak{a})\}\big), \tag{5.5.4}$$

其中 $\nu=\nu_1\omega_1+\cdots+\nu_d\omega_d$, 遍历模 $\mathfrak{a}'$ 的完全剩余系的所有 $N(\mathfrak{a})$ 个代表元; 点的分量

$$\xi_k(\nu,\mathfrak{a}) = \frac{1}{N(\mathfrak{a})}\sum_{j=1}^{d}(-1)^{k+j}M_{jk}\nu_j \quad (k=1,\cdots,d),$$

此处 M_{jk} 是矩阵 (c_{kj}) 的转置矩阵 (c_{jk}) 中元素 c_{jk} 的余子式.

现在设给定素数 p, 满足条件 $p\equiv 1 \pmod{l}$, 那么可以找到理想 $\mathfrak{a}$, 使得 $N(\mathfrak{a})=p$, 而点列 (5.5.4) 具有

$$\left(\left\{\frac{k}{p}a_1\right\},\cdots,\left\{\frac{k}{p}a_d\right\}\right) \quad (k=1,\cdots,p)$$

的形式. 用这种方法确定整点 $\boldsymbol{a}=(a_1,\cdots,a_d)$ 的计算量为 $O(p)$.

N. Temirgaliev 证明了: 设素数 l 满足 $3\leqslant l\leqslant 19$, $d=l-1$, 那么对于任何 $T>c_1(l)$, 存在素数 p, $p\equiv 1 \pmod{l}$, $p=O(T)$, 以及整点 $\boldsymbol{a}$, 使得求积公式

$$\int_{\overline{G}_d} f(\boldsymbol{x}) = \frac{1}{p}\sum_{k=1}^{p} f\left(\left\{\frac{k}{p}\boldsymbol{a}\right\}\right) + R(f)$$

在 (例如) 函数类 $E_d^{\alpha}(C)(\alpha>1)$ 上的误差为 $O\big(T^{-\alpha}(\log T)^{d(\alpha+1)-1}\big)$, 而且确定这种求积公式的计算量为 $O(T\log\log T)$. 此处“O”中的常数仅与 α, d 有关.

应用代数数论的结果构造低偏差点列, 或用来建立多维求积公式, 在现有文献中, 除上述 N. Temirgaliev 的工作外, 早期工作可见 [7](应用实分圆域等); 后续的进展还有 [35](应用代数整数环),[290-292](应用分圆域理论、Gauss 数域等), 等等.

12° 关于数字函数与数字求积公式方面的工作, 主要是 G. Larcher 及其合作者做的. 例如, [138] 定义了数字光滑函数, 应用数字 (t,m,s) 网建立这类函数的数值积分的“数字格法则”, 给出误差估计, 并包含一些有关结果的概述或推广. [139] 是应用 (t,m,s) 网研究多元 Walsh 级数的数值积分的简明引论. 近期有关工作还可见 [209] 等.

13° [240] 是一本系统专著, 给出了多维积分的格法则的基本理论、常用方法和数值实现 (如格法则的参数的计算机搜索). 关于这个方法的基本思想的简明概述可见 [242]. 格法则至今仍然是拟 Monte Carlo 方法领域的一个重要研究课题. 我们在此举出 20 世纪 90 年代以后出现的一些有关工作:

(1) [86] 概述了 [240] 出现后格法则研究的一些新进展, 特别着重于误差分析和法则的有效性评判, 引进并讨论了积分偏差概念, 还提出了 $P_\alpha(\Gamma)$ 的带权推广形式及某些新概念.

(2) [106] 将 [105] 等中的结果扩充到带权星偏差的情形, 基于带权星偏差的估计, 构造了好的秩 1 格法则, 这种格法则的生成矢量可以应用逐次分量算法 (即逐次确定各个分量, 类似于 Korobov 最优系数的计算方法) 得到. [204] 从实际应用的角度研究了秩 1 格法则的快速逐次分量算法, 考虑了 Korobov 空间 (最坏情形)、Sobolev 空间 (平均情形)、带权格判据以及多项式格法则等情形. 应用逐次分量算法构造好的格法则的工作还可见 [48-49,126-127,246] 等. [228] 基于一种广义带权星偏差建立了一类移位格法则.

(3) [84] 推广了格法则中出现的关键量 $P_\alpha(\Gamma)$. [130] 应用丢番图逼近的一些经典结果研究了格法则的优标的上界和下界估计, 将秩 1 格法则的有关结果扩充到高秩情形. [131] 基于 F. J. Hickernell[85] 引进的广义偏差的概念对格法则的优标进行分析, 并应用于秩 1 格法则和 k^d 复制法则. [61] 提出一种计算好格点 (最优系数) 的新方法, 为此目的, 除了 Babenko-Zaremba 指标 (即优标) 外, 他们还引进了所谓“谱检验指标”的概念.

(4) [238] 考虑了阶较小的格法则的积分误差. [239] 在维数甚大的情形下讨论了带权空间中拟 Monte Carlo 积分的一些算法问题, 并给出有关算法对 Gauss 积分的应用. [141] 通过实例将秩 1 格法则与 Monte Carlo 方法及其他拟 Monte Carlo 方法作了比较. [88] 借助于 Baker 变换将格法则应用于非周期光滑函数, 得到与周期光滑函数情形相同的收敛阶 $O(N^{-2+\varepsilon})$(N 为格法则的网点数). [203] 应用 L_2 偏差讨论了多维数值积分的拟 Monte Carlo 方法的可操控性 (还可见 [72,92] 等).

(5) [128] 应用秩 1 格法则给出了带权 Korobov 空间中多元周期函数的三角逼近 (包括误差估计、生成矢量的逐次分量算法等). [108-109] 等讨论了低偏差点集和拟 Monte Carlo 积分在计算机绘图中的应用.

13° 可延伸格法则是格法则方法的重要发展, 始于 21 世纪初, 其基本思想是由 F. J. Hickernell 和 H. S. Hong 等提出的 (见 [89-90] 等). 在 Korobov 法则 (见例 5.4.2 和例 5.4.10) 中, 积分格的生成元与素数模 p (或模 n) 有关. 在他们构造的“新”的格法则中, 生成元与模 n 无关. 也就是说, 他们基于同一个生成矢量得到一个秩 1 格法则的无穷序列. 这种格法则称为可延伸 Korobov 法则. [71,91] 证明了好的可延伸 Korobov 法则的存在性. H. Niederreiter[185] 考虑了模多项式 $f \in \mathbb{F}_p[x]$ 的构造, 由此得到可延伸多项式格法则 (可延伸 Korobov 法则是其特殊情形), 并证明了好的可延伸多项式格法则的存在性.

14° 正文 (5.1 节和 5.2 节) 用到分部求和公式, 这个公式的多维推广可见 [7](第 58 页), 它是一个有用的估值工具. 顺便提一下, 多维 Euler-Maclaurin 求和公式也是数值积分中的一个有用的经典结果, [66] 就是一个应用例子.

15° 周期函数的插值公式与求积公式之间存在内在联系, 数论方法对周期函数的插值也有所应用. 对此可见 [7,34,119,121,304,307] 等. V. N. Temlyakov 给出了系列结果, 可见 [274-278] 等. [272] 将分圆域理论应用于多变量周期函数的插值 (参见本节 11°).

第 6 章 函数最大值的近似计算

本章研究拟 Monte Carlo 总体最优化方法. 求总体最优的标准 Monte Carlo 方法是随机搜索. 在拟 Monte Carlo 方法中, 它的"确定性"类似就是所谓拟随机搜索. 对于这个方法的理论分析将按照拟 Monte Carlo 积分中所采用的方式进行, 但不同的是, 在一般情形下点集的离差取代了点集的偏差. 不失一般性, 我们可以只考虑函数最大值. 我们首先基于求积公式建立一个函数最大值的近似计算公式, 并通过点集的偏差来估计误差; 然后给出常用的函数最大值近似计算的数论方法, 并借助于点集的离差概念着重讨论这些方法的收敛性.

6.1 函数最大值的近似计算公式

我们首先回顾下列熟知的结果:

引理 6.1.1 设 $d \geqslant 1$, $f(\boldsymbol{x}) = f(x_1, \cdots, x_d)$ 是 $\overline{G}_d$ 上的非负连续函数, 则

$$\mu = \max_{\boldsymbol{x} \in \overline{G}_d} f(\boldsymbol{x}) = \lim_{m \to \infty} \left(\int_{\overline{G}_d} f^m(\boldsymbol{x}) \mathrm{d}\boldsymbol{x} \right)^{1/m}. \tag{6.1.1}$$

证 设

$$\mu = f(\boldsymbol{x}^*), \quad \boldsymbol{x}^* = (x_1^*, \cdots, x_d^*) \in \overline{G}_d.$$

我们有

$$\left(\int_{\overline{G}_d} f^m(\boldsymbol{x}) \mathrm{d}\boldsymbol{x} \right)^{1/m} \leqslant \left(\mu^m \int_{\overline{G}_d} \mathrm{d}\boldsymbol{x} \right)^{1/m} = \mu.$$

由于 $f(\boldsymbol{x})$ 是 $\overline{G}_d$ 上的非负连续函数, 所以对于给定的 ε $(0 < \varepsilon < \mu)$, 存在 $\delta > 0$, 使得当

$$\boldsymbol{x} \in K_d = \prod_{i=1}^{d} [x_i^* - \delta, x_i^* + \delta] \subset \overline{G}_d$$

时 $f(\boldsymbol{x}) \geqslant \mu - \varepsilon$, 因而

$$\begin{aligned} \left(\int_{\overline{G}_d} f^m(\boldsymbol{x}) \mathrm{d}\boldsymbol{x} \right)^{1/m} &\geqslant \left(\int_{K_d} f^m(\boldsymbol{x}) \mathrm{d}\boldsymbol{x} \right)^{1/m} \geqslant (\mu - \varepsilon) \left(\int_{K_d} \mathrm{d}\boldsymbol{x} \right)^{1/m} \\ &= (\mu - \varepsilon)(2\delta)^{d/m}. \end{aligned}$$

注意

$$\lim_{m \to \infty} (2\delta)^{d/m} = 1,$$

于是我们得到

$$\mu - \varepsilon \leqslant \lim_{m \to \infty} \left(\int_{\overline{G}_d} f^m(\boldsymbol{x}) \mathrm{d}\boldsymbol{x} \right)^{1/m} \leqslant \mu.$$

因为 $\varepsilon > 0$ 可以任意接近于 0, 所以式 (6.1.1) 得证. □

定理 6.1.1 设 $d \geqslant 1$, $f(\boldsymbol{x}) = f(x_1, \cdots, x_d)$ 是 $\overline{G}_d$ 上的非负函数, 并且偏导数 $\partial^d f / \partial x_1 \cdots \partial x_d$ 在 $\overline{G}_d$ 上连续. 还设 $\mathcal{S} = \mathcal{S}_d = \{\boldsymbol{x}_1, \boldsymbol{x}_2, \cdots\}$ 是 $\overline{G}_d$ 中的一个无穷点列, D_n^* 是其前 n 项组成的点集 $\mathcal{S}^{(n)}$ 的星偏差. 如果 $D_n^* \to 0$ $(n \to \infty)$, 那么当 $n \geqslant n_0(f, d)$ 时

$$0 \leqslant \mu - \left(\frac{1}{n} \sum_{k=1}^{n} f^m(\boldsymbol{x}_k) \right)^{1/m} < \frac{(2^d + 1) M (\log \log D_n^{*\,-1})^2}{2^{d-1} \log D_n^{*\,-1}}, \tag{6.1.2}$$

其中

$$m=m(n)=\max\left\{\left[\frac{\log D_n^{*\,-1}}{\log\log D_n^{*\,-1}}\right],1\right\},$$

$$M=\sup_{\boldsymbol{x}\in\overline{G}_d}\left\{f(\boldsymbol{x}),\left|\frac{\partial f}{\partial x_1}(\boldsymbol{x})\right|,\cdots,\left|\frac{\partial^d f}{\partial x_1\cdots\partial x_d}(\boldsymbol{x})\right|\right\}.$$

证 我们只对 $d=1$ 的情形给出证明细节. 不妨设 $f(x^*)=\mu$, $x^*\in(0,1)$. 依假设, $|f'(x)|\leqslant M$ $(0\leqslant x\leqslant 1)$. 于是, 当 $x\in(0,1)$ 时

$$f(x^*)-f(x)=\int_x^{x^*}f'(t)\mathrm{d}t\leqslant\int_x^{x^*}|f'(t)|\mathrm{d}t=M|x-x^*|,$$

我们得到

$$f(x)\geqslant\mu-M|x-x^*|\quad\big(0\leqslant x\leqslant 1\big).\tag{6.1.3}$$

取 ξ 满足

$$0<\xi\leqslant\min\{\mu/M,1\},\tag{6.1.4}$$

并设 $J\subset(0,1)$ 是任意一个含有 x^* 的长度为 ξ 的区间, 那么当 $x\in J$ 时 $|x-x^*|\leqslant\xi$, 从而式 (6.1.3) 右边 $\geqslant\mu-M\xi\geqslant 0$, 于是

$$\begin{aligned}\int_0^1 f^m(x)\mathrm{d}x&\geqslant\int_J f^m(x)\mathrm{d}x\geqslant\int_J(\mu-M|x-x^*|)^m\mathrm{d}x\\&\geqslant(\mu-M\xi)^m\int_J\mathrm{d}x=(\mu-M\xi)^m\xi.\end{aligned}$$

由此推出

$$\mu-\left(\int_0^1 f^m(x)\mathrm{d}x\right)^{1/m}\leqslant\mu-(\mu-M\xi)\xi^{1/m}.\tag{6.1.5}$$

因为当 $\alpha\geqslant 0$ 时 $\mathrm{e}^\alpha\geqslant 1+\alpha$ (这容易通过将 e^α 展开为幂级数来证明), 所以

$$\xi^{1/m}=\mathrm{e}^{-(\log\xi^{-1})/m}\leqslant\left(1+\frac{1}{m}\log\xi^{-1}\right)^{-1}.$$

由此及式 (6.1.5), 并注意依 ξ 的取法, 有

$$1+(\log\xi^{-1})/m>1,$$

所以

$$\begin{aligned}0\leqslant\mu-\left(\int_0^1 f^m(x)\mathrm{d}x\right)^{1/m}&\leqslant\mu-\frac{\mu-M\xi}{1+(\log\xi^{-1})/m}\\&=\frac{\mu+\mu(\log\xi^{-1})/m-\mu+M\xi}{1+(\log\xi^{-1})/m}\leqslant\frac{\mu}{m}\log\xi^{-1}+M\xi.\end{aligned}\tag{6.1.6}$$

现在借助于点列 $\mathcal{S}$, 用有限和逼近上式中的积分. 由定理 5.1.1 (即 Koksma 不等式), 我们有

$$\int_0^1 f^m(x)\mathrm{d}x \leqslant \frac{1}{n}\sum_{k=1}^{n} f^m(x_k) + D_n^* V_{f^m}, \tag{6.1.7}$$

其中

$$V_{f^m} = m\int_0^1 f^{m-1}(x)|f'(x)|\mathrm{d}x \leqslant m\mu^{m-1}M \leqslant mM^m.$$

当 $a,b \geqslant 0, m \geqslant 1$ 时

$$(a+b)^{1/m} \leqslant a^{1/m} + b^{1/m}$$

(将两边平方并加以比较, 即可证明此不等式), 由式 (6.1.6) 和式 (6.1.7) 可得到

$$\mu \leqslant \left(\frac{1}{n}\sum_{k=1}^{n} f^m(x_k)\right)^{1/m} + D_n^{*\,1/m} m^{1/m} M + \frac{\mu}{m}\log\xi^{-1} + M\xi. \tag{6.1.8}$$

取参数

$$m = m(n) = \max\left\{\left[\frac{\log D_n^{*\,-1}}{\log\log D_n^{*\,-1}}\right], 1\right\},$$

并令 $\xi = 1/m$. 于是, 当 $n \geqslant n_0(f)$ 时, 式 (6.1.4) 成立, 并且

$$\begin{aligned}
&\frac{\log\log D_n^{*\,-1}}{\log D_n^{*\,-1}} \leqslant \frac{1}{m} \leqslant \frac{2\log\log D_n^{*\,-1}}{\log D_n^{*\,-1}},\\
&D_n^{*\,1/m} = \mathrm{e}^{-(\log D_n^{*\,-1})/m} \leqslant \mathrm{e}^{-\log\log D_n^{*\,-1}} = \frac{1}{\log D_n^{*\,-1}},\\
&\log\log D_n^{*\,-1} \geqslant 4, \quad \log\frac{\log D_n^{*\,-1}}{\log\log D_n^{*\,-1}} < \log\log D_n^{*\,-1}.
\end{aligned}$$

此外, 因为函数 $\varphi(t) = t^{1/t}$ $(t>0)$ 当 $t = 2.7\cdots$ 时取最大值 $1.44\cdots$, 所以 $m^{1/m} \leqslant 3/2$ $(m \geqslant 1)$. 因此

$$\begin{aligned}
&D_n^{*\,1/m} m^{1/m} M + \frac{\mu}{m}\log\xi^{-1} + M\xi\\
&\leqslant \frac{1}{\log D_n^{*\,-1}}\cdot\frac{3}{2}M + \mu\cdot\frac{2\log\log D_n^{*\,-1}}{\log D_n^{*\,-1}}\cdot\log\frac{\log D_n^{*\,-1}}{\log\log D_n^{*\,-1}} + M\cdot\frac{2\log\log D_n^{*\,-1}}{\log D_n^{*\,-1}}\\
&< \frac{M(\log\log D_n^{*\,-1})^2}{2\log D_n^{*\,-1}} + \frac{(\log\log D_n^{*\,-1})^2}{2\log D_n^{*\,-1}}(4\mu+M) < \frac{3M(\log\log D_n^{*\,-1})^2}{\log D_n^{*\,-1}}.
\end{aligned}$$

由此及式 (6.1.8) 可推出式 (6.1.2)(其中 $d=1$).

当 $d \geqslant 1$ 时, 证法类似. 设

$$f(\boldsymbol{x}^*) = \mu, \quad \boldsymbol{x}^* = (x_1^*, \cdots, x_d^*).$$

因为

$$\sum_{k=1}^{d}\int_{x_k}^{x_k^*}\frac{\partial f(x_1,\cdots,x_{k-1},t_k,x_{k+1}^*,\cdots,x_d^*)}{\partial t_k}\mathrm{d}t_k=f(\boldsymbol{x})-f(\boldsymbol{x}^*),$$

所以

$$f(\boldsymbol{x})\geqslant\mu-M\sum_{k=1}^{d}|x_k-x_k^*|.$$

不妨设

$$\max_{1\leqslant k\leqslant d}|x_k-x_k^*|=|x_1-x_1^*|,$$

我们有

$$f(\boldsymbol{x})\geqslant\mu-dM|x_1-x_1^*|.$$

取 ξ 满足 $0<\xi<\min\{\mu/(dM),1\}$. 类似于式 (6.1.5), 我们得到

$$\mu-\left(\int_{\overline{G}_d}f^m(\boldsymbol{x})\mathrm{d}\boldsymbol{x}\right)^{1/m}\leqslant\mu-(\mu-dM\xi)\xi^{1/m},$$

而与式 (6.1.6) 对应的不等式是

$$0\leqslant\mu-\left(\int_{\overline{G}_d}f^m(\boldsymbol{x})\mathrm{d}\boldsymbol{x}\right)^{1/m}\leqslant\frac{\mu}{m}\log\xi^{-1}+dM\xi.$$

由定理 5.1.2 (即 Koksma-Hlawka 不等式), 我们有

$$\int_{\overline{G}_d}f^m(\boldsymbol{x})\mathrm{d}\boldsymbol{x}\leqslant\frac{1}{n}\sum_{k=1}^{n}f^m(\boldsymbol{x}_k)+D_n^*V_{f^m},$$

其中

$$V_{f^m}=\sum_{k=1}^{d}\sum_{1\leqslant i_1\leqslant\cdots\leqslant i_k\leqslant d}v_{f^m}^{(k)}(i_1,\cdots,i_k).$$

因为 (注意 $\mu\leqslant M$)

$$\begin{aligned}v_{f^m}^{(k)}(i_1,\cdots,i_k)&=\int_0^1\cdots\int_0^1\left|\frac{\partial^k f(1,\cdots,1,x_{i_1},1,\cdots,1,x_{i_k},1,\cdots,1)}{\partial x_{i_1}\cdots\partial x_{i_k}}\right|\mathrm{d}x_{i_1}\cdots\mathrm{d}x_{i_k}\\&\leqslant 2^{k-1}m(m-1)\cdots(m-k+1)M^m,\end{aligned}$$

所以

$$\begin{aligned}V_{f^m}&\leqslant\sum_{k=1}^{d}\sum_{1\leqslant i_1\leqslant\cdots\leqslant i_k\leqslant d}2^{k-1}m(m-1)\cdots(m-k+1)M^m\\&\leqslant(2^d-1)\cdot 2^{d-1}m^dM^m=(2^{2d-1}-2^{d-1})m^dM^m.\end{aligned}$$

这样, 与式 (6.1.8) 对应的结果是

$$\mu \leqslant \left(\frac{1}{n}\sum_{k=1}^{n} f^m(x_k)\right)^{1/m} + D_n^{*\,1/m}(2^{2d-1}-2^{d-1})^{1/m} m^{d/m} M + \frac{\mu}{m}\log\xi^{-1} + dM\xi.$$

取参数 $m=m(n)$ 如前所述. 注意, 当 n 充分大时

$$\log\log D_n^{*\,-1} \geqslant d2^{d+1}, \quad 3^d(2^{2d-1}-2^{d-1})^{1/m} \leqslant (\log\log D_n^{*\,-1})^2,$$
$$\log\left(\frac{\log D_n^{*\,-1}}{\log\log D_n^{*\,-1}}\right) < \log\log D_n^{*\,-1},$$

因此

$$\begin{aligned}
&D_n^{*\,1/m}(2^{2d-1}-2^{d-1})^{1/m} m^{d/m} M + \frac{\mu}{m}\log\xi^{-1} + dM\xi \\
&< \frac{M}{2^d\log D_n^{*\,-1}}(\log\log D_n^{*\,-1})^2 + \frac{(\log\log D_n^{*\,-1})^2}{2^d\log D_n^{*\,-1}}(2^{d+1}\mu+M) \\
&\leqslant \frac{(2^d+1)M(\log\log D_n^{*\,-1})^2}{2^{d-1}\log D_n^{*\,-1}}.
\end{aligned}$$

于是式 (6.1.2) $(d>1)$ 也成立. □

6.2 Niederreiter 算法

1965 年, R. Zieliński[311] 提出了一种计算函数极值的 Monte Carlo 方法, 并讨论了方法的收敛性 (概率意义). 1983 年, H. Niederreiter[167] 基于点集偏差理论给出了这个方法的“确定性”类似, 即 Niederreiter 算法.

设 $d\geqslant 1$, 在 $\mathbb{R}^d$ 中定义了距离 $\rho(\boldsymbol{x},\boldsymbol{y})\,(\boldsymbol{x},\boldsymbol{y}\in\mathbb{R}^d)$. 还设 $\mathcal{D}\subset\mathbb{R}^d$ 是一个有界集, $f(\boldsymbol{x})$ 是定义在 $\mathcal{D}$ 上的有界实值函数. 记

$$\mu = f(\boldsymbol{x}^*) = \max_{\boldsymbol{x}\in\mathcal{D}} f(\boldsymbol{x}), \quad \boldsymbol{x}^* = (x_1^*,\cdots,x_d^*).$$

我们还用 $\omega(f;t)=\omega_{\mathcal{D}}(f;t)$ 表示 f (在 $\mathcal{D}$ 上) 的连续性模 (参见第 2 章 2.6 节 2°), 其定义为

$$\omega(f;t) = \omega_{\mathcal{D}}(f;t) = \sup_{\substack{\boldsymbol{u},\boldsymbol{v}\in\mathcal{D}\\ \rho(\boldsymbol{u},\boldsymbol{v})\leqslant t}} |f(\boldsymbol{u})-f(\boldsymbol{v})| \quad (t\geqslant 0).$$

易见连续性模有下列性质:

$$\omega_{\mathcal{D}_1}(f;t) \leqslant \omega_{\mathcal{D}_2}(f;t) \quad (\mathcal{D}_1 \subseteq \mathcal{D}_2), \tag{6.2.1}$$

$$\omega_{\mathcal{D}}(f;t_1) \leqslant \omega_{\mathcal{D}}(f;t_2) \quad (t_1 \leqslant t_2). \tag{6.2.2}$$

并且若 f 在 $\mathcal{D}$ 上一致连续, 则 $\omega(f;t) \to 0$ $(t \to 0+)$. 对于 $\mathcal{D}$ 中的有限点集 $\mathcal{S} = \{\boldsymbol{x}_1, \cdots, \boldsymbol{x}_n\}$, 我们用 $d_n(\mathcal{S}) = d_n(\mathcal{S};\rho;\mathcal{D})$ 表示它在 $\mathcal{D}$ 中 (关于距离 ρ) 的离差 (见第 4 章 4.1 节), 即

$$d_n(\mathcal{S}) = d_n(\mathcal{S};\rho;\mathcal{D}) = \sup_{\boldsymbol{x}\in\mathcal{D}} \min_{1\leqslant j\leqslant n} \rho(\boldsymbol{x}, \boldsymbol{x}_j).$$

H. Niederreiter 给出下面的算法:

$$\mu_1 = f(\boldsymbol{x}_1),$$
$$\mu_{k+1} = \begin{cases} \mu_k, & f(\boldsymbol{x}_{k+1}) \leqslant \mu_k \\ f(\boldsymbol{x}_{k+1}), & f(\boldsymbol{x}_{k+1}) > \mu_k \end{cases} \quad (k = 1, 2, \cdots, n).$$

算法实施得到的结果是

$$\mu_n = \mu_n(\mathcal{S}) = \max_{1\leqslant k\leqslant n} \mu_k = \max_{1\leqslant k\leqslant n} f(\boldsymbol{x}_k),$$

以此作为 $\mu = \max\limits_{\boldsymbol{x}\in\mathcal{D}} f(\boldsymbol{x}) = f(\boldsymbol{x}^*)$ 的近似值. 设 μ_n 在 $\mathcal{S}$ 的某个点 $\boldsymbol{x}_l$ 上达到, 则将 $\boldsymbol{x}_l$ 作为最大值点 $\boldsymbol{x}^*$ 的近似. H. Niederreiter 证明了下面的基本结果:

定理 6.2.1 设 $f(\boldsymbol{x})$ 是定义在 $\mathcal{D}$ 上的有界实值函数, $\mathcal{S} = \{\boldsymbol{x}_1, \cdots, \boldsymbol{x}_n\}$ 是 $\mathcal{D}$ 中的有限点集, 那么

$$0 \leqslant \mu - \mu_n(\mathcal{S}) \leqslant \omega\big(f; d_n(\mathcal{S})\big). \tag{6.2.3}$$

证 式 (6.2.3) 的左半部分是显然的. 现证其右半部分. 任取 $\varepsilon > 0$, 则存在 $\boldsymbol{y} \in \mathbb{R}^d$, 满足

$$f(\boldsymbol{y}) > \mu - \varepsilon.$$

依点集离差的定义, 存在某个下标 h $(1 \leqslant h \leqslant n)$, 使得

$$\rho(\boldsymbol{y}, \boldsymbol{x}_h) = \min_{1\leqslant k\leqslant n} \rho(\boldsymbol{y}, \boldsymbol{x}_k),$$

从而 $\rho(\boldsymbol{y}, \boldsymbol{x}_h) \leqslant d_n(\mathcal{S})$. 于是, 由连续性模的定义得知

$$f(\boldsymbol{y}) - f(\boldsymbol{x}_h) \leqslant \omega\big(f; d_n(\mathcal{S})\big).$$

合起来即得

$$\mu - \varepsilon < f(\boldsymbol{y}) \leqslant f(\boldsymbol{x}_h) + \omega\big(f; d_n(\mathcal{S})\big) \leqslant \mu_n + \omega\big(f; \mathcal{S}\big).$$

由于 $\varepsilon > 0$ 可以任意小, 故式 (6.2.3) 得证. □

推论 6.2.1 如果 f 在 $\mathcal{D}$ 上满足 Lipschitz 条件

$$|f(\boldsymbol{x}) - f(\boldsymbol{y})| \leqslant C_0 \rho(\boldsymbol{x}, \boldsymbol{y})^\alpha \quad (\text{对所有 } \boldsymbol{x}, \boldsymbol{y} \in \mathcal{D}),$$

其中 $C_0 > 0, 0 < \alpha \leqslant 1$ 是常数, 那么 $\mu_n \leqslant \mu \leqslant \mu_n + C_0 d_n(\mathcal{S})^\alpha$.

证 此时 $\omega(f; t) \leqslant C_0 t^\alpha$, 所以结论成立. □

为了便于应用低偏差 (或低离差) 点列, 我们取定

$$\mathcal{D} = \overline{G}_d, \quad \rho(\boldsymbol{x}, \boldsymbol{y}) = \rho_2(\boldsymbol{x}, \boldsymbol{y}) = \max_{1 \leqslant j \leqslant d} |x_j - y_j|,$$

其中 $\boldsymbol{x} = (x_1, \cdots, x_d), \boldsymbol{y} = (y_1, \cdots, y_d) \in \mathbb{R}^d$. 保持第 4 章的记号, 用 $d_n'(\mathcal{S})$ 表示 $d_n(\mathcal{S}; \rho_2; \overline{G}_d)$. 于是 (见定理 4.1.1、定理 4.1.3 及引理 1.2.1)

$$\frac{1}{2} n^{-1/d} \leqslant d_n'(\mathcal{S}) \leqslant D_n(\mathcal{S})^{1/d} \leqslant \frac{1}{2^{(d-1)/d}} D_n^*(\mathcal{S})^{1/d}.$$

若 $\{\mathcal{S}^{(n)}(n \in \mathcal{N})\}$ (此处 $\mathcal{N} \subseteq \mathbb{N}$ 是无限集合) 是一个由有限点集 $\mathcal{S}^{(n)}$ 组成的无限序列, 满足条件

$$D_n(\mathcal{S}^{(n)}) \to 0 \quad (n \to \infty, n \in \mathcal{N}),$$

那么对每个 $\mathcal{S}^{(n)}$ $(n \in \mathcal{N})$ 实施 Niederreiter 算法, 可得到数列 $\mu_n(\mathcal{S}^{(n)})(n \in \mathcal{N})$. 由定理 6.2.1 可知

$$0 \leqslant \mu - \mu_n(\mathcal{S}^{(n)}) \leqslant \omega\big(f; d_n'(\mathcal{S}^{(n)})\big),$$

于是

$$\mu_n(\mathcal{S}^{(n)}) \to \mu \quad (n \to \infty, n \in \mathcal{N}).$$

文献 [186] 给出了一些算例.

6.3 数论序贯算法

为使 Niederreiter 算法加速收敛, 20 世纪 90 年代方开泰和王元[3,63] 提出函数最值近似计算的数论序贯算法 (简称 SNTO 算法). 在此, 我们就 d 维长方体情形叙述这个算法的一个变体[308].

设 $d>1$,

$$R_0=[a_1^{(0)},b_1^{(0)}]\times\cdots\times[a_d^{(0)},b_d^{(0)}],$$

其中 $0\leqslant a_i^{(0)}<b_i^{(0)}(i=1,\cdots,d)$. 还设 f 是定义在 R_0 上的有界实值函数. 记

$$\mu=f(\boldsymbol{x}^*)=\max_{\boldsymbol{x}\in R_0}f(\boldsymbol{x}),\quad \boldsymbol{x}^*=(\boldsymbol{x}_1^*,\cdots,\boldsymbol{x}_d^*).$$

我们用 T_ν $(\nu\geqslant 0)$ 表示由下式定义的从 $\mathbb{R}^d$ 到 $\mathbb{R}^d$ 的变换:

$$y_k=a_k^{(\nu)}+(b_k^{(\nu)}-a_k^{(\nu)})x_k\quad (k=1,\cdots,d),\tag{6.3.1}$$

其中 $a_k^{(\nu)},b_k^{(\nu)}$ 是实数. 还设 $\lambda_1,\lambda_2,\cdots$ 是给定的实数, 满足 $0<\lambda_j<1$ $(j\geqslant 1)$, 并令

$$\lambda_0=\max_{1\leqslant k\leqslant d}(b_k^{(0)}-a_k^{(0)}).$$

最后, 设

$$\mathcal{S}^{(k)}=\left\{\boldsymbol{x}_1^{(k)},\cdots,\boldsymbol{x}_{n_k}^{(k)}\right\}\quad (k=0,1,2,\cdots)$$

是一个给定的无限点集序列, 其成员 $\mathcal{S}^{(k)}$ 是 $\overline{G}_d$ 中的有限点集, 其点数为 n_k. 将 $\mathcal{S}^{(k)}$ 中的点记为

$$\boldsymbol{x}_i^{(k)}=(x_{i,1}^{(k)},\cdots,x_{i,d}^{(k)})\quad (i=1,\cdots,n_k).$$

SNTO 算法的一个变体可描述为:

(O) 步骤 0. 选取 $\overline{G}_d$ 中的点列 $\mathcal{S}^{(0)}=\left\{\boldsymbol{x}_1^{(0)},\cdots,\boldsymbol{x}_{n_0}^{(0)}\right\}$, 应用变换 T_0, 我们得到 R_0 的点列

$$T_0\mathcal{S}^{(0)}=\left\{\boldsymbol{y}_1^{(0)},\cdots,\boldsymbol{y}_{n_0}^{(0)}\right\},$$

其中 $\boldsymbol{y}_i^{(0)}=T_0\boldsymbol{x}_i^{(0)}\,(i=1,\cdots,n_0)$.

从 $\{\boldsymbol{y}_i^{(0)}\ (i=1,\cdots,n_0)\}$ 中选取点 $\boldsymbol{\xi}^{(0)}=(\xi_{0,1},\cdots,\xi_{0,d})\in R_0$, 并确定数值 $M^{(0)}$, 使它们满足

$$f(\boldsymbol{\xi}^{(0)})=\max_{1\leqslant i\leqslant n_0} f(\boldsymbol{y}_i^{(0)})=M^{(0)}.$$

(Ⅰ) 步骤 1. 记 d 维长方体

$$\begin{aligned}R_1&=[\alpha_1^{(1)},\beta_1^{(1)}]\times\cdots\times[\alpha_s^{(1)},\beta_s^{(1)}]\cap R_0\\&=[a_1^{(1)},b_1^{(1)}]\times\cdots\times[a_d^{(1)},b_d^{(1)}],\end{aligned}$$

其中

$$\begin{aligned}\alpha_i^{(1)}&=\xi_{0,i}-\frac{\lambda_1}{2}(b_i^{(0)}-a_i^{(0)}),\\\beta_i^{(1)}&=\xi_{0,i}+\frac{\lambda_1}{2}(b_i^{(0)}-a_i^{(0)})\quad(i=1,\cdots,d).\end{aligned}$$

于是 $\boldsymbol{\xi}^{(0)}\in R_1$.

选取 $\overline{G}_d$ 中的点列 $\mathcal{S}^{(1)}=\left\{\boldsymbol{x}_1^{(1)},\cdots,\boldsymbol{x}_{n_1}^{(1)}\right\}$, 应用变换 T_1, 我们得到 R_1 的点列

$$T_1\mathcal{S}^{(1)}=\left\{\boldsymbol{y}_1^{(1)},\cdots,\boldsymbol{y}_{n_1}^{(1)}\right\},$$

其中 $\boldsymbol{y}_i^{(1)}=T_1\boldsymbol{x}_i^{(1)}\,(i=1,\cdots,n_1)$.

从 $\{\boldsymbol{\xi}^{(0)},\boldsymbol{y}_i^{(1)}(i=1,\cdots,n_1)\}$ 中选取点 $\boldsymbol{\xi}^{(1)}=(\xi_{1,1},\cdots,\xi_{1,d})\in R_1$, 并确定数值 $M^{(1)}$, 使它们满足

$$\begin{aligned}f(\boldsymbol{\xi}^{(1)})&=\max\left\{f(\boldsymbol{\xi}^{(0)}),\max_{1\leqslant i\leqslant n_1} f(\boldsymbol{y}_i^{(1)})\right\}\\&=\max\left\{M^{(0)},\max_{1\leqslant i\leqslant n_1} f(\boldsymbol{y}_i^{(1)})\right\}=M^{(1)}.\end{aligned}$$

(Ⅱ) 步骤 $j\to$ 步骤 $j+1$ $(j\geqslant 1)$. 设在第 j 步中我们得到点

$$\boldsymbol{\xi}^{(j)}=(\xi_{j,1},\cdots,\xi_{j,d})\in R_j=[a_1^{(j)},b_1^{(j)}]\times\cdots\times[a_d^{(j)},b_d^{(j)}]$$

以及数值 $M^{(j)}$, 使得

$$\begin{aligned}f(\boldsymbol{\xi}^{(j)})&=\max\left\{f(\boldsymbol{\xi}^{(j-1)}),\max_{1\leqslant i\leqslant n_j} f(\boldsymbol{y}_i^{(j)})\right\}\\&=\max\left\{M^{(j-1)},\max_{1\leqslant i\leqslant n_j} f(\boldsymbol{y}_i^{(j)})\right\}=M^{(j)},\end{aligned}$$

其中

$$\boldsymbol{y}_i^{(j)}=T_j\boldsymbol{x}_i^{(j)}\quad(i=1,\cdots,n_j),\quad \mathcal{S}_j=\left\{\boldsymbol{x}_1^{(j)},\cdots,\boldsymbol{x}_{n_j}^{(j)}\right\}\subset\overline{G}_d.$$

记 d 维长方体

$$\begin{aligned}R_{j+1}&=[\alpha_1^{(j+1)},\beta_1^{(j+1)}]\times\cdots\times[\alpha_s^{(j+1)},\beta_s^{(j+1)}]\cap R_0\\&=[a_1^{(j+1)},b_1^{(j+1)}]\times\cdots\times[a_d^{(j+1)},b_d^{(j+1)}],\end{aligned}$$

其中

$$\begin{aligned}\alpha_i^{(j+1)}&=\xi_{j,i}-\frac{\lambda_{j+1}}{2}\big(b_i^{(j)}-a_i^{(j)}\big),\\\beta_i^{(j+1)}&=\xi_{j,i}+\frac{\lambda_{j+1}}{2}\big(b_i^{(j)}-a_i^{(j+1)}\big)\quad(i=1,\cdots,d).\end{aligned}$$

于是 $\boldsymbol{\xi}^{(j)}\in R_{j+1}$.

选取 $\overline{G}_d$ 中的点列 $\mathcal{S}^{(j+1)}=\left\{\boldsymbol{x}_1^{(j+1)},\cdots,\boldsymbol{x}_{n_{j+1}}^{(j+1)}\right\}$, 应用变换 T_{j+1}, 我们得到 R_{j+1} 中的点列

$$T_{j+1}\mathcal{S}^{(j+1)}=\left\{\boldsymbol{y}_1^{(j+1)},\cdots,\boldsymbol{y}_{n_{j+1}}^{(j+1)}\right\},$$

其中

$$\boldsymbol{y}_i^{(j+1)}=T_{j+1}\boldsymbol{x}_i^{(j+1)}\quad(i=1,\cdots,n_{j+1}).$$

从 $\{\boldsymbol{\xi}^{(j)},\boldsymbol{y}_i^{(j+1)}(i=1,\cdots,n_{j+1})\}$ 中选取点 $\boldsymbol{\xi}^{(j+1)}=(\xi_{j+1,1},\cdots,\xi_{j+1,d})\in R_{j+1}$, 并确定数值 $M^{(j+1)}$, 使它们满足

$$\begin{aligned}f(\boldsymbol{\xi}^{(j+1)})&=\max\big\{f(\boldsymbol{\xi}^{(j)}),\max_{1\leqslant i\leqslant n_{j+1}}f(\boldsymbol{y}_i^{(j+1)})\big\}\\&=\max\big\{M^{(j)},\max_{1\leqslant i\leqslant n_{j+1}}f(\boldsymbol{y}_i^{(j+1)})\big\}=M^{(j+1)}.\end{aligned}$$

(Ⅲ) 结束步骤. 设按照某个判定标准, 对于适当的 q, 上述计算在步骤 q 实施完毕而停止. 我们得到点列 $\boldsymbol{\xi}^{(0)},\boldsymbol{\xi}^{(1)},\cdots,\boldsymbol{\xi}^{(q)}$, 以及对应的非降数列 $M^{(0)},M^{(1)},\cdots,M^{(q)}$, 它们满足 $f(\boldsymbol{\xi}^{(j)})=M^{(j)}$ $(1\leqslant j\leqslant q)$. 我们分别用 $M^{(q)}=\max\limits_{1\leqslant j\leqslant q}M^{(j)}$ 及点 $\boldsymbol{\xi}^{(q)}$ 作为 $\mu=\max\limits_{x\in R_0}f(\boldsymbol{x})=f(\boldsymbol{x}^*)$ 及最大值点 x^* 的近似.

注 6.3.1 在文献 [3, 63] 中, SNTO 算法中并不出现参数 λ_j. 若上述算法中所有 $\lambda_j=1/2$ $(j\geqslant 1)$, 则可得 SNTO 算法的原始形式.

注 6.3.2 如果在上述算法中用 $[\alpha_1^{(j)},\beta_1^{(j)}]\times\cdots\times[\alpha_d^{(j)},\beta_d^{(j)}]\cap R_{j-1}$ 代替 R_j $(j\geqslant 1)$, 那么我们得到修饰的 SNTO 算法 (简记为 MSNTO 算法). 此时我们总有 $R_{j+1}\subset R_j$ $(j\geqslant 0)$.

现在我们来考虑上述算法的收敛性. 值得注意的是, 虽然上述算法的每个步骤中实际上应用了 Niederreiter 算法, 但定理 6.2.1 不足以保证上述算法的收敛性 (当然要应用

低偏差或低离差点列). 这是因为由定理 6.2.1 只能给出 $\max\limits_{1\leqslant i\leqslant n_j} f(\boldsymbol{y}_i^{(j)})$ 与 $\max\limits_{\boldsymbol{x}\in R_j} f(\boldsymbol{x})$ 间的关系, 而不是 $\max\limits_{1\leqslant i\leqslant n_j} f(\boldsymbol{y}_i^{(j)})$(或 $M^{(j)}$) 与 $\mu=\max\limits_{\boldsymbol{x}\in R_0} f(\boldsymbol{x})$ 间的关系, 而后者正是我们所需要的. 一般来说, 若不对算法过程加以适当控制, 则不能保证收敛于所要求的函数最大值. 下面给出关于 SNTO 算法的收敛性的一些结果[308].

我们仍然取定距离函数

$$\rho(\boldsymbol{x},\boldsymbol{y})=\rho_2(\boldsymbol{x},\boldsymbol{y})=\max_{1\leqslant i\leqslant d}|x_i-y_i|,$$

其中 $\boldsymbol{x}=(x_1,\cdots,x_d),\boldsymbol{y}=(y_1,\cdots,y_d)\in\mathbb{R}^d$, 且在不引起混淆时用 $d'_n(\mathcal{S})$ 表示 $d'_n(\mathcal{S};\rho_2;\overline{G}_d)$; 不然则使用记号 $d'_n(\mathcal{S};E)$, 强调是在 E 上的离差.

定理 6.3.1 设 f 是定义在 R_0 上的有界实值函数, $\{n_0,n_1,\cdots,n_k,\cdots\}$ 是给定的正整数列, 其中 n_k 是 $\overline{G}_d$ 中的有限点集 $\mathcal{S}^{(k)}$ 中点的个数, 那么当 $k\to\infty$ 时, 数列 $M^{(0)},M^{(1)},\cdots,M^{(k)},\cdots$ 收敛, 并且

$$0\leqslant\mu-\lim_{k\to\infty}M^{(k)}\leqslant\omega_{R_0}\big(f;\lambda_0 d'_{n_0}(S^{(0)})\big). \tag{6.3.2}$$

推论 6.3.1 若 f 在 R_0 上连续, $d'_{n_0}(S^{(0)})=o(1)$ $(n_0\to\infty)$, 则

$$\lim_{n_0\to\infty}\lim_{k\to\infty}M^{(k)}=\mu.$$

注 6.3.3 定理 6.3.1 表明步骤 0 中低离差点列 $\mathcal{S}^{(0)}$ 的选取对于收敛速度具有重要意义. 推论 6.3.1 是说点列 $\mathcal{S}^{(0)}$ 的点数 n_0 应取得足够大. 实际上, 步骤 0 就是在 R_0 中实施 Niederreiter 算法, 而后续步骤中计算 $\max\limits_{1\leqslant i\leqslant n_j} f(\boldsymbol{y}_i^{(j)})$ 也是在 R_j 中实施 Niederreiter 算法, 因此, SNTO 算法可以看作 Niederreiter 算法的"迭代".

定理 6.3.2 设 f 在 R_0 上连续, 并且只存在有限多个点 $\boldsymbol{x}_1^*,\cdots,\boldsymbol{x}_s^*\in R_0$, 使得 $f(\boldsymbol{x}_i^*)=\mu$, 还设

$$d'_{n_\nu}(S^{(\nu)})\to 0\quad(\nu\to\infty). \tag{6.3.3}$$

那么当且仅当存在无穷集合 $J\subseteq\mathbb{N}$ 和下标 $i\in\{1,\cdots,s\}$, 使得

$$\bigcap_{j\in J}R_j=\{\boldsymbol{x}_i^*\} \tag{6.3.4}$$

时, 我们有

$$\lim_{k\to\infty}M^{(k)}=\mu.$$

对于 MSNTO 算法, 上述充要条件是 $\bigcap\limits_{j\geqslant 0}R_j=\{\boldsymbol{x}_i^*\}$.

注 6.3.4 由下面给出的定理证明可知, 条件 (6.3.4) 可换为 $\bigcap\limits_{k\geqslant 0} A_k=\{\boldsymbol{x}_i^*\}$, 此处 $A_k=\bigcup\limits_{\nu\geqslant k} R_\nu\ (k\geqslant 0)$.

注 6.3.5 依定理 6.3.2, 为了满足预设的误差限, 应判断最初若干个长方体 R_j 中确实含有某个 (未知实际位置的) 最大值点 (参见后文的例 6.3.2).

定理 6.3.3 设 f 是定义在 R_0 上的有界实值函数, 那么对任何 $k\geqslant 0$, 有

$$\begin{aligned}0&\leqslant \mu-M^{(k)}\\&\leqslant \sum_{\nu=0}^{k}\min\Big\{\omega_{R_0}\big(f;\lambda_0 d'_{n_0}(S^{(0)})\big),\omega_{R_\nu}\big(f;\lambda_0\lambda_1\cdots\lambda_\nu d'_{n_\nu}(S^{(\nu)})\big)\Big\}.\end{aligned}\tag{6.3.5}$$

此外, 若 $\boldsymbol{x}^*\in R_k$, 则对任何 $l\geqslant k$, 有

$$\begin{aligned}0&\leqslant \mu-M^{(l)}\\&\leqslant \min\big\{\omega_{R_0}\big(f;\lambda_0 d'_{n_0}(S^{(0)})\big),\omega_{R_k}\big(f;\lambda_0\lambda_1\cdots\lambda_k d'_{n_k}(S^{(k)})\big)\big\}.\end{aligned}\tag{6.3.6}$$

为证明上述定理, 先给出下列引理:

引理 6.3.1 设 $T_\nu\ (\nu\geqslant 0)$ 是由式 (6.3.1) 给定的变换, $\mathcal{S}=\{\boldsymbol{x}_1,\cdots,\boldsymbol{x}_n\}$ 是 $\overline{G}_d$ 中的一个有限点列, 那么对于 $\nu\geqslant 0$, 有

$$d'_n(T_\nu\mathcal{S},R_\nu)\leqslant \lambda_0\lambda_1\cdots\lambda_\nu d'_n(S;\overline{G}_d).$$

证 显然

$$\rho(T_\nu\boldsymbol{x},T_\nu\boldsymbol{y})\leqslant \lambda_0\lambda_1\cdots\lambda_\nu\rho(\boldsymbol{x},\boldsymbol{y})\quad (\boldsymbol{x},\boldsymbol{y}\in\overline{G}_d).$$

于是, 由引理 4.1.1 得到所要的结果. □

引理 6.3.2 设实值函数 f 在 R_0 上有界, 令 $\overline{M}^{(k)}=\max\limits_{\boldsymbol{x}\in R_k} f(\boldsymbol{x})$, 那么对任何 $k\geqslant 0$, 有

$$\begin{aligned}0&\leqslant \overline{M}^{(k)}-M^{(k)}\\&\leqslant \min\Big\{\omega_{R_0}\big(f;\lambda_0 d'_{n_0}(S^{(0)})\big),\omega_{R_0}\big(f;\lambda_0\lambda_1\cdots\lambda_k d'_{n_k}(S^{(k)})\big)\Big\}.\end{aligned}\tag{6.3.7}$$

证 由引理 6.3.1 及定理 6.2.1 可知, 当 $k=0$ 时不等式 (6.3.7) 成立. 当 $k\geqslant 1$ 时, 由定理 6.2.1 得

$$\overline{M}^{(k)}-M^{(k)}\leqslant \mu-M^{(0)}\leqslant \omega_{R_0}\big(f;\lambda_0 d'_{n_0}(S_0;\overline{G}_d)\big).$$

此外, 依定理 6.2.1 和引理 6.3.1, 并注意式 (6.2.1) 和式 (6.2.2), 我们还有

$$\begin{aligned}\overline{M}^{(k)}-M^{(k)}&\leqslant \overline{M}^{(k)}-\max_{1\leqslant i\leqslant n_k} f(\boldsymbol{y}_i^{(k)})\leqslant \omega_{R_k}\big(f;d'_{n_k}(T_kS^{(k)};R_k)\big)\\&\leqslant \omega_{R_k}\big(f;\lambda_0\lambda_1\cdots\lambda_k d'_{n_k}(S^{(k)};\overline{G}_d)\big)\\&\leqslant \omega_{R_0}\big(f;\lambda_0\lambda_1\cdots\lambda_k d'_{n_k}(S^{(k)};\overline{G}_d)\big).\end{aligned}$$

于是, 式 (6.3.7) 当 $k\geqslant 1$ 时也成立. □

定理 6.3.1 之证 数列 $\{M^{(k)}\ (k=0,1,2,\cdots)\}$ 单调增加且有上界, 所以收敛. 由引理 6.1.1 和定理 6.2.1 可知, 对于任何 $k\geqslant 0$, 有

$$0\leqslant \mu-M^{(k)}\leqslant \mu-M^{(0)}\leqslant \omega_{R_0}\big(f;d'_{n_0}(T_0S^{(0)})\big)\leqslant \omega_{R_0}\big(f;\lambda_0 d'_{n_0}(S^{(0)})\big),$$

由此推出式 (6.3.2). □

定理 6.3.2 之证 依式 (6.3.3), 由定理 6.3.1 及式 (6.3.7) 可知 $\lim\limits_{k\to\infty}\overline{M}^{(k)}$ 存在, 并且

$$\lim_{k\to\infty}\overline{M}^{(k)}=\lim_{k\to\infty}M^{(k)}. \tag{6.3.8}$$

令

$$A_k=\bigcup_{\nu\geqslant k}R_\nu\quad (k\geqslant 0),\quad \overline{m}^{(k)}=\max_{\boldsymbol{x}\in A_k} f(\boldsymbol{x}).$$

因为 $A_0\supset A_1\supset A_2\supset\cdots$, 并且 $A_k=R_k\cup A_{k+1}$, 所以无穷数列 $\{\overline{m}^{(k)}\ (k=0,1,2,\cdots)\}$ 可以改写为

$$\underbrace{\overline{M}^{(l_1)},\cdots,\overline{M}^{(l_1)}}_{\tau_1\text{个}},\cdots,\underbrace{\overline{M}^{(l_t)},\cdots,\overline{M}^{(l_t)}}_{\tau_t\text{个}},\cdots, \tag{6.3.9}$$

其中 $l_1<l_2<\cdots<l_t<\cdots$, 而 $\tau_1,\tau_2,\cdots,\tau_t,\cdots\geqslant 1$ 是某些整数. 于是, 由式 (6.3.8) 得到

$$\lim_{k\to\infty}\overline{m}^{(k)}=\lim_{k\to\infty}M^{(k)}. \tag{6.3.10}$$

如果 $\lim\limits_{k\to\infty}M^{(k)}=\mu$, 那么由式 (6.3.10) 得 $\lim\limits_{k\to\infty}\overline{m}^{(k)}=\mu$. 但因 $\overline{m}^{(k)}\leqslant\mu$ (对所有 $k\geqslant 0$), 并且数列 $\{\overline{m}^{(k)}\ (k=0,1,2,\cdots)\}$ 单调非增, 所以 $\overline{m}^{(k)}=\mu$ (对所有 $k\geqslant 0$), 从而由式 (6.3.9) 知 $\overline{M}^{(l_\nu)}=\mu$ (对所有 $\nu\geqslant 1$). 因为最大值点只有有限多个, 所以存在一个无穷集合 $J\subset\{l_1,l_2,\cdots\}\subset\mathbb{N}$ 及某个最大值点 $\boldsymbol{x}_i^*$, 使得 $\overline{M}^{(j)}=f(\boldsymbol{x}_i^*)$ (对所有 $j\in J$). 依 $\overline{M}^{(j)}$ 的定义, 可知 $\boldsymbol{x}_i^*\in R_j$ (对所有 $j\in J$). 于是 $\boldsymbol{x}_i^*\in\bigcap\limits_{j\in J}R_j$. 另外, 如果某个点 $\boldsymbol{x}\in\bigcap\limits_{j\in J}R_j$, 那么对任何有限集 $\{j_1,\cdots,j_t\}\subset J$ $(j_i<\cdots<j_t)$, 有 $\boldsymbol{x}\in R_{j_t}$, 从而

$$\rho(\boldsymbol{x}_i^*,\boldsymbol{x})\leqslant\lambda_0\lambda_1\cdots\lambda_{j_t}\to 0\quad (t\to\infty),$$

故 $\boldsymbol{x}_i^*=\boldsymbol{x}$. 这表明 $\bigcap\limits_{j\in J}R_j=\{\boldsymbol{x}_i^*\}$.

反过来, 如果对于无穷集合 $J\subset\mathbb{N}$ 及某个最大值点 $\boldsymbol{x}_i^*$, 有 $\bigcap\limits_{j\in J}R_j=\{\boldsymbol{x}_i^*\}$, 那么

$$\boldsymbol{x}_i^*\in R_j,\quad \overline{M}^{(j)}=f(\boldsymbol{x}_i^*)=\mu\quad (\text{对所有 } j\in J).$$

因为数列 $\{\overline{M}^{(k)}(k=0,1,2,\cdots)\}$ 收敛, 所以由式 (6.3.8) 推出

$$\lim_{k\to\infty}M^{(k)}=\lim_{k\to\infty}\overline{M}^{(k)}=\lim_{\substack{j\to\infty\\ j\in J}}\overline{M}^{(j)}=\mu.$$

对于 MSNTO 算法, 我们有 $R_\nu\supset R_{\nu+1}$, 所以 $\bigcap\limits_{j\in J}R_j=\bigcap\limits_{j\geqslant 0}R_j$, 从而得到相应的结论. □

定理 6.3.3 之证 注意 $\boldsymbol{\xi}^{(\nu)}\in R_{\nu+1}$, 我们有

$$\overline{M}^{(\nu)}-\overline{M}^{(\nu+1)}\leqslant\overline{M}^{(\nu)}-M^{(\nu+1)}\leqslant\overline{M}^{(\nu)}-M^{(\nu)},$$

于是, 由引理 6.3.2 得到

$$\overline{M}^{(\nu)}-\overline{M}^{(\nu+1)}\leqslant\min\Big\{\omega_{R_0}(f;\lambda_0 d'_{n_0}(S_0)),\omega_{R_\nu}\big(f;\lambda_0\cdots\lambda_{n_\nu}d'_{n_\nu}(S_{n_\nu})\big)\Big\}.$$

将上述不等式 (其中 $\nu=0,1,\cdots,k-1$) 及不等式 (6.3.7) 对应相加, 即得不等式 (6.3.5).

最后, 若 $\boldsymbol{x}^*\in R_k$, 则 $\overline{M}^{(k)}=\mu$, 并且 $M^{(l)}\geqslant M^{(k)}$ $(l\leqslant k)$. 于是, 由引理 6.3.2 知不等式 (6.3.6) 成立. □

下面给出上述结果的简单应用.

例 6.3.1 设 f 满足 Lipschitz 条件

$$|f(\boldsymbol{x})-f(\boldsymbol{y})|\leqslant C_0\rho(\boldsymbol{x},\boldsymbol{y})^\alpha\quad (\text{对所有 } \boldsymbol{x},\boldsymbol{y}\in R_0),$$

其中 $C_0>0,0<\alpha\leqslant 1$ 是常数, 那么 $\omega(f;t)\leqslant C_0t^\alpha$ (见推论 6.2.1). 还设 $\mathcal{S}=\{\boldsymbol{x}_1,\boldsymbol{x}_2,\cdots\}$ 是 $\overline{G}_d$ 中的一个无穷点列, 其最初 n_j 项组成的点集 $\mathcal{S}^{(j)}$ $(j=0,1,\cdots)$ 的离差

$$d'_n(\mathcal{S}^{(j)})\leqslant C_1n_j^{-1/d}.$$

设 $\delta>0$ 是预设的误差上限. 我们令

$$\lambda_1=\lambda_2=\cdots=\lambda_k=\lambda\quad 及\quad n_1=n_2=\cdots=n_k=n.$$

如果 $\boldsymbol{x}^*\in R_k$, 那么选取参数 λ 及 $k,n,n_0\in\mathbb{N}$, 使它们满足

$$n<n_0,\ \ 0<\lambda<1,\ \ \lambda^k=\left(\frac{n}{n_0}\right)^{1/d},\ \ C_0\big(\lambda_0C_1n_0^{-1/d}\big)^\alpha\leqslant\delta, \tag{6.3.11}$$

并且使 n_0+kn (试验点总数) 尽可能小. 由上式可推出

$$C_0\big(\lambda_0 C_1 n_0^{-1/d}\big)^\alpha = C_0\big(\lambda_0\lambda_1\cdots\lambda_k C_1 n^{-1/d}\big)^\alpha,$$

于是, 由式 (6.3.6) 得到

$$0\leqslant \mu - M^{(k)} \leqslant C_0\big(\lambda_0 C_1 n_0^{-1/d}\big)^\alpha \leqslant \delta.$$

如果不能判断 $\boldsymbol{x}^*$ 是否属于 R_k, 那么将式 (6.3.11) 的后两个条件换为

$$\lambda = \left(\frac{n}{n_0}\right)^{1/d}, \quad C_0(C_1\lambda_0 n^{-1/d})^\alpha \sum_{\nu=0}^{k} \lambda^{\alpha\nu} \leqslant \delta.$$

依式 (6.3.5), 仍然可得到估计 $0\leqslant\mu-M^{(k)}\leqslant\delta$. 如果我们能够得到点集 $\mathcal{S}^{(j)}$ 的离差的精确值, 那么上面的设计可以做得精密些.

例 6.3.2 设存在常数 C_2 和 $\tau>0$, 使得

$$|f(\boldsymbol{x})-f(\boldsymbol{y})| \geqslant C_2\rho(\boldsymbol{x},\boldsymbol{y})^\tau \quad (\text{对所有 } \boldsymbol{x},\boldsymbol{y}\in R_0). \tag{6.3.12}$$

还设 $S^{(k)}$ $(k\geqslant 0)$ 是低离差点集. 由算法过程, 可知点 $\boldsymbol{\xi}^{(k)}\in R_{k+1}$ $(k\geqslant 0)$ 满足 $M^{(k)}=f(\boldsymbol{\xi}^{(k)})$. 由式 (6.3.12) 及式 (6.3.6) 可知: 若 $\boldsymbol{x}^*\in R_k$, 则

$$\begin{aligned}\rho(\boldsymbol{x}^*,\boldsymbol{\xi}^{(k)}) &\leqslant \Big(C_2^{-1}|f(\boldsymbol{x}^*)-f(\boldsymbol{\xi}^{(k)})|\Big)^{1/\tau} = \big(C_2^{-1}|\mu-M^{(k)}|\big)^{1/\tau}\\ &\leqslant \left(C_2^{-1}\cdot\min\Big\{\omega\big(f;\lambda_0 d'_{n_0}(S^{(0)})\big),\omega\big(f;\lambda_0\lambda_1\cdots\lambda_k d'_{n_k}(S^{(k)})\big)\Big\}\right)^{1/\tau}.\end{aligned} \tag{6.3.13}$$

我们逐次选取参数 $n_0,\cdots,n_k$ 及 $\lambda_1,\cdots,\lambda_k$ 如下:

首先取 n_0 及 λ_1, 满足 $0<\lambda_1<1$, 以及

$$2C_2^{-1/\tau}\omega\big(f;\lambda_0 d'_{n_0}(S^{(0)})\big)^{1/\tau} \leqslant \lambda_0\lambda_1.$$

由式 (6.3.13)(其中取 $k=0$, 并注意 $\boldsymbol{x}^*\in R_0$)) 及上式得

$$\rho(\boldsymbol{x}^*,\boldsymbol{\xi}^{(0)}) \leqslant \frac{1}{2}\lambda_0\lambda_1.$$

因为 $\boldsymbol{\xi}^{(0)}\in R_1$, 而 R_0 中所有满足 $\rho(\boldsymbol{\xi}^{(0)},\boldsymbol{x})\leqslant\lambda_0\lambda_1/2$ 的点 $\boldsymbol{x}$ 都属于 R_1, 所以 $\boldsymbol{x}^*\in R_1$.

接着取 n_1 和 λ_2, 满足 $0<\lambda_2<1$, 以及

$$2C_2^{-1/\tau}\min\big\{\omega\big(f;\lambda_0 d'_{n_0}(S^{(0)})\big),\omega\big(f;\lambda_0\lambda_1 d_{n_1}(S^{(1)})\big)\big\}^{1/\tau} \leqslant \lambda_0\lambda_1\lambda_2.$$

由式 (6.3.13)(其中取 $k=1$, 并注意 $\boldsymbol{x}^*\in R_1$)) 及上式得

$$\rho(\boldsymbol{x}^*,\boldsymbol{\xi}^{(1)})\leqslant\frac{1}{2}\lambda_0\lambda_1\lambda_2.$$

因为 $\boldsymbol{\xi}^{(1)}\in R_2$, 而 R_0 中所有满足 $\rho(\boldsymbol{\xi}^{(1)},\boldsymbol{x})\leqslant\lambda_0\lambda_1\lambda_2/2$ 的点 $\boldsymbol{x}$ 都属于 R_2, 所以 $\boldsymbol{x}^*\in R_2$.

一般地, 若 $n_0,\cdots,n_{k-1}$ 和 $\lambda_1,\cdots,\lambda_k$ 已经确定, 则取 n_k 和 λ_{k+1}, 满足 $0<\lambda_{k+1}<1$, 以及

$$2C_2^{-1/\tau}\min\left\{\omega\big(f;\lambda_0d'_{n_0}(S^{(0)})\big),\omega\big(f;\lambda_0\lambda_1\cdots\lambda_kd'_{n_k}(S^{(k)})\big)\right\}^{1/\tau}\leqslant\lambda_0\lambda_1\cdots\lambda_{k+1}.$$

类似可证明 $\boldsymbol{x}^*\in R_{k+1}$ $(k\geqslant 0)$. 因此, 在式 (3.6.12) 成立时, 所给条件能够满足定理 6.3.2 的要求.

设 $\delta>0$ 是预设的误差上限. 因为数列 $\{\lambda_0\lambda_1\cdots\lambda_k\ (k=0,1,2,\cdots)\}$ 单调下降, 所以存在最大的满足 $2^{-\tau}C_2(\lambda_0\lambda_1\cdots\lambda_q)^\tau>\delta$ 的下标 q, 于是有

$$2^{-\tau}C_2(\lambda_0\lambda_1\cdots\lambda_{q+1})^\tau\leqslant\delta,$$

从而得到

$$\min\left\{\omega\big(f;\lambda_0d'_{n_0}(S^{(0)})\big),\omega\big(f;\lambda_0\lambda_1\cdots\lambda_qd'_{n_q}(S^{(q)})\big)\right\}\leqslant2^{-\tau}C_2(\lambda_0\lambda_1\cdots\lambda_{q+1})^\tau\leqslant\delta.$$

由此及式 (6.3.6)(取 $k=q$), 即得 $\mu-M^{(q)}\leqslant\delta$.

6.4 补充与评注

1° 定理 6.1.1 是按 [101](还可见 [98]) 改写的. 此处, 式 (6.1.2) 中的常数与原文不同. 基于引理 6.1.1 给出函数最大值的近似计算公式的想法, 还可见 [6]. 一般来说, 这个方法的收敛速度不够快, 而且不能确定最大值点.

2° 如果函数 $f(x)$ 定义在某个区间上, $f'(x)$ 在其上连续, θ_1,θ_2 $(\theta_1<\theta_2)$ 是 f 的两个相邻零点, 不妨认为 f 在 $[\theta_1,\theta_2]$ 上非负 (不然用 $-f$ 代替 f), 那么函数 $F(x)=f\big((\theta_2-\theta_1)x+\theta_1\big)$ 满足定理 6.1.1 的所有条件. 我们来证明 $\max\limits_{x\in[\theta_1,\theta_2]}f(x)=\max\limits_{x\in[0,1]}F(x)$.

事实上, 若 $\max\limits_{x\in[\theta_1,\theta_2]} f(x)=f(x^*),\ x^*\in[\theta_1,\theta_2]$, 则 $(x^*-\theta_1)/(\theta_2-\theta_1)\in[0,1]$, 于是

$$f(x^*)=F\big((x^*-\theta_1)/(\theta_2-\theta_1)\big)\leqslant \max_{x\in[0,1]}F(x).$$

类似地, 若 $\max\limits_{x\in[0,1]}F(x)=F(\overline{x}),\overline{x}\in[0,1]$, 那么 $(\theta_2-\theta_1)\overline{x}+\theta_1\in[\theta_1,\theta_2]$, 从而也有

$$F(\overline{x})=f\big((\theta_2-\theta_1)\overline{x}+\theta_1)\big)\leqslant \max_{x\in[\theta_1,\theta_2]}f(x).$$

因此上述断言正确. 于是将式 (6.1.2) 应用于函数 F, 即可求出 f 的一个近似极值.

3° 本章 6.3 节考虑了最简单的, 即 R_0 是 d 维长方体的情形, 所使用的变换也是最简单的 (线性变换). 对于其他区域上的优化问题, 要考虑一致分布点列的较为复杂的变换, 对此可见 [3]. 一致分布点列变换的一般理论可见 [102-103].

4° 因为 $-\max(-f)=\min f$, 所以 Niederreiter 算法及 SNTO 算法也可用来解函数最小值的近似计算问题.

5° 本章介绍的数论方法也可用来解线性方程组

$$L_j(x_1,\cdots,x_d)=a_{j1}x_1+\cdots+a_{jd}x_d=b_j\quad(j=1,\cdots,d),$$

此处系数 a_{jk} 为实数, b_j 不全为 0, $\det\big(a_{jk}\big)\neq 0$. 例如, 若要求它在 $\mathbb{R}^d$ 的某个有界子集 (例如 d 维长方体) 上的解, 可转化为求函数

$$f(x_1,\cdots,x_d)=\sum_{j=1}^{d}L_j(x_1,\cdots,x_d)^2$$

的最小值点的问题 (函数的最小值为 0).

6° I. M. Sobol'[254-256] 考虑了满足广义 Lipschitz 条件的函数的优化问题, 并应用 P_t (即 Π_τ) 网进行了数值试验. 广义 Lipschitz 条件是指: 若函数 $f(\boldsymbol{x})$ 定义在有界集 $\mathcal{D}\subset\mathbb{R}^d$ 上, 对于 $\mathcal{D}$ 中任何两点 $\boldsymbol{x}=(x_1,\cdots,x_d),\boldsymbol{y}=(y_1,\cdots,y_d)$, 有

$$|f(\boldsymbol{x})-f(\boldsymbol{y})|\leqslant\sum_{j=1}^{d}L_j|x_j-y_j|,$$

其中 L_j $(1\leqslant j\leqslant d)$ 是常数, 满足条件 $L_1\geqslant\cdots\geqslant L_d\geqslant 0$. 显然, 我们可以应用 Niederreiter 算法解 f 的整体优化问题. I. M. Sobol' 给出了不同的方法, 应用了关于距离 $\rho(\boldsymbol{x},\boldsymbol{y})=\sum\limits_{j=1}^{d}L_j|x_j-y_j|$ 的离差概念.

参 考 文 献

[1] 阿赫波夫, 萨多夫尼奇, 丘巴里阔夫. 数学分析讲义[M]. 3 版. 北京: 高等教育出版社, 2006.

[2] 达维斯, 拉宾诺维奇. 数值积分法[M]. 北京: 高等教育出版社, 1986.

[3] 方开泰, 王元. 数论方法在统计中的应用[M]. 北京: 科学出版社, 1996.

[4] 菲赫金哥尔茨. 微积分学教程: 三卷本[M]. 8 版. 北京: 高等教育出版社, 2006.

[5] 华罗庚. 数论导引[M]. 北京: 科学出版社, 1975.

[6] 华罗庚. 优选学[M]. 北京: 科学出版社, 1981.

[7] 华罗庚, 王元. 数论在近似分析中的应用[M]. 北京: 科学出版社, 1978.

[8] 闵嗣鹤. 关于重积分和多重积分的近似计算[J]. 科学记录 (新辑), 1959, 3: 427-429.

[9] 那汤松. 实变函数论: 上册; 下册[M]. 2 版. 北京: 高等教育出版社, 1958.

[10] 史树中. 多维连续函数求积公式的误差估计[J]. 计算数学, 1981, 3: 360-364.

[11] 王元, 朱尧辰, 蒋运才. 关于近似分析中的数论方法的几点注记[J]. 中国科学技术大学学报, 1965, 1: 213-218.

[12] 汪和平. Fibonacci 求积公式对具有有界混合差分的光滑函数类的误差估计[J]. 数学进展, 1997, 26: 123-128.

[13] 辛钦. 连分数[M]. 刘诗俊, 刘绍越, 译. 上海: 上海科学技术出版社, 1965.

[14] 徐利治, 周蕴时. 高维数值积分[M]. 北京: 科学出版社, 1980.

[15] 徐钟济. 蒙特卡罗方法[M]. 上海: 上海科学技术出版社, 1985.

[16] 周蕴时. 用随意延伸的单和逼近多重积分[J]. 吉林大学学报 (自然科学版), 1978 (3): 7-12.

[17] 朱尧辰. 某些一致分布的点集序列[J]. 数学学报, 2001, 44: 1011-1018.

[18] 朱尧辰, 王连祥. 丢番图逼近引论[M]. 北京: 科学出版社, 1993.

[19] 朱尧辰, 徐广善. 超越数引论[M]. 北京: 科学出版社, 2003.

[20] Anashin V S. Uniformly distributed sequences over p-adic integers [J]. Mat. Zametki, 1994, 55: 3-46 (in Russian).

[21] Anashin V S. Uniformly distributed sequences over p-adic integers [C]//van der Poorten A J, et al. Proceedings of the International Conference on Number Theoretic and Algebraic Methods in Computer Sciences, NTAMCS'93, Moscow. Singapore: World Sciences, 1995: 1-18.

[22] Andreeva V A. A generalization of a theorem of Koksma on uniform distribution [J]. Compt. Rend. Acad. Bulgare Sci., 1987, 40: 9-12.

[23] Baker R C. On irregularities of distribution Ⅱ [J]. J. Lond. Math. Soc., 1999, 59: 50-64.

[24] Bahvalov N S. Approximate computation of multiple integrals, Vestnik Moskov [J]. Univ. Ser. Mat. Mekh., 1959, 4: 3-18 (in Russian).

[25] Bahvalov N S. Optimal convergence bounds for quadrature processes and integration methods of Monte Carlo type for classes of functions [J]. Zh. Vychisl. Mat. i Mat. Fiz., Suppl., Nauk, Moscow, 1964: 5-63 (in Russian).

[26] Beck J. A two-dimensional van Aardenne-Ehrenfest theorem in irregularities of distribution [J]. Compo. Math., 1989, 72: 269-339.

[27] Beck J. Probabilistic diophantine approximation: Ⅰ. Kronecker sequences [J]. Ann. Math., 1994, 140: 451-502.

[28] Beck J, Chen W. Irregularities of distribution [M]. Cambridge: Cambridge Univ. Press, 1987.

[29] Beckers M, Haegemans A. Transformation of integrands for lattice rules [M]//Espelid T O, Genz A. Numerical integration. Boston: Kluwer Acad. Pub., 1992: 329-340.

[30] Blažeková O, Strauch O. Pseudo-randomness of quadratic generators [J]. Uniform Distri. Theory, 2007, 2: 105-120.

[31] Bocharova L P, Van'kova V S, Dobrovol'skiĭ N M. On the calculation of optimal coefficients [J]. Mat. Zametki, 1991, 49: 23-28 (in Russian).

[32] Borevich Z I, Shafarevich I R. Number theory [M]. 3rd rev. aug. ed. Moscow: Nauka, 1985 (in Russian). (English transl. of 1st ed. New York: Academic Press, 1966.)

[33] Bundschuh P, Zhu Y C. A method for exact calculation of discrepancy of low-dimensional finite point sets: Ⅰ [J]. Abh. Math. Sem. Univ. Hamburg, 1993, 63: 115-133.

[34] Bundschuh P, Zhu Y C. On interpolation of a class of functions by a number-theoretic method [J]. Acta Math. Sinica: New Ser., 1997, 13: 487-496.

[35] Bykovskiĭ V A. Estimates of discrepancy of optimal meshes in L_p-norm and the theory of quadrature formulas [J]. Analysis Math., 1996, 22: 81-97 (in Russian).

[36] Bykovskiĭ V A. On the error in number-theoretic quadrature formulas [J]. Chebyshevskiĭ Sb., 2002, 3: 27-33 (in Russian).

[37] Cassels J W S. An introduction to diophantine approximation [M]. Cambridge: Cambridge Univ. Press, 1957.

[38] Cassels J W S. An introduction to the geometry of numbers [M]. Berlin: Springer, 1959.

[39] Chandrasekharan K. Classical Fourier transforms [M]. New York: Springer, 1989.

[40] Chazelle B. The discrepancy method [M]. Cambridge: Cambridge Univ. Press, 2000.

[41] Chen W W L. On irregularities of distribution [J]. Mathematika, 1980, 27: 153-170.

[42] Chen W W L, Travaglini G. Some of Roth's ideas in discrepancy theory [M]//Chen W W L, et al. Analytic number theory. Cambridge: Cambridge Univ. Press, 2009: 150-163.

[43] Chen Y G, Zhu Y C. On a class of uniformly distributed sequences of point sets [J]. Acta Math. Sinica: Engl. Ser., 2004, 20: 491-498.

[44] Chen Z X. Finite binary sequences constructed by explicit inversive methods [J]. Finite Fields and Their Appl., 2008, 14: 579-592.

[45] Davenport H. Note on irregularities of distribution [J]. Mathematika, 1956, 3: 131-135.

[46] De Clerck L. A method for exact calculation of the stardiscrepancy of plane sets applied to the sequences of Hammersley [J]. Monatsh. Math., 1986, 101: 261-278.

[47] Deitmar A. A first course in harmonic analysis [M]. 2nd ed. New York: Springer, 2005.

[48] Dick J. On the convergence rate of the component-by-component construction of good lattice rules [J]. J. Complexity, 2004, 20: 493-522.

[49] Dick J, Kuo F K. Constructing good lattice rules with millions of points [M]//Niederreiter H. Monte-Carlo and quasi-Monte Carlo methods 2002. New York: Springer, 2004: 181-197.

[50] Dick J, Niederreiter H, Pillichshammer F. Weighted star discrepancy of digital nets in prime bases [M]//Niederreiter H, Talay D. Monte-Carlo and quasi-Monte Carlo methods 2004. New York: Springer, 2006: 77-96.

[51] Disney S A R, Sloan I H. Lattice integration rules of maximal rank formed by copying rank 1 rules [J]. SIAM J. Numer. Anal., 1992, 29: 566-577.

[52] Dobrovol'skiĭ N M. On optimal coefficients of combined lattices [J]. Chebyshevskiĭ Sb., 2004, 5: 95-121 (in Russian).

[53] Dobrovol'skiĭ N M. Discrepancy of plannar parallelepiped grids [J]. Chebyshevskiĭ Sb., 2005, 6: 87-97 (in Russian).

[54] Dobrovol'skiĭ N M, Korobov N M. Optimal coefficients for combined lattices [J]. Chebyshevskiĭ Sb., 2001, 2: 41-53 (in Russian).

[55] Drmota M, Tichy R F. Sequences, discrepancies and applications [M]. New York: Springer, 1997.

[56] Drobot V. On dispersion and Markov constants [J]. Acta Math. Hung, 1986, 47: 89-93.

[57] Dubinin V V. Cubature formulas for classes of functions with bounded mixed difference [J]. Mat. Sb., 1992, 183: 23-34 (in Russian).

[58] Egorenkova E N. On a number-theoretic formula for approximate integration [J]. Vestn. Mosk. Univ.: Ser. Ⅰ, 1993, 48: 55-58 (in Russian).

[59] Eichenauer-Herrmann J, Herrmann E, Wegenkittl S. A survey of quadratic and inversive congruential pseudorandom numbers [M]//Niederreiter H, et al. Monte Carlo and quasi-Monte Carlo methods 1996. New York: Springer, 1998: 66-97.

[60] El-Mahassni E D, Shparlinski I E, Winterhof A. Distribution of nonlinear congruential pseudorandom numbers modulo almost squarefree integers [J]. Mh. Math., 2006, 148: 297-307.

[61] Entacher K, Hellekalek P, L'Ecuyer P. Quasi-Monte Carlo node sets from linear congruential generators [M]//Niederreiter H, Spanier J. Monte Carlo and quasi-Monte Carlo methods 1998. New York: Springer, 2000: 188-198.

[62] Erdös P, Turán P. On a problem in the theory of uniform distribution: Ⅰ [J]. Indag. Math., 1948, 10: 370-378.

[63] Fang K T, Wang Y. A sequential algorithm for optimization and its application to regression analysis [R]. Beijing: Inst. Appl. Math., Acad. Sinica, 1989.

[64] Faure H. Discrépance de suites associées à un système de numération (en dimension s) [J]. Acta Arith., 1982, 41: 337-351.

[65] Faure H, Pillichshammer F. L_p discrepancy of generalized two-dimensional Hammersley point sets [J]. Mh. Math., 2009, 158: 31-61.

[66] Freeden W. Multidimensional Euler summation formulas and numerical cubature [M]//Hämmerlin G. Numerical integration. Bassel: Birkhäuser, 1982: 77-88.

[67] Frolov K K. An upper estimate of errors for quadrature formulas on classes of functions [J]. Dokl. Akad. Nauk SSSR, 1976, 231: 818-821 (in Russian).

[68] Frolov K K. On the connection between quadrature formulas and sublattices of the lattice of integral vectors [J]. Dokl. Acad. Nauk SSSR, 1977, 232: 40-43 (in Russian).

[69] Frolov K K. An upper estimate for the discrepancy in the L_p metric, $2\leqslant p<\infty$[J]. Dokl. Akad. Nauk SSSR, 1980, 252: 805-807 (in Russian).

[70] Gentle J E. Random number generation and Monte Carlo methods [M]. New York: Springer, 1998.

[71] Gill H S, Lemieux C. Searching for extensible Korobov rules [J]. J. Complexity, 2007, 23: 603-613.

[72] Gnewuch M, Woźniakowski H. Generalized tractability for linear functionals [M]//Keller A, Heinrich S, Niederreiter H. Monte Carlo and quasi-Monte Carlo methods 2006. New York: Springer, 2008: 359-381.

[73] Grabner P. Hamonische analyse, gleichverteilung und ziffernentwicklungen [M]. TU Vienna, 1989.

[74] Haláz G. On Roth's method in the theory of irregularities of point distributions [G]//Halberstam H, Hooley C. Recent progress in analytic number theory: Vol. 2. London: Academic Press, 1981: 79-94.

[75] Halton J H. On the efficiency of certain quasi-random sequences of points in evaluating multi-dimensional integrals [J]. Numer. Math., 1960, 2: 84-90 (Erratum, ibid., 196).

[76] Halton J H. The distribution of the sequence $\{n\xi\}(n=0,1,2,\cdots)$ [J]. Proc. Cambridge Philos. Soc., 1965, 61: 665-670.

[77] Halton J H, Zaremba S K. The extreme and the L^2 discrepancies of some plane sets [J]. Mh. Math., 1969, 73: 316-328.

[78] Hammersley J M. Monte Carlo methods for solving multivariable problems [J]. Ann. New York Acad. Sci., 1960, 86: 844-874.

[79] Hammersley J M, Handscomb D C. Monte Carlo methods [M]. London: Methuen, 1964.

[80] Hardy G H. A course of pure mathematics: centenary edition[M]. Cambridge: Cambridge Univ. Press, 2008.

[81] Hartinger J, Kainhofer R. Non-uniform low-discrepancy sequence generation and integration of singular integrands [M]//Niederreiter H, Talay D. Monte Carlo and quasi-Monte Carlo methods 2004. New York: Springer, 2006: 163-179.

[82] Haselgrove C B. A method for numerical integration [J]. Math. Comput., 1961, 15: 323-337.

[83] Heinrich S. Efficient algorithms for computing the L_2 discrepancy [J]. Math. Comput., 1996, 65: 1621-1633.

[84] Hickernell F J. Quadrature error bounds and figures of merit for quasi-random points [C]//Fang K T, Hickernell F J. Workshop on quasi-Monte Carlo methods and their applications (Proceedings, 1995). Hong Kong: Hong Kong Baptist Univ., 1996: 54-80.

[85] Hickernell F J. A generalized discrepancy and quadrature error bound [J]. Math. Comput., 1998, 67: 299-322.

[86] Hickernell F J. Lattice rules: how well do they measure up [M]//Hellekalek P, Larcher G. Random and quasi-random point sets. New York: Springer, 1998: 109-166.

[87] Hickernell F J. What affects the accuracy of quasi-Monte Carlo quadrature [M]//Niederreiter H, Spanier J. Monte Carlo and quasi-Monte Carlo methods 1998. New York: Springer, 2000: 16-55.

[88] Hickernell F J. Obtaining $O(N^{-2+\varepsilon})$ convergence for lattice quadrature rules[M]//Fang K T, et al. Monte Carlo and quasi-Monte Carlo methods 2000. New York: Springer, 2002: 274-289.

[89] Hickernell F J, Hong H S. Computing multivariate normal probabilities using rank-1 lattice sequences[C]//Golub G H, et al. Proceedings of the Workshop on Scientific Computing (Hong Kong), Singapore. New York: Springer, 1997: 209-215.

[90] Hickernell F J, Hong H S, L'Ecuyer P, et al. Extensible lattice sequences for quasi-Monte Carlo quadrature [J]. SIAM J. Sci. Comput., 2001, 22: 1117-1138.

[91] Hickernell F J, Niederreiter H. The existence of good extensible rank-1 lattice [J]. J. Complexity, 2003, 19: 286-300.

[92] Hickernell F J, Wasilkowski G W, Woźniakowski H. Tractability of linear multivariate problems in the average case setting [M] //Keller A, Heinrich S, Niederreiter H. Monte Carlo and quasi-Monte Carlo methods 2006. New York: Springer, 2008: 461-493.

[93] Hlawka E. Funktionen von beschränkter variation in der theorie gleichverteilung [J]. Ann. Mat. Pura Appl., 1961, 54: 325-333.

[94] Hlawka E. Zur angenäherten berechnung mehrfacher integrale [J]. Mh. Math., 1962, 66: 140-151.

[95] Hlawka E. Interpolation analytischer funktionen auf dem einheitskreis [M]//Turán P. Number theory and analysis. New York: Plenum Press, 1969: 97-118.

[96] Hlawka E. Discrepancy and Riemann integration [M]//Mirsky L. Studies in pure mathematics. New York: Academic Press, 1971: 121-129.

[97] Hlawka E, Über eine methode von E. Hecke in der theorie der gleichverteilung [J]. Acta Arith., 1973, 24: 11-31.

[98] Hlawka E. Anwendung zahlentheoretischer methoden auf probleme der numerischen mathematik [J]. Österr. Akad. Wiss. SB. Ⅱ, 1975, 184: 217-225.

[99] Hlawka E. Zur quantitativen theorie der gleichverteilung [J]. Österr. Akad. Wiss. SB. Ⅱ, 1975, 184: 335-365.

[100] Hlawka E. Theorie der gleichverteilung [M]. Mannheim: B.I.-Wissenschaftsverlag, 1979.

[101] Hlawka E, Firneis F, Zinterhof P. Zahlentheoretische methoden in der numerischen mathematik, österreichische computer gesellschaft [M]. Wien: R. Oldenbourg, 1981.

[102] Hlawka E, Mück R. A transformation of equidistributed sequences [M]//Zaremba S K. Applications of number theory to numerical analysis. New York: Academic Press, 1972: 371-388.

[103] Hlawka E, Mück R. A transformation of equidistributed sequences[M]. Zaremba K S. Applications of number theory to numerical analysis. Salt Lake: Academic Press, 1972: 371-388.

[104] Hofer R, Pillichshammer F, Pirsic G. Distribution properties of sequences generated by q-additive functions with respect to Cantor representation of integers [J]. Acta Arith., 2009, 138: 179-200.

[105] Joe S. Component by component construction of rank-1 lattice rules having $O(n^{-1}\ (\ln\ n)^d)$ star discrepancy [M]//Niederreiter H. Monte Carlo and quasi-Monte Carlo Methods 2002. New York: Springer, 2004: 293-298.

[106] Joe S. Construction of good rank-1 lattice rules based on the weighted star discrepancy [M]//Niederreiter H, Talay D. Monte Carlo and quasi-Monte Carlo methods 2004. New York: Springer, 2006: 181-196.

[107] Joe S, Hunt D G. The number of lattice rules having given invariants [J]. Bull. Austral. Math. Soc., 1992, 46: 477-493.

[108] Keller A. Stratification by rank-1 lattices [M]//Niederreiter H. Monte Carlo and quasi-Monte Carlo methods 2002. New York: Springer, 2004: 299-313.

[109] Keller A. Myths of computer graphics [M]//Niederreiter H, Talay D. Monte Carlo and quasi-Monte Carlo methods 2004. New York: Springer, 2006: 217-243.

[110] Khintchine A. Ein satz über kettenbrüche mit arithmetischen anwendungen [J]. Math. Z., 1923, 18: 289-306.

[111] Khintchine A. Einige sätze über kettenbrüche mit anwendungen auf die theorie der diophantischen approximationen [J]. Math. Ann., 1924, 92: 115-125.

[112] Kirschenhofer P, Tichy R F. On uniform distribution of double sequences [J]. Manuscr. Math., 1981, 35: 195-207.

[113] Klinger B, Tichy R F. Polynomial discrepancy of sequences [J]. J. Comput. Appl. Math., 1997, 84: 107-117.

[114] Koksma J F. Een algemeene stelling uit de theorie der gelijkmatige verdeeling modulo 1 [J]. Mathematica B (Zutphen), 1942/1943, 11: 7-11.

[115] Koksma J F. Eenige integralen in de theorie der gelijkmatige verdeeling modulo 1 [J]. Mathematica B (Zutphen), 1942/1943, 11: 49-52.

[116] Koksma J F. Some theorems on diophantine inequalities: scriptum no. 5 [M]. Amsterdam: Math. Centrum, 1950.

[117] Korobov N M. The approximate computation of multiple integrals [J]. Dokl. Akad. Nauk. SSSR, 1959, 124: 1207-1210 (in Russian).

[118] Korobov N M. Properties and calculation of optimal coefficients [J]. Dokl. Akad. Nauk. SSSR, 1960, 132: 1009-1012 (in Russian).

[119] Korobov N M. Number-theoretic methods in approximate analysis [M]. Moscow: Fizmatgiz, 1963 (in Russian).

[120] Korobov N M. On the computation of optimal coefficients [J]. Dokl. Akad. Nauk. SSSR, 1982, 267: 289-292 (in Russian).

[121] Korobov N M. Trigonometric sums and their applications [M]. Moscow: Nauka, 1989 (in Russian); Dordrecht: Kluwer Academic Publishers, 1992 (English edition).

[122] Korobov N M. Quadrature formulas with combined grids [J]. Mat. Zametki, 1994, 55: 83- 90 (in Russian).

[123] Kritzer P. On the star discrepancy of digital nets and sequences in three dimensions [M]//Niederreiter H, Talay D. Monte Carlo and quasi-Monte Carlo methods 2004. New York: Springer, 2006: 273-287.

[124] Kritzer P, Pillichshammer F. Point sets with low L_p discrepancy [J]. Math. Slovaca, 2007, 57: 11-32.

[125] Kuipers I, Niederreiter H. Uniform distribution of sequences [M]. New York: John Wiley & Sons, 1974.

[126] Kuo F Y, Joe S. Component-by-component construction of good lattice rules with a composite number of points [J]. J. Complexity, 2002, 18: 943-976.

[127] Kuo F Y, Joe S, Component-by-component construction of good intermediate-rank lattice rules [J]. SIAM J. Numer. Anal., 2003, 41: 1465-1486.

[128] Kuo F Y, Sloan I H, Woźniakowski H. Lattice rules for multivariate approximation in the worst case setting [M]//Niederreiter H, Talay D. Monte Carlo and quasi-Monte Carlo methods 2004. New York: Springer, 2006: 289-330.

[129] Lambert J P. A sequence well dispersed in the unit square [J]. Proc. Amer. Math. Soc., 1988, 103: 383-388.

[130] Langtry T N. Some bounds on the figure of merit of a lattice rule [M]//Niederreiter H, et al. Monte Carlo and quasi-Monte Carlo methods 1996. New York: Springer, 1998: 308-320.

[131] Langtry T N. A discrepancy-based analysis of figures of merit for lattice rules [M]//Niederreiter H, Spanier J. Monte Carlo and quasi-Monte Carlo methods 1998. New York: Springer, 2000: 296-310.

[132] Larcher G. Über die isotrope diskrepanz von Folgen [J]. Arch. Math., 1986, 46: 240-249.

[133] Larcher G. On the distribution of sequences connected with good lattice points [J]. Mh. Math., 1986, 101: 135-150.

[134] Larcher G. The dispersion of a special sequence [J]. Arch. Math., 1986, 47: 347-352.

[135] Larcher G. Digital point sets: analysis and application [M]//Hellekalek P, Larcher G. Random and quasi-random point sets. New York: Springer, 1998: 167-222.

[136] Larcher G. On the distribution of digital sequences [M]//Niederreiter H, et al. Monte Carlo and quasi-Monte Carlo methods 1996. New York: Springer, 1998: 109-123.

[137] Larcher G, Pillichshammer F. Walsh series analysis of the star discrepancy of digital nets and sequences [M]//Niederreiter H. Monte Carlo and quasi-Monte Carlo methods 2002. New York: Springer, 2004: 315-327.

[138] Larcher G, Pirsic G, Wolf R. Quasi-Monte Carlo integration of digitally smooth functions by digital nets [M]//Niederreiter H, et al. Monte Carlo and quasi-Monte Carlo methods 1996. New York: Springer, 1998: 321-329.

[139] Larcher G, Schmid W Ch. Multivariate Walsh series, digital nets and quasi-Monte Carlo integration [M]//Niedrreiter H, Shiue P J-S. Monte Carlo and quasi-Monte Carlo methods in scientific computing. New York: Springer, 1995: 252-262.

[140] Ledermann W. Introduction to the theory of finite groups [M]. 5th ed. Edinburgh: Oliver and Boyd, 1964.

[141] Lemieux C, L'Ecuyer P. A comparison of Monte Carlor, lattice rules and other low-discrepancy point sets [M]//Niederreiter H, Spanier J. Monte Carlo and quasi-Monte Carlo methods 1998. New York: Springer, 2000: 326-340.

[142] Lidl R, Niederreiter H. Introduction to finite fields and their applications [M]. Cambridge: Cambridge Univ. Press, 1986.

[143] Liebmann F G. Monte-Carlo-methoden zur numerischen quadratur auf gruppen [J]. Computing, 1972, 10: 255-270.

[144] Ling S, Özbudak F. Some constructions of (t,m,s)-nets with improved parameters [J]. Finite Fields and Their Appl., 2008, 14: 658-675.

[145] Lyness J N. An introduction to lattice rules and their generator matrices [J]. IMA J. Numer. Anal., 1989, 9: 405-419.

[146] Lyness J N. The canonical forms of a lattice rule [M]//Braß H, Hämmerlin G. Numerical integration: Ⅳ. Basel: Birkhäuser, 1988: 225-240.

[147] Lyness J N, Sloan I H. Some properties of rank-2 lattice rules [J]. Math. Comput., 1989, 53: 627-637.

[148] Lyness J N, Sørevik T. The number of lattice rules [J]. BIT, 1989, 29: 527-534.

[149] Makarov Yu N. Estimates of the measure of linear independence of the values of E-functions [J]. Vestn. Mosk. Univ.: Ser. Ⅰ, 1978, 33: 3-12 (in Russian).

[150] Matoušek J. Geometric discrepancy [M]. New York: Springer, 1999.

[151] McEliece R J. Finite fields for computer scientists and engineers [M]. Boston: Kluwer Academic Publisher, 1987.

[152] Mitchell R A. Error estimates arising from certain pseudorandom sequences in a quasi-random search method [J]. Math. Comput., 1990, 55: 289-297.

[153] Montgomery H L. Ten lectures on the interface between analytic number theory and harmonic analysis [M]. Providence: Amer. Math. Soc., 1994.

[154] Moshchevitin N G. Recent results on asymptotic behavior of integrals of quasiperiodic functions [J]. Amer. Math. Transl., 1995, 168 (2): 201-209.

[155] Moshchevitin N G. Distribution of values of linear functions and asymptotic behavior of trajectories of some dynamical systems [J]. Mat. Zametki, 1995, 58: 394-410 (in Russian).

[156] Mullen G L, Mahalanabis A, Niederreiter H. Tables of (t,m,s)-net and (t,s)-sequence parameters [M]//Niedrreiter H, Shiue P J-S. Monte Carlo and quasi-Monte Carlo methods in scientific computing. New York: Springer, 1995: 58-86.

[157] Myerson G. A sampler of recent developments in the distribution of sequences [M]//Pollington A D, Moran W. Number theory with an emphasis on the Markoff spectrum. New York: Marcel, Inc., 1993: 163-190.

[158] Newman M. Integer matrices [M]. New York: Academic Press, 1972.

[159] Niederreiter H. Discrepancy and convex programming [J]. Ann. Mat. Pura Appl., 1972, 93: 89-97.

[160] Niederreiter H. On a number-theoretical integration method [J]. Aequationes Math., 1972, 8: 304-311.

[161] Niederreiter H. Methods for estimating discrepancy [M]//Zaremba S K. Applications of number theory to numerical analysis. New York: Academic Press, 1972: 203-236.

[162] Niederreiter H. On the distribution of pseudo-random numbers generated by the linear congruential method [J]. Math. Comput., 1972, 26: 793-795.

[163] Niederreiter H. Application of diophantine approximations to numerical integration, [M]//Osgood C F. Diophantine approximation & its applications. New York: Academic Press, 1973: 129-199.

[164] Niederreiter H. Quantitative version of a result of Hecke in the theory of uniform distribution mod 1 [J]. Acta Arith., 1975, 28: 321-339.

[165] Niederreiter H. Pseudo-random numbers and optimal coefficients [J]. Adv. in Math., 1977, 26: 99-181.

[166] Niederreiter H. Quasi-Monte Carlo methods and pseudo-random numbers [J]. Bull. of the Amer. Math. Soc., 1978, 84: 957-1041.

[167] Niederreiter H. A quasi-Monte Carlo method for the approximate computation of the extreme values of a function [G]// Studies in pure mathematics (to the memory of Paul Turán). Basel: Akadémiai Kiadó-Birkhäuser Verlag, 1983: 523-529.

[168] Niederreiter H. On a measure of denseness for sequences [M]//Halász G. Topics in classical number theory (Budapest, 1981). Amsterdam: North-Holland Publishing Co., 1984: 1163-1208.

[169] Niederreiter H. Quasi-Monte Carlo methods for global optimization [R]//Grossmann W, et al. Proc. of the 4th Pannonian Symp. on Math. Stat., Austria: Bad Tatzmannsdorf, 1983. Netherlands: D. Reidel Pub. Comp., 1985: 251-267.

[170] Niederreiter H. The serial test for pseudo-random numbers generated by the linear congruential method [J]. Numer. Math., 1985, 46: 51-68.

[171] Niederreiter H. Low-discrepancy point sets [J]. Mh. Math., 1986, 102: 155-167.

[172] Niederreiter H. Multidimensional numerical integration using pseudorandom numbers [J]. Math. Program. Study, 1986, 27: 17-38.

[173] Niederreiter H. Good lattice points for quasirandom search methods [C]//Prékopa A, et al. System modelling and optimization (Proc. of 12th Conf., Budapest, Hungary, 1985). New York: Springer, 1986: 647-654.

[174] Niederreiter H. Point sets and sequences with small discrepancy [J]. Mh. Math., 1987, 104: 273-337.

[175] Niederreiter H. Low-discrepancy and low-dispersion sequences [J]. J. Number Theory, 1988, 30: 51-70.

[176] Niederreiter H. Quasi-Monte Carlo methods for multidimensional numerical integration [M]//Braß H, Hämmerlin G. Numerical integration: Ⅲ. Basel: Birkhäuser, 1988: 157-171.

[177] Niederreiter H. Random number generation and quasi-Monte Carlo methods [M]. Philadelphia: SIAM, 1992.

[178] Niederreiter H. Existence theorems for efficient lattice rules [M]//Espelid T O, Genz A. Numerical integration. Boston: Kluwer Acad. Pub., 1992: 71-80.

[179] Niederreiter H. The existence of efficient lattice rules for multidimensional numerical integration [J]. Math. Comput., 1992, 58: 305-314.

[180] Niederreiter H. Pseudorandom vector generation by the inversive method [J]. ACM Trans. Modeling and Computer Simulation, 1994, 4: 191-212.

[181] Niederreiter H. New developments in uniform pseudorandom number and vector generation [M]//Niedrreiter H, Shiue P J-S. Monte Carlo and quasi-Monte Carlo methods in scientific computing. New York: Springer, 1995: 87-120.

[182] Niederreiter H. Pseudorandom vector generation by the multiple-recursive matrix method [J]. Math. Comput., 1995, 64: 279-294.

[183] Niederreiter H. The multiple-recursive matrix method for pseudorandom vector generation [J]. Finite Fields and Their Appl., 1995, 1: 3-30.

[184] Niederreiter H. Constructions of (t, m, s)-nets [M]//Spanier J. Monte Carlo and quasi-Monte Carlo methods 1998. New York: Springer, 2000: 70-85.

[185] Niederreiter H. The existence of good extensible polynomial lattice rules [J]. Mh. Math., 2003, 139: 295-307.

[186] Niederreiter H, McCurley K. Optimization of functions by quasi-random search methods [M]. Computing, 1979, 22: 119-123.

[187] Niederreiter H, Philipp W. Berry-Esseen bounds and a theorem of P. Erdös and P. Turán on uniform distribution [M]. Duke Math. J., 1973, 40: 633-649.

[188] Niederreiter H, Pirsic G. A Kronecker product construction for digital nets [J]//Fang K T, et al. Monte Carloand quasi-Monte Carlo methods 2000. New York: Springer, 2002: 396-405.

[189] Niederreiter H, Sloan I H. Lattice rules for multiple integration and discrepancy [J]. Math. Comput., 1990, 54: 303-312.

[190] Niederreiter H, Shparlinski I E. Exponential sums and the distribution of inversive congruential pseudorandom numbers with prime-power modulus [J]. Acta Arith., 2000, 92: 89-98.

[191] Niederreiter H, Shparlinski I E. Recent advances in the theory of nonlinear pseudorandom number generators [M]//Fang K T, et al. Monte Carlo and quasi-Monte Carlo methods 2000. New York: Springer, 2002: 86-102.

[192] Niederreiter H, Wills J M. Diskrepanz und distanz von massen bezüglich konvexer und Jordanscher Mengen [J]. Math. Z., 1975, 144: 125-134; Berichtigung, ibid., 1976, 148: 99.

[193] Niederreiter H, Winterhof A. Incomplete exponential sums over finite fields and their applications to new inversive pseudorandom number generators [J]. Acta Arith., 2000, 9: 387-399.

[194] Niederreiter H, Winterhof A. On the distribution of compound inversive congruential pseudorandom numbers [J]. Mh. Math., 2001, 132: 35-48.

[195] Niederreiter H, Xing C P. Low-discrepancy sequences obtained from algebraic function fields over finite fields [J]. Acta Arith., 1995, 72: 281-298.

[196] Niederreiter H, Xing C P. A construction of low-discrepancy sequences using global function fields [J]. Acta Arith., 1995, 73: 87-102.

[197] Niederreiter H, Xing C P. Low-discrepancy sequences and global function fields with many rational places [J]. Finite Fields and Their Appl., 1996, 2: 241-273.

[198] Niederreiter H, Xing C P. Quasirandom points and global function fields [M]//Cohen S, Niederreiter H. Finite fields and applications. Cambridge: Cambridge Univ. Press, 1996: 269-296. (Fang K T, Hickernell F J. Workshop on quasi-Monte Carlo methods and their applications, Proceedings 1995. Hong Kong Baptist Univ., 1996: 81-112.)

[199] Niederreiter H, Xing C P. Nets, (t, s)-sequences, and algebraic geometry [M]// Hellekalek P, Larcher G. Random and quasi-random point sets. New York: Springer, 1998: 267-302.

[200] Niederreiter H, Xing C P. The algebraic-geometry approach to low-discrepancy sequences [M]//Niedrreiter H, et al. Monte Carlo and quasi-Monte Carlo methods 1996. New York: Springer, 1998: 139-160.

[201] Niederreiter H, Xing C P. Rational points on curves over finite fields: theory and applications [M]. Cambridge: Cambridge Univ. Press, 2001.

[202] Niederreiter H, Xing C P. Constructions of digital nets using global function fields [J]. Acta Arith., 2002, 105: 279-302.

[203] Novak E, Woźniakowski H. L_2 discrepancy and multivariate integration [M]//Chen W W L, et al. Analytic number theory. Cambridge: Cambridge Univ. Press, 2009: 359-388.

[204] Nuyens D, Cools R. Fast component-by-component construction, a reprise for different kernels [M]//Niederreiter H, Talay D. Monte Carlo and quasi-Monte Carlo methods 2004. New York: Springer, 2006: 373-387.

[205] Osgood C F. Product type bounds on the approximation of values of E and G functions [J]. Mh. Math., 1986, 102: 7-25.

[206] Pach J, Agarwal P K. Combinatorial geometry [M]. New York: John Wiley & Sons, 1995.

[207] Peart P. The dispersion of the Hammersley sequence in the unit square [J]. Mh. Math., 1982, 94: 249-261.

[208] Pillichshammer F. On the L_p discrepancy of the Hammersley point set [J]. Mh. Math., 2002, 136: 67-79.

[209] Pirsic G, Dick J, Pillichshammer F. Cyclic digital nets, hyperplane nets, and multivariate integration in Sobolev spaces [J]. SIAM J. Numer. Anal., 2006, 44: 385-411.

[210] Proinov P D. Note on the convergence of the general quadrature process with positive weights [M]//Sendov B, Vačov D. Constructive function theory (Blagoevgrad, 1977). Sofia: Bulgar. Acad. Sci., 1980: 121-125 (in Russian).

[211] Proinov P D. Generalization of two results of the theory of uniform distribution [J]. Proc. AMS, 1985, 95: 527-532.

[212] Proinov P D. Numerical integration and approximation of differentiable functions: Ⅱ [J]. J. Appro. Th., 1987, 50: 373-393.

[213] Proinov P D. Discrepancy and integration of continuous functions [J]. J. Appro. Th., 1988, 52: 121-131.

[214] Proinov P D. Integration of smooth functions and φ discrepancy [J]. J. Appro. Th., 1988, 52: 284-292.

[215] Proinov P D, Andreeva V A. Note on a theorem of Koksma on uniform distribution [J]. Compt. Rend. Acad. Bulgare Sci., 1986, 39: 41-44.

[216] Reddy M V. The structure and average discrepancy for optimal vertex-modified number-theoretic rules [D]. The Univ. of Waikato, 2000.

[217] Reddy M V. Number theoretic rules versus 2^s copy rule for non-periodic integrands [J]. Far East J. Appl. Math., 2005, 18: 13-29.

[218] Roth K F. On irregularities of distribution [J]. Mathematika, 1954, 1: 73-79.

[219] Roth K F. On irregularities of distribution: Ⅳ [J]. Acta Arith., 1980, 37: 67-75.

[220] Schmidt W M. Shift-nets: a new class of binary digital (t, m, s)-nets [M]//Niederreiter H, et al. Monte Carlo and quasi-Monte Carlo methods 1996. New York: Springer, 1998: 369-381.

[221] Schmidt W M. Metrical theorems on fractional parts of sequences [J]. Trans. Amer. Math. Soc., 1964, 110: 493-518.

[222] Schmidt W M. On irregularities of distribution: Ⅲ [J]. Pacific J. Math., 1969, 29: 225-234.

[223] Schmidt W M. On irregularities of distribution: Ⅳ [J]. Invent. Math., 1969, 7: 55-82.

[224] Schmidt W M. Simultaneous approximation to algebraic number by rationals [J]. Acta Math., 1970, 125: 189-201.

[225] Schmidt W M. On irregularities of distribution: Ⅶ [J]. Acta Arith., 1972, 21: 45-50.

[226] Schmidt W M. On irregularities of distribution: Ⅸ [J]. Acta Arith., 1975, 27: 385-396.

[227] Schmidt W M. On irregularities of distribution: Ⅹ [M]//Zasenhaus H. Number theory and algebra. New York: Academic Press, 1977: 311-329.

[228] Sinescu V. Shifted lattice rules based on a general weighted discrepancy for integrals over Euclidean space [J]. J. Comput. Appl. Math., 2009, 232: 240-251.

[229] Skriganov M M. On lattices in algebraic number fields [J]. Dokl. Akad. Nauk. SSSR, 1989, 306: 553-555 (in Russian).

[230] Skriganov M M. Lattices in algebraic number fields and uniform distribution modulo 1 [J]. Algebra i Analiz, 1989, 1: 207-228 (in Russian).

[231] Skriganov M M. Geometry of numbers and uniform distributions [J]. Dokl. Akad. Nauk. SSSR, 1991, 318: 1092-1095 (in Russian).

[232] Skriganov M M. Constructions of uniform distributions in terms of geometry of numbers [J]. Algebra i Analiz, 1994, 6: 200-230 (in Russian).

[233] Skriganov M M. Ergodic theory on SL(n), diophantine approximations and anomalies in the lattice point problem [J]. Invent. Math., 1989, 132: 1-27.

[234] Slater N B. Distribution problems and physical applications [J]. Compositio Math., 1964, 16: 176-183.

[235] Slater N B. Gap and steps for the sequence $n\theta$ mod 1 [J]. Proc. Cambridge Philos. Soc., 1967, 63: 1115-1123.

[236] Sloan I H. Lattice methods for multiple integration [J]. J. Comput. Appl. Math., 1985, 12/13: 131-143.

[237] Sloan I H. Numerical integration in high dimensions: the lattice rule approach [M]//Espelid T O, Genz A. Numerical integration, recent development, software and applications. Boston: Kluwer Acad. Pub., 1992: 55-69.

[238] Sloan I H. Lattice rules of moderate order [R]//Fang K T, Hickernell F J. Workshop on quasi-Monte Carlo methods and their applications (Proceedings 1995). Hong Kong: Hong Kong Baptist Univ., 1996: 147-154.

[239] Sloan I H. QMC integration-beating intractability by weighting the coordinate directions [M]//Fang K T, et al. Monte Carloand quasi-Monte Carlo methods 2000. New York: Springer, 2002: 103-140.

[240] Sloan I H, Joe S. Lattice methods for multiple integration [M]. Oxford: Clarendon Press, 1994.

[241] Sloan I H, Kachoyan P J. Lattices for multiple integration [R]. Mathmatical Programming and Numerical Analysis Workshop, Canberra, 1983. Proc. Centre Math. Analysis: Vol. 6. Canberra: Australian National Univ., 1984: 147-165.

[242] Sloan I H, Kachoyan P J. Lattice methods for multiple integration: theory, error analysis and examples [J]. SIAM J. Numer. Anal., 1987, 24: 116-128.

[243] Sloan I H, Lyness J N. The representation of lattice quadrature rules as multiple sums [J]. Math. Comput., 1989, 52: 81-94.

[244] Sloan I H, Lyness J N. Lattice rules: projection regularity and unique representations [J]. Math. Comput., 1990, 54: 649-660.

[245] Sloan I H, Osborn T R. Multiple integration over bounded and unbounded regions [J]. J. Comput. Appl. Math., 1987, 17: 181-196.

[246] Sloan I H, Reztsov A V. Component-by-component construction of good lattice rules [J]. Math. Comput., 2002, 71: 263-273.

[247] Sloan I H, Walsh L. Lattice rules: classification and searches [M]//Braß H, Hämmerlin G. Numerical integration: Ⅲ. Basel: Birkhäuser, 1988: 251-260.

[248] Sloan I H, Walsh L. A computer search of rank-2 lattice rules for multidimensional quadrature [J]. Math. Comput., 1990, 54: 281-302.

[249] Sobol' I M. An exact estimate of the error in multidimensional quadrature formulae for functions of the classes $\tilde{W}_1$ and $\tilde{H}_1$ [J]. Zh. Vychisl. Mat. i Mat. Fiz., 1961, 1: 208-216 (in Russian).

[250] Sobol' I M. Distribution of points in a cube and integration nets [J]. Uspehi Mat. Nauk, 1966, 21: 271-272 (in Russian).

[251] Sobol' I M. The distribution of points in a cube and the approximate evaluation of integrals [J]. Zh. Vychisl. Mat. i Mat. Fiz., 1967, 7: 784-802 (in Russian).

[252] Sobol' I M. Multidimensional quadrature formulas and Harr functions [M]. Moscow: Izdat. Nauka, 1969 (in Russian).

[253] Sobol' I M. Numerical Monte Carlo method [M]. Moscow: Izdat. Nauka, 1973 (in Russian).

[254] Sobol' I M. On an estimate of the accuracy of a simple multidimensional search [J]. Dokl. Akad. Nauk SSSR, 1982, 266: 569-572 (in Russian).

[255] Sobol' I M. On functions satisfying a Lipschitz condition in multidimensional problems of computational mathematics [J]. Dokl. Akad. Nauk SSSR, 1987, 293: 1314-1319 (in Russian).

[256] Sobol' I M. On the search for extreme values of functions of several variables satisfying a general Lipschitz condition [J]. Zh. Vychisl. Mat. i Mat. Fiz., 1988, 28: 483-491 (in Russian).

[257] Sobol' I M. Quadrature formulae for functions of several variables satisfying a general Lipschitz condition [J]. Zh. Vychisl. Mat. i Mat. Fiz., 1989, 29: 935-941 (in Russian).

[258] Sobol' I M, Nuzhdin O V. A new measure of irregularity of distribution [J]. J. Number Theory, 1991, 39: 367-373.

[259] Sobol' I M, Statnikov R B. Selection of optimal parameters in the problems with multicriteria [M]. Moscow: Izdat. Nauka, 1981 (in Russian).

[260] Sorokin N N. On the irrationality of the values of hypergeometric functions [J]. Mat. Sb., 1985, 127: 245-258 (in Russian).

[261] Sós V T. On the distribution mod 1 of the sequence $n\alpha$ [J]. Ann. Univ. Sci. Budapest. Eötvös Sect. Math., 1958, 1: 127-134.

[262] Stegbuchner H. Eine mehrdimensionale version der ungleichchungvon LeVeque [J]. Mh. Math., 1979, 87: 167-169.

[263] Stein E M, Shakarchi R. Fourier analysis: an introduction [M]. Princeton: Princeton Univ. Press, 2003.

[264] Strauch O. A numerical integration method using the Fibonacci numbers [J]. Grazer Math. Ber., Bericht Nr. 1997, 333: 19-33.

[265] Stroud A H. Approximate calculation of multiple integrals [M]. Englewood Cliffs: Prentice-Hall, Inc., 1971.

[266] Su F E. A LeVeque type lower bound for discrepancy [M]//Niederreiter H, Spanier J. Monte Carlo and quasi-Monte Carlo methods 1998. New York: Springer, 2000: 448-458.

[267] Sugihara M. Method of good matrices for multi-dimensional numerical integrations: an extension of the method of good lattice points [J]. J. Comput. and Appl. Math., 1987, 17: 197-213.

[268] Sugihara M, Murota K. A note on Haselgrove's method for numerical integration [J]. Math. Comput., 1982, 39: 549-554.

[269] Szüsz P. On a problem in the theory of uniform distribution [M]. Budapest: C. R. Premier Congrès Hongrois, 1952: 461-472.

[270] Temirgaliev N. Quadratic-mean errors of algorithms of numerical integration associated with theory of divisor of cyclotomic field [J]. Izv. vuzov. Mat., 1990, 8: 90-93 (in Russian).

[271] Temirgaliev N. The upper bounds of discrepancy of algebraical mesh [J]. Vestn. Akad. Nauk Kazah. SSSR, 1990, 11: 60-64 (in Russian).

[272] Temirgaliev N. Applications of theory of divisor to approximate reconstruction and integration of periodic functions of several variables [J]. Dokl. Akad. Nauk SSSR, 1990, 310: 1050-1054 (in Russian).

[273] Temirgaliev N. Applications of theory of divisor to numerical integration of periodic functions of several variables [J]. Mat. Sb., 1990, 181: 490-505 (in Russian).

[274] Temlyakov V N. Cubature formulas and reconstruction based on their values at the knots of number-theoretic nets for classes of functions with small smoothness [J]. Uspehi Mat. Nauk, 1985, 40: 203-204 (in Russian).

[275] Temlyakov V N. Approximate reconstruction of periodic functions of several variables [J]. Mat. Sb., 1985, 128: 256-268 (in Russian).

[276] Temlyakov V N. Approximation of periodic functions of several variables by trigonometric polynomials, and widths of some classes of functions [J]. Izv. Akad. Nauk SSSR Ser. Mat., 1985, 49: 986-1030 (in Russian).

[277] Temlyakov V N. On reconstruction of multivariate periodicfunctions based on their values at the knots of number-theoretic nets [J]. Analysis Math., 1986, 12: 287-305 (in Russian).

[278] Temlyakov V N. Approximation of functions with bounded mixed derivative [M]. Trudy Mat. Inst. Steklov: Vol. 178. Moscow: Izdat. Nauka, 1986 (in Russian).

[279] Temlyakov V N. Error estimates of quadrature formulas for classes of functions with bounded mixed derivative [J]. Mat. Zametki, 1989, 46: 128-134 (in Russian).

[280] Temlyakov V N. On a way of obtaining error estimates for the errors of quadrature formulas [J]. Mat. Sb., 1990, 181: 1403-1413 (in Russian).

[281] Temlyakov V N. On universal cubature formulas [J]. Dokl. Akad. Nauk SSSR, 1991, 316: 44-47 (in Russian).

[282] Temlyakov V N. Error estimates for Fibonacci cubature formulas for classes of functions with bounded mixed derivative [J]. Trudy Mat. Inst. Steklov, 1991, 200: 327-335 (in Russian).

[283] Temlyakov V N. On error estimates for cubature formulas [J]. Trudy Mat. Inst. Steklov, 1994, 207: 326-338 (in Russian).

[284] Vaaler J D. Some extremal functions in Fourier analysis [J]. Bull. Amer. Math. Soc., 1985, 12: 183-216.

[285] Vaaler J D. Refinements of the Erdös-Turán inequality [M]//Polllington A D, Moran W. Number theory with an emphasis on the Markoff spectrum. New York: Marcel, Inc., 1993: 263-269.

[286] van Aardenne-Ehrenfest T. Proof of the impossibility of a just distribution of an infinite sequence of points over an interval [J]. Indag. Math., 1945, 7: 71-76.

[287] van Aardenne-Ehrenfest T. On the impossibility of a just distribution [J]. Indag. Math., 1949, 11: 264-269.

[288] van der Corput J C. Verteilungsfunktionen [J]. Proc. Ned. Akad. v. Wet., 1935, 38: 813-821.

[289] Vilenkin I V. Plane nets of integration [J]. Zh. Vychisl. Mat. i Mat. Fiz., 1967, 7: 189-196 (in Russian).

[290] Voronin S M. On quadrature formulas [J]. Izv. Akad. Nauk SSSR Ser. Mat., 1994, 58: 189-194 (in Russian).

[291] Voronin S M. The construction of quadrature formulas [J]. Izv. Akad. Nauk SSSR Ser. Mat., 1995, 59: 3-8 (in Russian).

[292] Voronin S M, Temirgaliev N. Quadrature formulas associated with divisors of the field of Gaussian numbers [J]. Mat. Zametki, 1989, 46: 597-602 (in Russian).

[293] Wang Y. On Diophantine approximation and approximate analysis: Ⅰ [J]. Acta Math. Sinica, 1982, 25: 248-256.

[294] Wang Y. On Diophantine approximation and approximate analysis: Ⅱ [J]. Acta Math. Sinica, 1982, 25: 323-332.

[295] Warnock T T. Computational investigations of low-discrepancy point sets [M]//Zaremba S K. Applications of number theory to numerical analysis. New York: Academic Press, 1972: 319-343.

[296] Winterhof A. On the distribution of some new explicit inversive pseudorandom numbers and vectors [M]//Niederreiter H, Talay D. Monte Carlo and quasi-Monte Carlo methods 2004. New York: Springer, 2006: 487-499.

[297] Xu G S. Simultaneous approximation to values of exponential function at algebraic points [J]. Acta Math. Sinica, N. S., 1993, 9: 421-431.

[298] Zaremba S K. Good lattice points, discrepancy, and numerical integration [J]. Ann. Math. Pura Appl., 1966, 73: 293-317.

[299] Zaremba S K. Good lattice points in the sense of Hlawka and Monte Carlo integration [J]. Monatsh. Math., 1968, 72: 264-269.

[300] Zaremba S K. Some applications of multidimensional integration by parts [J]. Ann. Polon. Math., 1968, 21: 85-96.

[301] Zaremba S K. La méthode des "bons treillis" pour le calcul des intégrales multiples [M]//Zaremba S K. Applications of number theory to numerical analysis. New York: Academic Press, 1972: 39-116.

[302] Zhu Y C. On some multi-dimensional quadrature formulas with number-theoretic nets [J]. Acta Math. Appl., 1993, 9: 335-347.

[303] Zhu Y C. On some multi-dimensional quadrature formulas with number-theoretic nets: Ⅱ [J]. Acta Math. Sinica, 1994, 110 (Special Issue): 86-98.

[304] Zhu Y C. A note on interpolation of a class of functions [J]. Acta Math. Appl. Sinica, 1994, 10: 141-147.

[305] Zhu Y C. On some multi-dimensional quadrature formulas with number-theoretic nets: Ⅲ [J]. Acta Math. Sinica: New Ser.: 1995, 11 (Special Issue): 26-36.

[306] Zhu Y C. A method for exact calculation of discrepancy of low-dimensional finite point sets: Ⅱ [J]. Acta Math. Sinica: New Ser., 1995, 11: 422-434.

[307] Zhu Y C. On interpolation of a certain class of functions [J]. Acta Math. Appl. Sinica, 1997, 13: 45-56.

[308] Zhu Y C. On the convergence of sequential number-theoretic method for optimization [J]. Acta Math. Appl. Sinica, 2001, 17: 532-538.

[309] Zhu Y C. Discrepancy of certain Kronecker sequences concerning transcendental numbers [J]. Acta Math. Sinica: Engl. Ser., 2007, 23: 1897-1902.

[310] Zhu Y C. Discrepancy estimations of certain sequences of point sets and quadrature formulas [Z]. Manuscript, 2008.

[311] Zieliński R. On the Monte-Carlo evaluation of the extremal value of a function [J]. Algorytmy, 1965, 2: 7-13.

[312] Zinterhof P. Einige zahlentheoretische methhoden zur numerischen quadratur und interpolation [J]. Sitzungsber. Österr. Akad. Wiss., math.-naturw., Kl., Abt.: Ⅱ, 1969, 177: 51-77.

索引

(1.5 表示有关事项参见第 1 章 1.5 节.)

5 画

6 画

7 画

8 画

9 画

10 画

11 画

12 画

13 画

14 画

其他